Keras
深度学习

鲁睿元 祝继华◎编著

U0397266

中国水利水电出版社
www.waterpub.com.cn
·北京·

内 容 提 要

Keras 作为深度学习最为流行的框架之一，是一个用 Python 语言编写的开源人工神经网络库。《Keras 深度学习》一书从新手角度出发，系统介绍了 Keras 深度学习技术，从 Python 数据处理开始，到深度学习理论，再到 Keras 各种代码实战，全书秉承实例讲解的方式，降低学习难度。

《Keras 深度学习》全书共 8 章，前 4 章介绍了 Keras 的基础环境搭建和前端基础知识，包括 Python 数据编程、Python 常用工具包和深度学习基本原理等；后 4 章介绍 Keras 深度学习方法与实战案例，包括使用 Keras 构建卷积神经网络、使用 Keras 进行序列处理、应用 Keras 实现更加精细化模型定制的函数式 API、使用 Keras 实现 GAN 和 VAE 在内的多种深度生成式学习模型等。

《Keras 深度学习》内容由浅入深、语言通俗易懂，从基本原理到实践应用、从基础神经网络到复杂模型的深度剖析，全书遵循学习规律，让读者在循序渐进的学习中深刻体会到 Keras 作为深度学习框架的魅力。

《Keras 深度学习》适合想要了解深度学习、熟悉 Python 但不熟悉框架的初学者阅读，也适合各大高等院校或培训机构人工智能相关专业的学生学习。深度学习应用研究人员、深度学习爱好者、人工智能化产业从业人员、大数据从业人员、算法工程设计实现工程师、模型与架构设计等相关领域工程师、计算机视觉领域入门爱好者以及其他渴望入门深度学习相关领域的人士均可选择本书参考学习。

图书在版编目（C I P）数据

Keras 深度学习 / 鲁睿元，祝继华编著. -- 北京 ：
中国水利水电出版社，2019.11

ISBN 978-7-5170-7645-2

Ⅰ．①K… Ⅱ．①鲁… ②祝… Ⅲ．①软件工具－程序
设计 Ⅳ．①TP311.561

中国版本图书馆 CIP 数据核字（2019）第 079544 号

书　　　名	Keras 深度学习 Keras SHENDU XUEXI
作　　　者	鲁睿元　祝继华　编著
出版发行	中国水利水电出版社 （北京市海淀区玉渊潭南路 1 号 D 座　100038） 网址：www.waterpub.com.cn E-mail：zhiboshangshu@163.com 电话：（010）62572966-2205/2266/2201（营销中心）
经　　　售	北京科水图书销售中心（零售） 电话：（010）88383994、63202643、68545874 全国各地新华书店和相关出版物销售网点
排　　　版	北京智博尚书文化传媒有限公司
印　　　刷	河北华商印刷有限公司
规　　　格	170mm×230mm　16 开本　27.5 印张　454 千字
版　　　次	2019 年 11 月第 1 版　2019 年 11 月第 1 次印刷
印　　　数	0001—5000 册
定　　　价	89.80 元

前 言
PREFACE

据统计，当今各个行业中，互联网与软件工程在理工科行业中薪资名列前茅，大幅领先于传统行业，平均年薪达到了 20 万元。其中人工智能与大数据更是在互联网领域大放异彩，平均年薪超过了 30 万元。除此之外，人工智能领域的薪资涨幅也远超传统行业，以北京和杭州为例，两地的人才流动伴随着超过 30% 的薪资涨幅。随着当今大数据时代的来临，各行各业逐步深入实践和应用人工智能领域的相关技术，具有实践经验的顶尖 AI 人才缺口逐步增大，人工智能技术将成为第四次工业革命的发动机，成为不可或缺的力量源泉。

在人工智能领域，深度学习方向涌现出大量框架来提高开发效率，而 Keras 逐渐成为其中的佼佼者。Keras 具备三大优势：① 能够在多种不同的底层张量库上作为前端运行，从而无缝衔接各类底层，具备良好的可扩展性；② 具有良好的模块化设计方案，使用它设计网络层往往能够节约大量时间；③ 提供了对底层设备差异的封装，极大地减少了人工的工作量。

本书结合大量实际案例，由浅入深地从 Python 的入门级别大数据实践，逐步深入到基于 Keras 的深度学习技术。全书通过图文并茂的叙述及项目实战的代码讲解，提高读者的理论能力和代码实践能力。

本书特色

1. 入门门槛低，学习曲线平滑

本书首先从搭建环境讲起，分别介绍了 Keras 在 Windows 和 Linux 两种环境的安装；其次介绍 Python 数据编程相关的基础和工具包，如 Jupyter Notebook、Numpy、Matplotlib、Pandas、Scipy 等；再次介绍深度学习的基础理论；最后通过 Keras 实现深度学习的各类经典应用。整个学习曲线平滑，适合深度学习和机器学习零基础的读者。

2．注重新手友好性，理论结合实践

对于一个新知识点的出现，本书会通过对比的方式给出概念或原理，让读者能举一反三，拓宽知识面。针对深度学习中一些较难理解的抽象概念，本书都会给出短小、精悍的示例，让读者边学习边实践，缩短新手与老手之间的差距。

3．技术面广泛，技巧丰富

本书所选案例涉猎广泛，既有计算机视觉领域图像分类问题的经典案例，也有基于神经网络的翻译系统实战。在代码示例中，不仅包含了模型构建和设计的核心思想，同时也兼顾具体的细节展示。另外，本书还提供了大量工程实践中常用的设计与实现技巧，以提高本书的实用性、提高案例与实际系统设计及其实现过程的联系。

本书核心内容

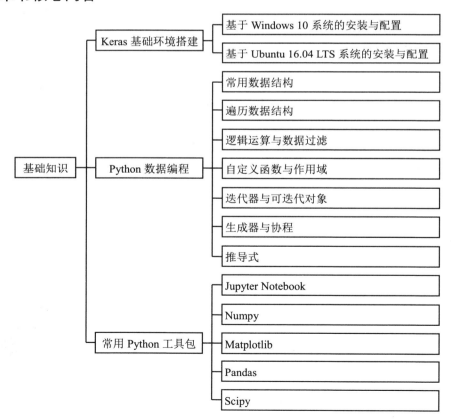

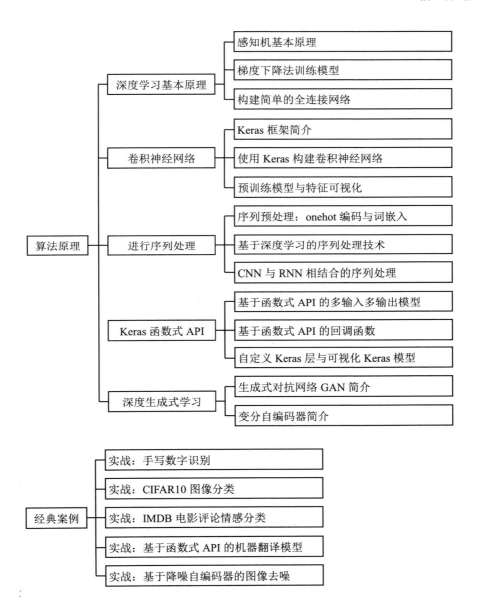

本书适合读者

➥　深度学习应用研究人员。

➥　人工智能化产业从业人员。

➥　深度学习爱好者。

- ➥ 算法工程设计实现工程师。
- ➥ 模型与架构设计等相关领域工程师。
- ➥ 计算机视觉领域入门爱好者。
- ➥ 渴望入门深度学习相关领域的学生。
- ➥ 自然语言处理领域爱好者。

本书源文件下载

本书提供代码源文件，有需要的读者可以关注下面的微信公众号（人人都是程序猿），然后输入"Keras76452"，并发送到公众号后台，即可获取本书资源的下载链接，然后将此链接复制到计算机浏览器的地址栏中，根据提示下载即可。

致谢

本书能够顺利出版，是作者、编辑和所有审校人员共同努力的结果，在此表示深深地感谢。同时，祝福所有读者在职场一帆风顺。

编　者

目　录
CONTENTS

第 2 章　Python 数据相关编程入门　/25

第 4 章 深度学习基本原理 /159

第 5 章　基于 Keras 的卷积神经网络　/209

第 6 章　用 Keras 进行序列处理　/272

第 7 章　Keras 函数式 API 及其应用　/318

第 8 章 基于 Keras 的深度生成式学习 /385

第 1 章　打开学习 Keras 的大门

作为深度学习最流行的高层框架之一，Keras 凭借其平缓的学习曲线、灵活的设计架构、简洁强大的用户接口、种类丰富的底层库，以及便于进行快速原型验证等特点，一出现就迅速得到了工业界和学术界的青睐。本章将简单地介绍选择 Keras 作为深度学习框架的原因，并介绍在不同的操作系统上安装 Keras 的方法和步骤。

本章主要涉及的知识点如下。

- ❯ 使用 Keras 的优势：为什么选择 Keras 作为深度学习库。
- ❯ 基于 Windows 系统进行安装：如何在 Windows 10 系统下安装 Keras。
- ❯ 基于 Ubuntu 系统进行安装：如何在 Ubuntu 16.04 LTS 系统下安装 Keras。

1.1　为什么要选择 Keras

Keras 是一个对新手友好的深度学习框架，其设计理念就是简单易用，支持新手快速实现想法并支持高效的设计实验以验证想法，免去了大量重复性工作。

（1）作为一个高层深度学习框架，Keras 能够在多种不同的底层张量库上作为前端运行，而上述张量库则作为后端负责实际的运算处理。当前，Keras 支持 3 种主流的张量库作为后端——TensorFlow、CNTK 及 Theano。这一特性使得 Keras 具有广阔的应用场景、强大的生命力。

（2）Keras 具有良好的可扩展性。由于 Keras 具有良好的模块化设计、用户友好的接口规范等特点，使用 Keras 设计的网络层能够节约用户大量时间。相比于 TensorFlow 这样的底层张量库，由于许多基本运算需要通过代码重复实现，无疑增加了完成深度学习所需的时间。Keras 则将大量重复的工作抽象出来并预留接口，用户只需完成接口部分即可，从而大量节约了搭建深度学习模型的时间。

（3）Keras 对底层设备透明性也进行了考量。相较于手动分配硬件设备资源的方案，Keras 能够根据底层所采用的不同张量库（如 TensorFlow 或 CNTK），采用不同的资源使用方案，并且能够使用最简洁的代码实现设备资源的最大化利用（如 Keras 支持 CPU 和 GPU 的无缝运行，也能以最简单的方式支持多 GPU 并行）。

总而言之，Keras 作为十分注重用户体验的深度学习框架，能够以较为平缓的学习曲线、十分全面而不失简约的设计理念，缓解新手对于初次学习深度学习相关技术的畏难情绪，而且在满足高阶模型设计需求时兼顾了模型的开发设计效率，从而大大节约了模型的开发成本。因此，Keras 是学习深度学习相关技术时一个不可或缺的起点。

1.2　基于 Windows10 系统的安装与配置

对于 Keras 和深度学习而言，其运算过程往往基于大规模矩阵运算，而使用 CPU 进行此类运算，由于无法充分并行化，效率较低、耗时较长，因此最重要的是使用 GPU 加速计算过程。在继续阅读前，需要确认机器上确实拥有至少一张可用 NVIDIA GPU。假定读者已经拥有了一张 GPU，那么首先需要安装 NVIDIA 的框架 CUDA（Compute Unified Device Architecture，统一的计算设备架构）及 cuDNN，以发挥 GPU 强悍的运算能力。

在系统选择方面，对于硬件相对较旧的机器，Windows 7 系统或许是一个较好的选项；但是对于更多的当前的计算机而言，Windows 10 系统绝对是不二选择。

本节以 Windows 10 系统为例，演示在带有 GPU 的计算机上基于 Windows 10 平台安装 Keras 的过程。

1.2.1　安装 Visual Studio 2017 社区版

首先需要安装的是 Visual Studio 2017（以下简称 VS 2017），这是因为在安装 CUDA 的过程中需要使用对 Windows 操作系统支持良好的 VS 2017 的 C++编译器对 CUDA 源码进行编译。

VS 2017 支持并推荐在线安装，其在线安装器能够以模块化的方式只选择用户需要的组件进行最小化安装。这种安装方式可以避免无用的文件过多占用磁盘空间，但是在安装过程中必须保证全程联网。接下来介绍如何通过在线安装的方式安装 VS 2017 社区版。

1. 下载 VS 2017 社区版的在线安装器

VS 2017 社区版的在线安装器可以在微软的官网找到。在浏览器中输入网址并打开相关下载页面，如图 1.1 所示。

图 1.1　VS 2017 安装器下载页面

在图 1.1 所示页面中，单击 Visual Studio Community 2017（即 VS 2017社区版）栏中的"免费下载"按钮，将会弹出手动下载页面并启动下载工作，如图 1.2 所示。

图 1.2　VS 2017 安装器手动下载页面

　　一般情况下，VS 2017 安装器的下载工作会自动开始，否则读者可单击图 1.2 中的"单击此处重试"超链接，手动启动下载工作。

　　下载完成后即可得到相应的在线安装器，如图 1.3 所示。由于在线安装器的版本会随着微软的更新而产生变化，读者可能会得到不同版本的在线安装器，但是安装的步骤是一致的。

2．启动 VS 2017 社区版在线安装器安装相关组件

　　启动在线安装器，经过短暂的文件抽取过程，会弹出隐私许可对话框，如图 1.4 所示。

图 1.3　VS 2017 在线安装器 　　　　　　图 1.4　隐私许可对话框

　　单击"继续"按钮，等待安装程序完成相关安装准备工作，安装准备界面如图 1.5 所示。

图 1.5　安装准备界面

　　准备工作结束后，会弹出安装选择界面，如图 1.6 所示。图 1.6 中标出的方框指示出必选的 C++ 开发组件所在位置。由于需要 C++ 编译器对 CUDA 源码进行编译，因此必须选择"使用 C++ 的桌面开发"选项。

图 1.6　安装选择界面

等待安装结束后，根据提示重启计算机，VS 2017 的安装就此完成。

3．检查 VS 2017 社区版是否安装成功

第一次打开 VS 2017 会要求登录，可以单击"以后再说"按钮来跳过登录和注册步骤，也可以免费注册微软的账号并登录 VS 2017 社区版。打开 VS 2017，可看到加载界面，如图 1.7 所示。

图 1.7　VS 2017 加载界面

加载完成后，会显示 VS 2017 主界面，如图 1.8 所示。如果没有任何错误提示，说明 VS 2017 已经被正确安装（图 1.8 所示为深色主题的 VS 2017 主界面，选择其他主题时界面颜色会有所不同）。

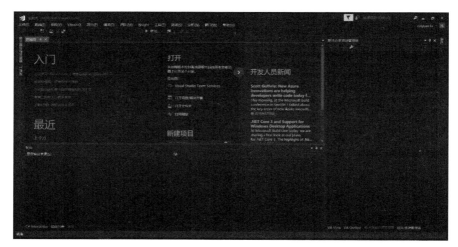

图 1.8　VS 2017 主界面

1.2.2　安装 CUDA

CUDA 是 NVIDIA 公司推出的一种基于 GPU 的并行计算架构。这种架构的核心理念是在保留原有 GPU 的核心功能（例如图形图像处理和渲染等）的基础上，借助于 GPU 高度并行化的硬件设计，使得大规模矩阵运算和浮点数运算高度并行化，从而产生相较于 CPU 高出数十倍甚至上百倍的计算速度。成倍提高的运算速度在大规模神经网络计算时能够最大限度地节省神经网络训练的时间。这也是建议读者在安装 Keras 前首先确保拥有至少一张可用 GPU 的重要原因。

1. 下载 CUDA 安装程序

NVIDIA CUDA 的安装程序可以在 NVIDIA 官网中找到，如图 1.9 所示。图中的方框指示下载链接所在位置。

在图 1.9 中单击 Download Now 按钮，跳转至 CUDA 的最新版本——CUDA 9.1 下载页面，如图 1.10 所示。

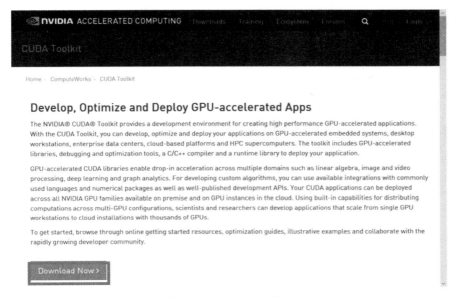

图 1.9　CUDA 安装程序

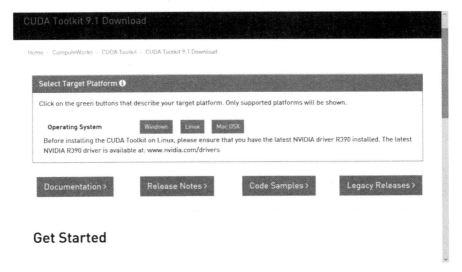

图 1.10　CUDA 9.1 下载页面

打开图 1.10 所示页面后，可根据需要选择不同版本的安装程序进行下载并安装。如图 1.11 所示，依次单击页面中的 Windows 按钮→x86_64 按钮→10 按钮→exe (local)按钮。

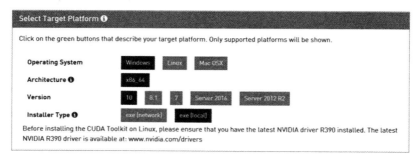

图 1.11　下载 CUDA 单击按钮图示

　　打开 CUDA 安装包的下载页面，如图 1.12 所示。其中，Base Installer 是 CUDA 程序的核心安装包，而 Patch 是为 Base Installer 提供的补丁。CUDA 安装程序会根据需要选择性地提供 Patch 安装程序，即多数情况下 NVIDIA 不会提供 Patch 安装包。Patch 通常会修复 Base Installer 中的一些 bug 并提供部分计算优化功能，如果读者看到 NVIDIA 页面提供了 Patch 的下载链接，笔者建议最好全部下载安装。

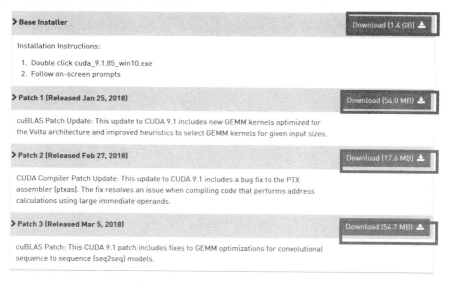

图 1.12　CUDA 安装包下载页面

图 1.12 中的方框指示了 Base Installer 和 Patch 安装包对应的下载链接。

依次单击 Download 按钮，下载 Base Installer
和 Patch 安装包。为了便于区分不同安装包，
笔者对下载好的安装包进行了重命名，其中
没有 Patch 字样的就是 Base Installer，如
图 1.13 所示。

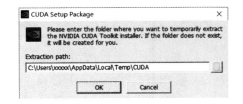

图 1.13　下载安装包一览

2. 安装 CUDA

安装 CUDA 首先需要从安装 Base Installer 开始。执行图 1.13 中的
cuda_9.1.85_win10.exe 文件，选择抽取文件路径，如图 1.14 所示。

在 Extraction path 框中会显示默认产生的依据用户名得到的路径，一般
根据系统配置的不同而不同。通常只需使用默认路径即可。指定路径后，单
击 OK 按钮，开始抽取文件，如图 1.15 所示。

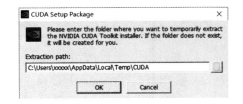

图 1.14　选择抽取文件路径

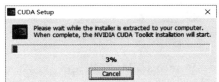

图 1.15　抽取文件

抽取完成后，安装程序正式启动，并进行系统兼容性检查（这一步骤主
要是检查系统环境的软件、硬件是否匹配）。由于预先安装好了 VS 2017，
并且拥有可用的 GPU 硬件，因此系统兼容性检查能够顺利通过。"检查系统
兼容性"界面如图 1.16 所示。兼容性检查通过后，会进入"NVIDIA 软件许
可协议"界面。根据安装程序的提示，单击"同意并继续"按钮，如图 1.17
所示。

图 1.16　"检查系统兼容性"界面

图 1.17　"NVIDIA 软件许可协议"界面

进入"安装选项"界面，如图 1.18 所示。通常情况下精简安装模式已能够满足训练神经网络的需求，因此选择"精简(E)（推荐）"选项，然后单击"下一步"按钮执行安装操作。

安装界面如图 1.19 所示。安装过程中可能会有数次闪屏，均为正常情况，只需耐心等待安装完成即可。

 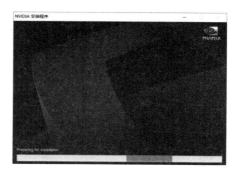

图 1.18　安装选项界面　　　　　　图 1.19　安装界面

Base Installer 安装完成后，如果 NVIDIA 官网提供了 Patch 安装包，则需按照 Patch 编号从小到大的顺序安装 Patch，因为 Patch 的发布往往遵循代码的迭代更新的过程，即新代码是基于前一个版本的代码修改添加而来的。由于 Patch 的安装过程与 Base Installer 的安装大同小异，此处不再赘述。

3. 检查 CUDA 安装情况

NVIDIA CUDA 安装程序会自动向系统中添加环境变量，在完成安装后，需要使新添加的环境变量生效，以检查安装情况。使环境变量生效的最简单直接的方法是重启计算机。下面介绍在 Windows 10 系统中可行的一种无需重启即可加载环境变量的办法。

对于 Windows 10 系统，在"开始"菜单旁的搜索功能中输入搜索命令 cmd 并配合相应操作即可加载环境变量。搜索功能的位置如图 1.20 中的方框所示。

图 1.20　搜索功能的位置示意图

然后在弹出的对话框中用鼠标右键单击"命令提示符"选项，在弹出的快捷菜单中选择"以管理员身份运行"命令，如图 1.21 所示。这一步是为了确保系统能够重新加载环境变量。由于配置的环境变量通常以文件形式存储在硬盘上，只在系统启动过程中加载一次，因此修改后的环境变量由于没有被系统加载而无法生效。只有以管理员的身份手动启动命令提示符，系统才会重新加载环境变量文件，从而载入新添加的环境变量，使得新的环境变量得以生效。

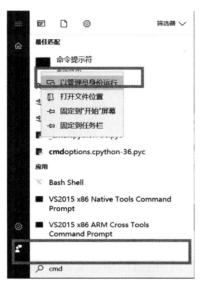

图 1.21　以管理员身份启动命令提示符

　　以管理员的身份启动命令提示符，将会打开命令提示符界面，如图 1.22 所示。

图 1.22　以管理员身份启动的命令提示符界面

　　通过手动加载环境变量或者重启加载环境变量后，即可检查 CUDA 的安装情况。以先前打开的命令提示符界面为基础，输入以下命令（注意大小写），会打印出已安装的 CUDA 信息，如图 1.23 所示。

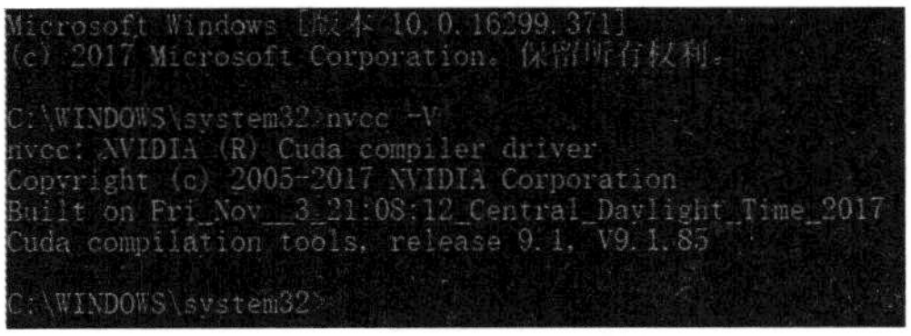

图 1.23　打印 CUDA 信息

```
nvcc -V
```

如果输出 CUDA 信息过程中没有报错，并且正确输出了 CUDA 版本，则说明 CUDA 安装完成。

1.2.3　安装 cuDNN

cuDNN（The NVIDIA CUDA® Deep Neural Network library）是 NVIDIA 公司针对深度学习推出的一种基于 GPU 的加速方案，能够有效提高通过 GPU 进行深度学习的计算效率，因此 cuDNN 与 CUDA 可以说是相辅相成的一组套件。接下来将讲解 cuDNN 的安装过程。在安装之前，首先进入 NVIDIA 公司的官网页面，下载与 CUDA 版本对应的 cuDNN，然后才能进行后续安装。

注意：

下载 cuDNN 需要 NVIDIA 官方账号，需要注册（免费）后才可下载。

如图 1.24 展示了不同的 cuDNN 的版本，针对当前的系统，应当选择 cuDNN v7.1.4 Library for Windows 10 这一版本的 cuDNN。下载完成后，得到如图 1.25 所示的压缩包。

cuDNN v7.1.4 Library for Linux

cuDNN v7.1.4 Library for Linux (Power8/Power9)

cuDNN v7.1.4 Library for Windows 7

cuDNN v7.1.4 Library for Windows 10

cuDNN v7.1.4 Library for OSX

cuDNN v7.1.4 Runtime Library for Ubuntu16.04 (Deb)

cuDNN v7.1.4 Developer Library for Ubuntu16.04 (Deb)

cuDNN v7.1.4 Code Samples and User Guide for Ubuntu16.04 (Deb)

cuDNN v7.1.4 Runtime Library for Ubuntu16.04 & Power8 (Deb)

cuDNN v7.1.4 Developer Library for Ubuntu16.04 & Power8 (Deb)

cuDNN v7.1.4 Code Samples and User Guide for Ubuntu16.04 & Power8 (Deb)

cuDNN v7.1.4 Runtime Library for Ubuntu14.04 (Deb)

cuDNN v7.1.4 Developer Library for Ubuntu14.04 (Deb)

cuDNN v7.1.4 Code Samples and User Guide for Ubuntu14.04 (Deb)

图 1.24　选择 cuDNN 信息

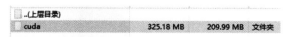

| ..(上层目录) | | | |
| cuda | 325.18 MB | 209.99 MB | 文件夹 |

图 1.25　cuDNN 压缩包

将压缩包中的 cuda 文件夹中的所有文件复制到 CUDA 的安装目录下，覆盖原有的文件，即可成功安装 cuDNN。其中 CUDA 的安装目录可以在系统的"环境变量(S)"界面（见图 1.26）中找到，图中 CUDA_PATH 变量的值即为系统中 CUDA 的安装目录。

图 1.26　"环境变量"界面

1.2.4　安装 Anaconda

Anaconda 是一个集成的 Python 安装包，能够一次性安装上千个科学计算相关的 Python 库，可避免手动逐个安装的烦琐和安装失败的风险。首先，进入 Anaconda 官网的下载页面，然后下载 Windows 10 系统对应的 Python 3.6-64bit 版本，如图 1.27 所示。

图 1.27　Anaconda 下载页面

下载完成后得到安装包，本书以 Anaconda3 5.1.0(64-bit)的安装包为例演示安装过程。运行安装包文件，进入安装界面，如图 1.28 所示。

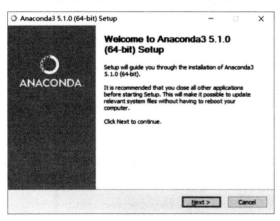

图 1.28　Anaconda 安装界面

然后单击 Next 按钮，进入 License Agreement 界面，单击 I Agree 按钮，如图 1.29 所示。进入 Select Installation Type 界面，如图 1.30 所示。此界面中需要在两种不同的安装类型中进行选择。

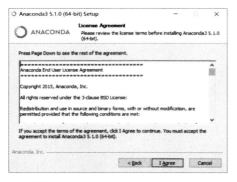

图 1.29　License Agreement 界面　　　图 1.30　Select Installation Type 界面

第一种安装类型：Just Me(recommended)是将安装程序的路径添加到用户的环境变量中。在多用户系统（例如 Windows10、Linux 等）中，当且仅当该用户登录时才能访问该安装程序，因此这种模式更为安全，适用于多人共同使用的系统中。

第二种安装类型：All Users(requires admin privileges)是将安装程序的路径添加到系统的环境变量中，任何一位用户登录系统都可以访问到安装的 Anaconda。

在工作和生产环境中，由于服务器往往由多人共用，因此建议选择第一种安装类型，以避免环境之间互相干扰。对于个人计算机或确定不会出现环境冲突的多人系统，则可以选择第二种安装类型。

选择安装类型后，进入如图 1.31 所示的 Choose Install Location 界面进行安装路径的指定，此处采用了安装程序默认的安装路径。自定义好路径后，单击 Next 按钮。

进入 Advanced Installation Options 界面（见图 1.32）后，需要特别注意图中方框标示的选项。该选项决定 Anaconda 是否将安装后的目录写入系统的环境变量中。在编写代码的过程中，为了保证在任意路径下均启动 Python 环境，应当将 Anaconda 及其 Python 环境的路径写入系统环境变量，因此需要勾选图 1.32 中方框标示出的选项。选择好后，单击 Install 按钮开始安装。

📢 注意：

在默认情况下，图 1.32 中方框标示的选项是没有被勾选的。

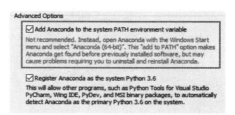

图 1.31　Choose Install Location 界面　　　图 1.32　Advanced Installation Options 界面

　　安装完成后，需要检查 Anaconda 的安装路径是否已经写入了系统环境变量。在环境变量编辑器中的 Path 变量的值中应该存在 Python 及 Anaconda 的安装目录。由于在图 1.30 所示 Select Installation Type 界面中选择了 All Users (requires admin privileges)的安装类型，因此在"系统变量"界面（见图 1.33）的 Path 变量中可以找到相关的安装路径。

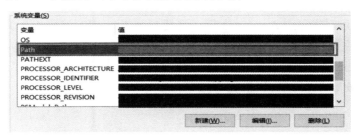

图 1.33　"系统变量"界面中 Path 变量位置示意图

　　如果读者在图 1.30 所示界面选择的安装类型为 Just Me(recommended)，则必须在"用户变量"界面（见图 1.34）的 Path 变量中寻找相关的安装路径。图 1.35 展示了读者需要检查的安装后应当存在的环境变量的具体条目。

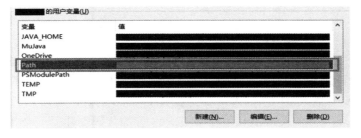

图 1.34　"用户变量"界面中 Path 变量位置示意图

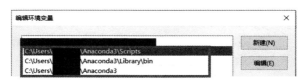

图 1.35　安装 Anaconda 所需检查的环境变量

检查环境变量无误后，加载系统环境变量，然后打开控制台输入以下指令。

```
python -V
```

如果出现类似图 1.36 所示情况则表示安装成功，如图 1.36 所示。

图 1.36　检查 Anaconda 的安装情况

1.2.5　安装 TensorFlow

检查并安装完成 Anaconda 后，需要安装 TensorFlow 库作为 Keras 的计算后端。在确保计算机联网状态下，在控制台使用 pip 安装相应的库。这里选择了 Keras 默认支持的 TensorFlow 作为 Keras 运行的后端。打开控制台，使用 pip 安装 TensorFlow 的命令如下。

```
pip install TensorFlow-gpu
```

输入安装命令，等待下载安装完成后，在控制台输入如下命令以检查安装情况。其中>>>开头的行代表输入的是代码，而非>>>开头的行代表输入的是命令，其结果如图 1.37 所示。

```
01  python
02  >>> import TensorFlow as tf
03  >>> hello = tf.constant('hello world')
04  >>> with tf.Session() as sess:
05  >>>     output = sess.run(hello)
06  >>>     print(output)
```

下面详细解释上述代码的作用以及图 1.37 中应当输出的预期结果。首先，在控制台输入 01 的 python 命令打开 Python 的代码环境。02 行的代码在 Python 环境下引入了 TensorFlow 库。03 行的代码创建了一个 TensorFlow 的字符串常量，并使用变量 hello 进行记录。04 行的代码使用了 Python 中的

with 语句创建了一个 TensorFlow 的会话，并使用变量 sess 进行记录。05 行
调用 sess 的 run 方法运行会话并用变量 output 记录结果。06 行输出结果。

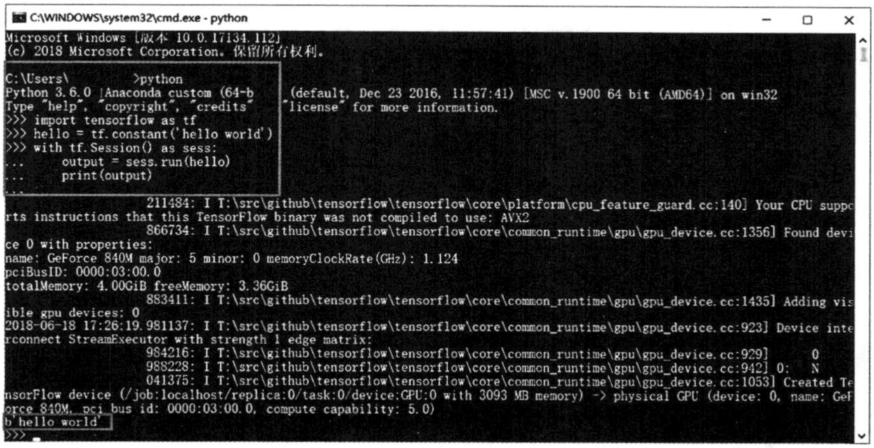

图 1.37　检查 TensorFlow 安装结果

🔊 **注意：**

> Python 语言中没有大括号，因此代码中使用英文半角冒号表示 with 语句作用域的
> 开始，并使用缩进 4 个空格来表示 with 语句中的嵌套结构。with 语句能够自动管
> 理资源，离开 with 语句的作用域后，会话资源会被自动释放。

图 1.37 中的方框标示出了需要输入的代码部分及运行结果。中间未标
出的部分为 TensorFlow 输出的硬件设备信息。如果安装正确，则应该输出
正确的设备信息，以及图 1.37 左下角方框所示的字符串。

1.2.6　安装 Keras

检查并安装完成 TensorFlow 后，就可以通过 pip 安装 Keras 了。在联网
状态下，通过控制台输入如下命令即可安装 Keras。

```
pip install keras
```

安装完成后，输入如下命令检查 Keras 的安装情况。

```
01  python
02  >>> import keras
```

如果安装正确，则会输出 Keras 正在使用的后端库的名称。以笔者的计
算机为例，输出为 Using TensorFlow backend，如图 1.38 所示。

图 1.38　检查 Keras 安装情况

1.3　基于 Ubuntu 16.04 LTS 系统的安装与配置

　　Linux 系统是许多企业、实验室及工程师的标配系统。与 Windows 系统不同的是，Linux 系统由于强大开源社区的开发力量及灵活的命令行支持，能够将许多烦琐的重复性任务自动化执行，因此得到了专业用户的青睐。

　　在 1.2 节中演示了如何安装最新版本的 CUDA/cuDNN 及 Keras，本节将展示如何安装相对较旧版本的驱动程序，并在此基础上安装 Keras。在企业或实验室中，为了确保系统及产品的稳定性，库版本的更新往往十分缓慢，并且更新周期格外漫长，因此读者有必要了解安装较旧版本的驱动及相关库的方法。需要新版本的读者，也可以参照下面介绍的安装步骤安装新版本。

1.3.1　安装 NVIDIA 驱动

　　对于默认的 Ubuntu 16.04 LTS 系统而言，使用的 GPU 驱动并不能满足需求，因此首先在终端中执行如下命令，更新系统的应用列表。

```
sudo apt-get update
```

　　更新应用列表后，可以在 Ubuntu 的图形界面中安装 NVIDIA 驱动。首先按键盘上的 Windows 徽标键，打开菜单，如图 1.39 所示。

图 1.39　Ubuntu 菜单界面

然后按照下列步骤进行操作。

（1）在图 1.39 中的搜索框中输入 additionaldrivers 并打开。

（2）选择其中的"附加驱动"选项。

（3）选择与 GPU 适配的 NVIDIA 驱动。

（4）单击"应用更改"按钮开始安装过程。

以笔者的计算机为例，与 GPU 适配的驱动安装选项为 using nvidia binary drivers(375)。安装过程可能会失败，只需按照上述流程多安装几次即可。安装完成后，需重启计算机以确保驱动被正确加载。

1.3.2　降低 GCC 编译器的版本

由于较低版本的 CUDA 不支持 GCC 5.0 及以上版本的编译器，而 Ubuntu 16.04 LTS 及更高版本的系统默认的 GCC 编译器版本不低于 GCC 5.4，因此需要在安装 CUDA 及 cuDNN 前降低 GCC 版本以适配对编译器的相关要求。降低 GCC 版本需要在终端输入如下命令。

```
01  sudo apt-get install g++-4.9
02  sudo update-alternatives --install /usr/bin/gcc gcc
    /usr/bin/gcc-4.9 20
03  sudo update-alternatives --install /usr/bin/gcc gcc
    /usr/bin/gcc-5 10
04  sudo update-alternatives --install /usr/bin/g++ g++
    /usr/bin/g++-4.9 20
05  sudo update-alternatives --install /usr/bin/g++ g++
    /usr/bin/g++-5 10
06  sudo update-alternatives --install /usr/bin/cc cc
    /usr/bin/gcc 30
07  sudo update-alternatives --set cc /usr/bin/gcc
08  sudo update-alternatives --install /usr/bin/c++ c++
    /usr/bin/g++ 30
09  sudo update-alternatives --set c++ /usr/bin/g++
```

上述命令安装了较低版本的编译器，并赋予低版本编译器较高的优先级，还指定了系统采用的 C 语言和 C++语言的编译器，从而达到了降低 GCC 版本的目的。

1.3.3　安装 CUDA 8.0

进入 NVIDIA 官网，下载指定版本的 CUDA 安装程序，如图 1.40 所示。

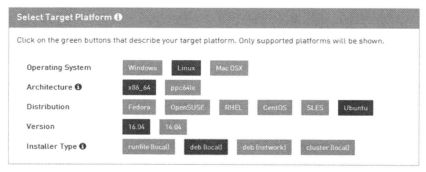

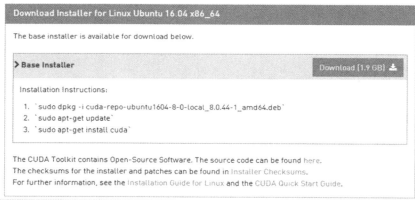

图 1.40　CUDA8.0 下载页面

以下载 cuda-repo-ubuntu1604-8-0-rc_8.0.27-1_amd64.deb 为例，下载完成后，在终端中进入安装包所在文件夹，然后执行以下命令，完成解压安装包并安装 CUDA 的过程。

```
01  sudo dpkg -i cuda-repo-ubuntu1604-8-0-rc_8.0.27-1_ amd64.
    deb                                      # 解压
02  sudo apt-get update                      # 更新应用列表
03  sudo apt-get install cuda                # 安装 CUDA
```

1.3.4　安装 cuDNN

完成 CUDA 安装后，需要根据 CUDA 的版本，在 NVIDIA 官网上选择与之对应的 cuDNN 版本下载并安装。以下载 cuDNNv6 为例，需要下载 CUDA 8.0 对应的 cuDNN 6.0，因此在官网下载得到的文件为 cudnn-8.0-linux-x64-v6.0.tgz。在终端中进入该文件所在文件夹，并输入以下命令，从而将 cuDNN 的文件复制到 CUDA 所在目录中以完成安装。

```
01  tar xvzf cudnn-8.0-linux-x64-v6.0.tgz            # 解压
02  sudo cp cuda/include/cudnn.h /usr/local/cuda/include
                                           # 复制到 include 中
03  sudo cp cuda/lib64/libcudnn* /usr/local/cuda/lib64
                                           # 复制到 lib64 中
04  sudo chmod a+r /usr/local/cuda/include/cudnn.h /usr/local/
    cuda/lib64/libcudnn*                    # 复制头文件
```

1.3.5　配置环境变量

为了使 CUDA 生效，还需要对系统的环境变量进行配置。为了确保系统环境不会相互干扰，建议读者只修改用户级别的环境变量。在终端中输入如下命令，打开存储环境变量的文件~/.bash_profile。

```
sudo gedit ~/.bash_profile              # 打开用户级环境变量
```

然后在该文件末尾加入 CUDA 的环境变量，最后保存并退出。CUDA 的环境变量如下。

```
01  exportLD_LIBRARY_PATH="$LD_LIBRARY_PATH:/usr/local/cuda/
    lib64:/usr/local/cuda/extras/CUPTI/lib64"
02  export CUDA_HOME=/usr/local/cuda
```

◀» 注意：

环境变量中只有两行，并且仅在 export 后有空格，不要引入多余的空格或换行，以免环境变量无效。

修改环境变量后，需要使用如下命令使被修改的环境变量生效。

```
source ~/.bash_profile                   # 使被修改的环境变量生效
```

完成环境变量的设置后，需要对环境变量的设置情况及 CUDA/cuDNN 的安装情况进行检查。首先通过如下命令打开 NVIDIA 设置界面，如图 1.41 所示。

```
nvidia-settings                          # 打开 NVIDIA 设置界面
```

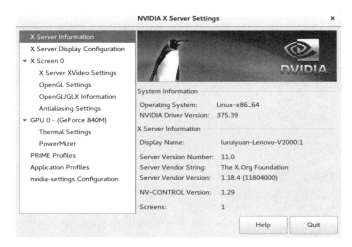

图 1.41 NVIDIA 设置界面

除此之外，还需要输入如下命令在终端中打印出 GPU 列表以确保驱动的正确安装。

```
nvidia-smi                                      # 打印 GPU 列表
```

图 1.42 GPU 列表

1.3.6 安装 Anaconda

完成环境变量的配置后，需要安装 Keras 所需的各种科学计算库。可以通过安装对应版本的 Anaconda 来一次性集成安装。由于版本不同，可以在 https://repo.continuum.io/archive/找到不同版本的 Anaconda 进行下载。以 Python3.5.2 为例，需要下载的安装包为 Anaconda3-4.2.0-Linux-x86_64.sh。

执行如下命令进行安装。

```
shAnaconda3-4.2.0-Linux-x86_64.sh    # 安装 Anaconda
```

安装过程中，可以使用 Anaconda 默认路径，也可以自定义安装路径。安装完成后，需要将安装 Anaconda 的路径加入到环境变量中并激活，使修改后的环境变量生效。修改的命令如下。

```
01  gedit ~/.bashrc                          # 打开记录环境变量的文件
02  export PATH=/home/安装路径/anaconda3/bin:$PATH  # 添加路径
03  source ~/.bashrc                         # 激活环境变量
```

通过上述步骤，Anaconda 就可以在终端直接访问，也就可以获得满足要求的 Python 环境了。通过在终端中输入 python 命令可以激活 Python 界面并检查安装情况，如图 1.43 所示。

图 1.43　检查 Anaconda 安装情况

1.3.7　安装 TensorFlow 与 Keras

经过上述的安装过程后，就可以使用 Anaconda 中已经安装的 pip 来安装所需的 TensorFlow 和 Keras 库了。在终端中输入如下命令，保持计算机联网状态，耐心等待安装完成即可。

```
pip install TensorFlow-gpu keras    # 安装 GPU 版本的 TensorFlow
                                        和 Keras
```

📢 注意：

> 使用 pip 安装时，由于 TensorFlow 是 Keras 所需的底层库，因此必须先安装 TensorFlow 再安装 Keras（注意命令中二者的顺序关系），否则可能会自动安装其他 Keras 支持的底层库。

安装完成后，在终端中输入如下命令以检查安装情况。

```
python -c "import keras"
```

如果安装正确，则应该输出 Keras 当前采用的后端库的信息 Using TensorFlow backend、设备信息、CUDA 信息，以及加载情况。不同版本的输出信息略有不同，只要未报错，均为安装正常。以笔者的计算机为例，其输出如图 1.44 所示。

图 1.44　TensorFlow 和 Keras 安装情况

1.4　本章小结

　　本章结合步骤说明及图解，详细展示了在不同的操作系统下安装 Keras 的完整步骤。看完本章，读者已能够在一台有显卡的计算机上自行安装 Keras，并为后续的学习打下良好的环境配置基础。通过本章的学习，读者还能够简单了解不同操作系统中环境变量的作用及其配置方法。通过在 Ubuntu 系统中的安装过程，读者能够简单地了解命令行的部分深入用法，并且能够更加灵活地配置系统环境。

　　下一章将步入数据处理的大门，为读者展示通过 Python 强大的科学计算工具如何高效、快捷地完成计算任务。

第2章 Python 数据相关编程入门

在解决现实问题时，数据工程师面对的真实世界的数据往往不能满足其模型处理的各种要求。由于数据采集渠道的多样性，不同渠道获取的数据可能拥有不同的格式；由于数据信道可能有其他无关信息的叠加，采集到的数据可能包含大量噪声数据（例如：错误数据、干扰数据）。由于模型对数据拟合的偏差，一些特定类别的数据可能难以满足当前模型的需要，因此需要做数据修正或扩增。

由于上述诸多原因，本章将为读者简述数据处理相关的编程方法与技巧，并对 Python 语言中的特点进行简要介绍，便于读者在数据处理时灵活选择需要的语言特性，节约数据处理的时间和精力。

本章主要涉及的知识点如下。

- ↘ Python 中常用的数据结构及其使用方法。
- ↘ 如何借助数据过滤方法筛选数据？
- ↘ 对象的迭代与迭代器的使用。
- ↘ 使用生成器优化代码的方法。
- ↘ 如何使用 Python 的各种推导式简化代码？

2.1 Python 常用数据结构

使用 Python 处理数据，首先需要对 Python 中常用的数据存储和操作方法进行简要的了解。本节主要介绍 Python 中十分常用的数据结构，包括列表（list）、数组（array）、元组（tuple）、集合（set）及字典（dict）。上述数据结构是 Python 中内置的数据结构，通过灵活组合这些数据结构，可以完成许多基本的数据处理任务。

2.1.1 列表 list 的创建和基本用法

列表是一种非常常用的 Python 数据结构，由于列表本身的长度可变并且能够容纳任意类型的数据，因此列表常常被作为 Python 中数组的替代者得到广泛使用。如下代码展示了列表作为一种长度可变，并且用途广泛的数据结构，能够容纳不同类型数据这一特点。其中特别需要注意的是第 03 行，列表 c 本身容纳了列表。其中#的位置表示注释开始的位置，对于代码的执行不受影响。代码的运行结果如图 2.1 所示。

```
01  >>> a = []                        # a 是一个空列表
02  >>> b = [1, 2, 3, 4]              # b 是一个只有整数的列表
03  >>> c = [1, 12.4, "This is fantastic!", b]
                                      # c 是一个包含不同类型数据的列表
04  >>> # 打印输出上述 3 个列表
05  >>> print("a =", a)
06  >>> print("b =", b)
07  >>> print("c =", c)
```

图 2.1　列表容纳不同数据类型演示

将所需的元素装入列表后，往往还需要按需取用。列表对象提供了索引，用于快速选择所需的内容。

📢 **注意：**

> Python 中列表的正向索引值从 0 开始，这是出于对计算机体系结构的考量以提高效率而进行的决定。对计算机体系结构的讨论超出了本书的范畴，感兴趣的读者可自行学习相关知识。

另外，Python 的列表也支持负数索引，用于表示逆向索引（从后向前索引）。下面的代码为读者演示了如何使用正向和逆向索引选择所需的元素值的过程。其输出结果如图 2.2 所示。

```
01   >>> b = [1, 2, 3, 4]              # b 是一个只有整数的列表
02   >>> c = [1, 12.4, "This is fantastic!", b]
                                        # c 是一个包含不同类型数据的列表
03   >>>
04   >>> print(b[0], b[1])             # 选择 b 中前两个元素
05   >>> print(c[-1])                  # 选择 c 中最后一个元素
06   >>> print(c[-2][0])               # 选择 c 中倒数第 2 个元素的第一个
                                          元素：字母 T
```

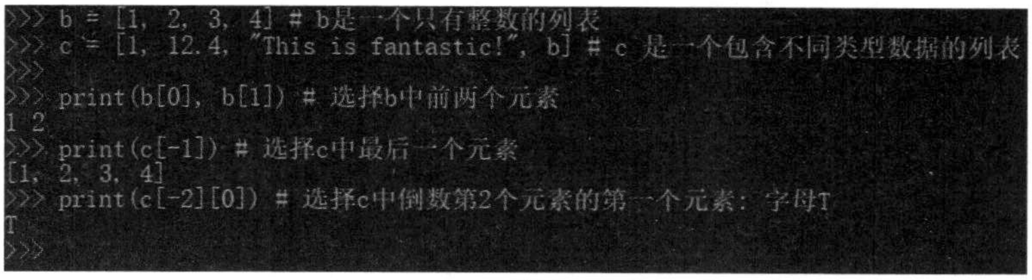

图 2.2　列表索引演示

上述代码中特别要说明的是第 06 行的代码。在 Python 中字符串也可以通过索引选择其中的字符。因此第 06 行的代码首先通过索引-2 选择了列表 c 中倒数第二项元素 "This is fantastic!"，然后通过索引 0 选择了该字符串中第一个元素，即字母 T。

2.1.2　列表的切片

在上一节的最后，展示了通过索引查找列表元素的方法。其中第 04 行完成的功能为选择列表 b 中的前两个元素。然而使用代码机械性地逐个枚举，在实际的项目中并不具有可扩展性。因此，Python 的索引机制提供了一种被称为"切片"的高级索引技术，该技术通过将索引用冒号隔开，并且结合不同的写法，能够灵活地满足各种元素选择的需要。

下面的代码为读者演示了不同的切片技术以及切片后产生的输出，如图 2.3 所示。读者可以根据需要自行扩展并使用。

```
01   >>> b = [1, 2, 3, 4]              # b 是一个只有整数的列表
02   >>> c = [1, 12.4, "This is fantastic!", b]
                                        # c 是一个包含不同类型数据的列表
03   >>> print(b[:2])                  # 选择 b 中前两个元素
04   >>> print(b[2:])                  # 选择 b 中后两个元素
05   >>> print(c[1::2])                # 选择 c 中索引为奇数的元素
06   >>> print(c[::2])                 # 选择 c 中索引为偶数的元素
```

图 2.3　列表切片演示

📢 **注意：**

> 切片中需要特别注意切片的起始索引和终止索引对列表中元素选择的影响。由图 2.3 中的输出不难发现，切片操作的索引值满足"左闭右开"特性。即切片的左侧索引（即起始索引）默认值为 0，并且该索引值对应的元素会被包含在切片的结果中，与此相反的是，切片的右侧索引（即终止索引）是不包含在切片结果中的。

以上述代码的第 03 行为例，起始索引未指定时默认为 0，终止索引为 2 时，切片操作选择的元素为索引为 0 和索引为 1 的元素，其索引均小于 2 且大于等于 0。上述代码的第 04 行则是起始索引指定为 2，而未指定终止索引。在默认情况下，终止索引的值为列表的长度。因此第 04 行的代码选择了列表 b 中从索引为 2 的元素（即列表 b 中的第 3 个元素）开始，到最后一个元素结束的所有元素作为切片的结果。

除此之外，列表的索引中还引入了步长的概念以便进行更加灵活的元素选择。步长通常以切片中第 3 个元素的形式出现。在默认情况下，切片的步长均为 1（例如上述代码中第 03 行和第 04 行均未指定步长的情况）。

以上述代码的第 05 行代码为例，通过指定切片的起始索引为 1，结合索引"左闭右开"的特性，去除了列表中的第 1 个元素，然后通过指定切片的步长为 2，完成了切片选择时跨越定长个数进行元素选择的功能。因此，第 05 行的代码能够选择下标为奇数的元素。又由于起始索引的默认值为 0，因此同样是跨越 2 个元素进行切片，第 06 行的代码完成的功能与第 05 行恰好互补，即选择索引值为偶数的元素进行切片。

📢 **注意：**

> 列表的切片中索引的左闭右开特性在 Python 的索引操作中是广泛适用的，因此在进行索引计算时要注意闭区间和开区间的区别。

列表切片另一个常见的作用是对列表进行复制和翻转。由于切片操作简洁高效的特点，简单列表元素的复制和翻转常常也通过切片操作完成。下面的代码展示了如何通过列表的切片操作复制以及翻转列表。

🔊 注意：

> 切片后的结果虽然和原先的列表相比包含相同的元素，但是二者是不同的列表对象。

换言之，在其中一个列表（如结果列表）上进行的修改不会影响另一个列表（如原先的列表）中的内容。其输出如图 2.4 所示。

```
01   >>> b = [1, 2, 3, 4]           # b 是一个只有整数的列表
02   >>> b_dup = b[:]               # 复制列表 b
03   >>> b_rev = b[::-1]            # 翻转列表 b
04   >>>
05   >>> print(b_dup)              # 打印复制的列表
06   >>> print(b_rev)              # 打印翻转的列表
07   >>>
08   >>> print(b is b_dup)
09   >>> print(id(b), id(b_dup))   # 打印列表对象的 id
10   >>> print(b == b_dup)
```

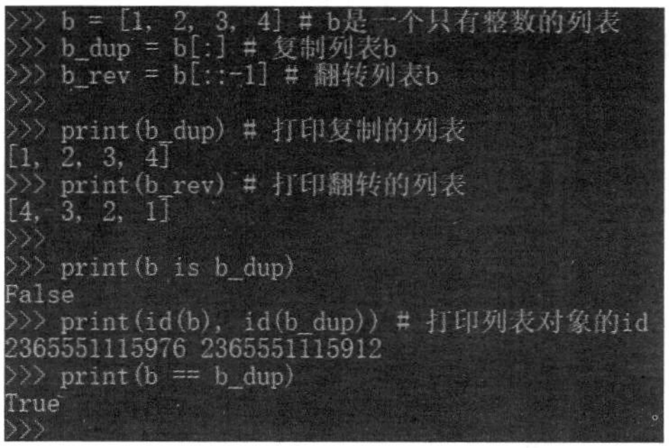

图 2.4　借助列表切片进行复制和翻转

上述代码中，第 02 行和第 03 行分别通过切片操作中不同索引的默认值，来实现对整个列表中的元素进行操作的功能。具体而言：b[:]=b[0:len(b)]，b[::-1]=b[0:len(b):-1]，其中 len 为内置函数，返回列表的长度。由于第 03 行中指定的步长为-1，因此切片后的整个列表中元素值顺序与原先的列表中元素值顺序相反，从而实现了翻转列表的功能。

上述代码中第 08 至第 10 行的代码演示了切片后，即使列表中的内容一致，产生的两个列表也不是同一个列表这一重要特性。第 08 行的代码引入了 is 操作符，这一操作符用于判断两个不同的变量所指的对象是否是同一个对象。第 10 行的代码通过等号操作符比较了列表 b 和列表 b_dup 内容上

的相等性。

通过图 2.4 的输出不难看出，变量 b 和变量 b_dup 均为列表，由于 b 和 b_dup 中包含的内容完全相等，因此第 10 行通过等号比较可以得出二者相等的结论。但是由于切片操作生成新的列表并返回新生成的列表，因此第 08 行的判断结果为 False。在实质上，is 操作符比较的是两个不同的 Python 对象的 id 是否相等。通过 Python 的内置函数 id 可以查看对象的这一属性。上述代码第 09 行即打印了二者的 id 属性。

通过图 2.4 可以看出，列表 b 和列表 b_dup 虽然均为列表，并且包含相同的元素，但是二者 id 不同，因此二者不是同一个列表。

2.1.3 列表元素的动态添加

由于现实需求的复杂性，有时并不能事先估算出列表中元素值的数目，因此需要动态改变列表的大小；在某些情况下，可能需要对列表中特定元素值的统计特征进行考量；在预先知道列表中元素的取值但不知道索引的情况下，可能需要通过元素内容获得元素的索引；在一些情况下，根据不同的需求，元素值的顺序需要依据特定的规则进行重排。因此列表本身提供了一些内置的方法以完成上述功能。本节的余下部分主要分别展示列表的各种内置方法及其用法。

在运行时刻向列表中动态地添加元素是一种十分常用的修改列表的方法。动态添加元素有如下几种内置方法：append 方法、extend 方法、insert 方法，以及使用加号的方法。

以下代码演示了向列表中动态添加元素的方法，结果如图 2.5 所示，接着将会对各种添加方法的使用进行说明。首先，append 方法用于向列表的尾部添加元素，其可接收的参数为带添加的元素。如代码的第 02 行所示。append 方法不会对传入的参数进行任何处理，而是直接将其加入到原始列表的末尾。

```
01  >>> a = [1, 2, 3]
02  >>> a.append(4)                  # 向 a 的末尾添加 4
03  >>> print(a)
04  >>> b = ["1 in b", "2 in b", "3 in b"]
                                      # b 是一个由字符串构成的列表
05  >>> a.append(b)                  # 将 b 整体加入到 a 中
06  >>> print(a)
```

```
07   >>> a.extend(b)                    # 将b中的元素加入到a中
08   >>> print(a)
09   >>> c = b + b
10   >>> print(c)
11   >>> c.insert(1,0)
12   >>> print(c)
```

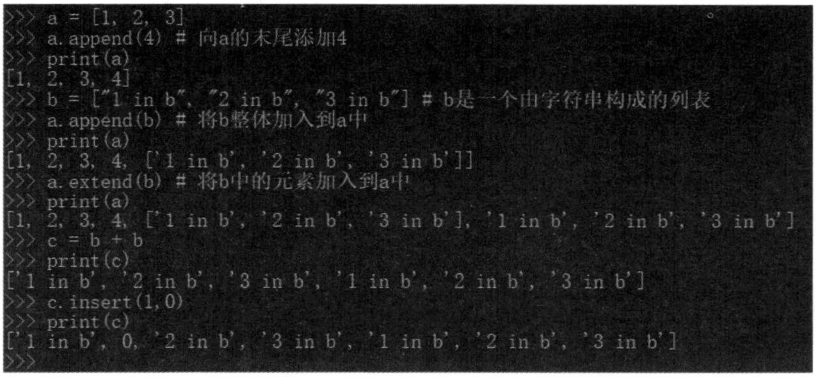

```
>>> a = [1, 2, 3]
>>> a.append(4) # 向a的末尾添加4
>>> print(a)
[1, 2, 3, 4]
>>> b = ["1 in b", "2 in b", "3 in b"] # b是一个由字符串构成的列表
>>> a.append(b) # 将b整体加入到a中
>>> print(a)
[1, 2, 3, 4, ['1 in b', '2 in b', '3 in b']]
>>> a.extend(b) # 将b中的元素加入到a中
>>> print(a)
[1, 2, 3, 4, ['1 in b', '2 in b', '3 in b'], '1 in b', '2 in b', '3 in b']
>>> c = b + b
>>> print(c)
['1 in b', '2 in b', '3 in b', '1 in b', '2 in b', '3 in b']
>>> c.insert(1,0)
>>> print(c)
['1 in b', 0, '2 in b', '3 in b', '1 in b', '2 in b', '3 in b']
>>>
```

图 2.5　向列表中动态添加元素

与之形成对比的是列表对象内置的 extend 方法。extend 方法可以理解为能够一次性添加多个元素的 append 方法。因此，extend 方法会从传入的变量中逐个取得其中的元素，然后将这些元素加入到原始的列表中。因此，extend 方法所要求的参数必须是类似于列表的可迭代的对象。如上述代码中的 04 行所示，笔者的例子中传入的就是另一个列表 b，而从图 2.5 的输出可以看出，列表 b 中的元素被 extend 方法按照 b 中的原始顺序，逐个添加到了列表 a 中。

📝 提示：

列表对象也支持使用加号添加元素，使用加号的效果与调用 extend 的效果是等价的，例如上述代码中的第 09 行，通过加号将列表 b 中的元素再次添加到列表 b 中，相当于复制并扩充了原有列表的内容。

最后一种向列表中添加元素的方法，是传入指定的索引位置和需要插入的元素，通过 insert 方法插入到列表中的指定索引的方法。当使用 insert 方法时，第 1 个参数是待传入的索引，第 2 个参数是待插入的元素。插入时，索引开始的原有元素会向后移动，然后再将待插入元素插入到索引所指示的位置。例如，上述代码的第 11 行，向列表 c 中索引为 1 的位置插入了数字 0，则原先索引大于等于 1 的元素会向后移动，然后将数字 0 插入到索引为 1 的位置。其输出结果如图 2.5 所示。

2.1.4 列表元素的动态删除

除了前述的元素动态添加，程序执行过程中对元素的动态删除也是一个十分常见的需求。常用的删除列表中元素的方法有 3 种：clear、pop 和 remove 方法。下面将分别介绍 3 种方法的功能并给出示例。

（1）clear 方法。此方法将列表元素值清空，使得原始列表成为空列表。代码示例如下，结果如图 2.6 所示。

```
01  >>> a = [1, 2, 3]
02  >>> b = [1, 2, 3]
03  >>> print('original a =', a)
04  >>> print('original b =', b)
05  >>> a.clear()                      # 调用 clear 方法
06  >>> b = []                         # 与 clear 方法等价的做法
07  >>> print('cleared a =', a)
08  >>> print('cleared b =', b)
```

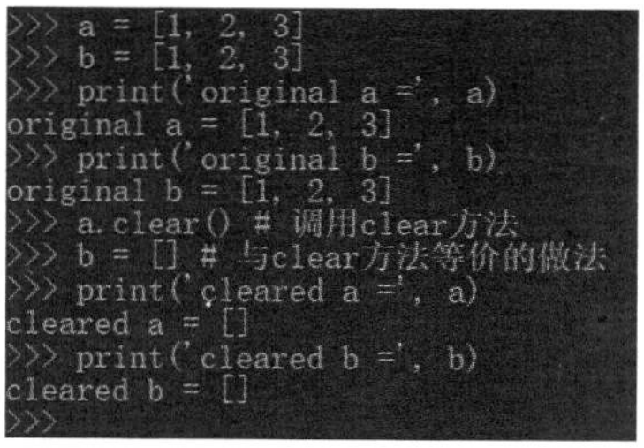

图 2.6   使用 clear 方法删除元素

从图 2.6 的结果中可以看出，上述代码中第 05 行中，调用 clear 方法的功能是清空原有列表 a 中的元素。其作用与第 06 行中对 b 赋值一个新的空列表的做法相互等价。

（2）pop 方法。这种方法受到了堆栈的启发。类似于堆栈只允许从栈顶弹出元素的做法，pop 方法只允许从列表的尾部删除元素，并将被删除的元素作为该方法的返回值返回给用户。其代码示例如下。

```
01  >>> a = [1, 2, 3]
02  >>> print(a)                            # 输出删除前的列表 a
03  >>> pop_value = a.pop()                  # 调用 pop 方法
04  >>> print('pop value =', pop_value)      # 输出被删除的元素
05  >>> print(a)                            # 输出删除后的列表 a
```

上述代码中第 03 行调用了 pop 方法删除了 a 的末尾元素 3，因此 pop_value 记录的值为 3，并且列表 a 中只剩下前两个元素 1 和 2，如图 2.7 所示。除此之外，也可以在调用 pop 方法时传入索引，来删除指定位置的元素。

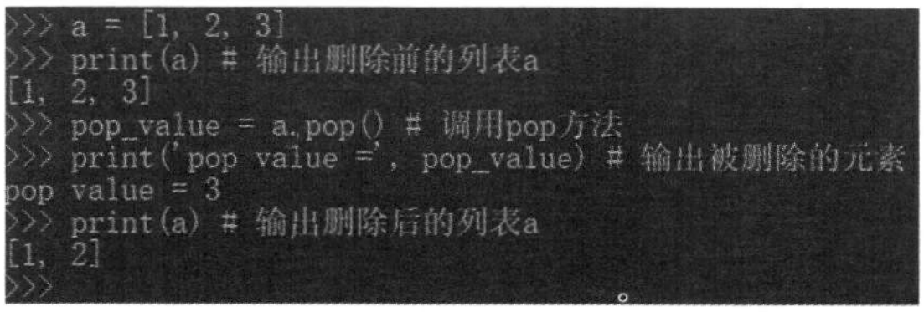

图 2.7　使用 pop 方法删除元素

（3）remove 方法。有一种常见的情况是，只知道元素值，而元素对应的索引未知，需要根据元素值删除列表中对应的元素。此时可借助于列表对象中内置的 remove 方法完成此功能。其示例代码如下，结果如图 2.8 所示。

```
01  >>> a = [0, 2, 1, 2, 3]
02  >>> print(a)              # 输出删除前的列表 a
03  >>> a.remove(2)           # 删除 2 第 1 次出现时的索引
04  >>> print(a)              # 输出删除 1 次后的列表 a
05  >>> a.remove(2)           # 删除 2 第 2 次出现时的索引
06  >>> print(a)              # 输出删除 2 第 2 次后的列表 a
```

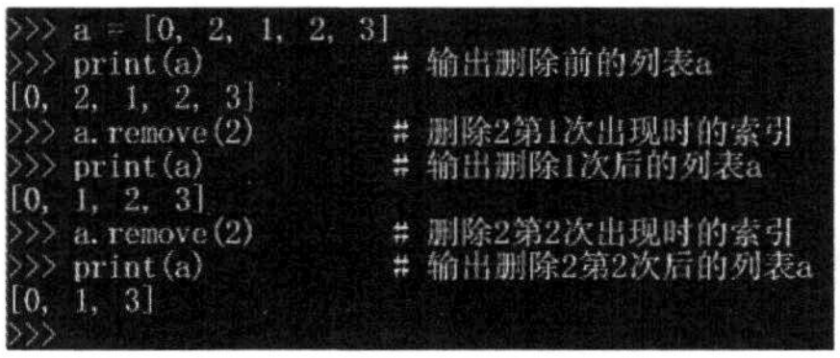

图 2.8　使用 remove 方法删除元素

需要特别说明的是，remove 方法在删除列表中重复出现的元素时只会删除第一个出现的元素。以上述代码中第 03 行为例，该行仅仅删除了列表中 0 和 1 之间的元素 2，而直到第 05 行再次调用 remove 方法后，才将列表中全部的元素 2 删除。

2.1.5　列表元素的查找、统计与排序

在处理实际数据的过程中，有时会存在索引值未知但是元素值已知的情况，此时需要通过列表中的元素值查找其对应的索引值。列表对象中的

index 方法就用于应对这种情况。该方法通过遍历列表，返回第一次出现所查找元素时对应的索引，从而实现上述功能。其示例代码如下，运行结果如图 2.9 所示。

```
01  >>> a = [0, 2, 1, 2, 3]
02  >>> print(a.index(2))              # 输出 2 第一次出现时的索引
```

图 2.9　使用 index 方法查找元素

另外一些情况下，可能需要对某个重复出现的元素值统计其出现的次数——即频数。列表对象内置的 count 方法可用于解决此类问题。其示例代码如下，输出结果如图 2.10 所示。

```
01  >>> a = [0, 2, 1, 2, 3]
02  >>> print(a)                       # 输出列表 a
03  >>> cnt = a.count(2)               # 2 出现的次数
04  >>> print(cnt)                      # 输出次数
```

对列表中的元素排序是一个常见的操作，列表对象内置的 sort 方法能够实现快速的原地排序。其中的参数 key 可以指定对每个待排序元素执行的操作，而另一个更常用的参数 reverse 则决定了是否进行逆序排序。其示例代码如下，结果如图 2.11 所示。

```
01  >>>  a = [0, 2, 1, 2, 3]
02  >>> print(a)                       # 输出列表 a
03  >>> a.sort()                        # 正序排序
04  >>> print(a)                       # 输出正序排序后的列表 a
05  >>>
06  >>> print(a)                       # 输出列表 a
07  >>> a.sort(reverse=True)           # 逆序排序
08  >>> print(a)                       # 输出逆序排序后的列表 a
```

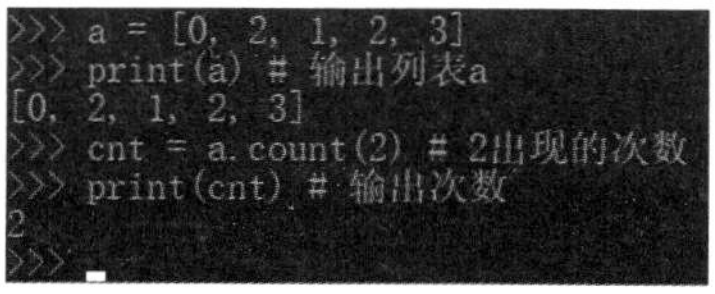

图 2.10　使用 count 方法统计元素频数 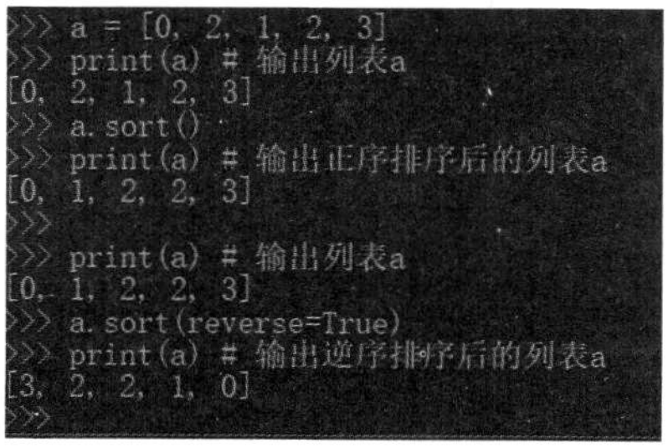　　　　图 2.11　使用内置 sort 方法实现排序

2.1.6　列表元素的原地复制和翻转

列表元素的排列在需要进行复制时，有两种不同的办法，一种是通过前文所述的切片的方式进行，另一种则是调用列表内置的 copy 方法。二者的结果是等价的。其代码示例如下，运行结果如图 2.12 所示。

```
01  >>> a = [0, 2, 1, 2, 3]
02  >>> b = a.copy()                # 将 a 的内容复制给 b
03  >>> c = a[:]                    # 等价于 copy 方法
04  >>> print(a is b)              # 判断 a 是否和 b 是同一个列表
05  >>> print(a == b)              # 判断 a 和 b 的内容是否相同
06  >>> print(a is c)              # 判断 a 是否和 c 是同一个列表
07  >>> print(a == c)              # 判断 a 和 c 的内容是否相同
08  >>> print(b is c)              # 判断 b 是否和 c 是同一个列表
```

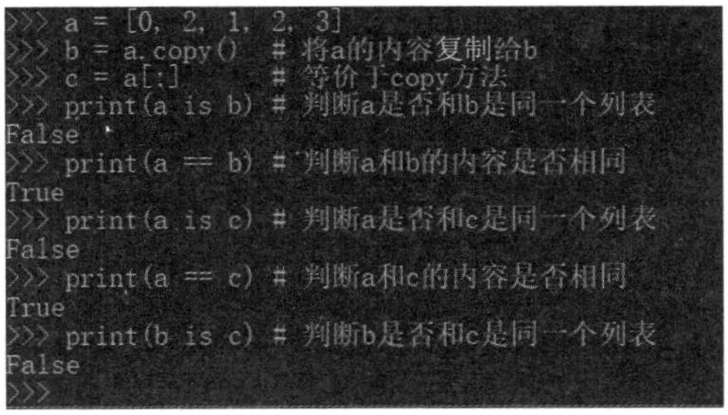

图 2.12　使用 copy 方法和切片实现列表复制

📢 注意：

> 列表对象在直接赋值时没有进行复制，只是复制了指向对象的引用，因此对于直接赋值的列表，在新列表上的改动也会影响原先的列表。

有时候对于数据处理并不需要进行烦琐的复制，只需进行列表的翻转即可。此时可通过切片操作产生新的翻转后的列表，也可以通过列表对象内置的 reverse 方法实现列表的原地翻转。其代码如下，运行结果如图 2.13 所示。可以看到，通过切片的方法翻转列表后，会产生新的列表；而调用列表对象内置的 reverse 方法进行翻转则为原地翻转，即不产生新的列表。

```
01  >>> a = [0, 2, 1, 2, 3]
02  >>> b = a[::-1]                 # 将 a 的内容翻转赋值给 b
03  >>> print(a)
04  >>> print(b)
05  >>> a.reverse()                # 翻转 a
```

```
06  >>> print(a)
07  >>> print(a == b)                    # 查看 a 和 b 是否相等
```

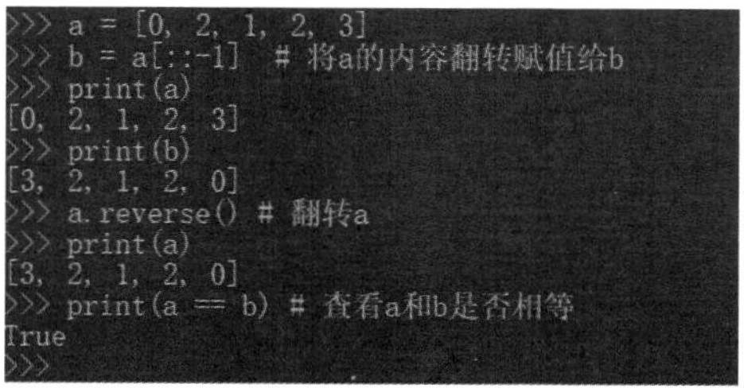

图 2.13   使用 reverse 方法和切片方法翻转列表

2.1.7   数组 array

前述 Python 中的列表是一种常见的按顺序存放对象的数据结构，但是由于其允许不同类型存在，因此在效率上有所牺牲。另一种按顺序存放数据的结构是 Python 中的 array 类型。这是一种更为紧凑高效的数据结构。这种数据结构与 2.1.1 节所述的列表有许多相似的性质，但是也有诸多重要的区别。

2.1.1 节曾讨论过列表的一个重要性质是可以容纳不同类型的元素。在 array 中则只允许存在单一类型的数据，这是由于 array 类型的底层实现直接由 C 语言数组实现导致的。由于其底层实现的原因，C 语言中对于数据类型的兼容也导致了 array 类型的兼容性。特别需要说明的是，创建 array 类型时需要引入 array 类型的库。

如下代码示例展示了双精度浮点数类型与整数类型的数据共存时，双精度类型对整数类型的兼容情况，如图 2.14 所示。其中第 03 行就是导入了 array 类型所需的库，只有导入库后才能正常使用。创建 array 时，必须指定 array 数组中元素的数据类型。例如，代码中第 04 行指定的参数 i，表明数组 arr_a 中元素均为整数（integer 类型），而 05 行中指定的类型参数 d，表明数组 arr_b 中元素均为双精度浮点型（double 类型）。

```
01  >>> a = [0, 2, 1, 2, 3]
02  >>> b = [0, 1.2, 3]
03  >>> from array import array         # 导入 array
04  >>> arr_a = array('i', a)           # 创建列表 a 对应的数组
05  >>> arr_b = array('d', b)           # 创建列表 b 对应的数组
06  >>> print(arr_a, arr_b)             # arr_b 体现了类型兼容性
```

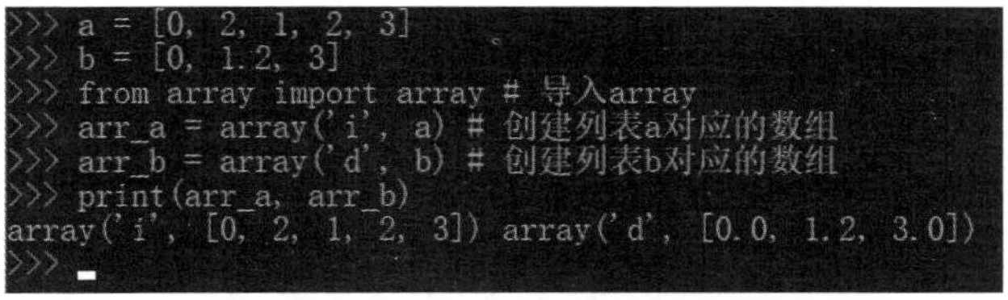

图 2.14　array 对不同数据类型兼容示例

📢 注意：

> 数组类型最关键的要求就是同一个数组中，所有元素的数据类型必须完全一致，这样做的好处是避免了多余的指针，提高了效率。

多数情况下，在处理无关数据类型时，array 会报错。但是由于 array 只存储相同类型的数据，因此能够避免列表中大量的指针，从而节约内存资源，并且由于无须指针跳转，array 类型也具有更好的空间读写局部性和更加优异的 cache 一致性，因此可以用于节约内存，提高效率。

如下代码中，通过列表 a 生成一个 array 类型的数组 arr_a，然后通过 Python 内置的获取对象内存占用的方法 sys.getsizeof 获取二者占用的内存大小，最终使用 print 方法输出比较，其结果如图 2.15 所示。从图 2.15 的结果中不难看出，arr_a 变量占用的内存大小为 84 字节，而变量 a 占用的内存大小为 104 字节。因此，array 类型能够有效地节约内存，提高代码的时空效率。

```
01  >>> a = [0, 2, 1, 2, 3]
02  >>> from array import array       # 导入 array
03  >>> arr_a = array('i', a)         # 创建列表 a 对应的数组
04  >>> import sys
05  >>> print(sys.getsizeof(arr_a), sys.getsizeof(a))
                                      # 分别获取所占用的内存大小
```

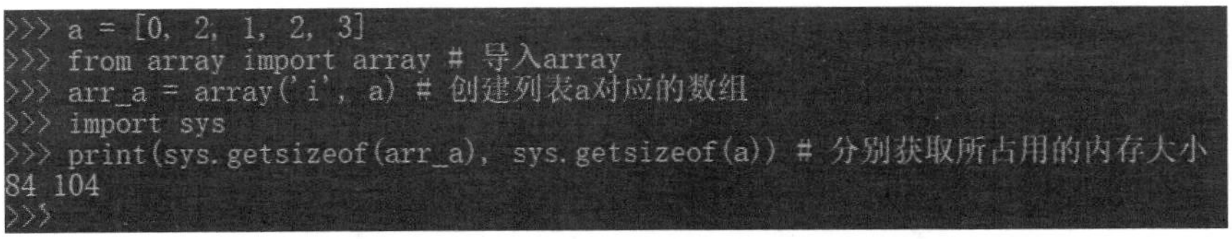

图 2.15　array 类型与 list 类型所占内存空间比较

必须指出的是，在其他使用方法上，array 对象与 list 对象没有太大的差别，但是往往具有更好的执行效率，array 对象也都具有 2.1.1 节所述的切片、增加元素、删除元素、统计、翻转、查找、索引等方法，并且其使用方法与前述方法一致，这里不再赘述。

2.1.8 元组（tuple）的使用

Python 中有一类元素不可变的对象，称为元组（tuple）。元组和列表一样，都可以容纳多个元素，但是其核心差异是元组的元素是不能变化的。换言之，如果元组的元素需要进行变化，就必须重新创建一个元组。Python 中，元组最为常见的用途就是同时传递多个参数。例如，在 Python 的函数中指定返回值时，可以返回任意个数的参数。那么 Python 如何得知函数参数的个数呢？

很简单，只要将所有待返回的参数装进一个元组中，那么不论返回多少参数，其实都只返回了一个元组。如下代码展示了元组的创建过程以及元素不可修改的特性，如图 2.16 所示。

```
01  >>> a = (1, 2, 3, ['First', 'Second'])
02  >>> print(type(a))              # 输出 a 的数据类型
03  >>> a[0] = 2                    # 修改元素
```

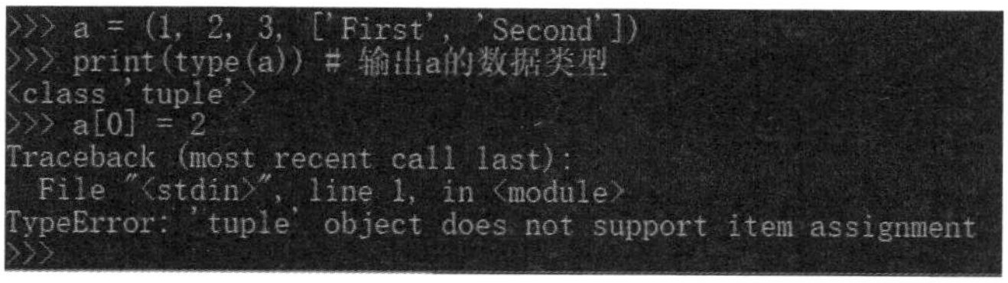

```
>>> a = (1, 2, 3, ['First', 'Second'])
>>> print(type(a)) # 输出a的数据类型
<class 'tuple'>
>>> a[0] = 2
Traceback (most recent call last):
  File "<stdin>", line 1, in <module>
TypeError: 'tuple' object does not support item assignment
>>>
```

图 2.16　tuple 类型的创建以及元素不可变特性

上述代码中第 03 行试图修改元组中的元素，但是通过图 2.16 的报错信息可以看出，元组本身并不支持修改元素。那么元组中的元素是否一定不能修改呢？请看下面代码的例子。

```
01  >>> a = (1, 2, 3, ['First', 'Second'])
02  >>> print(type(a))              # 输出 a 的数据类型
03  >>> a[3][0], a[3][1] = 4, 5     # 修改元组中的列表
```

```
>>> a = (1, 2, 3, ['First', 'Second'])
>>> print(type(a)) # 输出a的数据类型
<class 'tuple'>
>>> a[3][0], a[3][1] = 4, 5 # 修改元组中的列表
>>> print(a)
(1, 2, 3, [4, 5])
>>>
```

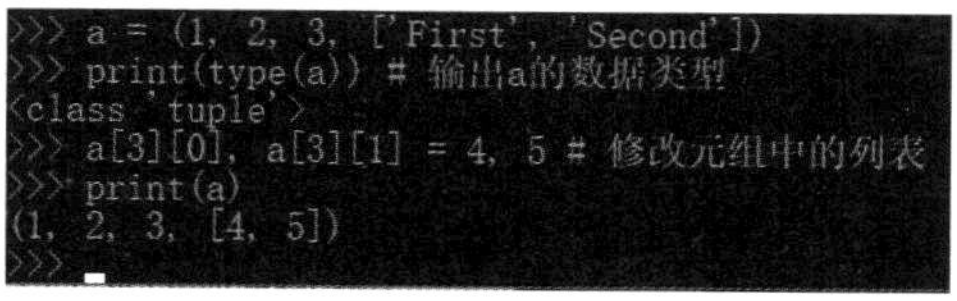

图 2.17　tuple 类型的元素不可变特性辨析

从图 2.17 所示的输出中可以看出，元组中列表的元素改变了。这是因为列表本身仍是原先的列表，因此对于元组而言列表本身并未发生变化，而

列表内部元素的变化仅仅与列表有关，而与元组无关。因此元组的元素不可变特性并未受到影响，读者需注意其中的区别。

2.1.9　集合 set

集合是 Python 中一种非常重要的数据结构，因为这种数据结构对其中所有的元素都是去重复的。另一个非常重要的原因是集合作为一种快速确定元素包含关系的数据结构，相比于 list 具有更好的性能。

当判断一个元素是否处于集合中时，列表的做法是遍历整个列表，然后返回结果。而集合的做法则是通过其他高级数据结构，如二叉树或哈希表实现更快的查找。在数据量不断增加时，集合这种数据结构能够更快地完成查找操作。不仅如此，集合还能够完成数学上对集合定义的交并补差等操作。

下面的代码演示了如何定义一个集合，并且如何判断集合的子集关系、超集关系，以及不相交关系，如图 2.18 所示。

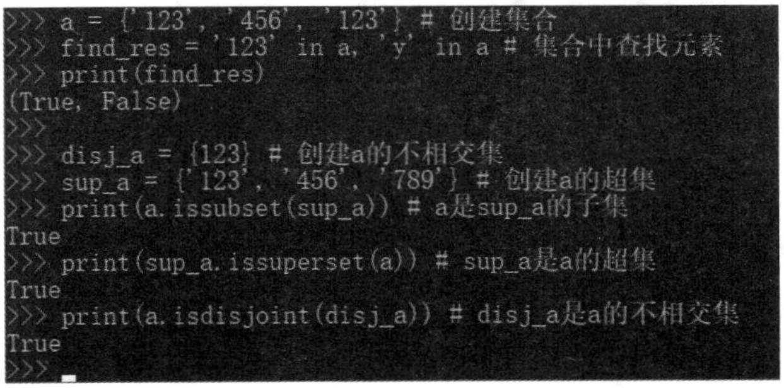

图 2.18　集合类型的创建和子集、超集、不相交集判断

📢 注意：

集合中元素的存储是使用哈希结构进行存储的，因此使用集合查找元素的时间复杂度为 O(1)，而列表和数组是顺序存储，因此查找的时间复杂度为 O(N)。

```
01  >>> a = {'123', '456', '123'}          # 创建集合
02  >>> find_res = '123' in a, 'y' in a    # 集合中查找元素
03  >>> print(find_res)
04  >>>
05  >>> disj_a = {123}                      # 创建 a 的不相交集
06  >>> sup_a = {'123', '456', '789'}       # 创建 a 的超集
07  >>> print(a.issubset(sup_a))            # a 是 sup_a 的子集
08  >>> print(sup_a.issuperset(a))          # sup_a 是 a 的超集
09  >>> print(a.isdisjoint(disj_a))         # disj_a 是 a 的不相交集
```

  集合对象支持的另一类操作是数学上定义的集合的交并差的运算。Python 中对于集合的数学运算也提供了内置函数进行支持。如下代码分别展示了集合的交集、并集、差集以及集合的对称差集的运算。为了简化集合操作，集合对象的运算本身也支持通过数学符号的运算来进行，如图 2.19 所示。

```
01  >>> a = {'123', '456', '123'}        # 创建集合
02  >>> sup_a = {'123', '456', '789'}    # 创建 a 的超集
03  >>> print(a <= (sup_a))              # a 是 sup_a 的子集
04  >>> print(sup_a >= (a))              # sup_a 是 a 的超集
05  >>> print(sup_a - a)                 # 求集合的差异
```

```
>>> a = {'123', '456', '123'} # 创建集合
>>> sup_a = {'123', '456', '789'} # 创建a的超集
>>> print(a <= (sup_a)) # a是sup_a的子集
True
>>> print(sup_a >= (a)) # sup_a是a的超集
True
>>> print(sup_a - a) # 求集合的差异
{'789'}
>>>
```

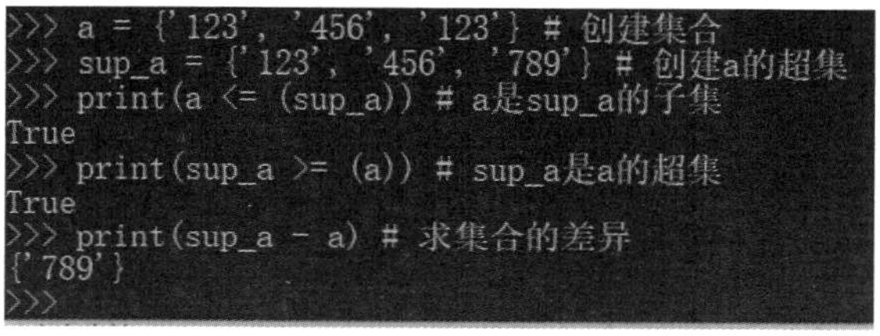

图 2.19　集合类型的创建和子集、超集、差集

  为了确保代码的可读性并且避免产生歧义，通常还会直接使用集合的构造函数来创建集合。如下 2 行代码的效果是等价的。

```
01  >>> a = {'123', '456', '123'}        # 创建集合
02  >>> a =set(['123', '456', '123'])    # 借助于列表和构造函数
                                              创建集合
```

2.1.10　字典 dict

  字典 dict 是一种可以类比于日常生活经验中字典的数据结构。在日常生活中，我们利用字典可以通过相关的检索属性，如词汇的拼音拼写方式，进而查询到词语本身以及释义。Python 中的字典也是一种可以用于描述"对应关系"的数据结构。同样类比于日常生活中的字典，Python 中的 dict 中，用于查询的属性被称为键（key），而所需的查询目标被称为值（value），因此 dict 所描述的这种数据之间的关系又被称为"键值对关系"。

✍ 说明：

  dict 中的键和值的"地位"并不完全相同，相比较而言，键这一属性的优先级与值的优先级相比更高。这在 Python 的诸多细节中可以体现出来。例如，当使用

关键字 in 查询某个变量是否存在时，实际查询的是在 dict 的键中是否存在这一变量，而不会检查 dict 的值中是否有这一变量，除非显式地调用 values 方法获取其中的值的列表。为了确保字典中键不存在时能够产生一个约定的返回值，而不是报错导致程序进入异常处理阶段，字典还提供了响应的 get 方法，用于处理字典中不存在键的情况。

下面的代码展示了字典的上述相关用法，其输出如图 2.20 所示。

```
01   >>> a = {1:'123', 2: '456', 3:'123'}      # 创建字典
02   >>> print(a[1], a[3], a[2])                # 通过键获取值
03   >>> print('123' in a) # 只搜索键，不搜索值，因此返回 False
04   >>> print(a[4])          # 直接查找不存在的键，报错
05   >>> print(a.get(4, '不存在时返回的参数'))
                             # 使用 get 方法时如果键不存在返回第二个参数
```

```
>>> a = {1:'123', 2: '456', 3:'123'} # 创建字典
>>> print(a[1], a[3], a[2]) # 通过键获取值
123 123 456
>>> print('123' in a)          # 只搜索键，不搜索值，因此返回False
False
>>> print(a[4])     # 直接查找不存在的键，报错
Traceback (most recent call last):
  File "<stdin>", line 1, in <module>
KeyError: 4
>>> print(a.get(4, '不存在时返回的参数'))        # 使用get方法时如果键不存在返回第二个参数
不存在时返回的参数
>>>
```

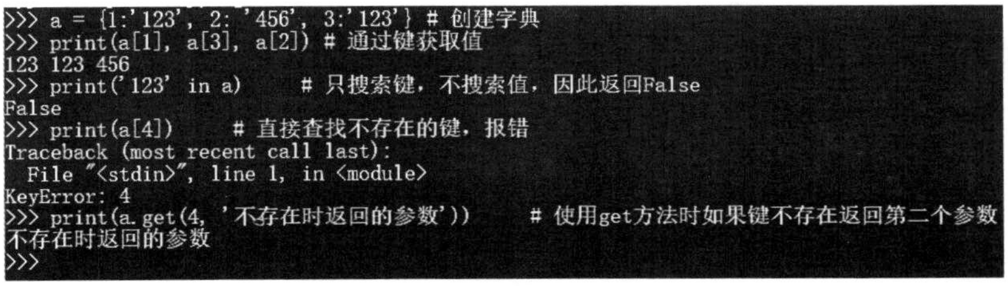

图 2.20　字典类型的使用

2.2　遍历数据结构

简单了解了 Python 中内置的数据结构，为数据的存储问题提供了解决方案。为了能够进一步为数据的处理分析打下基础，还需要了解如何从已存储的数据中遍历和获取数据。

本节首先介绍 Python 中最为常用的 for 循环的遍历方式，展示如何使用 for 循环对 2.1 节所述的数据结构进行遍历和处理，然后介绍 while 循环的相关遍历方法。最后介绍通过 Python 内置的数据结构的构造函数，进行隐式数据遍历的方法。

2.2.1　基于 for 循环的遍历

在 Python 中，由于对内存的抽象层次有了进一步的提高，一方面使用者有了更好的访问安全性，另一方面也带来了便利性和效率的牺牲。而 for

循环则是一种兼顾二者的选择，并且在很多非性能瓶颈的场合得到了广泛的使用（对于性能要求严格的场合，可以使用 C/C++语言提供的高度优化的底层库的 Python 接口来实现性能上的巨大提升）。需要注意的是，此类 for 循环遍历的是 2.1 节中的数据结构的数据项，而并非索引。如下代码分别演示了 3 种主要的数据结构通过 for 循环遍历的方法，结果如图 2.21 所示。

```
01  >>> a = ['X', 'Y', 'Z']                          # 创建列表
02  >>> b = {1:'123', 2: '456', 3:'123'}             # 创建字典
03  >>> c = {'This is a string', '小红', '小明', '小红'}
                                                       # 创建集合
04  >>> # 打印 a
05  >>> for i in a:
06  >>>    print(i)
07  >>>
08  >>> # 打印 b
09  >>> for j in b:
10  >>>    print(j)
11  >>>
12  >>> # 打印 c
13  >>> for k in c:
14  >>>    print(k)
```

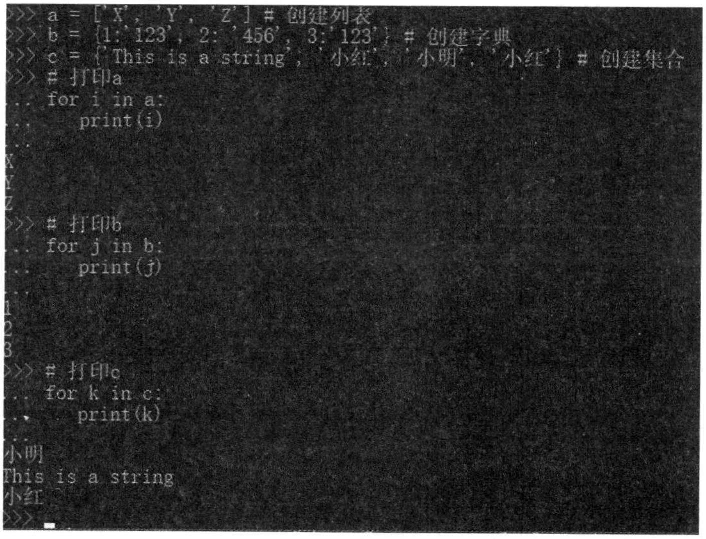

图 2.21　for 循环示例

有时需要通过元素的索引值进行相应的处理，为了能够在遍历元素的同

时遍历其索引值，Python 中引入了 enumerate 进行二者的同时遍历，以集合这一数据结构为例，其遍历的代码如下，结果如图 2.22 所示。

```
01  >>> c = {'This is a string', '小红', '小明', '小红'}# 创建集合
02  >>> for i, k in enumerate(c):
03  >>>     print('id =', i, 'value =', k)
```

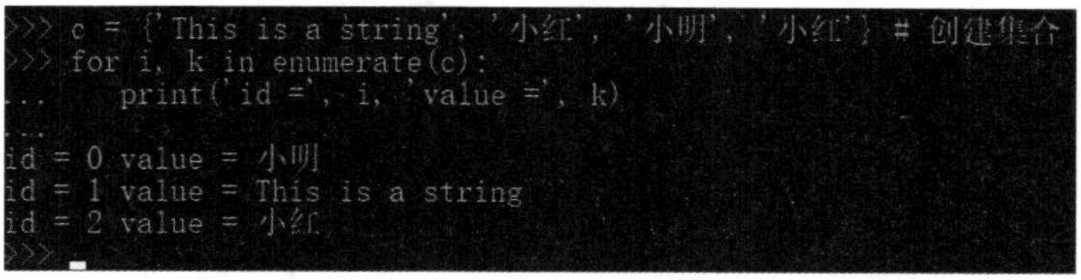

图 2.22　结合 enumerate 的 for 循环使用展示

📢 注意：

图 2.21 中的 for 循环只有 1 个循环变量，但是实际使用中，为了代码的简洁，for 循环的循环变量往往可以是多个。

✏ 说明：

由于字典这种数据结构中键和值的重要性略有区别，因此在使用 for 循环遍历时，实际遍历的对象是其中的键的集合。如果需要同时遍历键与值，或者单独遍历值的集合，则需要单独的额外操作。

如下代码展示了四种不同的遍历字典的方法，分别是：遍历键、遍历值、同时遍历键和值，以及结合 enumerate 的遍历方法。结果如图 2.23 所示。

```
01  >>> b = {1:'123', 2: '456', 3:'123'} # 创建字典
02  >>> # 打印 b 的键
03  >>> for j in b:
04  >>>     print(j)
05  >>>
06  >>> # 打印 b 的值集合
07  >>> for j in b.values():
08  >>>     print(j)
09  >>>
10  >>> # 同时打印键值对
11  >>> for k, v in b.items():
12  >>>     print('key =', k, 'value =', v)
13  >>>
14  >>> for i, (k, v) in enumerate(b.items()):
15  >>>     print('id =', i, 'key =', k, 'value =', v)
```

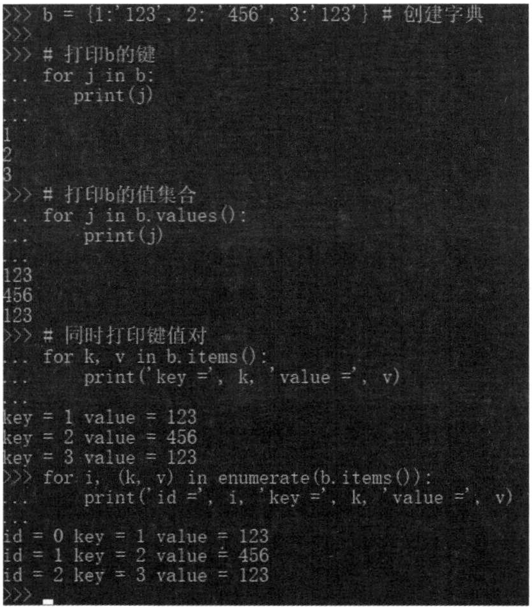

图 2.23　字典对象的 for 循环使用展示

通过上述代码，可以灵活地通过 for 循环实现对常见数据结构的遍历和使用，从而满足在解决实际数据处理问题时，对常用数据结构中的所有数据进行逐个处理，以及筛选等遍历数据的需求。

📢 注意：

> 在可以解包出多个循环变量的情况下，如果需要使用 enumerate 函数同时遍历索引，需要按照循环变量的数目将不同的循环变量用小括号分隔开，因为 Python 对于多个循环变量的参数解包的数目是有严格要求的。

2.2.2　基于 while 循环的遍历

除了 for 循环和 in 关键字的组合使用，还有一种特别常见的循环——while 循环。这种循环适用于处理较为复杂的循环条件。例如，多条件组合的情况。如下代码展示了如何借助于 Python 的多变量赋值操作，输出 Fibonacci 数列的前 n 项奇数。这里约定数列从 1,1 开始，其输出如图 2.24 所示。

```
01  >>> i, n = 0, 10           # i 记录已输出的个数，n 记录总数
02  >>> a, b = 1, 1            # 数列首项
```

```
03  >>> while i < n:
04  >>>    print(a, end=', ' if i < n - 1 else '\n')
05  >>>    a, b, i = b, a + b, i + 1
```

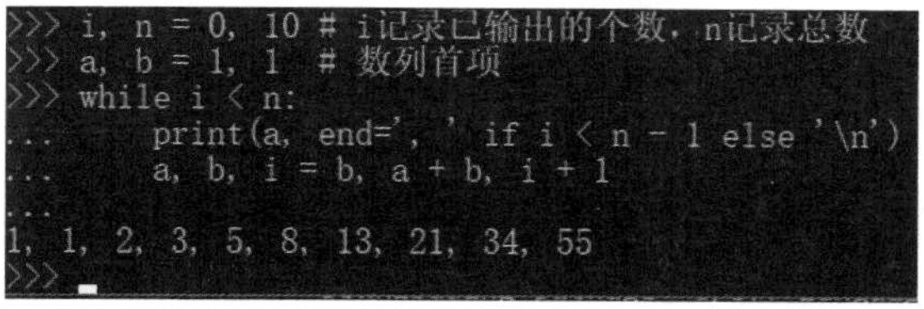

图 2.24　while 循环输出 Fibonacci 数列

📢 **注意：**

> 赋值操作也可以进行多变量的参数解包，例如，上述代码中的第 05 行，在更新 Fibonacci 数列时，通过 3 个参数的解包完成了数列状态的更新。

上述代码中的第 01 行定义了 Fibonacci 数列的输出项数为前 10 项（n=10），然后使用变量 i 记录当前已输出的数组的个数。由于约定了 Fibonacci 数列从 1,1 开始，因此第 02 行代码使用 a 和 b 变量分别记录其值。第 03 行的代码是 while 循环体的开始，其中 while 是关键字，标识其循环结构的开始，i < n 是 while 循环最为重要的部分之一——循环条件。

当循环条件满足（为 TRUE）时，执行循环体，因此当输出的数字个数小于预先定义的 n 时，执行第 04 行和第 05 行的代码。当循环条件不满足（为 FALSE）时，则跳出 while 循环结构，循环结束。

上述代码中第 04 行的代码用于输出变量，其中的 end 参数用于控制输出的结尾。在默认的情况下，print 方法的 end 参数默认为换行符，因此会观察到在默认情况下 print 语句输出后会进行换行。而上述代码的第 04 行中通过 if-else 语句对不同情况下的 end 参数进行动态调整，从而实现了在输出前 9 个数字时，结尾为逗号+空格，而输出最后一个数字时执行换行的操作，类似写法可以起到简化代码的作用。

上述代码中第 05 行是一个比较典型的对 2.1.3 节所述的 tuple 类型的应用。以赋值符号作为分割符，左侧的 3 个变量分别为 a、b、i 待赋值，而右侧有 3 个计算结果——b、a+b、i+1。Python 中首先会对右侧的 3 个表达式进行计算，然后将结果隐式封装为一个 tuple 类型（在这个例子中，共有 3 个元素 b、a+b、i+1）。最后在赋值操作时进行"解包"即分别自动按顺序赋值给 a、b、i，从而完成变量的更新操作。

2.2.3　构造数据结构时的隐式遍历

除了上述需要通过显式编程进行遍历，在一些情况下我们会对数据进行隐式遍历，即在调用某些方法时，虽然没有显式地使用循环进行遍历，但是仍会自动地进行循环和遍历。一些典型的例子是列表、集合以及元组类型的构造函数。如下代码以集合为例展示了其中的差异。

```
01  >>> a = range(1, 11)           # 生成 1-10 的数列
02  >>> print(a)                   # 打印 range 对象
03  >>> a_set = set(a)             # 隐式遍历 a
04  >>> print(a_set)               # 打印集合 a
05  >>>
06  >>> a = range(1, 11)
07  >>> # 显式遍历 a
08  >>> for i in a:
09  >>>     print(i)
```

上述代码的结果如图2.25所示。上述代码的第 01 行和第 06 行具有相同的作用，即生成一个数列生成器，这个数列生成器的范围为[left, right-1]，即 1-10。通过第 03 行的集合的构造函数 set，此代码实现了对数据结构的隐式遍历。

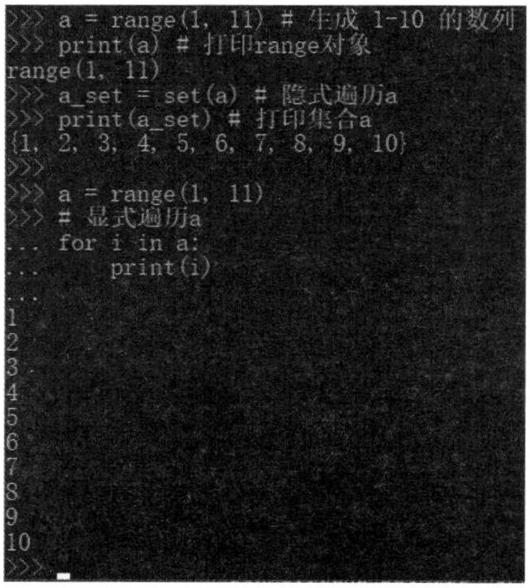

与上述隐式遍历形成对比的是第 08 行和第 09 行对数列生成器的显式 for 循环遍历。从图 2.25 可以看出，隐式遍历和显式遍历都对 range 对象进行了遍历。不同的是，一个需要显式遍历，另一个则由程序内部实现，并且直接返回对应的其他数据结构。

图 2.25　隐式遍历与显示遍历

更重要的是，隐式遍历的使用需要特别注意与非遍历情况的区别。由于隐式遍历的存在，程序的行为可能会出现意料之外的结果。如下例子展示了对字符串做隐式遍历和非遍历，程序产生的结果如图 2.26 所示。

```
01  >>> a = 'This is a test string.'
02  >>> a_set_1 = set(a)           # 隐式遍历
03  >>> a_set_2 = {a}              # 非遍历
```

```
04  >>> print(a_set_1 == a_set_2)        # 判断 2 个集合是否相等
05  >>> print(a_set_1, a_set_2, sep='\n') # 输出 2 个集合的内容，
                                           用换行符隔开
```

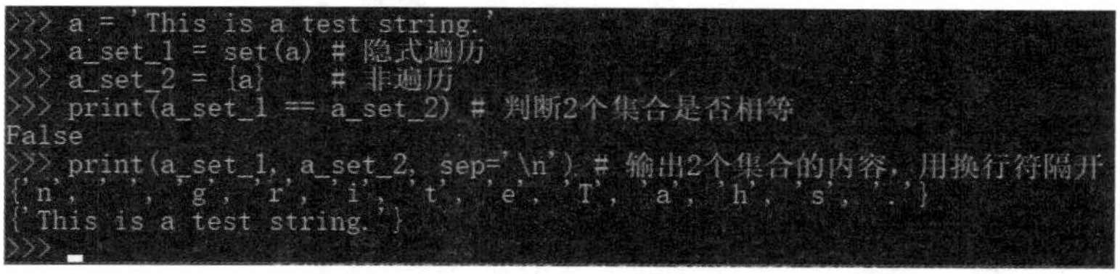

图 2.26　隐式遍历与非遍历的对比

上述代码中的第 01 行创建了遍历 a，然后在第 02 行通过集合的构造函数 set 进行了隐式遍历，并产生了集合 a_set_1；第 03 行通过非遍历的方式使用相同的字符串 a 构造了另一个结合 a_set_2。为了比较集合 a_set_1 和集合 a_set_2 的元素是否完全相同，通过第 04 行的代码进行相等运算符比较了其中的元素值，并且通过第 05 行的代码打印输出以便于比较。其中第 05 行调用 print 函数时为了便于比较两个集合元素的内容，通过 sep 参数将 print 中使用逗号分隔开的参数从默认的使用空格作为分隔符改为使用换行符进行分隔。

从图 2.26 中可以看出，同样是创建了集合这一数据结构，进行隐式遍历所产生的集合中每个元素是字符串 a 中的字母，而未进行隐式遍历的集合中的元素是字符串 a 本身。在实际使用中，不注意二者的区别往往会导致代码中出现难以发现的问题。

2.3　逻辑运算与数据过滤

2.3.1　基本逻辑运算：与、或、非

作为数据过滤的基础，逻辑运算是基本的运算基础。逻辑运算由 3 种基本的逻辑运算组成：与运算、或运算、非运算。在 Python 中，3 种基本的运算构成了千变万化的程序代码，并且分别使用 and、or 以及 not 关键字来表示 3 种基本的逻辑运算。

与运算的要求是所有参与运算的操作的值都为真时，结果为真，否则结果为假。或运算则只需所有操作的值中有一个为真，就可以得到结果为真。非运算则对真假进行取反。如下代码演示了上述运算的相关特性，结果如

图 2.27 所示。

```
01  >>> a = [1, 1.5, 2, 2.4, 3.1, 3]
02  >>> for i in a:
03  >>>     if isinstance(i, int) and i <= 3:          # 与运算
04  >>>         print('a integer <= 3:', i)
05  >>>     if isinstance(i, int) or i > 2:  # 或运算
06  >>>         print('a integer or float that > 1:', i)
07  >>>     if not isinstance(i, int):          # 非运算
08  >>>         print('not a integer:', i)
```

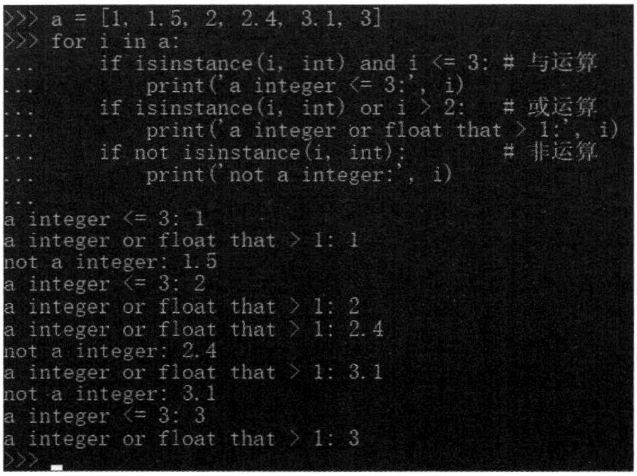

图 2.27　与、或、非运算的演示

　　需要特别注意的是逻辑运算的短路特性。由于或运算只要求其中一个操作是真即可令结果为真，则在使用或运算符时，如果当前某一项已经判断为真，那么此项之后的参数都不会被判断，这就是其短路特性。

📢 **注意：**

　　与运算也具有短路特性，如果某一个参数已经判断为假，那么其后的参数无须判断均为假。灵活地使用逻辑运算的短路特性能够有效化简代码，并且在某些情况下可以避免出现漏洞（在短路时避免执行有问题的部分）。

2.3.2　按位操作的逻辑运算

　　除了使用普通的逻辑运算之外，Python 也支持较为底层的基于位运算的逻辑运算符。基于位运算的逻辑运算符通常是为了提高程序性能而进行的底层操作。通常的位运算是为了底层操作进行加速程序运行，但是按位运算

进行逻辑运算的可读性较差，因此要注意不要过早优化，即只进行必要的位运算的操作。例如，如下代码中就使用了位运算进行子集枚举；给定了一个集合，要求枚举该集合的所有子集中，包含元素 2 和 5 的子集（不含集合 a 本身以及单独的集合 $\{3, 5\}$ 本身），即 a=$\{1, 2, 3, 5, 10\}$。对于这一问题，就可以通过对位运算本身的编程技巧进行枚举。结果如图 2.28 所示。

```
01    >>> a = [1, 2, 3, 5, 10]                    # 全集
02    >>> e = 10                                   # 包含元素 2 和 5
03    >>> subset = 10                              # 子集
04    >>>
05    >>> # 计算包含元素 2 和 5 的集合，-2s 用于去掉全集
06    >>> while subset < (1 << len(a)) - 2:
07    >>>     if subset != e:
08    >>>         # 输出集合的二进制编码
09    >>>         print('binary code =', bin(subset))
10    >>>         # 输出集合
11    >>>         print('{', end=' ')
12    >>>         for i in range(len(a)):
13    >>>             if (1 << i) & subset:
14    >>>                 print(a[i], end=' ')
15    >>>         print('}')
16    >>>     # 更新集合
17    >>>     subset = (subset + 1) | e
```

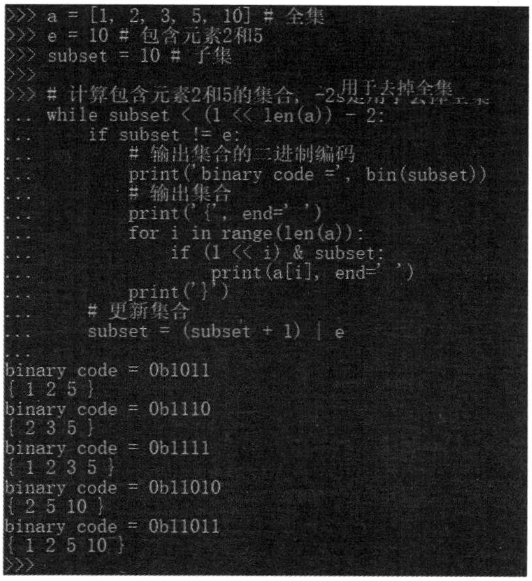

图 2.28　位运算枚举子集

上述代码对位运算进行了灵活的运用。观察 a 中的所有元素，可以发现 a 中元素数目共有 5 个。类比于位运算中的 0 和 1，可以将元素是否出现在集合中用 0 和 1 分别表示。具体来说，0 表示集合元素存在，而 1 表示不存在。

上述代码中的第 02 行使用 e=10 作为表征元素存在性的变量。将 e=10 写成二进制形式可以发现其中的第 2 位和第 4 位均为 1，这与 a 中所需要保留的元素 2、5 所在的位置一致。由于不能输出全集，因此在设定 while 循环时，将其循环条件设置为将 1 左移 a 的长度位后减去 2 的值。然后通过第 13 行的代码对二进制编码进行解码输出子集。这里使用了按位与操作，即同为 1 时结果为 1，有 0 时返回 0。

当一个集合解码输出完成后，通过第 17 行的代码更新集合内容，通过 +1 更新集合状态，然后通过按位或操作保证 e 中的元素 2 和 5 一定在新的集合中。最终就得到了包含 2 和 5 的所有的子集。

📢 注意：

> 按位运算的与或非逻辑运算能够提高代码效率，但是也增加了代码理解的难度，在写代码时应兼顾代码的可读性。

2.3.3　数据过滤

有了基于与、或、非的逻辑运算，可以对数据进行筛选以去除其中的异常值。如下代码展示了如何从一个列表中筛选出正常的参数值并添加到另一个列表中。如下代码从列表 a 中选择了介于 1.2 和 6 之间的数字作为筛选结果，并添加到列表 b 中。其中 05~07 行使用了 for 循环和 if 语句进行筛选遍历，最终输出的结果如图 2.29 所示。

```
01  >>> a = [1, 2, 3, 5, 10]          # 数据集
02  >>> b = []                         # 最终结果
03  >>>
04  >>> # 筛选
05  >>> for i in a:
06  >>>     if 1.2 < i < 6:
07  >>>         b.append(i)
08  >>>
09  >>> # 打印输出结果
10  >>> print(b)
```

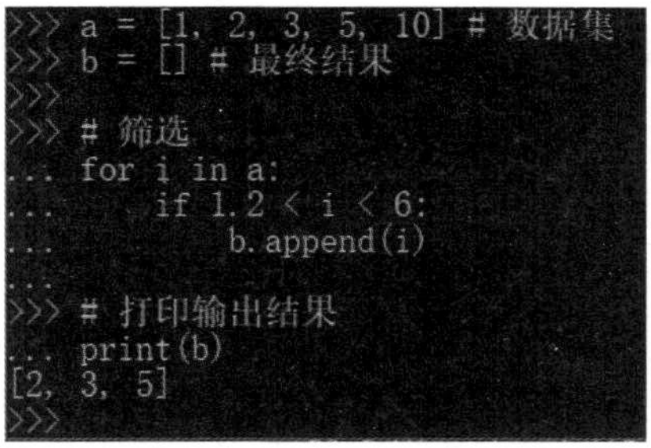

```
>>> a = [1, 2, 3, 5, 10] # 数据集
>>> b = [] # 最终结果
>>>
>>> # 筛选
... for i in a:
...     if 1.2 < i < 6:
...         b.append(i)
...
>>> # 打印输出结果
... print(b)
[2, 3, 5]
>>>
```

图 2.29　应用逻辑运算进行数据过滤

2.4　自定义函数与作用域

在了解基本数据结构以及遍历方法的基础上，读者已经可以进行基本的数据操作了。然而，许多数据操作具有重复性，因此代码的复用就成为提高数据处理效率的有效途径。一个广泛应用的代码复用方法就是将反复使用的代码封装为自定义函数，这样只需在使用时传入参数并调用即可。

本节将会介绍 Python 中函数的定义方法，函数局部变量以及全局变量的作用域及其之间的关系，函数参数的灵活运用，以及其他关于函数的高级话题，包括匿名函数、高阶函数以及闭包。

2.4.1　自定义函数与作用域

自定义函数是一种常见的实现代码复用的手段。在函数内部定义的变量被称为函数的局部变量。这里的局部二字就隐含了函数的作用域的概念。为了更好地解释这一概念，可以“画地为牢”的概念类比于函数的变量相对于函数作用域的关系——函数的作用域是“牢”，而函数的局部变量是牢中的“囚犯”，图 2.30 形象地解释了这一概念。图 2.30 中，较小的圆为函数的局部作用域，这一部分的变量只能在函数内部进行访问。而较大的圆为全局变量的作用域。从图 2.30 可以看出，二者是一种包含与被包含的关系，这一点体现在：函数作用域之外的函数或语句无法对函数作用域内的变量进行访问或修改。

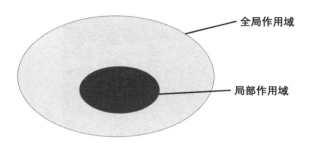

图 2.30　应用逻辑运算进行数据过滤

　　如下代码展示了一个简易的自定义的计算平方的函数。其目标输出是对传入的值 x 进行平方，并将结果作为返回值交给 print 语句进行输出。需要特别说明的是，如下代码的第 02 行的字符串是函数的描述字符串（docstring），主要用于共享代码时说明函数的作用、参数以及返回值等。本代码简单使用了描述字符串，并且在 06 行使用 help 方法演示了如何查看给定方法的描述字符串，如图 2.31 所示。

```
01  >>> def square(x):
02  >>>     '''return the square of input x'''
03  >>>     return x * x
04  >>>
05  >>> print(square(3))
06  >>> help(square)
```

```
>>> def square(x):
...     '''return the square of input x'''
...     return x * x
...
>>> print(square(3))
9
>>> help(square)
Help on function square in module __main__:

square(x)
    return the square of input x

>>>
```

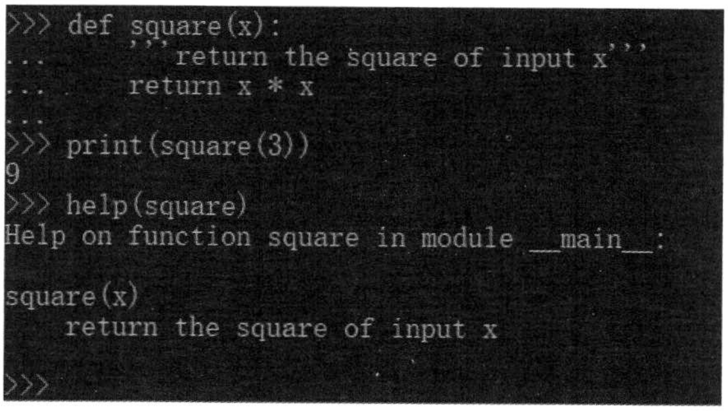

图 2.31　自定义函数示例

　　了解函数的自定义方法后，还需要对函数的局部变量的作用域加以说明。如下代码展示了同名变量下，作用域对变量输出值产生的影响。为了便于区分代码，这里在第 10 行将两种情况用注释行进行了分隔。其输出如图 2.32 所示。

```
01   >>> x = 2
02   >>>
03   >>> # 自定义函数
04   >>> def f1():
05   >>>     x = 3
06   >>>     return x
07   >>>
08   >>> print(x)                          # 全局作用域
09   >>> print(f1())                        # 局部作用域
10   >>> # ----------------------------------------
11   >>> x = 5
12   >>>
13   >>> def f2():
14   >>>     y = 2 * x                       # 无局部作用域的 x 时
15   >>>     return y
16   >>>
17   >>> print(f2())
```

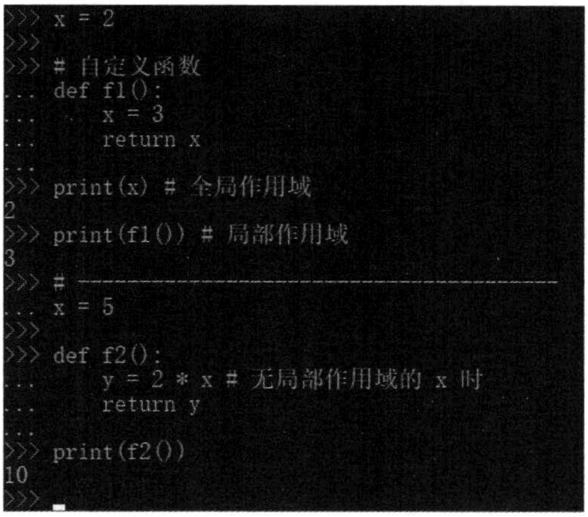

图 2.32　函数作用域演示

📢 注意：

> 在函数内部对全局变量进行修改时，需要在修改之前使用 global 关键字进行声明，然后再进行修改。

上述代码是以第 10 行为分界，被分为两部分的。第 01~09 行比较了不同代码作用域中的同名变量的调用情况。在上述代码中，01 行定义的 x 处于代码的全局变量中，而函数 f1 中在第 05 行定义的 x 则是函数 f1 的局部变量。在函数外进行调用时，以第 08 行为例，如果直接访问 x，则只能访问到第 01 行定义的全局变量 x。以第 09 行为例，如果是调用函数 f1 并输出函数的返回结果，则返回结果 x 实际调用的是函数代码中在第 05 行定义的局部变量 x。

上述代码的第 11~17 行则是另一种不同的情况。如果上述代码中并不存在函数的局部变量 x，而只存在全局变量 x，那么在函数中对变量 x 进行访问时则会直接访问到函数全局变量 x。换言之，内层（例如函数作用域内部）可以访问到外层（例如全局作用域）定义的变量，但是外层不能访问到内层，而同层的作用域是可以互相访问的。

2.4.2　闭包函数（嵌套函数）

除了常见的单层函数，在 Python 中函数本身也是可以嵌套的，并且内层函数可以"记忆"外层的参数。这种具备记忆环境参数能力的函数组成方式被称为"闭包"。闭包是一种非常有用的工具，例如，面向切面编程中可利用闭包对参数环境的记忆能力进行参数过滤或日志记录功能。

如下代码展示了一种非常简单的闭包函数。值得一提的是，内层的函数可以直接调用外层函数的局部变量。其结果如图 2.33 所示。

```
01   >>> def pow(x, y):
02   >>>     '''Return x^y + addz()^2'''
03   >>>     z = 100
04   >>>     def addz():
05   >>>         '''Add 2 local variables'''
06   >>>         a, b = 12, 45
07   >>>         return a + b + z
08   >>>     return x**y + addz()**2
09   >>> # 输出最终结果
10   >>> print(pow(2, 3))
```

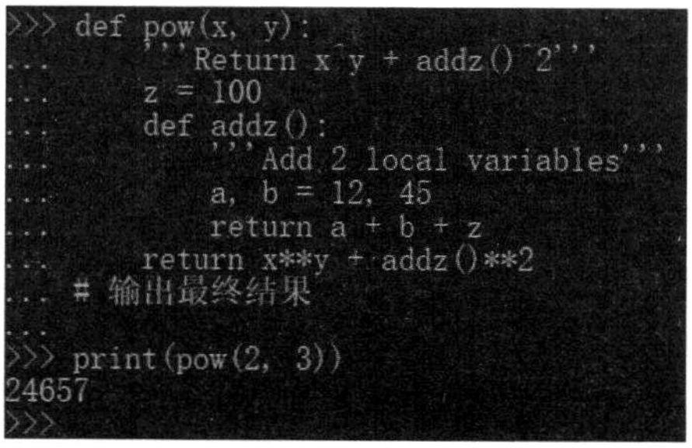

图 2.33　闭包函数示例

上述代码中，外层函数为 pow 函数，内层函数为 addz 函数，其中外层函数定义了局部变量 z=100，而内层的 addz 函数可以直接调用外层函数的变量 z。特别需要说明的是，上述代码中 07 行返回了内层函数 addz 的返回值，而 08 行则返回了外层函数 pow 的返回值。

在上述代码的第 10 行调用时，首先调用了 pow 函数，然后定义了 addz 函数，并经过第 08 行 addz 函数进行调用。函数 addz 的返回值经过 07 行返回后参与 08 行的计算，并将最终的计算结果经过 08 行返回给第 10 行，然后再由 Python 内置的 print 方法打印输出，就得到图 2.33 所示的结果。

2.4.3　灵活的函数参数

Python 语言中一个很大的便利性来自于函数参数的灵活设置。例如，当大部分指定函数具有常用默认值时，可以十分方便地对其中的部分或全部参数指定默认值，在调用方法时可以节约参数传递，既能够节约代码量也能够加快代码的执行。如下代码简单地演示了一个可用于注册信息功能的函数中使用默认参数的方法，其输出结果如图 2.34 所示。

```
01  >>> def register(name, sex='male', email_type='QQ'):
02  >>>     '''Register a new user'''
03  >>>     print('Register a new user:')
04  >>>     print('name = {}, sex = {}, email type = {}'
    .format(name, sex, email_type))
05  >>>
06  >>> register('小明')  # 注册用户小明，其余信息使用默认参数
```

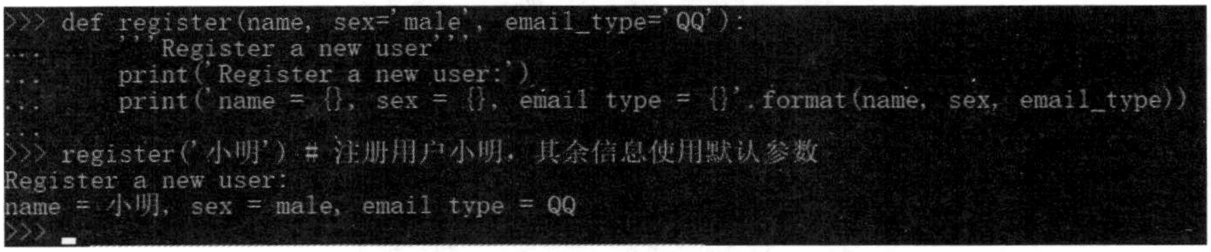

图 2.34　函数默认参数使用示例

上述代码中，在注册方法中指定了两个默认参数，分别是性别和邮箱类型。其中姓名 name 参数是必须由函数调用者指定的。从图 2.34 中可以看出，输出的方法确实输出了默认参数。

◀》注意：

　　未设定默认值的参数被称为位置参数，在调用时必须给定具体参数值，并且位

置参数必须在有默认值参数的左边，如果出现在有默认值参数的右侧，则程序会报错而无法运行。

另一种十分常用的参数设置是 Python 内置的对变长参数的使用。由于多数情况下不能预先获知调用者传入的参数的数量，因此 Python 提供了通过*的方式区分函数参数，从而实现对变长参数的适应性。如下代码展示了使用变长参数打印输出并求和的过程，其结果如图 2.35 所示。

```
01  >>> def f(*args):
02  >>>     for i in args:
03  >>>         print(i)
04  >>>     # 求和
05  >>>     def sum():
06  >>>         res = 0
07  >>>         for i in args:
08  >>>             res += i
09  >>>         return res
10  >>>     return sum() + 1
11  >>>
12  >>> f(1) # 单个元素
13  >>> f(1, 2, 3, 4, 5) # 多个元素
```

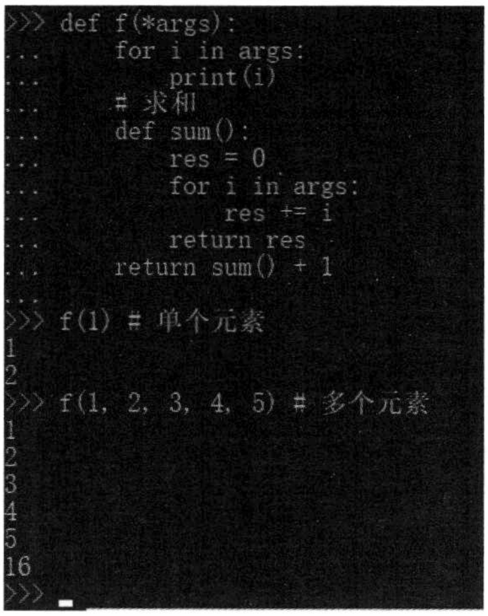

图 2.35　函数可变长参数使用示例

上述代码中一方面使用了可变长参数作为外层参数 f 的参数，另一方面设计了求和函数作为内层函数来对所传入的参数进行求和。通过代码中第12 行和第 13 行分别对单个元素和多个元素的情况进行了输出，从而得到了

图 2.35 所示的结果。

对于复杂的函数参数，Python 还提供了关键字参数来大幅度简化函数调用过程中的参数传递。关键字参数中变量名成为了键（key），而变量的值则对应于字典中的值（value）。关键字参数的传递基于字典进行，因此其使用也与字典的使用有异曲同工之妙。如下代码展示了函数参数如何通过关键字进行传递，并且对关键字参数进行遍历和输出的过程，结果如图 2.36 所示。

```
01  >>> def f(**kwargs):
02  >>>     """ print key and value of dictionary"""
03  >>>
04  >>>     # 输出关键字参数
05  >>>     for key, value in kwargs.items():
06  >>>         print(key, " ", value)
07  >>> f(name = '小明', home = '中国', favorite_color = '红色')
```

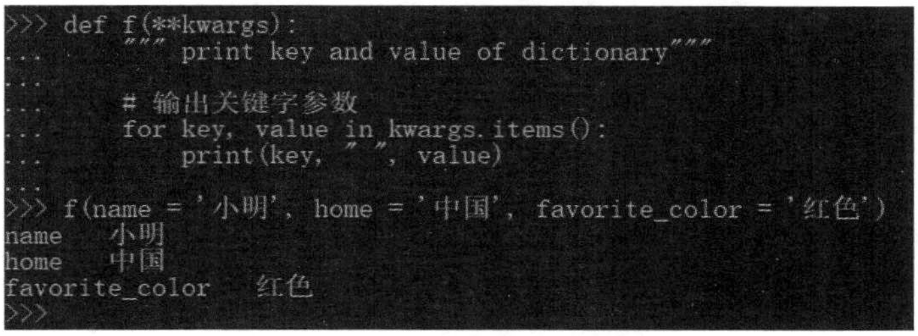

图 2.36　函数关键字参数使用示例

2.4.4　匿名函数

匿名函数，顾名思义是一种没有函数名的函数。在 Python 中，匿名函数主要通过 Lambda 表达式来实现。Lambda 表达式作为函数式编程中强有力的工具，其内涵超出了本书讨论的范畴，有兴趣的读者可自行了解相关的编程范式及其知识。

在 Python 中，Lambda 表达式被限制为只能有一句，并且该句的计算结果会作为返回值返回给调用者。下述代码给出了两个使用 Lambda 表达式进行求解平方以及多参数求和的例子，结果如图 2.37 所示。

```
01  >>> square = lambda x: x**2
02  >>> print(square(4))
03  >>> sum = lambda w, x, y, z,: w + x + y + z
04  >>> print(sum(1, 3, 5, 9))
```

图 2.37　Lambda 表达式的使用

Lambda 表达式简洁明了，常常与高阶函数结合使用，以达到简洁但功能强大的目标。高阶函数是一类以函数对象作为参数的函数。换言之，高阶函数和普通函数的最大区别在于可接收的参数类型中，普通函数不能接收函数作为参数，但是高阶函数可以接收函数作为参数。

为了说明函数本身的性质，并将其与函数调用所返回的结果区分开，如下代码展示了函数本身所具有的对象属性，结果如图 2.38 所示。需要特别指出的是，函数 abs 是 Python 内置的求解绝对值的函数。

```
01   >>> print(abs)
02   >>>
03   >>> def my_func():
04   >>>     return 'my function is called!'
05   >>>
06   >>> print(my_func)
07   >>>
08   >>> add_1 = lambda x: x + 1
09   >>> print(add_1)
```

图 2.38　函数的对象属性

函数调用则与函数本身完全不同。函数调用是函数对象经过其内部的代码执行，对外部参数进行处理后，返回结果的过程。同样是上述代码的函数对象，通过传入参数并调用后，输出结果发生了较大的变化，代码如下，结果如图 2.39 所示。

```
01  >>> print(abs(-4))
02  >>>
03  >>> def my_func():
04  >>>     return 'my function is called!'
05  >>>
06  >>> print(my_func())
07  >>>
08  >>> add_1 = lambda x: x + 1
09  >>> print(add_1(3))
```

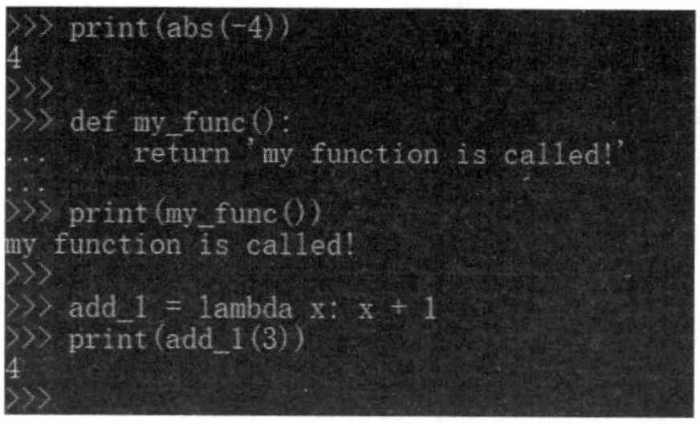

图 2.39　函数对象调用后返回值结果

从图 2.39 可以看出，经过函数调用后，函数对象本身的代码得以执行，因此返回的不再是函数对象及其内存地址，而是函数内部的代码经过执行得到的结果。而前述的高阶函数，就是一种通过接收函数对象作为参数，然后执行自身代码得到返回结果的函数。

📢 **注意：**

> 高阶函数是可以嵌套的，并且嵌套的高阶函数可以和匿名函数互相组合，完成十分强大的任务，但是高阶函数的求值是惰性的，因此切记不能直接访问高阶函数的计算结果，而要使用 2.2 节所述的方法，通过遍历迫使高阶函数执行计算过程，才能真正得到结果。

2.4.5　高阶函数

1. map 函数

比较常用的高阶函数有 map 函数，该函数通过接收一个函数作为处理函数，然后接收一个序列，并使用处理函数对序列中的每个元素逐一处理，达到映射的功能。

📢 **注意：**

> map 本身是惰性计算的，因此返回的结果并不是真实结果，而是一个需要被显

式迭代的迭代器。可用一种简单的方法即通过 2.2.3 节所述的隐式遍历来强制计算 map 作用的序列，从而得到输出结果。

如下代码展示了使用 map 对序列中的每个元素逐个平方，然后通过 list 方法对 map 后的序列进行隐式遍历求出结果的过程，其输出如图 2.40 所示。

```
01  >>> num_lis = [1, 2, 3, 4, 5]
02  >>> y = map(lambda x: x**2, num_lis)
03  >>> print(list(y))
```

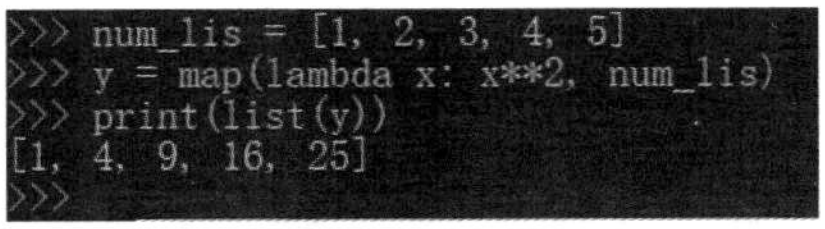

图 2.40　map 函数使用示例

2. reduce 函数

除了对序列进行逐个元素映射的 map 外，另一种对序列进行状态叠加处理的 reduce 函数也是十分常用的高阶函数。reduce 函数通过记录序列的当前状态，将当前状态与下一个元素经过处理函数得到的输出进行叠加，从而得到最终的结果。reduce 函数也常常与 map 函数相结合以完成较为复杂的任务。如下代码展示了 reduce 与 map 相结合从而将字符串转换为整数的过程，结果如图 2.41 所示。

```
01  >>> from functools import reduce
02  >>> string = '123456'
03  >>> num = reduce(lambda x, y: 10 * x + y,
04  >>>                 map(lambda ch: ord(ch) - 0x30, string))
05  >>>
06  >>> print('res1 =', num)
07  >>> print('type =', type(num))
```

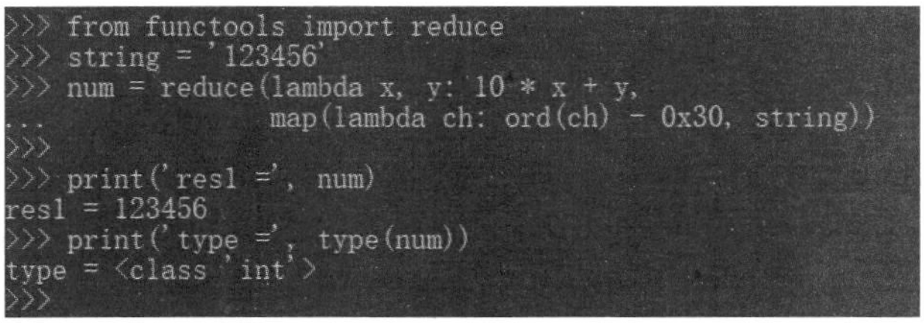

图 2.41　高阶函数 map 和 reduce 组合使用示例

上述代码中特别需要说明的是 03 行中对于 ord 函数的使用以及十六进制数 0x30 的作用。对于计算机表示而言，数字的二进制编码与字符的二进制编码相差了 48，对于十六进制（使用 0x 开头来表示）而言十进制的 48 恰好是十六进制的 0x30，而 ord 函数将字符换成了十六进制，便于进行减法运算。

对于 reduce 的实际工作，可以使用 for 循环进行模拟以便了解 reduce 与 map 之间的区别。如下代码同样完成了字符串到整数之间的转换，但是与上述代码不同的是，这里使用了 for 循环替代了 reduce 函数，结果如图 2.42 所示。读者可以对照两份代码，了解 reduce 函数对序列的处理与 map 的差异。

```
01  >>> reduce_func = lambda x, y: 10 * x + y
02  >>> map_func = lambda ch: ord(ch) - 0x30
03  >>>
04  >>> for index, item in enumerate(map(map_func, string)):
05  >>>        res = reduce_func(res, item) if index > 0 else
    item
06  >>>
07  >>> print("res:", res, type(res))
```

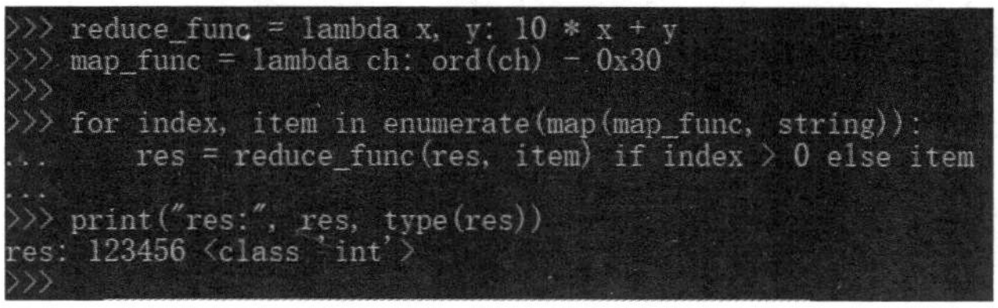

图 2.42　for 循环模拟 reduce 功能

📢 注意：

> 　　与 ord 函数相对照的是 chr 函数。ord 函数将字符转换为该编码方式下对应的整数，而 chr 函数则将整数转换为对应的字符。

3. filter 函数

除了 map 函数和 reduce 函数，filter 函数（过滤器）也经常被应用于数据筛选和清理。filter 函数通过接收一个返回 bool 值函数，对传入的序列中的每个元素进行判断，留下经过处理函数后返回 True 的元素，剔除返回 False 的元素以达到过滤的目标。如下代码展示了 filter 函数通常的用法。其结果如图 2.43 所示。

```
01  >>> num_lis = [1, 2, 3, 4]
02  >>> odd_nums = list(filter(lambda x: x % 2 == 1, num_lis))
                                        # 奇数
03  >>> print(odd_nums)
```

```
04  >>>
05  >>> str_lis = ['Abc', '', None, ' ', ' Test']
06  >>> valid_str = list(filter(lambda s: s and s.strip(),
    str_lis))                      # 剔除空字符串以及 None
07  >>> print(valid_str)
08  >>>
09  >>> obj_lis = [abs, True, None, False, 0, 1, 4, -9]
10  >>> true_lis = list(filter(None, obj_lis))      # 默认模式
11  >>> print(true_lis)
```

```
>>> num_lis = [1, 2, 3, 4]
>>> odd_nums = list(filter(lambda x: x % 2 == 1, num_lis)) # 奇数
>>> print(odd_nums)
[1, 3]
>>>
>>> str_lis = ['Abc', '', None, ' ', ' Test']
>>> valid_str = list(filter(lambda s: s and s.strip(), str_lis)) # 剔除空字符串以及None
>>> print(valid_str)
['Abc', ' Test']
>>>
>>> obj_lis = [abs, True, None, False, 0, 1, 4, -9]
>>> true_lis = list(filter(None, obj_lis)) # 默认模式
>>> print(true_lis)
[<built-in function abs>, True, 1, 4, -9]
>>>
```

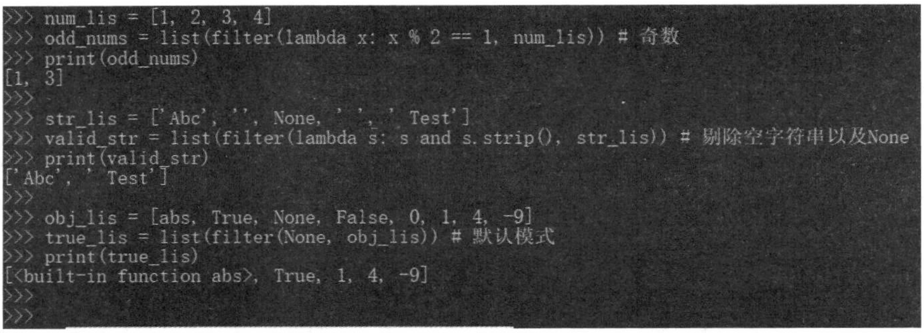

图 2.43　高阶函数 filter 使用示例

2.5　迭代器与可迭代对象

　　了解了基本的代码复用方法后，本节将会介绍 Python 内置对象的可迭代原因，并且使用面向对象的编程范式演示如何构造一个可迭代对象。通过构建自定义的可迭代对象，读者将会对迭代的过程有进一步的了解。

2.5.1　自定义迭代器

　　2.2 节中介绍了 Python 的一个重要的特性：循环遍历数据结构。本节将会更加深入地探究其中的原理，便于读者进一步了解和构建一个可用于迭代的对象。可迭代对象是 Python 中非常常用的一大类对象。在许多常见环境下，构造可迭代对象对于处理复杂的数据和工程化问题有着至关重要的抽象作用和代码复用功能，而构造可迭代对象本身则需要对 Python 的对象机制有一定的了解。

　　对于一个自定义的对象，在使用 for 循环之前，一个良好的编程习惯是首先判断该对象是否是用户的可迭代对象。

📢 **注意：**

> Python 中一切皆对象。因此可迭代类型这一标志本身也是一种对象类型。

如下代码中，检测对象可迭代性使用的是 Python 的内置对象类型 Iterable 类型。对于一个对象而言，可以使用内置方法 isinstance 来检查其具体的类型，用 type 函数输出其类型信息，结果如图 2.44 所示。

```
01  >>> a = [1, 2, 3]
02  >>> b = list
03  >>> c = {1: '1', 2: '2', 3: '3'}
04  >>>
05  >>> from collections import Iterable
06  >>> print(isinstance(a, Iterable))
07  >>> print(type(a))
08  >>> print(isinstance(b, Iterable))
09  >>> print(type(b))
10  >>> print(isinstance(c, Iterable))
11  >>> print(type(c))
```

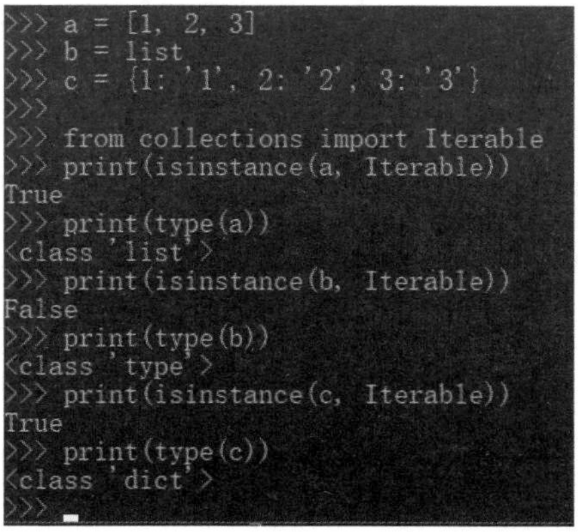

图 2.44　可迭代对象的判断演示

上述代码中，首先分别建立了 3 个变量 a、b 和 c。然后在上述代码的 05 行从 collections 库中引入了 Iterable 对象。引入该对象后，通过 isinstance 方法对参数的可迭代性进行判断。从图 2.34 中可知，如果变量为可迭代变量，则返回 True，反之则返回 False。特别需要说明的是变量 b 的参数。变量 b 中指代的是列表所属的类型 list，而不是列表的对象，因此 07 行输出参数类型 b 时输出的类型为 type 类型。

除了需要对可迭代对象进行判断外，有时还需要将较为复杂的数据构造成为符合特定要求的自定义迭代器。这里需要说明的是，自定义迭代器是一种基于面向对象编程范式的代码编写方式。对于此类编程范式的讨论超出了本书的范围，有兴趣的读者可自行了解面向对象编程。简言之，面向对象编程通过"对象"这一新的抽象层次，提供了更好的代码封装性和抽象性，给大规模的工程化提供了解决方案。

在自定义可迭代对象时，有两种可行的方案，一种是通过定义对象所属把类型内部的__getitem__方法告知 Python 解释器，此类型成为了可迭代对象。在解释执行过程中，系统会从 0 开始调用该方法，然后逐个遍历直到该方法抛出异常，指示迭代结束。如下代码演示了如何通过自定义__getitem__方法来手动实现 Python 中常见的 range 类型的对象，读者可以比较该类型和 Python 内置的 range 类型。在绝大多数情况下，二者的表现是一致的。

📢 **注意：**

> 类似于__getitem__这样包含双下划线的方法是 Python 对象中的特殊方法，这些方法通常不能通过代码显式调用，而是经过特定的 Python 约定的编程方法隐式调用。这些方法有时也被称为"协议"，用以强调其中约定的部分。

```
01  >>> class MyRange():
02  >>>     '''Create Our Own Range'''
03  >>>     def __init__(self, minn, maxn=None, step=1):
04  >>>         '''Initialize my range'''
05  >>>         self.minn, self.maxn = (0, minn) if maxn is
    None else (minn, maxn)
06  >>>         self.step = step
07  >>>         diff = self.maxn - self.minn
08  >>>         self.cnt = diff // step + (0 if diff % step
    == 0 else 1)
09  >>>         self.cur = self.minn
10  >>>
11  >>>     def __getitem__(self, item):
12  >>>         '''Index support'''
13  >>>         if item < self.cnt:
14  >>>             return self.minn + (item + self.cnt) %
    self.cnt * self.step
15  >>>         raise IndexError('MyRange index {} out of
    bounds {}'.format(item, self.maxn))
16  >>>
17  >>> for i in MyRange(2, 10, 3):
```

```
18  >>>     print(i, end=' ' if i < 8 else '\n')
19  >>>
20  >>> print(range(10)[-3])
21  >>> print(MyRange(10)[-3])
```

上述代码中，首先在 01 行通过 class 关键字标识自定义类型的代码，然后指定类型名为 MyRange。在代码的第 05 行中，由于需要兼容只传入一个参数作为最大值的情况，因此对参数的取值进行了判断以保证和 Python 提供的默认 range 具有一致的表现。

特别需要指出的是，上述代码的第 11~15 行对__getitem__函数的定义。函数的第一个参数 self 用于 Python 作为该对象自身的引用，可以类比于 C++的 this 的作用，区别在于 C++的 this 指针是隐式存在，而 Python 中必须显式说明，并且其名称必须为 self，位于函数的参数列表的第一个参数位置上。

上述代码的第 14 行 return 语句给出了 MyRange 类型需要返回的参数及其类型。其中 self.cnt 用于记录该类型中的元素个数，这一参数可以通过取模操作来实现对负数索引的支持。该功能经过上述代码的 20~21 行对负数索引的效果进行了验证，并与默认的 range 进行了对比。

上述代码的 17~18 行对自定义的 MyRange 类型进行了遍历并且测试了输出。其结果如图 2.45 所示，可以看到，MyRange 类型实现了所有预计的功能。

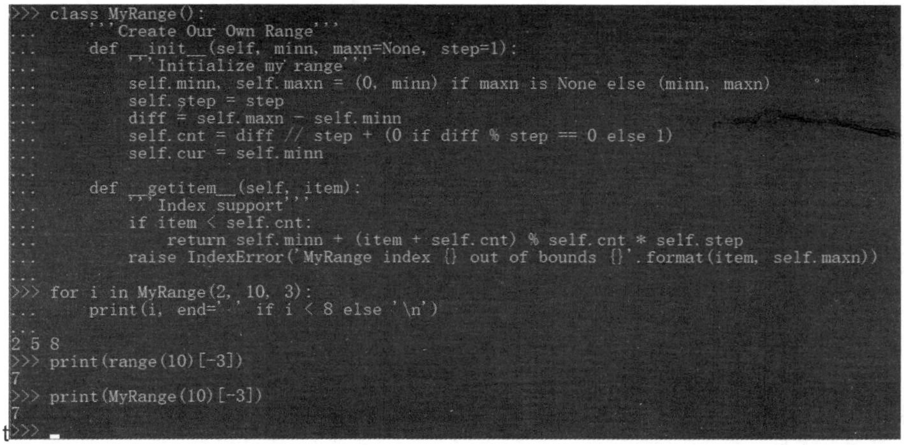

图 2.45　使用__getitem__构造可迭代对象

另一种实现方案则并非通过自定义__getitem__方法来实现，而是通过同时自定义__iter__方法和__next__方法来实现。需要特别注意的是，当类中没有__getitem__方法时，上述两种方法必须同时出现才能确保 Python 能够将自定义的类识别为迭代对象。

具体来说，__iter__方法创建了一个迭代器。迭代器是一个对象，这个对象可以是一个自定义类的对象，也可以是一个内置类型的对象。其核心要点是必须提供 Python 迭代时所调用的方法的代码，如此一来，在 Python 尝试调用时能够提供迭代过程中所必需的信息（例如 for 循环遍历时需要逐个元素返回）。

以 for 循环为例，通过__iter__方法可以将需要的类返回作为迭代器类型。在 for 循环开始的时刻，__iter__方法被调用生成一个迭代器，然后逐次调用__next__方法指定产生的返回结果。在下面的代码中，仍以自定义的 MyRange 类型为例，但是与前述代码不同的是，下面的代码以__iter__方法和__next__方法组成了迭代器的核心部分用于迭代。其输出如图 2.46 所示。

```
>>> class MyRange():
...     '''Create Our Own Range'''
...     def __init__(self, minn, maxn=None, step=1):
...         '''Initialize my range'''
...         self.minn, self.maxn = (0, minn) if maxn is None else (minn, maxn)
...         self.step = step
...         diff = self.maxn - self.minn
...         self.cnt = diff // step + (0 if diff % step == 0 else 1)
...         self.cur = self.minn
...
...     def __iter__(self):
...         '''Create a iterator'''
...         return self
...
...     def __next__(self):
...         '''Return next status'''
...         if self.cur < self.maxn:
...             self.cur += self.step
...             return self.cur - self.step
...         else:
...             raise StopIteration
...
>>> for i in MyRange(2, 10, 3):
...     print(i, end=' ' if i < 8 else '\n')
...
2 5 8
>>> print(range(10)[-3])
7
>>> print(MyRange(10)[-3])
Traceback (most recent call last):
  File "<stdin>", line 1, in <module>
TypeError: 'MyRange' object does not support indexing
>>>
```

图 2.46　使用__iter__和__next__构造可迭代对象

需要特别说明的是，代码中第 11~13 行的__iter__方法的返回值。由于

MyRange 类本身应当成为迭代器类，因此在__iter__方法中直接返回 self 参数表示当前对象（即 MyRange 类的对象）就是迭代器。如果在实际应用中需要使用其他类型作为迭代器，只需将 self 替换为对应类型的对象。

```
01  >>> class MyRange():
02  >>>    '''Create Our Own Range'''
03  >>>    def __init__(self, minn, maxn=None, step=1):
04  >>>        '''Initialize my range'''
05  >>>        self.minn, self.maxn = (0, minn) if maxn is
    None else (minn, maxn)
06  >>>        self.step = step
07  >>>        diff = self.maxn - self.minn
08  >>>        self.cnt = diff // step + (0 if diff % step ==
    0 else 1)
09  >>>        self.cur = self.minn
10  >>>
11  >>>    def __iter__(self):
12  >>>        '''Create a iterator'''
13  >>>        return self
14  >>>
15  >>>    def __next__(self):
16  >>>        '''Return next status'''
17  >>>        if self.cur < self.maxn:
18  >>>            self.cur += self.step
19  >>>            return self.cur - self.step
20  >>>        else:
21  >>>            raise StopIteration
22  >>> for i in MyRange(2, 10, 3):
23  >>>    print(i, end=' ' if i < 8 else '\n')
24  >>>
25  >>> print(range(10)[-3])
26  >>> print(MyRange(10)[-3])
```

📢 注意：

　　使用__iter__方法和__next__方法构造迭代器时，这两种方法必须同时存在，因为__iter__和__next__各自具有不同的功能，只有共同存在时才能完成迭代功能。

　　需要特别说明的是，由于使用__iter__方法和__next__方法组成了迭代器的核心，因此__getitem__方法不再是必要的组成部分。

　　自定义类型如果没有提供__getitem__方法的具体实现，则无法通过索引查找数据。由于在此版本的实现中没有实现__getitem__方法，因此在图 2.46 中出现了 TypeError 的提示，表明 MyRange 类型的对象不能支持索引。如需支持索引功能，只需将__getitem__方法添加进来，这里不再赘述。

2.5.2　其他常用迭代器

对于一个可以迭代的对象而言，可以根据需要显式地调用 iter 方法来创建一个迭代器，并且通过遍历迭代器获得对象中遍历的内容。iter 方法本身是 Python 的内置方法，其实际的调用过程是调用了 2.5.1 节提到的对象的成员函数__iter__函数，并返回__iter__的返回值作为迭代器进行遍历。

在遍历的过程中，为了显式地通知迭代器进行迭代，需要调用 Python 的内置函数 next。该函数调用的方法实际是 2.5.1 节中所述的对象中实现的__next__方法。当对象的代码实现中不存在__next__方法但是存在__getitem__方法时，next 的方法采取的替代措施是从 0 开始作为索引，将索引传入__getitem__方法中，并返回__getitem__方法的返回值，这也是为什么在 2.5.1 节的示例中，如果只实现了__getitem__方法仍能够构造自定义的可迭代对象的原因。

如下代码展示了对于常用的字符串进行显式构造迭代器并进行遍历的情况示例。通常只需对字符串使用 for 循环进行遍历，这里主要演示显式的遍历情况。其输出如图 2.47 所示。

```
01  >>> idea = 'good idea'
02  >>> iterator = iter(idea)
03  >>> print(iterator)                          # 输出迭代器对象
04  >>>
05  >>> # 显式遍历迭代器
06  >>> print(next(iterator))
07  >>> # 一次性遍历剩余元素
08  >>> print(*iterator)
```

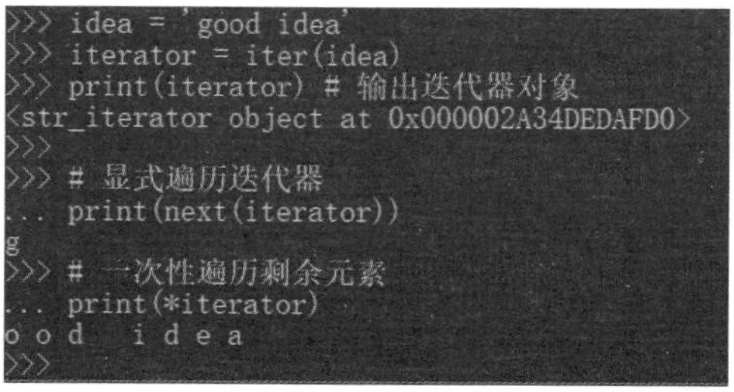

图 2.47　使用 iter 构造迭代器并使用 next 遍历

上述代码中，通过第 02 行调用 iter 方法构造了迭代器 iterator 对象，通过 03 行的输出可以看出，iterator 是一个字符串迭代器类型的对象。在上述代码的 06 行显式调用了 next 方法并使用 print 方法进行输出，可以看到迭代器返回了字符串类型的首字母 g。在传递参数时，也可以使用*将迭代器本身作为可变长参数进行输入，可变长参数的相关内容在 2.4.3 节已经阐述过，这里不再赘述。

从图 2.47 的输出可知，迭代器本身的迭代过程是单向不可逆的，因此在代码的 06 行第一次调用 next 方法遍历 iterator 后，字符串的首字母 g 就不能再被遍历到，除非重新构造一个新的迭代器。由于上述原因，08 行迭代的过程中只能从第二个字母遍历到最后一个字母，而首字母被排除在外。

除了使用 iter 方法显式构造迭代器外，另一种常用的 Python 内置方法是 zip 方法。此方法通常用于同时取出多个对象中索引相同的元素，或是将并列的元素拆分成多个独立的序列，此方法在同时遍历多个序列时有着广泛的应用。

如下代码分别从序列元素的组合以及并列元素的拆分两方面演示了 zip 方法广泛灵活的用途，读者可以根据代码以及图 2.48 所示的输出结果，分析 zip 函数的用法。

```
01  >>> list1 = [1, 2, 3, 4]
02  >>> list2 = [5, 6, 7, 8]
03  >>> # 同时访问 list1 和 list2
04  >>> z = zip(list1, list2)
05  >>> # 查看 z 的类型
06  >>> print(z)
07  >>> # 使用 for 循环遍历 z
08  >>> for i1, i2 in z:
09  >>>     print('i1: {} i2: {}'.format(i1, i2))
10  >>>
11  >>> # 将 zip 对象转换为列表
12  >>> z_lis = list(zip(list1, list2))
13  >>> # 打印 z_lis
14  >>> print(z_lis)
15  >>>
16  >>> # 反向拆分出序列
17  >>> uz = zip(*z_lis)              # 注意参数中的*，uz 仍是
                                        zip 对象
18  >>> u_tuple1, u_tuple2 = list(uz) # 拆分出序列，以 tuple
                                        形式存储
19  >>> # 打印拆分出的序列
```

```
20  >>> print(u_tuple1)
21  >>> print(u_tuple2)
```

```
>>> list1 = [1, 2, 3, 4]
>>> list2 = [5, 6, 7, 8]
>>> # 同时访问list1和list2
... z = zip(list1, list2)
>>> # 查看z的类型
... print(z)
<zip object at 0x000002A34DEEEE08>
>>> # 使用for循环遍历z
... for i1, i2 in z:
...     print('i1: {} i2: {}'.format(i1, i2))
...
i1: 1 i2: 5
i1: 2 i2: 6
i1: 3 i2: 7
i1: 4 i2: 8
>>> # 将zip对象转换为列表
... z_lis = list(zip(list1, list2))
>>> # 打印z_lis
... print(z_lis)
[(1, 5), (2, 6), (3, 7), (4, 8)]
>>>
>>> # 反向拆分出序列
... uz = zip(*z_lis) # 注意参数中的*. uz仍是zip对象
>>> u_tuple1, u_tuple2 = list(uz) # 拆分出序列, 以tuple形式存储
>>> # 打印拆分出的序列
... print(u_tuple1)
(1, 2, 3, 4)
>>> print(u_tuple2)
(5, 6, 7, 8)
>>> _
```

图 2.48   使用 zip 函数构造迭代器以及拆分序列

🔊 注意：

> 迭代器 zip 本身也具有惰性求值的特性，因此使用时必须通过 2.2 节所述的遍历方法才能获得计算结果。除此之外，zip 本身只能进行一次遍历，如果要重复遍历，需要重新构造迭代器对象。

在迭代器类型中还有一类广泛应用的对象，被称为生成器，2.6 节将单独进行介绍。

2.6   生成器与协程

在了解了迭代器后，本节介绍一种应用十分广泛的特殊迭代器——生成器。生成器之所以有别于其他迭代器，主要在于生成器的使用场景十分广泛，不论是在处理超过内存限制的海量数据时构建管道逐次处理，还是在网络通信中通过协程化的异步 I/O 加速任务执行，都能够看到生成器的应用实

例。本节首先介绍生成器的基本使用方法，然后介绍基本的使用生成器构建协程的方法。

2.6.1　生成器的基本用法

生成器是一种特殊的迭代器。生成器具有许多其他迭代器不具备的优点，例如，使用生成器可以自动实现迭代器的协议方法，从而无须实现 2.5.1 节的诸多自定义方法。除此之外，生成器具有状态挂起的特点。所谓状态挂起，指的是生成器本身具有的执行过程可以被打断，当需要恢复执行时，可以从上次被打断的位置继续执行，因此，保存了代码执行上下文的生成器能够避免无谓的内存空间占用。如下代码展示了如何通过生成器避免无谓的内存占用的例子。其中，fib 函数用于生成产生 Fibonacci 数列的生成器。其结果通过隐式遍历获得，结果如图 2.49 所示。

```
01  >>> def fib(n):
02  >>>     '''Return first n Fibonacci number'''
03  >>>     a, b, cnt = 1, 1, 0                # 初始化状态参数
04  >>>     print('进入生成器循环')
05  >>>     while cnt < n:
06  >>>         print('返回结果')
07  >>>         yield a
08  >>>         print('更新状态')
09  >>>         a, b, cnt = b, a + b, cnt + 1  # 更新状态
10  >>>     print('退出循环')
11  >>>
12  >>> # 创建生成器
13  >>> fib_gen = fib(5)
14  >>> print(fib_gen)
15  >>>
16  >>> # 遍历输出生成器元素
17  >>> for i in fib_gen:
18  >>>     print(i)
```

生成器的核心是上述代码中第 07 行的 yield a。这里 yield 是 Python 中的关键字，并且具有和 return 一样的作用——返回结果并让出程序流程的控制权。但是与 return 不同的是，含有关键字 yield 的方法会被 Python 解释器处理为生成器，并且具有记忆代码上下文的功能。

因此在上述代码的第 14 行输出变量 fib_gen 时，产生的输出为 generator，而且在图 2.49 所示的输出中，不断紧接着 yield 语句和 while 循环语句进行

输出，展示了其运行的逻辑。需要特别指出的是，生成器是只能遍历一次的迭代器，因此遍历之后必须使用新的生成器才能再次进行遍历。由于生成器的值是在运行时动态生成的，因此相比于需要将变量存入内存的列表和数组等数据结构，生成器在生成较大的文件内容序列，以及对象序列时能够极大地节约内存空间。

```
>>> def fib(n):
...     '''Return first n Fibonacci number'''
...     a, b, cnt = 1, 1, 0 # 初始化状态参数
...     print('进入生成器循环')
...     while cnt < n:
...         print('返回结果')
...         yield a
...         print('更新状态')
...         a, b, cnt = b, a + b, cnt + 1 # 更新状态
...     print('退出循环')
...
>>> # 创建生成器
... fib_gen = fib(5)
>>> print(fib_gen)
<generator object fib at 0x000002A34DD38360>
>>> # 遍历输出生成器元素
... for i in fib_gen:
...     print(i)
...
进入生成器循环
返回结果
1
更新状态
返回结果
1
更新状态
返回结果
2
更新状态
返回结果
3
更新状态
返回结果
5
更新状态
退出循环
>>>
```

图 2.49   使用生成器构造 Fibonacci 数列

2.6.2   基于生成器的协程

生成器的另一大作用是可以实现单线程借助于协程实现程序的并发执行，从而在单线程模式下以尽可能小的代价进行程序的上下文切换。图 2.50 和图 2.51 说明了在多进程和多线程模式下并发编程的不足，以及协程相较于多进程、多线程编程模型的优势。协程编程模型的协程，指的是同一个进程中的多个不同方法相互协作，共同执行完成指定功能的模型。

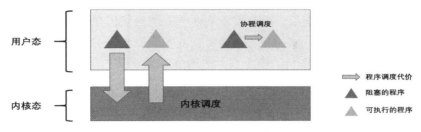

图 2.50　协程调度与线程调度示意图

📢 **注意：**

> 协程提高效率的核心是在单线程中提高 CPU 的使用效率，避免由于 CPU 和 I/O 之间的速度差异导致 I/O 成为程序速度的瓶颈。

协程中程序能够协作执行的核心在于，当一个指定程序出让程序控制权时（例如由于进行网络请求而阻塞），由于 CPU 在出让后处于空闲状态，为了提高其使用率，应当执行调度程序将另一个可执行的程序分配给 CPU，使得 CPU 能够继续执行有效工作。随着分配的进行，系统上的所有程序最终都能够以交替执行的方式使 CPU 工作时间尽可能最大化，从而提高了系统整体的响应效率。

在进行多线程或多进程的并发调度时，需要执行调度程序。为了说明调度的情况，必须了解系统的用户态和内核态。

简而言之，所谓操作系统的用户态，指用户级别的程序执行时所处的系统环境。例如，使用 Python 编写的 helloworld 程序在执行时，需要操作系统提供用户态的环境。而所谓操作系统的内核态，则是只能由操作系统进行控制，并执行特定的特权指令的状态。

为了确保系统安全，许多底层的具体操作，例如内核管理、操作系统进程的调度、具体的 I/O 操作以及和设备驱动的交互，都只能由操作系统执行特权指令来完成。而操作系统的设计者为了方便用户的使用，为内核态的诸多操作提供了指定的函数接口，当用户态的程序需要完成相应操作时，调用操作系统提供的函数接口即可令操作系统进入内核态，同时发起调用的用户态程序被挂起，操作系统会记录下当前用户态程序的执行环境以及运行状态，用于恢复时继续执行用户态的程序。

当操作系统在内核态执行完毕后，会返回结果并将系统状态切换回用户态，并重新赋予用户态程序控制权，然后恢复用户态程序的执行流。

由于在多进程调度时首先涉及用户态中用户程序的挂起，保存程序执行现场后还需要执行内核提供的调度程序,调度程序涉及操作系统提供的调度算法，需要较高的复杂度，接着需要从内核态切换回用户态，将用户态程序的状态从挂起态切换为可执行态，接着恢复用户态程序的执行，因此在大量进程并发的情况下，系统的上下文切换极大地降低了并发的效率。图 2.50 中，箭头代表着每次切换时的代价，越大的箭头代表切换的代价越高。

与多进程切换的并发方式不同的是，协程通过 Python 层面的显式编程进行切换。

> ↘ 一方面无须陷入操作系统的系统调用中进行用户态和内核态的来回切换。

> ↘ 另一方面在协程的切换过程中无须执行具体的调度算法，也不会存在死锁现象，因此协程的并发相较于多线程和多进程的并发代价更小，切换时的响应效率更高。

协程的另一个优势是对于硬件要求以及并发程度相较于多进程、多线程的模型更高。由于协程的并发是在单一线程内部的不同方法之间进行显式切换，因此单个线程（以及单个 CPU）中理论上可以容纳无限个协程。而对于多线程、多进程并发模型而言，通常的选择是以 CPU 的核心数目为基准选择并发度，一种常见的选择是选择与 CPU 核心数目相同的线程、进程数目，如图 2.51 左侧的线程并发示意图所示，每个线程被均等地分配给一个 CPU，因此要容纳更多的并发线程，则需要进行更多的 CPU 核心支持。这是协程的另一个主要优势。

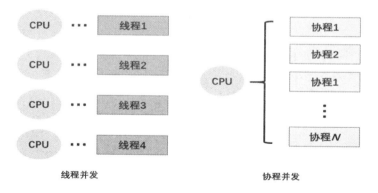

图 2.51　线程并发与协程并发对比图

🔊 注意：

　　由于 Python 解释器在实现过程中存在全局解释器锁（Global Interpreter Lock），因此在计算密集型程序中，以及包含部分计算密集型代码的 I/O 密集型程序中，多线程的效率往往低于单线程。

Python 中的协程主要通过生成器来实现，如下代码展示了一个使用生成器解决生产者—消费者问题中死锁情况的示例。

```
01  >>> # 生产者
02  >>> def producer(c, num):
03  >>>     print('p1')
04  >>>     c.send(None)    # 启动 consumer 对应的生成器，协程的起点
05  >>>     i = 0
06  >>>     while i < num:
07  >>>         product = '生产者产品-%d' % i
08  >>>         print('p2')
09  >>>         c_param = c.send(product)
10  >>>         print('p3')
11  >>>         print('生产者接收的参数:', c_param)
12  >>>         i += 1
13  >>>     c.close()        # 关闭 consumer 对应的生成器，协程的终点
14  >>>
15  >>> # 消费者
16  >>> def consumer():
17  >>>     cnt = 0
18  >>>     print('c1')
19  >>>     while 1:
20  >>>         c = '消费者-%d' % cnt
21  >>>         cnt += 1
22  >>>         print('c2')
23  >>>         p = yield c
24  >>>         print('c3')
25  >>>         print('消费者接收到:', p)
26  >>>
27  >>>
28  >>> c = consumer()              # 返回 consumer 对应的生成器
29  >>> producer(c,3)              # 生产者生产并调用消费者
```

上述代码中通过第 28 行发起的调用产生了一个生成器，然后将该生成器通过第 29 行的代码传入生产者中进行执行。协程的起点通过上述代码的第 04 行进行执行。需要特别注意的是，使用生成器执行协程时，必须对处于初始状态的生成器通过 send 方法发送 None 作为参数，否则初始状态的生成器无法正常执行。代码中通过输出 p1~p3 以及 c1~c3 跟踪协程的执行流程，其输出如图 2.52 所示。

```
>>> # 生产者
... def producer(c, num):
...     print('p1')
...     c.send(None) # 启动consumer对应的生成器，协程的起点
...     i = 0
...     while i < num:
...         product = '生产者产品-%d' % i
...         print('p2')
...         c_param = c.send(product)
...         print('p3')
...         print('生产者接收的参数:', c_param)
...         i += 1
...     c.close() # 关闭consumer对应的生成器，协程的终点
>>> # 消费者
... def consumer():
...     cnt = 0
...     print('c1')
...     while 1:
...         c = '消费者-%d' % cnt
...         cnt += 1
...         print('c2')
...         p = yield c
...         print('c3')
...         print('消费者接收到:', p)
>>>
>>> c = consumer() # 返回consumer对应的生成器
>>> producer(c, 3)  # 生产者生产并调用消费者
p1
c1
c2
p2
c3
消费者接收到: 生产者产品-0
c2
p3
生产者接收的参数: 消费者-1
p2
c3
消费者接收到: 生产者产品-1
c2
p3
生产者接收的参数: 消费者-2
p2
c3
消费者接收到: 生产者产品-2
c2
p3
生产者接收的参数: 消费者-3
```

图 2.52　基于生成器的协程处理生产者-消费者问题

　　由于协程本身对于提升程序的性能具有巨大的优势，因此 Python 对于协程的支持也日益完善。在 Python3.4 版本中，引入了 asyncio 标准库，其中内置了对于异步 I/O 的支持，而在 Python3.5 的版本中增加了关键字 async 以及 await 用于支持协程。有兴趣的读者可以自行学习，这里不再赘述。

📢 注意：

　　由于大多数系统不支持异步文件读写，因此目前的协程仍然不能通过异步读写提高系统的磁盘 I/O，而是更多地用于网络 I/O（例如爬虫）方面。

2.7　推导式——简化代码的利器

　　简洁明了的风格由于具有良好的代码可读性，一直是 Python 所提倡的

编程风格，因此 Python 对于常用的数据结构都提供了相关的推导式，以简化数据结构构建过程中的代码复杂程度。本节主要介绍 Python 中常用的 4 种推导式，包括列表推导式、字典推导式、集合推导式和生成器推导式。

2.7.1　列表推导式

最为常用的一种推导式是列表推导式。顾名思义，列表推导式是通过特定的格式构造列表这一数据结构的过程，如下代码构造了包含 6 个 tuple 类型的列表，其中每个 tuple 由两个数字组成，结果如图 2.53 所示。

```
01   >>> # 列表推导式
02   >>> lis = [(i, j) for i in range(8) for j in range(8) if
     i * j % 7 == 6]
03   >>> # 打印输出列表
04   >>> print(lis)
```

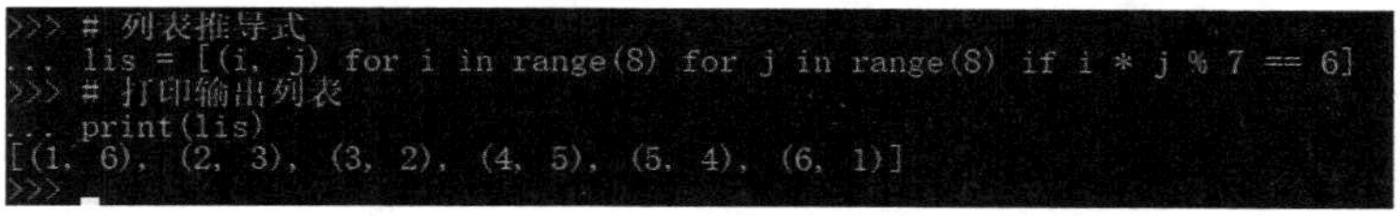

图 2.53　列表推导式

2.7.2　字典推导式

字典推导式通过构建键值对向字典中填充内容，并生成字典对象。如下代码展示了字典推导式的使用方法，并且演示了如何通过字典构建一一对应的映射关系，结果如图 2.54 所示。其中，需要特别注意字典推导式的写法，即键和值与冒号的关系。

```
01   >>> # 字典推导式
02   >>> strs = ['A test', 'something', 'paris']
03   >>> d = {i: s for i,s in enumerate(strs)}        # 构建字典
04   >>> d.update({s: i for i,s in enumerate(strs)}) # 更新字典
05   >>> # 输出字典
06   >>> print(d)
```

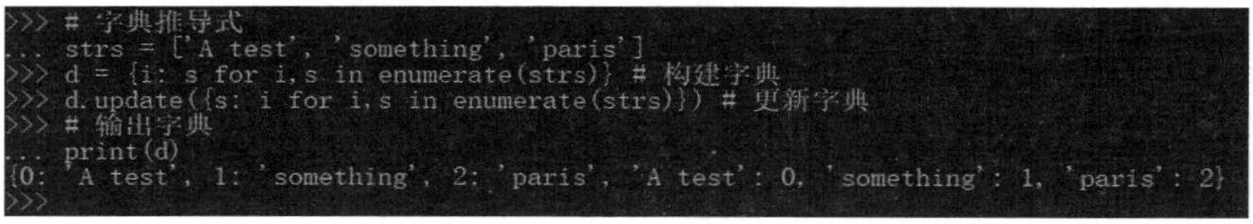

图 2.54　字典推导式

上述代码中，03~04 行均使用了字典推导式，需要特别注意的是，字典推导式的冒号前后的变量分别代表了字典的键和值，03 行的作用是建立索引到值的映射，而 04 行的作用是建立值到索引的映射。

📢 注意：

使用 Python 的推导式一方面可以简化代码，另一方面 Python 解释器可以对推导式进行优化。例如，使用列表推导式构建列表的效率高于使用 for 循环向空列表中添加元素的效率。

2.7.3 集合推导式

与字典推导式十分相近但是功能不同的一种推导式是集合推导式。这种推导式也是使用大括号作为推导式的符号，但是其中没有冒号作为键值对的分隔符。集合推导式的一个主要作用是对列表中的数据进行去重复。如下代码展示了如何使用集合推导式对数据去重，并构建集合对象，结果如图 2.55 所示。

```
01  >>> # 集合推导式
02  >>> square = {i**2 for i in [1, 2, 2, 4, 4, 5]}
03  >>> # 输出集合
04  >>> print(square)
```

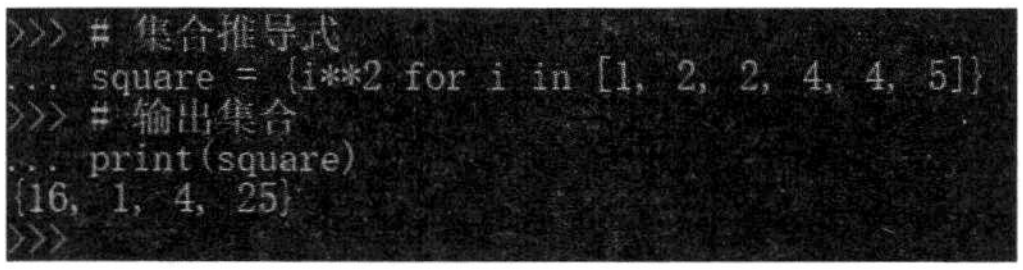

图 2.55　集合推导式

2.7.4 生成器推导式

最后一种常用的推导式是用于构造简单生成器的生成器推导式。生成器推导式的写法类似列表推导式，但不同的是，列表推导式使用方括号包裹，而生产推导式使用的是圆括号。生成器推导式的写法十分简洁，但是由于没有实现 2.5.1 节中所述的可迭代对象的诸多内置方法，因此只能进行按照预定顺序迭代的操作，而不支持通过索引对生成器中的各种元素值进行访问的操作。如下代码展示了如何构造一个生成器，并且通过 list 方法的隐式遍历对生成器进行求值，结果如图 2.56 所示。

```
01   >>> # 生成器推导式
02   >>> lis = [1, 2, 3, 4, 5]
03   >>> # 创建生成器
04   >>> gen = (i * 2 for i in lis if i % 2 == 0)
05   >>> # 输出生成器对象的信息
06   >>> print("gen:", gen)
07   >>> # 隐式遍历生成器
08   >>> print(list(gen))
```

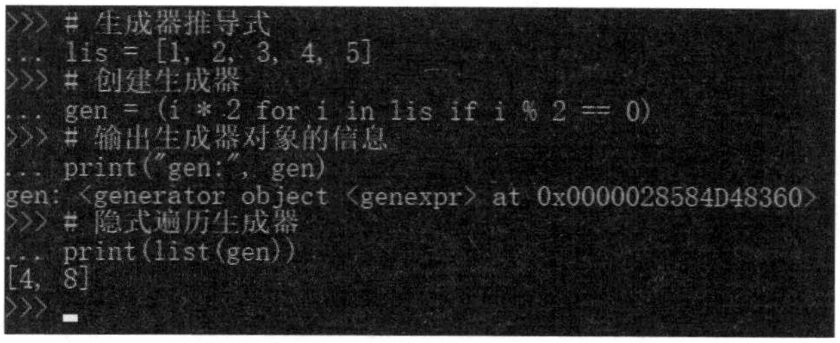

图 2.56　生成器推导式

📢 注意:

在使用推导式时可以调用 2.4 节所述的自定义函数、匿名函数,以及高阶函数,以完成较为复杂的数据处理逻辑。

2.8　本章小结

本章主要介绍了使用 Python 进行数据处理必备的基本知识。其中包括常见的数据结构(例如列表、字典以及集合等)的使用方法,对数据结构的遍历以及获取其中元素的方法,还有如何通过与、或、非运算(以及按位操作的与、或、非运算)进行数据过滤的方法。掌握上述知识,读者可以自行对数据进行简单的处理。

为了能够简化代码的编写,提高程序的执行效率并且提高代码的复用性,本章还介绍了自定义函数,迭代器与迭代对象、生成器与协程,以及如何使用 4 种常见的推导式简化代码编写的方法。读者学习本章后,可自行编写程序进行数据处理练习,并将本章的知识灵活运用在日常的数据处理任务中,以提高处理效率。

第3章 常用 Python 工具包

在 Python 强大的编程生态中，除了自行编写数据处理的代码，还有许多数据处理相关的工具包能够提供功能强大的数据辅助处理功能。在常用的工具包可以满足应用需求的情况下，应当尽可能使用这些工具包而不是手写代码，其原因如下。

一方面，这些数据处理工具包往往经过良好的设计和高度优化的实践，并且经过大范围应用场景的检验。在代码的可复用性、代码可靠性、代码灵活性以及代码效率上都远远超过常规 Python 代码的能力范围。

另一方面，使用这些 Python 工具包，可以事半功倍地完成数据分析和处理任务，而且也提供了部分高度优化的计算方法，有效降低了数据处理的数学门槛，提高了数据处理的广泛性和普适性。除此之外，由于 Python 工具包遵循广泛认可的代码编写规范，因此在代码调试维护中能够有效降低代码阅读的难度，提高在应用场景中所需的开发效率。

本章主要涉及的知识点如下。

- ➥ Python 中常用工具包的安装方法。
- ➥ Numpy 的使用方法简介与示例。
- ➥ 如何使用 Pandas 进行数据处理。
- ➥ 如何将数据通过 Matplotlib 进行可视化。
- ➥ 了解 Scipy 工具包在数据处理中的常见应用。

3.1 环境搭建

使用 Python 语言中的许多工具包需要预先安装相关的依赖库。由于许多工具包需要的依赖库种类繁多，因此 Python 社区推出了 pip 作为包安装的相关工具。但是单纯依靠 pip 有时也无法解决烦琐的依赖问题。本节将简要介绍常用 Python 工具包的安装方法及环境配置等相关问题。

3.1.1　使用 Anaconda 集成式安装

由于许多 Python 工具包之间存在依赖关系，而且不同版本的工具包依赖的版本也有差别，这就无形中提高了诸多工具包的环境配置难度。因此，使用 Anaconda 进行集成式的环境配置是较为推荐的做法，因为 Anaconda 的集成式安装提供的工具包已经考虑了不同版本的工具包之间的依赖关系，而且由于 Anaconda 已经集成了科学计算的常用工具包，因此可按照 1.2.4 节、1.3.5 节的不同需求分别在 Windows 系统或 Linux 系统上安装 Anaconda，这里不再赘述。

✎ 说明：

> 如果从 Anaconda 官网上下载安装包网速较慢，可以从国内的开源镜像站点高速下载。

图 3.1 以 Anaconda 为例展示了中国科学技术大学镜像站点的界面以及查询方法。打开中国科学技术大学镜像站点，在搜索栏输入 anaconda，在返回结果中单击 anaconda 超链接，进行下载安装即可。图 3.2 则展示了在清华大学镜像站点查找、下载 Anaconda 的过程。由于清华大学镜像站点查找过程与中国科学技术大学镜像站点类似，这里不再赘述。

图 3.1　在中国科学技术大学镜像站点查询

图 3.2　在清华大学镜像站点查询下载

3.1.2 通过 pip 定制化安装

如果不想使用 Anaconda 集成安装，而只希望自定义，那么使用 Python
推荐的包管理器 pip 是一个简单可行的方案。首先检查 pip 的安装情况，再
输入如下命令。

```
01  pip -v
```

如果 pip 已经正确安装，则通过-v 参数会输出 pip 相关的帮助信息，如
图 3.3 所示。输出的帮助信息提供了 pip 的基本用法。

图 3.3 pip 帮助信息

如果没有安装 pip，那么需要到 pip 的官方网站下载并安装 pip。安装完

成后，使用上述命令检查是否正确输出帮助信息即可确定安装情况。

　　成功安装 pip 后，可以通过 install 命令安装指定的库。以 Python 中常用的 Numpy 库为例，单独安装 Numpy 的命令如下。

```
01  pip install numpy
```

　　如果在安装 Python 时需要安装管理员权限，则需要在上述命令中增加授权参数，具体命令如下。

```
02  pip install -usernumpy
```

　　当没有安装指定库时，会启动下载安装过程，只需耐心等待即可。当已安装指定库时，会提示所需库的安装要求已经满足，如图 3.4 所示。

Requirement already satisfied: numpy

图 3.4　通过 pip 安装 Numpy 输出示意图

3.2　Jupyter Notebook 简介

　　Jupyter Notebook 是一个开源的 Web 应用程序，支持 40 种编程语言，允许用户创建和共享包含代码、方程式、可视化和文本的文档。它的用途包括：数据清理和转换、数值模拟、统计建模、数据可视化、机器学习等。本节将具体介绍 Jupyter Notebook 的安装与运行、主面板、编辑界面、单元和魔法函数等内容。

3.2.1　安装与运行

　　虽然 Jupyter 可以运行多种编程语言，但 Python 是安装 Jupyter Noterbook 的必备条件。本节介绍两种安装方式：使用 Anaconda 安装或使用 pip 命令安装。

　　1. 使用 Anaconda 安装

　　对于还未安装 Python 的新手，为了简单起见，强烈建议通过安装 Anaconda 实现一步到位安装 Python 和 Jupyter，其中包括 Python、Jupyter Notebook 和其他常用的科学计算和数据科学软件包。Anaconda 的下载与安装在 3.1 节已详细说明，本节不再赘述。

　　2. 使用 pip 命令安装

　　对于有经验的 Python 用户，可以使用 Python 的包管理器 pip 而不是

Anaconda 来安装 Jupyter Notebook。

如果已经安装了 Python 3，可通过如下命令安装 Jupyter Notebook。

```
01  >>> python3 -m pip install --upgrade pip
02  >>> python3 -m pip install jupyter
```

如果已经安装了 Python 2，可通过如下命令安装 Jupyter Notebook。

```
01  >>> python -m pip install --upgrade pip
02  >>> python -m pip install jupyter
```

3．Jupyter Notebook 的运行

成功安装 Jupyter Notebook 后，在 Terminal（Mac/Linux）或 Command Prompt（Windows）中运行以下命令即可打开 Jupyter Notebook。

```
01  >>> Jupyter Notebook
```

如图 3.5 所示显示了输入命令后进入 Jupyter Notebook 的主面板。

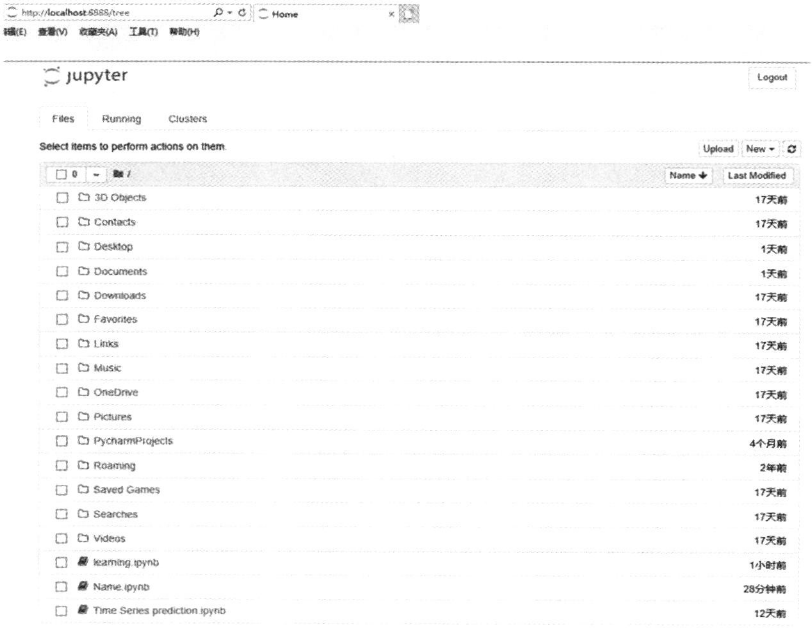

图 3.5　Jupyter Notebook 主面板

🔊 注意：

> 启动后，默认的 Notebook 服务器的运行地址是 http://localhost:8888。只要 Notebook 服务器仍在运行，就可以通过在浏览器中输入 http://localhost:8888 返回

Web 页面。Localhost 指本地计算机，8888 是服务器正在通信的端口。如果同时启动了多个 Jupyter Notebook，由于默认端口"8888"被占用，因此地址栏中的数字将从"8888"起，每多启动一个 Jupyter Notebook 数字就加 1，如"8889""8890"等。

4．Notebook 工作原理

Jupyter Notebook 是由 Fernando Perez 开发，在 IPython 基础上形成的项目。IPython 是一个 Python 交互环境，类似于 Python 自带的交互环境，却具有更加强大的功能，例如语法高亮和代码自动完成等特性。起初，Notebook 通过从 Web 应用程序发送消息（在浏览器中查看 Notebook）到 IPython 内核（在后台运行的 IPython 应用）。内核执行代码，然后把它送回 Notebook。当前的体系结构是类似的，图 3.6 显示了 Notebook 的工作过程。

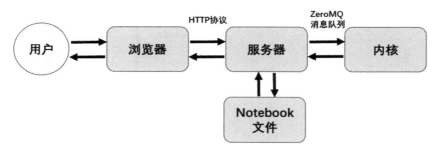

图 3.6　Notebook 的工作过程

Jupyter Notebook 的关键点在于 Notebook 的服务器。通过本地浏览器以及 Notebook 链接到服务器使其作为一个 Web 应用程序来呈现。在 Web 应用程序中编写的代码通过服务器发送到内核。内核运行代码将其发送回服务器，然后任何输出都会呈现在浏览器上。当保存 Notebook 的时候，它将会以 JSON 文件以及 .ipynb 的文件扩展名来写入服务器。

这个架构的优点在于内核不需要运行 Python。由于 Notebook 和内核是分开的，任何形式的代码都可以在它们之间传送。例如，两个早期版本的非 Python 的内核就是为 R 和 Julia 语言设计的。在 R 内核中，用 R 语言编写的代码将会被送到 R 内核执行，等同于 Python 代码在 Python 内核里运行。

除此之外，服务器可以通过互联网在任何地方运行和访问。通常，服务器会运行在本地计算机上。但是，也可以设置一个远程计算机或者一个像 Amazon's EC2 的云实例。然后，我们可以在世界任何地方访问浏览器中的 Notebook。

3.2.2　主面板介绍

打开 Jupyter Notebook，可以看到主面板。在菜单栏中有 Files、Running、Clusters 3 个选项。

1．Files 界面

进入 Files 界面后，会看到许多文件夹，可以选中其中一个或多个文件夹进行重命名、复制、删除、查看、编辑、终止运行等操作，通过 Upload 子选项可以上传文件，通过 New 子选项可以创建不同的文件夹，如图 3.7 所示。

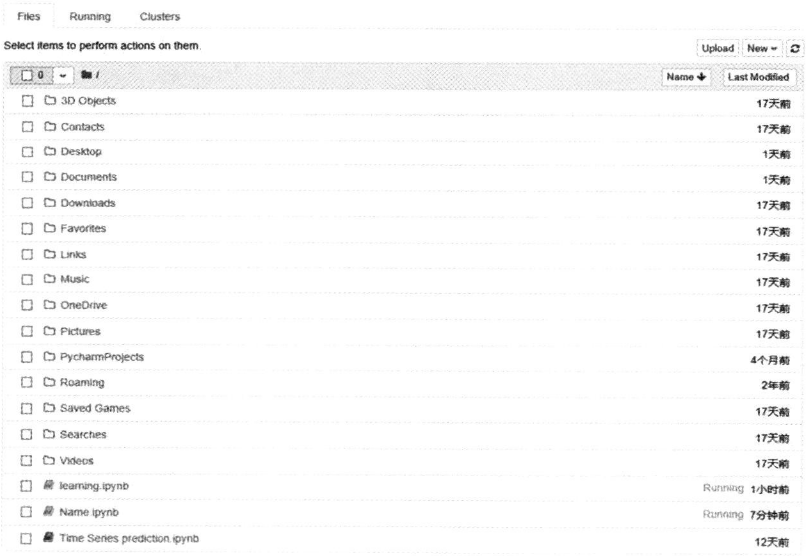

图 3.7　主面板 Files 界面

2．Running 界面

如图 3.8 所示为 Running 界面，可以看到正在运行的 Notebook，单击 Shutdown 按钮会结束正在运行的程序。

图 3.8　Running 界面

3．Clusters 界面

Clusters 已经内置于 IPython parallel 中，IPython parallel 是 IPython 提供的软件包，基于复杂和强大的架构，提供并行和分布式计算的能力，可以用它解决查询/处理大数据的问题，并行训练很多机器学习模型。

3.2.3　编辑界面

图 3.9 所示为 Notebook 的编辑界面，它主要由 4 部分组成，即名称、菜单栏、工具条以及单元（Cell）。

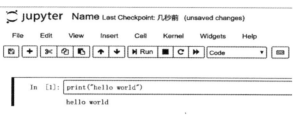

图 3.9　Notebook 编辑界面

图 3.9 中最上面方框中的 "Name" 便是文件的名称，单击可以进行重命名；第二个方框是菜单栏，包括 File、Edit、View、Insert、Cell、Kernet、Widgets 和 Help 选项；第三个方框包含一些工具条图标；最后一个方框对应的为单元，单元可以进行添加。

1．Name

如图 3.10 所示为文件重命名对话框，在这里可以修改 Notebook 的名字。可以直接单击当前名称，在弹出的对话框中进行修改。

图 3.10　文件重命名对话框

2．菜单栏

菜单栏包含 File、Edit、View、Insert、Cell、Kernel、Widgets 和 Help。

➥　File：新建 Notebook，对其进行重命名、保存和导出等。

↘ Edit：对单元进行复制、粘贴、删除。

↘ View：将 logo、名称和工具进行隐藏和显示，更改单元展示式样。

↘ Insert：在当前单元上方/下方插入新的单元。

↘ Cell：Cell 中的代码进行选择、运行，并对其运行结果进行处理。

↘ Kernel：重启或中断内核。

↘ Widgets：调整 Jupyter Notebook 窗口中部件的状态。

↘ Help：提供 Jupyter Notebook 的用户指南和相关信息。

📢 注意：

> Notebook 另一个强大的功能就是导出功能 File 的子选项 Download as。我们可以把自己的 Notebook（例如图解代码课程）导出为如下多种形式。
> ↘ HTML
> ↘ Markdown
> ↘ ReST
> ↘ PDF
> ↘ 原生 Python 代码
> 如果导出成 PDF 格式，不使用 LaTex 就可以创建一个漂亮的文档；可以将 Notebook 保存为 HTML 格式，发布到个人网站上，还可以导出成 ReST 格式，作为软件库的文档。

3. 工具条

工具条中的功能基本上在菜单中都可以实现，这里为了能更快捷地操作，将一些常用按钮展示出来，如图 3.11 所示。

图 3.11　工具条

工具条从左到右功能依次是：保存 Notebook、添加单元、剪切单元、复制单元、粘贴单元、上移单元、下移单元、运行代码、终止代码、重启内核、重启内核并运行所有代码、改变单元类型和命令面板。

4. 单元（Cell）

在单元中可以编辑文字、编写代码、绘制图片，等等。对于单元的详细内容将在 3.2.4 节中予以介绍。

3.2.4　单元（Cell）

单元是 Jupyter Notebook 进行编辑文字、编写代码、绘制图片的地方，本节介绍单元的两种模式和功能，最后列举一些常用的快捷键以方便用户使用。

1．两种模式与快捷键

对于 Notebook 中的单元，有两种模式：命令模式（Command Mode）与编辑模式（Edit Mode）。在不同模式下可以进行不同的操作。

如图 3.12 所示显示了 Notebook 的编辑模式，在编辑模式下，右上角方框处出现一个铅笔的图标，单元左侧边框线呈现绿色，单击 Esc 键或运行单元格（Ctrl+Enter）切换回命令模式。

图 3.12　编辑模式

如图 3.13 所示显示了 Notebook 的命令模式，在命令模式下，铅笔图标消失，单元左侧边框线呈现蓝色，按 Enter 键或者双击 cell 切换回编辑状态。

图 3.13　命令模式

2．Cell 的 4 种功能

Cell 有 4 种功能：Code、Markdown、Raw NBConvert、Heading。这 4 种功能可以互相切换。Code 用于写代码，Markdown 用于文本编辑，Raw NBConvert 中的文字或代码等都不会被运行，Heading 是用于设置标题的，这个功能已经包含在 Markdown 中。4 种功能的切换可以使用快捷键或者工具条。

Code 用于写代码，有 3 类提示符，分别是 In[ ]、In[num]和 In[*]，对应的含义依次为程序未运行、程序运行后和程序正在运行。

Markdown 用于编辑文本，常用的 Markdown 用法如下。

（1）添加标题。选择 Markdown，在标题前加#和空格，#的个数代表几级标题，如图 3.14 所示显示了添加图标的单元编辑模式。

如图 3.15 所示显示了添加标题的运行结果。

```
# Markdown功能
## 标题
```

Markdown功能

标题

图 3.14　添加标题 　　　　　　　图 3.15　添加标题的运行结果

（2）加粗。选择 Markdown，在文本左右两边加**，即可实现文本加粗。

（3）斜体。选择 Markdown，在文本左右两边加*，即可实现文本斜体。

（4）无序列表。文字前面加*、-或+，再加一个空格，即可得到无序列表。

（5）有序列表。文字前面加 1、2、3，再加一个空格，即可得到有序列表。

（6）链接。[显示文本](连接地址)。

如下代码展示了导入链接。

```
01  >>> [百度](https://www.baidu.com)
```

运行结果如图 3.16 所示。

（7）图片连接。。

（8）引用。文字前面加上>和一个空格，如 ">实践出真知"。

（9）代码引用。```加代码种类，回车输入引用代码，回车以```结束。

（10）制作表格。使用|和-就可以绘制表格。

如下代码展示了如何制作表格。

```
01  >>> |学生排名|学生姓名|学生成绩|
02  >>> |---:|---:|---:|
03  >>> |1|李明|98|
04  >>> |2|张华|95|
05  >>> |3|王伟|90|
```

运行结果如图 3.17 所示。

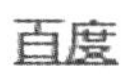

学生排名	学生姓名	学生成绩
1	李明	98
2	张华	95
3	王伟	90

<u>百度</u>

图 3.16　添加链接 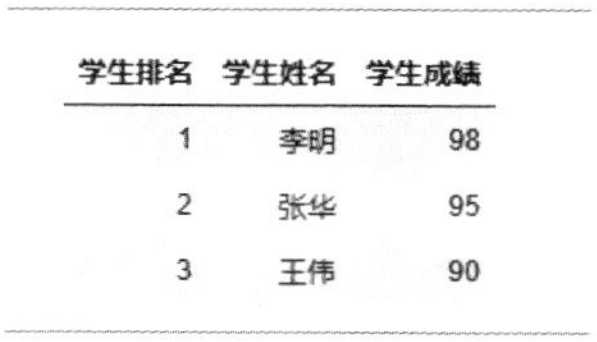　　　　　　图 3.17　通过 Markdown 制作的表格

🔊 注意：

　　表格默认左对齐，可以使用:来调整对齐方式，如:---:为居中。

3．Markdown 单元高级用法

它的类型为 Markdown，与此同时也支持 HTML 代码。我们可以在单元中借助 HTML 创建更高级的样式，例如添加图片，等等。举个例子来说，如果想在 Notebook 中添加 Jupyter 的图标，高为 100 像素，宽为 100 像素，并且放置在 cell 左侧。

如下代码展示了如何添加图片。

```
01  >>> imgsrc="http://blog.jupyter.org/content/images/2015/
        02/jupyter-sq-text. png"
02  >>> style="width:100px;height:100px;float:left">
```

图 3.18 显示了代码运行效果。

除此之外，Markdown 还支持 LaTex 语法。可以在 markdown cell 中按照 LaTex 语法规则写下方程式，然后直接运行，就可以看到结果。

如下代码展示了一行内的数学表达式 LaTex 语法的输入。

```
>>> $\int_0^{+\infty} x^2 dx$
```

如图 3.19 所示显示了代码运行效果。

$$\int_0^{+\infty} x^2 dx$$

图 3.18　添加图片　　　　　　　图 3.19　编写 LaTex 显示数学公式

对于多行的数学表达式如分式，可以用两个$符号包含多个表达式，如下代码展示了多行数学表达式 LaTex 语法的输入。

```
01  >>> $$
02  >>> y = \frac{a}{b+c}
03  >>> $$
```

常用的快捷键如下。

（1）命令模式下的快捷键

Enter：转入编辑模式　　　　　　　　　　K：选中上方单元

Shift+Enter：运行本单元，选中下个单元　J：选中下方单元

Ctrl+Enter：运行本单元　　　　　　　　A：在上方插入新单元

Alt+Enter：运行本单元，在其下插入新单元　B：在下方插入新单元

Y：单元转入代码状态　　　　　　　　　C：复制选中的单元

M：单元转入 markdown 状态　　　　　　S：文件存盘

R：单元转入 raw 状态　　　　　　　　　L：转换行

（2）编辑模式下的快捷键

Tab：代码补全或缩进　　　　　　Ctrl+]：缩进

Ctrl+[：解除缩进　　　　　　　　Ctrl+A：全选

Ctrl+Z：复原　　　　　　　　　　Up：跳到单元开头

Down：跳到单元末尾　　　　　　　Shift+Tab：提示

Ctrl+Y：再做　　　　　　　　　　Ctrl+Home：跳到单元开头

3.2.5　魔法函数

使用魔法函数可以简单地实现一些单纯用 Python 要很麻烦才能实现的功能。本节列举一些魔法函数，并讲解它们的使用方法及功能。

魔法命令的基本形式是%+命令，如%run、%timeit 等，例如：运行脚本文件的命令为%run+脚本文件地址。测试代码性能可以使用命令%timeit，图 3.20 显示了一行代码的性能测试结果。

```
In  [3]: %timeit l=[i**2 for i in range(1000)]
         356 µs ± 12.3 µs per loop (mean ± std. dev. of 7 runs, 1000 loops each)
```

图 3.20　一行代码性能测试输出结果

上述代码运行了 356µs 左右，Jupyter 运行了 1000 次。上面这种测试代码性能的方式有一个局限性，那就是%timeit 命令后面只能接一句话，解决方法是输入测试代码性能命令%%itmeit，图 3.21 显示了一段代码的性能测试结果。

```
In  [1]: %%timeit
         l=[]
         for i in range(1000):
             l.append(i**2)
         384 µs ± 3.79 µs per loop (mean ± std. dev. of 7 runs, 1000 loops each)
```

图 3.21　一段代码性能测试输出结果

这段代码运行了 384µs 左右，Jupyter 运行了 1000 次。这里的代码块实际上是对图 3.20 中的代码块进行了拆分，通过运行结果的比较，可以发现拆分后运行所花的时间更长，性能更低。

如果测试时只想让代码运行一次，可以使用命令%time。相应地，测试代码块的性能，只运行一次，可以使用命令%%time。

类似的魔法命令还有很多，可以通过%lsmagic 命令列出所有魔法命令，当用户遇到不懂的魔法命令时，可以通过%+命令+?查看魔法命令详细说明的方法，图 3.22 显示了通过%run?命令得到的%run 魔法命令的详细说明。

```
In [23]:    1  %run?


Docstring:
Run the named file inside IPython as a program.

Usage::

  %run [-n -i -e -G]
       [( -t [-N<N>] | -d [-b<N>] | -p [profile options] )]
       ( -m mod | file ) [args]

Parameters after the filename are passed as command-line arguments to
the program (put in sys.argv). Then, control returns to IPython's
prompt.

This is similar to running at a system prompt ``python file args``,
```

图 3.22　查看魔法命令说明

📢 注意：

%run 可以从.py 文件执行 Python 代码，%run 不等同于导入一个 Python 模块。

3.2.6　Matplotlib 集成

如果读者用 Python 画过图，应该知道 Matplotlib，它是用来画图的 Python 库。与 Jupyter Notebook 结合使用时，效果更好。下面看看如何在 Jupyter Notebook 中使用 Matplotlib。

为了在 Jupyter Notebook 中使用 Matplotlib，需要告诉 Jupyter 获取所有 Matplotlib 生成的图形，并把它们全部嵌入到 Notebook 中。如下命令展示了如何调用 Matplotlib。

```
01  >>> %matplotlib inline
```

这条语句的执行可能耗费几秒钟，但是只需要打开 Notebook 时执行一次就好。让我们画个图，看看是怎么集成的。如下代码展示了如何运用 Matplotlib 画函数图像。

```
01  >>> import matplotlib.pyplot as plt
02  >>> import numpy as np
03  >>> x = np.arange(20)
04  >>> y = x**2
05  >>> plt.plot(x, y)
```

这段简单代码将绘出 $y = x^2$ 对应的二次曲线。如图 3.23 所示显示了 $y = x^2$ 对应的二次曲线。

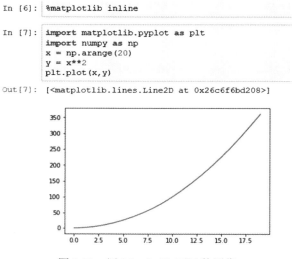

```
In [6]:  %matplotlib inline

In [7]:  import matplotlib.pyplot as plt
         import numpy as np
         x = np.arange(20)
         y = x**2
         plt.plot(x,y)

Out[7]:  [<matplotlib.lines.Line2D at 0x26c6f6bd208>]
```

图 3.23   用 Matplotlib 画函数图像

可以看到，图直接嵌入到 Notebook 中，就在代码下面。修改代码，重新运行，图形将自动同步更新。对于需要处理数据并对数据处理结果进行可视化的用户而言，这是一个很好的特性，这样可以清楚地知道每段代码所起作用是什么。同时，在文档中添加一些文字型描述也有很大的作用。

使用 Matplotlib 库在 Jupyter 笔记本中画图时，有时显示出来的图会很模糊。如下代码展示了如何使图像以矢量图格式显示，以便看起来更加清晰。

```
01  %config InlineBackend.figure_format = 'svg'
```

以图 3.23 为例，加上代码后的效果如图 3.24 所示。

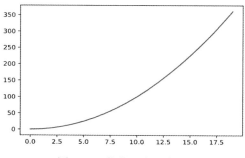

图 3.24   优化后的函数图

对比图 3.23 和图 3.24 可得：优化后图坐标和函数曲线比原图更为清晰。

除此之外，还可以通过 matplotlib.image 的函数库调用文件中的图片，并可以对图片进行一系列处理。如下代码展示了在 Notebook 中显示文件夹中的图片。

```
01  >>> import matplotlib.pyplot as plt
02  >>> import matplotlib.image as mpimg    # mpimg 用于读取图片
03  >>> pic = mpimg.imread(r'图片位置+名称')  # 此时 pic 就已经是
    一个 np.array 了，可以对它进行任意处理
04  >>> plt.imshow(pic)                        # 显示图片
05  >>> plt.show()
```

在处理图片时，经常会对图片进行灰度处理，如下代码展示了如何将 BGB 图片转为灰度图。

```
01  >>> import matplotlib.pyplot as plt
02  >>> import matplotlib.image as mpimg
03  >>> pic = mpimg.imread(r"图片位置+名称")
04  >>> pic_1 = pic[:,:,0]                     # []中的参数就是要处
                                                理的坐标
05  >>> plt.imshow(pic_1, cmap='Greys_r')      # 将此行换成 plt.imshow
                                                (pic_1)就是热度处理
06  >>> plt.show()
```

图 3.25 显示了对 Jupyter Notebook 图标进行灰度处理。

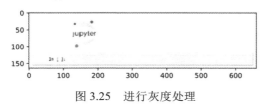

图 3.25　进行灰度处理

除此之外，还可以对图像进行缩放处理，如下代码展示了如何对图片进行缩放处理。

```
01  >>> import matplotlib.pyplot as plt
02  >>> import matplotlib.image as mpimg
03  >>> from scipy import misc
04  >>> pic = mpimg.imread(r"图片位置+名称")
05  >>> pic.reshape
06  >>> pic_new = misc.imresize(pic,0.5)       # 这句就是对图片进行
                                                缩放处理
07  >>> plt.imshow(pic_new)
08  >>> plt.show()
```

📢 注意：

> Scipy 是一个高级的科学计算库，它和 Numpy 联系密切，Scipy 一般都是操控 Numpy 数组进行科学计算，可以说是基于 Numpy 之上了。Scipy 有很多子模块可以应对不同的应用，例如插值运算，优化算法、图像处理、数学统计等。

3.2.7　远程访问 Jupyter Notebook

Jupyter Notebook 非常容易从本地计算机上启动，也允许多个人通过网络连接到同一个 Jupyter 实例。通过修改配置，可以让 Notebook 面向公开访问。这样，任何人如果知道这个 Notebook 地址，通过浏览器就可以远程访问并修改 Notebook。

1. 生成配置文件

如下命令用于生成配置文件。

```
01  >>> $Jupyter Notebook --generate-config
```

2. 生成密码

打开 Notebook，创建一个密码，如下代码展示了如何创建密码。

```
01  >>> In [1]: from notebook.auth import passwd
02  >>> In [2]: passwd()
03  >>> Enter password:
04  >>> Verify password:
05  >>> Out[2]:'sha1:ce23d945972f:34769685a7ccd3d08c84a18-
    c68a41f1140274'
```

把生成的密文 'sha1:ce…' 复制下来。

3. 修改默认配置文件

打开终端，输入如下命令。

```
01  >>> vim ~/.jupyter/jupyter_notebook_config.py
```

执行上述命令后便进入配置文件中了，进行如下修改。

```
01  >>> c.NotebookApp.ip='*'                    # 就是设置所有 ip
                                                  皆可访问
02  >>> c.NotebookApp.password = u'sha:ce... # 复制的密文
03  >>> c.NotebookApp.open_browser = False # 禁止自动打开浏览器
04  >>> c.NotebookApp.port =8888             # 任意指定一个端口
```

此时就可以启动 Jupyter Notebook，直接从本地浏览器访问 http://address_of_remote:8888，就可以进入 Jupyter 的登录界面。

📢 注意：

> 此方法是以 Linux 系统为例，Windows 系统和 Max 系统下远程访问 Jupyter Notebook 与此类似。

3.3　Numpy 简介

由于 Python 是动态类型的解释型语言，因此在程序解释执行的过程中会引入类型检查、编译执行等额外过程，因此存在大量运算任务的程序在执行速度上往往成百倍地慢于接近机器层面的语言，如 C/C++。为了能够在保留 Python 简约编程风格的同时保证基本的性能需求，Numpy 这样由 C++语言编写，同时可通过 Python 进行调用的高性能计算库便应运而生。本节将会简要介绍 Numpy 在数学运算领域的重要作用，并通过示例演示 Numpy 的相关用法。

3.3.1　Numpy 与 Python 的性能比较

Numpy 是 Python 语言中十分常用的高性能计算库，为了较为直观地比较 Numpy 的高性能特性，这里使用一个十分常见的二维矩阵赋值的操作来比较二者的性能差异。在数值计算中，矩阵由于能够将大量数值组织起来进行并行计算，因此广泛应用于诸如神经网络的加速计算过程。

在如下的测试中，Numpy 的矩阵赋值中使用 Numpy 特有的"广播"特性进行赋值，而 Python 的测试中则使用 for 循环对矩阵进行赋值。为了公平起见，两个矩阵均为全 0 矩阵，并且均对给定位置的元素赋值为 1。两种方法在计算机上分别连续执行 3 次，然后以 3 次执行的平均时间作为其性能。代码如下。

```
01  >>> # coding=utf8
02  >>>
03  >>> import numpy as np
04  >>> from time import time
05  >>>
06  >>> def numpy_method(arr, rows, cols, value):
07  >>>     '''使用 Numpy 进行赋值的测试方法'''
08  >>>     arr[rows, cols] = value
09  >>>     return arr
```

```
10  >>>
11  >>>
12  >>> def python_method(arr, rows, cols, value):
13  >>>     '''基于 Python 进行赋值的测试方法'''
14  >>>     for r, c in zip(rows, cols):
15  >>>         arr[r, c] = value
16  >>>     return arr
17  >>>
18  >>> def test_performance(func, arr, rows, cols, value):
19  >>>     t = 0
20  >>>     for i in range(10):
21  >>>         s = time()
22  >>>         func(arr, rows, cols, value)
23  >>>         t += time() - s
24  >>>     return t / 3
25  >>>
26  >>> size = (50000, 60000)
27  >>> arr0 = np.zeros(size, dtype='int32')
28  >>> arr1 = list(arr0)
29  >>>
30  >>> rows = np.random.randint(size[0], size=45000)
31  >>> cols = np.random.randint(size[1], size=45000)
32  >>>
33  >>> res1 = test_performance(numpy_method, arr0, rows,
    cols, 1)
34  >>> res2 = test_performance(python_method, arr0, rows,
    cols, 1)
35  >>>
36  >>> res1 *= 1000
37  >>> res2 *= 1000
38  >>>
39  >>> print('%.3f ms, %.3f ms' % (res1, res2))
```

上述代码中，整个执行流程从第 26 行开始。首先在上述代码的第 26 行中，通过变量 size 记录矩阵的大小，然后在第 27 行通过 Numpy 内置的 zeros 函数创建了一个规模为 size 的全零矩阵 arr0。紧接着，代码的第 28 行通过 list 函数的隐式遍历创建一个和该矩阵等值的二维列表 arr1。两个矩阵 arr0 和 arr1 分别用于 Numpy 和 Python 的赋值测试。

上述代码的第 30 和 31 行用于随机生成指定的赋值索引。第 33 和 34 行分别通过 test_performance 方法对待测试的 numpy_method 方法以及

python_method 方法连续执行 3 次，然后计算其平均运行时间并返回。返回
的结果以秒为单位，为了便于比较，通过第 36~39 行的代码将结果的单位转
换为毫秒，最终输出的结果如图 3.26 所示。

```python
# coding=utf8

import numpy as np
from time import time

def numpy_method(arr, rows, cols, value):
    '''使用Numpy进行赋值的测试方法'''
    arr[rows, cols] = value
    return arr


def python_method(arr, rows, cols, value):
    '''基于Python进行赋值的测试方法'''
    for r, c in zip(rows, cols):
        arr[r, c] = value
    return arr

def test_performance(func, arr, rows, cols, value):
    t = 0
    for i in range(10):
        s = time()
        func(arr, rows, cols, value)
        t += time() - s
    return t / 3

size = (50000, 60000)
arr0 = np.zeros(size, dtype='int32')
arr1 = list(arr0)

rows = np.random.randint(size[0], size=45000)
cols = np.random.randint(size[1], size=45000)

res1 = test_performance(numpy_method, arr0, rows, cols, 1)
res2 = test_performance(python_method, arr0, rows, cols, 1)

res1 *= 1000
res2 *= 1000

print('%.3f ms, %.3f ms' % (res1, res2))
34.916 ms, 63.836 ms
```

图 3.26　Python 与 Numpy 性能差异演示

📣 注意：

> 　　在对指定位置的矩阵元素进行赋值时，行的位置数目与列的位置数目必须一一
> 对应，不能出现一对多和多对一的情况。换言之，如果上述代码中第 30 行和 31 行
> 中 size 参数大小不等，则会出现一对多或多对一的情况，从而导致 Numpy 矩阵元
> 素赋值失败而报错。

　　从图 3.26 所示结果可以看出，完全使用 Python 的列表数据结构以及
for 循环进行矩阵赋值，花费的时间大约是 Numpy 的 2 倍。在通常条件下，

对于计算密集型任务而言，经过优化的 Numpy 所提供的功能相比于完全基于 Python，能够提供 10~100 倍的性能提升（具体的提升幅度取决于计算密集程度以及采用的算法）。因此，Numpy 作为弥补 Python 性能问题的计算库，广泛应用于数值计算中。

3.3.2　广播特性

在 3.3.1 节中，借助于 Numpy 的广播特性，对矩阵的指定位置进行赋值的操作取得了 2 倍于 Python 代码的速度。本节将会更加详细地介绍 Numpy 的广播特性及其使用方法。

广播是指不同形状的矩阵或张量之间，借助于维度相容性从而便捷地进行数值计算的一类特性。最简单的广播特性体现在张量和标量的广播计算上。对于张量和标量的简单四则运算以及赋值运算，其对应的运算法则会广播到每个张量中的元素上，从而通过 Numpy 内部高度优化的代码完成计算任务，提升程序的效率。

如下代码演示了一个 2 行 4 列的矩阵与标量进行计算时通过广播特性作用于矩阵所有元素后的结果，结果如图 3.27 所示。

```
01  >>> # coding=utf8
02  >>> import numpy as np
03  >>> one = np.ones(shape=(2, 4), dtype=int)
04  >>> print(one)
05  >>> # 加法广播
06  >>> six = one + 5
07  >>> # 输出全 6
08  >>> print(six)
09  >>> # 减法广播
10  >>> four = six - 2
11  >>> # 输出全 4
12  >>> print(four)
13  >>> # 乘法广播
14  >>> ten = four * 2.5
15  >>> # 输出全 10
16  >>> print(ten)
17  >>> # 除法广播
18  >>> one = ten / 10
19  >>> # 输出全 1
20  >>> print(one)
```

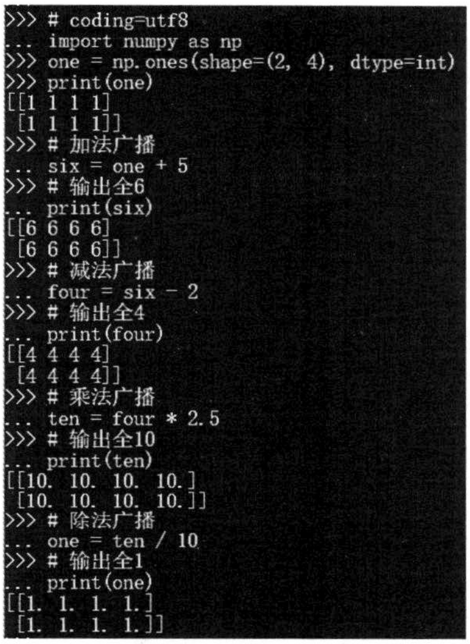

图 3.27 标量与矩阵广播运算示例

简单的广播操作能够避免显式循环的时间消耗，从而快速完成所需操作。Numpy 所提供的广播操作不仅仅能够对矩阵和张量进行自动广播，而且对于形状相适应的张量和矩阵之间，也能自动广播。例如，一个张量（二维数组称为矩阵，而三维及三维以上称为张量）可以看作多个形状相同的二维矩阵叠加起来得到的结果。一个常见的需求是，对三维张量中的每个二维矩阵执行相同的操作。通过 Numpy 广播特性，可以在形状匹配的前提下，隐式完成这一计算过程。下面的代码以一个三维张量与矩阵执行乘法广播运算为例，演示广播特性，结果如图 3.28 所示。

```
01  >>> # coding=utf8
02  >>>
03  >>> import numpy as np
04  >>> # 生成 0-23 共 24 个数再修改形状为 (2,3,4) 的张量
05  >>> a = np.arange(24).reshape(2, 3, 4)
06  >>> # 输出张量 a 在索引 0 处的矩阵
07  >>> print(a[0])
08  >>> # 输出张量 a 在索引 1 处的矩阵
09  >>> print(a[1])
10  >>> # 输出张量 a 的形状
11  >>> print(a.shape)
12  >>> # 生成随机权重矩阵
13  >>> weight = np.random.random(size=(3, 4))
14  >>> # 输出权重矩阵形状
```

```
15  >>> print(weight.shape)
16  >>> # 乘法广播，模拟赋权过程
17  >>> weighted_a = a * weight
18  >>> # 输出赋权结果张量的形状
19  >>> print(weighted_a.shape)
20  >>> # 输出赋权结果
21  >>> print(weighted_a)
```

```
>>> # coding=utf8
...
>>> import numpy as np
>>> # 生成0~23共24个数再修改形状为(2,3,4)的张量
... a = np.arange(24).reshape(2, 3, 4)
>>> # 输出张量a在索引0处的矩阵
... print(a[0])
[[ 0  1  2  3]
 [ 4  5  6  7]
 [ 8  9 10 11]]
>>> # 输出张量a在索引1处的矩阵
... print(a[1])
[[12 13 14 15]
 [16 17 18 19]
 [20 21 22 23]]
>>> # 输出张量a的形状
... print(a.shape)
(2, 3, 4)
>>> # 生成随机权重矩阵
... weight = np.random.random(size=(3, 4))
>>> # 输出权重矩阵形状
... print(weight.shape)
(3, 4)
>>> # 乘法广播，模拟赋权过程
... weighted_a = a * weight
>>> # 输出赋权结果张量的形状
... print(weighted_a.shape)
(2, 3, 4)
>>> # 输出赋权结果
... print(weighted_a)
[[[ 0.          0.1858741   0.63164047   2.3199624 ]
  [ 0.55019838  3.99958336   3.9076486    2.8572768 ]
  [ 1.21444325  3.45374901   8.23437636   5.29500318]]

 [[ 6.21176664  2.4163633    4.42148332  11.59981201]
  [ 2.20079354 13.59858343  11.72294579   7.7554656 ]
  [ 3.03610812  8.05874768  18.115628    11.07137029]]]
```

图 3.28　张量与矩阵广播运算

上述代码中，首先在第 05 行通过 Numpy 库提供的 arange 方法生成了
0~23 共 24 个整数，存储在一维数组中，然后通过 Numpy 数组中提供的
reshape 方法将一维数组的形状修改为(2,3,4)的三维张量。从更加直观的角
度理解，高维张量可以类比为低维张量"搭积木"的过程。具体来说，一个
形状为(2,3,4)的三维张量是由 2 个 3 行 4 列的矩阵"搭建"在一起构成的。
该搭建结果由 2 层构成，每层均为一个 3 行 4 列的矩阵构成。为了给三维张
量中每个二维矩阵都进行赋权操作，上述代码中在第 13 行通过 Numpy 提供
的随机数生成器生成了一个 3 行 4 列的随机矩阵。然后在第 17 行通过广播
操作，对张量 a 中的每层矩阵执行乘法广播，从而完成赋权操作。

需要特别说明的是，广播特性只有对形状相容的矩阵或张量运算有效。

如果两个数组中，形状从尾部向前比较，当参与运算的二者形状相同或者一方为 1 时，广播才会成立。具体来说，标量是形状和维度均为 1 的情况。而在图 3.28 所示的情况中，张量 a 的形状为(2,3,4)，而权重矩阵 weight 的形状为(3,4)，因此形状从后向前比较的过程为：最后一维均为 4，倒数第二个维度均为 3，第一个维度 a 为 2 而 weight 缺失。在维度缺失时，Numpy 会自动为缺失的维度补齐为 1，因此满足了广播条件，从而广播成立，得到了如图 3.28 所示的输出结果。

📢 注意：

> 广播特性具有较高的性能并且代码简洁，但是如果对张量的维度计算错误，可能会引起意料之外的漏洞，因此对于广播操作，在使用时可以配合 assert 对张量维度是否匹配进行判断。

3.3.3　索引与视图

在 Python 中提供了非常方便的索引与切片的方法来操作列表。作为简洁强大的数值计算库，Numpy 中同样提供了索引与切片功能，并且相较于 Python 中一旦切片就重新创建列表的高开销操作，Numpy 引入了视图（view）的概念，避免了重新创建对应数组，从而提高了效率。

下面的代码首先展示了如何进行二维切片操作。切片操作创建了对元数组上内容的一个视图，结果如图 3.29 所示。

```
01  >>> # coding=utf8
02  >>>
03  >>> import numpy as np
04  >>>
05  >>> a = np.arange(12).reshape(3, 4)
06  >>> # 输出原始矩阵 a
07  >>> print(a)
08  >>> # 选择 2-3 行，以及全部列
09  >>> print(a[1:3, :])
10  >>> # 选择第 1 行，以及全部列
11  >>> print(a[0, :])
12  >>> # 选择全部行，以及第二列
13  >>> print(a[:, 1])
14  >>> # 选择 1-2 行的偶数列
15  >>> print(a[:2, ::2])
16  >>> # 选择前 2-3 行的奇数列
17  >>> print(a[1:3, ::2])
```

```
18  >>>  # 选择全部行，将每行逆序列
19  >>>  print(a[:, ::-1])
```

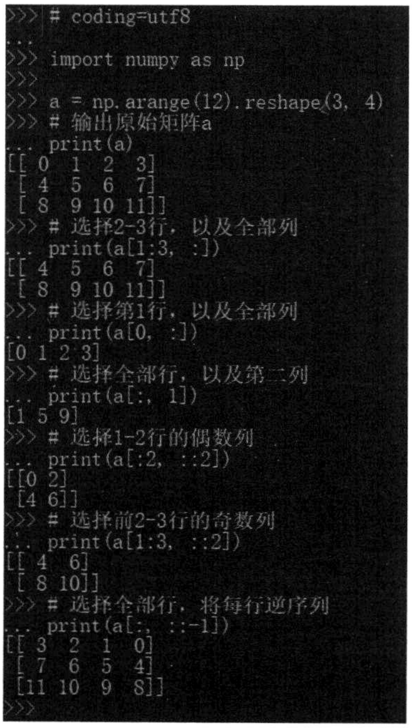

图 3.29　Numpy 切片示例

📢 **注意：**

> Numpy 所创建的视图不会重新创建数组，因此对视图中任何元素的修改都将会直接作用于原始数据，如果不希望直接作用于原始数据，在使用视图前应该首先调用 copy 方法进行数据复制。

除了与 Python 一致的索引外，Numpy 还提供了基于布尔表达式的索引掩码元素选择，从而在元素选择中灵活地引入选择条件。

如下代码展示了对特定条件的数组通过筛选条件创建视图，然后通过对满足条件的元素进行操作从而替代显示循环的过程。要解决的问题是，对矩阵中大于 10 的值求解自然对数，而对于小于 0 的值求绝对值。首先给出通过 Python 进行上述操作的代码，其输出如图 3.30 所示。

```
01  >>>  >>>  # coding=utf8
02  >>>
03  >>>  import numpy as np
04  >>>  import math
```

```
05  >>>
06  >>>  # 创建数组
07  >>>  a = np.arange(36).reshape(6, 6) - 18
08  >>>
09  >>>  # 输出原始数组
10  >>>  print(a)
11  >>>
12  >>>  # 使用 python 对数组元素进行操作
13  >>>  for i in range(6):
14  >>>      for j in range(6):
15  >>>              # 大于 10 的情况
16  >>>          if a[i][j] > 10:
17  >>>              a[i][j] = math.log(a[i][j])
18  >>>          # 小于 0 的情况
19  >>>          elif a[i][j] < 0:
20  >>>              a[i][j] = abs(a[i][j])
21  >>>
22  >>>  # 输出修改后的数组
23  >>>  print(a)
```

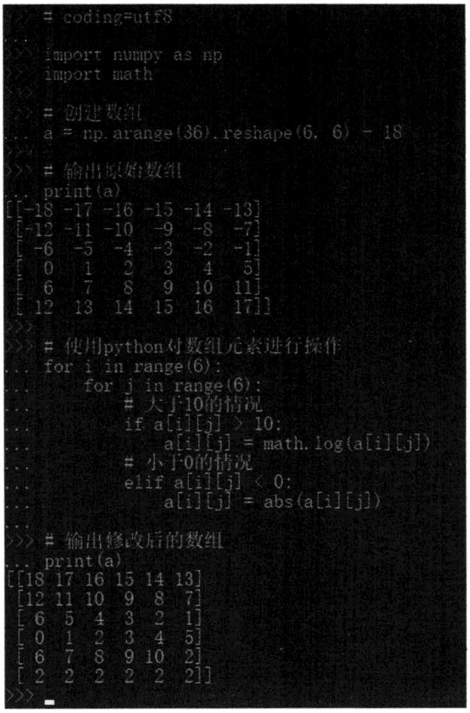

图 3.30　Python 元素操作

上述代码较为冗长，如果使用 Numpy 中基于布尔表达式的元素选择方法，则可以有效地简化代码。下面的代码展示了这种元素选择方法，其输出如图 3.31 所示。

```
01  >>> # coding=utf8
02  >>> import numpy as np
03  >>>
04  >>> # 创建数组
05  >>> a = np.arange(36).reshape(6, 6) - 18
06  >>>
07  >>> # 输出原始数组
08  >>> print(a)
09  >>>
10  >>> # 使用 numpy 对数组元素进行操作
11  >>> a[a > 10] = np.log(a[a > 10])
12  >>> a[a < 0] = np.abs(a[a < 0])
13  >>>
14  >>> # 输出修改后的数组
15  >>> print(a)
```

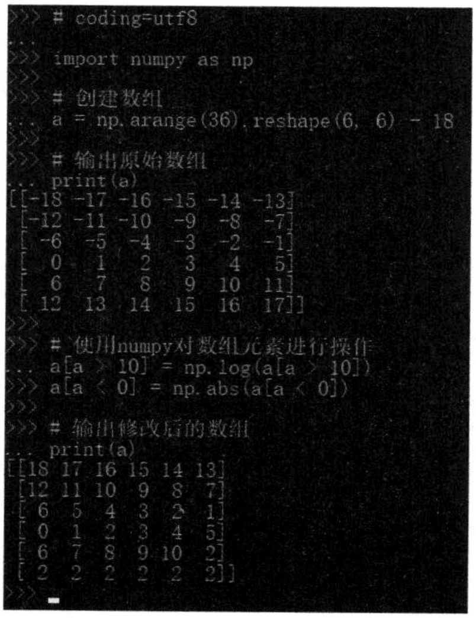

图 3.31　Numpy 基于布尔表达式的元素操作

基于布尔表达式的元素选择其底层实现是基于更为灵活的布尔掩码的方式进行元素选择。布尔掩码指的是通过 True(1) 以及 False(0) 来灵活地指定选择元素的形状。例如，如下代码通过布尔掩码选择出了矩阵中心位置的菱形上所有的元素，并赋值给全零矩阵，结果如图 3.32 所示。

```
01   >>> # coding=utf8
02   >>>
03   >>> import numpy as np
04   >>>
05   >>> # 创建 3x3 矩阵
06   >>> a = np.arange(9).reshape(3, 3)
07   >>>
08   >>> # 输出原始数组
09   >>> print(a)
10   >>>
11   >>> # 创建掩码矩阵
12   >>> mask = np.array([[0,1,0], [1,1,1], [0,1,0]], dtype=bool)
13   >>> # 输出掩码矩阵
14   >>> print(mask)
15   >>>
16   >>> # 创建全 0 矩阵
17   >>> zero = np.zeros(shape=(3,3))
18   >>> # 输出全 0 矩阵
19   >>> print(zero)
20   >>>
21   >>> # 使用掩码矩阵选择元素
22   >>> zero[mask] = a[mask]
23   >>> # 输出修改后的数组
24   >>> print(zero)
```

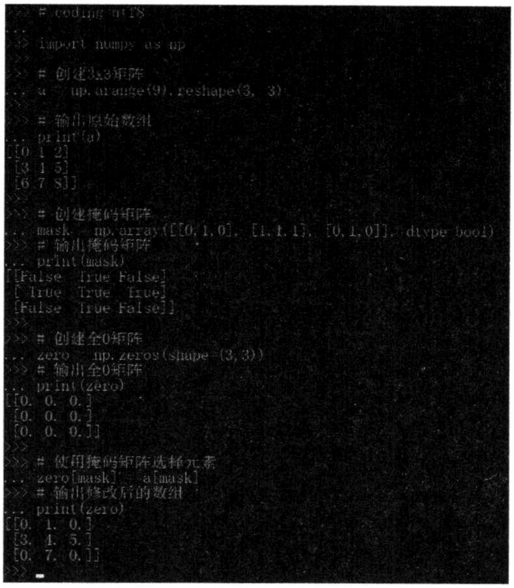

图 3.32　通过掩码选择元素

3.3.4 指定遍历轴

在 Numpy 库中许多方法都有一个重要的参数 axis 用于表示需要指定遍历的坐标轴。轴参数 axis 能够在许多内置的 Numpy 计算功能中执行高效遍历，并且有效简化了代码。例如，对于二维矩阵，可以通过指定遍历轴进行逐行求和或逐列求和。如下代码展示了如何通过指定遍历轴来逐行、逐列求得矩阵的最大值，以及求解矩阵全局的最大值，结果如图 3.33 所示。

```
01  >>> # coding=utf8
02  >>> import numpy as np
03  >>>
04  >>> # 创建 4x4 矩阵
05  >>> a = np.random.random(size=(4,4))
06  >>>
07  >>> # 输出原始数组
08  >>> print(a)
09  >>>
10  >>> # 逐行求解最大值
11  >>> max_row = np.max(a, axis=1)
12  >>>
13  >>> # 输出每行的最大值
14  >>> print(max_row)
15  >>>
16  >>> # 逐列求解最大值
17  >>> max_col = np.max(a, axis=0)
18  >>>
19  >>> # 输出每列最大值
20  >>> print(max_col)
21  >>>
22  >>> # 求解整个矩阵的最大值
23  >>> max1 = np.max(a)
24  >>> max2 = np.max(a, axis=(0,1))
25  >>>
26  >>> # 输出最大值
27  >>> print(max1, max2)
```

参数 axis 用于指定 Numpy 需要遍历的轴。具体来说，Numpy 数组的轴计数从 0 开始，并且以纵向作为轴 0 的起始方向，轴 1 为横向。上述代码的第 11 行以及 14 行分别指定了 axis 参数为 0 和 1，即指定了 Numpy 计算时的遍历方向，如图 3.34 所示。上述代码中，如果既沿着轴 0 方向遍历，又沿着轴 1 方向遍历，则相当于遍历了整个矩阵中的元素并求其中的最大值，因此上述代码中第 23 和 24 行得到的计算结果是一致的。

```
>>> # coding=utf8
...
>>> import numpy as np
>>>
>>> # 创建4x4矩阵
... a = np.random.random(size=(4,4))
>>>
>>> # 输出原始数组
... print(a)
[[0.42633096 0.33831463 0.31283806 0.34342399]
 [0.77481758 0.07365731 0.43078505 0.64734577]
 [0.56213306 0.2717286  0.1667     0.40727669]
 [0.57747829 0.95776629 0.22083141 0.39797949]]
>>> # 逐行求解最大值
... max_row = np.max(a, axis=1)
>>> # 输出每行的最大值
... print(max_row)
[0.42633096 0.77481758 0.56213306 0.95776629]
>>>
>>> # 逐列求解最大值
... max_col = np.max(a, axis=0)
>>> # 输出每列最大值
... print(max_col)
[0.77481758 0.95776629 0.43078505 0.64734577]
>>> # 求解整个矩阵的最大值
... max1 = np.max(a)
... max2 = np.max(a, axis=(0,1))
>>> # 输出最大值
... print(max1, max2)
0.9577662904188851 0.9577662904188851
```

图 3.33　指定遍历轴求解最大值

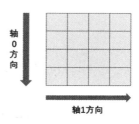

图 3.34　数组轴方向示意图

注意:

> Numpy 数组的轴从 0 开始计数，直到 ndim-1（ndim 为数组维度参数）为止，因此轴的数目与数组维度参数 ndim 大小相等，但是最大的轴计数等于 ndim-1。

3.3.5　线性代数功能

本节简单地介绍 Numpy 提供的常用的线性代数有关功能，用于高效简洁地解决常见的线性代数问题。本节将会从数组的点积、数组内积、数组行列式以及求解矩阵的逆矩阵常见功能方面简单介绍 Numpy 提供的强大的线性代数库。

数组的点积是较为常用的功能之一，因为在一维数组中，点积等效于向量内积，而在矩阵运算中，点积等效于矩阵乘法运算。如下代码分别展示了向量与向量的点积以及矩阵与矩阵的点积，结果如图 3.35 所示。

```
01  >>> # coding=utf8
02  >>>
03  >>> import numpy as np
04  >>>
05  >>> # 创建向量
06  >>> a = np.arange(4)
07  >>> b = np.random.random(size=4)
08  >>>
09  >>> # 输出向量a和b
10  >>> print('a=\n', a)
11  >>> print('b=\n', b)
12  >>>
13  >>> # 输出向量点积结果
14  >>> print(np.dot(a, b))
15  >>>
16  >>> # 创建4x4矩阵
17  >>> a = np.random.random(size=(4,4))
18  >>> b = np.arange(2, 18).reshape(4, 4)
19  >>>
20  >>> # 输出矩阵点积结果
21  >>> print(np.dot(a, b))
```

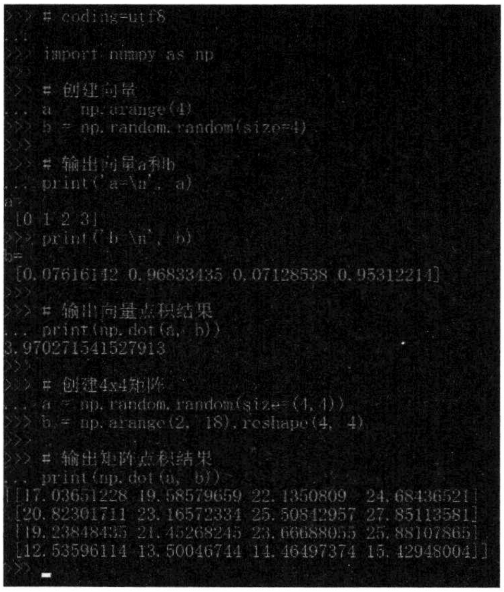

图 3.35　点积计算

　　在一维数组之间计算点积时，其计算结果与向量之间计算内积的结果相等，因此内积的计算有时直接使用点积进行替代。对于矩阵之间的内积计算，则是将矩阵中每行单独作为一个向量，然后计算向量之间的内积，即逐元素乘积之和作为内积的计算结果。如下代码展示了在一维向量之间进行内积计算和在矩阵之间进行内积计算所得的计算结果，其输出如图 3.36 所示。

```
01  >>> # coding=utf8
02  >>>
03  >>> import numpy as np
04  >>>
05  >>> # 创建向量
06  >>> a = np.arange(4)
07  >>> b = np.random.random(size=4)
08  >>>
09  >>> # 输出向量 a 和 b
10  >>> print('a=\n', a)
11  >>> print('b=\n', b)
12  >>>
13  >>> # 输出内积结果
14  >>> print(np.inner(a, b))
15  >>>
16  >>> # 创建 4x4 矩阵
17  >>> a = np.random.random(size=(4,4))
18  >>> b = np.arange(2, 18).reshape(4, 4)
19  >>>
20  >>> # 输出矩阵 a 和 b
21  >>> print('a=\n', a)
22  >>> print('b=\n', b)
23  >>>
24  >>> # 输出矩阵内积结果
25  >>> print(np.inner(a, b))
```

📢 注意：

　　使用 Numpy 进行矩阵内积计算时，Numpy 会将行向量作为一个分量单独执行内积计算，而不是一个列向量作为分量执行内积计算。但此时轴 0 方向仍然是沿着列的方向。

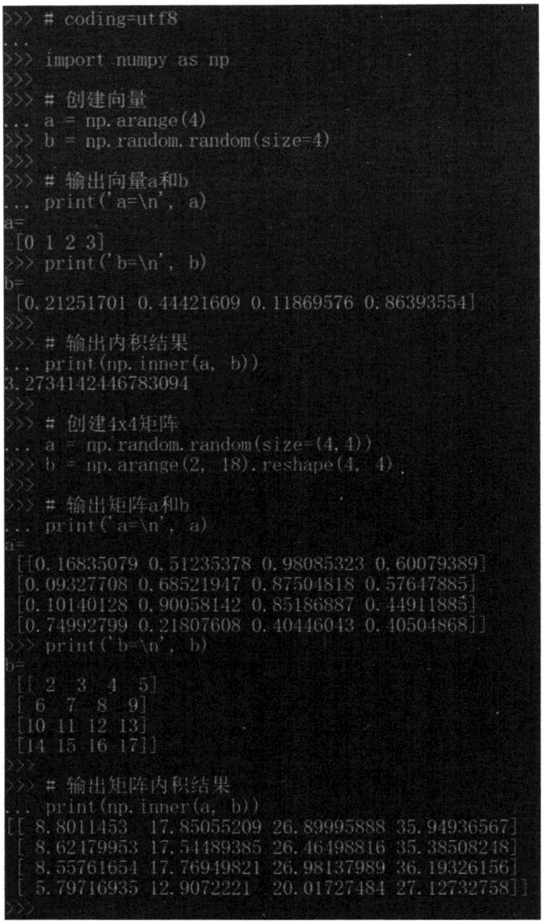

图 3.36　内积计算

　　除了简单地求解矩阵的内积，Numpy 还支持求解方阵的行列式。需要特别说明的是，求解行列式必须传入至少达到二维的行数和列数相等的方阵。对于三维张量，Numpy 会将张量理解为多个堆叠二维方阵。如下代码演示了二维方阵的行列式求解以及三维方阵的计算结果，其输出如图 3.37 所示。

```
01  >>> # coding=utf8
02  >>>
03  >>> import numpy as np
04  >>>
05  >>> # 创建 4x4 方阵
```

```
06   >>> a = np.arange(16).reshape(4, 4)
07   >>> # 创建 3x4x4 张量
08   >>> b = np.arange(48).reshape(3, 4, 4)
09   >>>
10   >>> # 输出方阵 a 和张量 b
11   >>> print('a=\n', a)
12   >>> print('b=\n', b)
13   >>>
14   >>> # 输出方阵的行列式
15   >>> print(np.linalg.det(a))
16   >>>
17   >>> # 输出张量的行列式
18   >>> print(np.linalg.det(b))
```

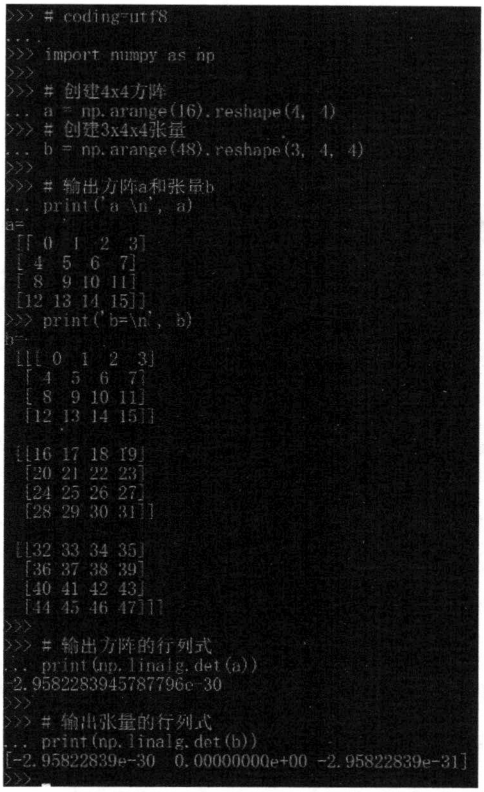

图 3.37　Numpy 计算行列式

　　Numpy 的线性代数库还支持矩阵的求逆，除了支持不同的单个矩阵的逆矩阵求解操作外，Numpy 还支持将多个矩阵合并为三维张量，从而一次性求解多个矩阵的逆矩阵以提高执行效率，结果如图 3.38 所示。

```
01   >>> # coding=utf8
02   >>>
03   >>> import numpy as np
04   >>>
05   >>> # 创建 4x4 方阵
06   >>> a = np.arange(16).reshape(4, 4)
07   >>> # 创建 2x4x4 张量
08   >>> b = np.arange(8).reshape(2, 2, 2)
09   >>>
10   >>> # 输出方阵 a 和张量 b
11   >>> print('a=\n', a)
12   >>> print('b=\n', b)
13   >>>
14   >>> # 输出方阵的逆矩阵
15   >>> print(np.linalg.inv(a))
16   >>>
17   >>> # 输出张量的逆矩阵
18   >>> print(np.linalg.inv(b))
```

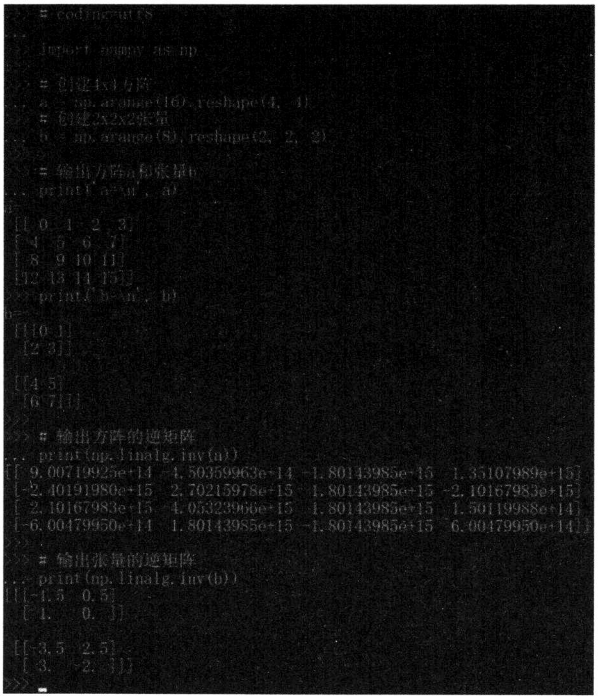

图 3.38　Numpy 计算矩阵以及张量的逆矩阵

3.3.6　通用函数与常用技巧

在数值计算中，有许多计算方法通用于各种维度的数组中，这些方法被设计为通用函数，广泛使用在 Numpy 的计算过程中。本节以基于索引的间接排序、统计数组累计最大值为例，简要介绍常见的通用函数以及结合通用函数衍生出的使用技巧，便于通过简单的代码完成复杂的数值计算步骤。

Numpy 中数组的排序可以通过索引间接完成。与直接对元素进行排序的方法不同，基于索引的间接排序返回一个排序后的索引数组。基于索引的间接排序在不希望改变数组元素的排序中，以及只需要元素位置不需要元素值的排序中有着广泛的应用。如下代码展示了一维数组和二维矩阵的间接排序，并且展示了如何通过间接排序这一通用函数获得矩阵中最大的 30%元素所在的位置，结果如图 3.39 所示。

📢 注意：

> 使用 Numpy 的 argsort 函数进行基于索引的间接排序时，默认的排序结果是从小到大排序（正序）。如果需要从大到小的排序结果（逆序），需要在传入的数组前加上负号以表明排序结果为逆序结果。

```
01  >>> # coding=utf8
02  >>>
03  >>> import numpy as np
04  >>>
05  >>> # 创建 1 维数组
06  >>> a = np.random.random(size=5)
07  >>> # 创建 2x4 矩阵
08  >>> b = np.arange(8).reshape(2, 4)
09  >>>
10  >>> # 输出数组 a 和矩阵 b
11  >>> print('a=\n', a)
12  >>> print('b=\n', b)
13  >>>
14  >>> # 输出数组 a 的间接排序正序结果
15  >>> print(np.argsort(a))
16  >>> # 逆序结果
17  >>> print(np.argsort(-a))
18  >>>
19  >>> # 输出矩阵的正序结果
20  >>> print(np.argsort(b))
21  >>> # 逆序结果
```

```
22  >>> print(np.argsort(-b))
23  >>>
24  >>> # 记录矩阵维度
25  >>> H, W = b.shape
26  >>> # 获取前30%最大元素的位置
27  >>> index = np.argsort(-b, axis=None)[:int(b.size*0.3)]
28  >>> # 输出对应位置上的元素
29  >>> print(b[index // W, index % W])
```

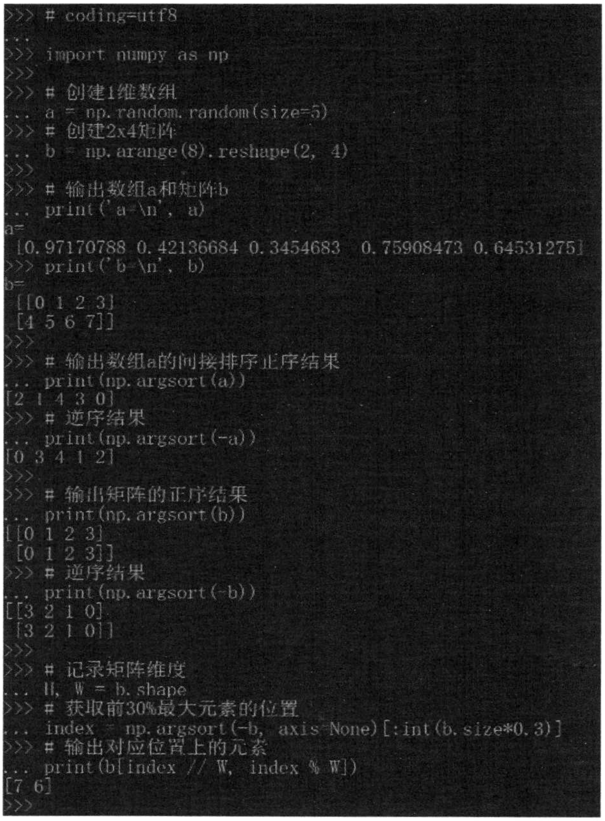

图 3.39　Numpy 基于索引的间接排序函数

　　除了基于索引的排序选取元素的技巧，Numpy 中一些常用的通用函数本身已经实现了较为复杂的功能，通常能够满足需要。例如，可以通过通用函数 accumulate 来对求解最大值和最小值进行累积计算（累积计算是指在计算过程中仅保留最符合要求的结果。以累积最大值为例，计算结果仅保留当前已知的最大值，直到被一个更大的值替换）。如下代码以累积计算最大值为例，演示了通用函数 accumulate 对最大值函数 maximum 在一维数组和二维矩阵上执行计算的结果，其输出如图 3.40 所示。

```
01  >>> # coding=utf8
02  >>> import numpy as np
03  >>>
04  >>> # 创建一维数组
05  >>> a = np.random.random(size=5)
06  >>> # 创建 2x4 矩阵
07  >>> b = np.random.random(size=(2, 4))
08  >>>
09  >>> # 输出数组 a 和矩阵 b
10  >>> print('a=\n', a)
11  >>> print('b=\n', b)
12  >>>
13  >>> # 输出数组 a 的累积最大值
14  >>> print(np.maximum.accumulate(a))
15  >>>
16  >>> # 输出矩阵的按行累积的最大值
17  >>> print(np.maximum.accumulate(b, axis=1))
```

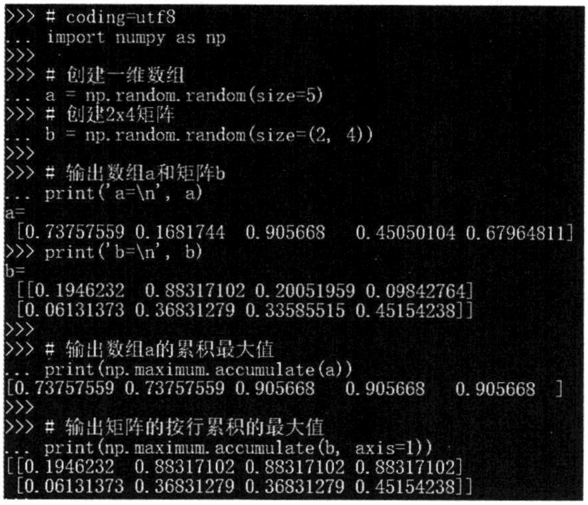

图 3.40　Numpy 计算累积最大值的通用函数

📢 注意：

　　部分通用函数如 accumulate 是不支持多轴遍历的，因此传入的轴只能是单个轴或者无法指定遍历轴。传入参数时要注意通用函数的用法以及参数定义。

3.4 Matplotlib 简介

Matplotlib 是基于 Python 的强大的图形绘制库之一。作为 MATLAB 在图形绘制方面最主要的开源替代品，它不但能够根据给定的数据在二维平面进行精细的图像绘制，而且可以根据需要扩展到 3D 立体图形和动画应用中。本节主要对 Matplotlib 进行简要介绍，并展示 Matplotlib 在数据分析过程中的常见用法及其示例。

3.4.1 用 pyplot 绘制简单图像

Matplotlib 库中最为常用的是 pyplot 及其相关功能。通过高度封装的函数调用，pyplot 将复杂精细的基于面向对象的图像控制简化为基本的函数调用。只需提供必要的少量参数，就可以进行简单而不失精确性的图像绘制。

下面以较少的代码将需要绘制的二维数据呈现在图像中，其中 y 轴的数据通过 Numpy 的随机数生成器生成。在 Matplotlib 的二维图形绘制中，通常以 x 轴和 y 轴为基准，所有的图形都在 x 轴和 y 轴所构成的平面内绘制而成。绘图程序的执行情况如图 3.41 所示，而使用 Matplotlib 绘制的图像如图 3.42 所示。

```
01  >>> # coding=utf8
02  >>>
03  >>> import numpy as np
04  >>> import matplotlib.pyplot as plt
05  >>>
06  >>> # 创建 y 轴数组
07  >>> y = np.random.random(size=5)
08  >>>
09  >>> # 输出 y 轴数组
10  >>> print(y)
11  >>>
12  >>> # 创建 x 轴数组
13  >>> x = range(5)
14  >>>
15  >>> # 调用 plot 方法绘制图像
16  >>> plt.plot(x, y)
17  >>>
18  >>> # 调用 show 方法显示绘制的图像
19  >>> plt.show()
```

```
>>> # coding=utf8
... import numpy as np
>>> import matplotlib.pyplot as plt
>>> # 创建y轴数组
... y = np.random.random(size=5)
>>> # 输出y轴数组
... print(y)
[0.69226056 0.26289031 0.66898041 0.01516901 0.7617442 ]
>>>
>>> # 创建x轴数组
... x = range(5)
>>>
>>> # 调用plot方法绘制图像
... plt.plot(x, y)
[<matplotlib.lines.Line2D object at 0x000002731AE01E10>]
>>> # 调用show方法显示绘制的图像
... plt.show()
```

图 3.41　使用 Matplotlib 绘制图形的示例

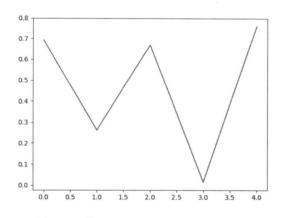

图 3.42　使用 Matplotlib 绘制的简单图像

上述代码的第 04 行导入了 Matplotlib 库，然后在代码的第 07 和 13 行分别创建了 y 轴数组和 x 轴的迭代器。这里只需创建可迭代类型的数组即可，因此创建 range 类型和创建整数数组是等效的。创建好 x 轴和 y 轴的数据后，通过调用 pyplot 库中的 plot 方法将 x 轴和 y 轴简单地绘制在二维图像平面上。

📢 注意：

> 除了在 Jupyter Notebook 中设置 inline 模式，在其他代码环境中，如果忘记调用 plt.show 方法，那么绘制的图像不会实际渲染在屏幕上。没有渲染在屏幕上的图像可以保存为文件，但是屏幕上是不可见的。

pyplot 中的 plot 方法除了能够绘制单个线条，也可以多次调用以绘制多个线条。不仅如此，plot 方法还能在一行代码中绘制任意多对数据。在调用 plot 方法时，只需传入多组 x 轴和 y 轴的数据，即可用一行代码绘制出多组数据。

如下代码首先随机生成了一组 y 轴数据，然后借助于 Numpy 的广播操作构建了一组与原 y 轴数据平行的新的 y 轴数据。在 x 轴数据不变的情况下，将两组数据同时传入 pyplot 的 plot 方法，能够同时绘制出两条平行的线段，结果如图 3.43 所示。

```
01  >>> # coding=utf8
02  >>>
03  >>> import numpy as np
04  >>> import matplotlib.pyplot as plt
05  >>>
06  >>> # 创建 y 轴数组
07  >>> y = np.random.random(size=10)
08  >>> # 通过广播操作构建平行 y 轴
09  >>> y2 = y + 3
10  >>> # 输出 y 轴数组
11  >>> print(y)
12  >>>
13  >>> # 创建 x 轴数组
14  >>> x1 = range(10)
15  >>> x2 = range(10)
16  >>>
17  >>> # 调用 plot 方法同时绘制两组图像
18  >>> plt.plot(x1, y, x2, y2)
19  >>>
20  >>> # 调用 show 方法显示绘制的图像
21  >>> plt.show()
```

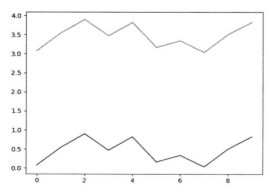

图 3.43　使用 plot 方法同时绘制多个图像

3.4.2　修改线条粗细

由于 plot 方法绘制的默认图像是较为相似的线条，因此在实际中往往需要定制线条的绘制样式以增加图像的区分度。常见的线条样式有点、虚线、实线、三角形、方形等。对于线条的色彩，可以使用英文字母的首字母简化色彩设置。线条的粗细也可以通过给定数值直接计算。本节将展示如何通过 plot 方法对常见的线条的粗细属性进行修改，并展示修改后不同粗细的线条图形。

通常，图像线条的粗细通过 plot 方法的参数 linestyle 进行控制。当需要加粗线条或使线条变细时，可以通过给 linestyle 参数传入较大或较小的值自定义线条的宽度。下面的代码通过 linestyle 分别设置了不同的线条粗细。其中每条线的颜色采用 plot 方法的默认配色方案，因此没有显式设置。绘制后的线条如图 3.44 所示。

```
01  >>> # coding=utf8
02  >>>
03  >>> import numpy as np
04  >>> import matplotlib.pyplot as plt
05  >>>
06  >>> # 创建 x 轴数组
07  >>> x = np.arange(10)
08  >>>
09  >>> # 创建 y 轴数组
10  >>> y1 = x + 0.5
11  >>> y2 = x**4
12  >>> y3 = np.exp(x)
13  >>>
14  >>> # 调用 plot 方法同时绘制 3 组图像
15  >>> # 给定 3 组数据，分别设置 3 种不同的粗细
16  >>> plt.plot(x, y1, linewidth=1)
17  >>> plt.plot(x, y2, linewidth=4)
18  >>> plt.plot(x, y3, linewidth=8)
19  >>>
20  >>> # 调用 show 方法显示绘制的图像
21  >>> plt.show()
```

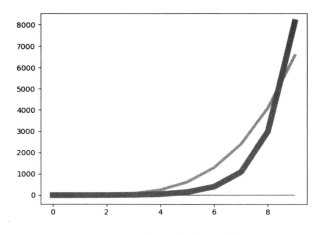

图 3.44　绘制不同粗细的线条

3.4.3　修改线条的颜色与形状

　　除了线条的粗细，线条上的实线或虚线，以及线条上的形状也是非常重要的区分线条的因素。常见的线条形状有方形、三角形以及星形。线条形状结合实线与虚线，能够产生多种不同的线条搭配。

　　如下代码展示了如何通过颜色的英文简写指定线条的颜色，每种线条的颜色都对应于各自颜色的英文缩写的首字母。其绘制的图像如图 3.45所示。

```
01  >>> # coding=utf8
02  >>>
03  >>> import numpy as np
04  >>> import matplotlib.pyplot as plt
05  >>>
06  >>> # 创建 x 轴数组
07  >>> x = np.arange(10)
08  >>>
09  >>> # 创建 y 轴数组
10  >>> y1 = x + 0.5
11  >>> y2 = x**2
12  >>> y3 = np.log(x+1)
13  >>>
14  >>> # 给定 3 组数据，分别设置 3 中不同的颜色
15  >>> plt.plot(x, y1, 'r') # 红色
16  >>> plt.plot(x, y2, 'y') # 黄色
```

```
17   >>> plt.plot(x, y3, 'b') # 蓝色
18   >>>
19   >>> # 调用 show 方法显示绘制的图像
20   >>> plt.show()
```

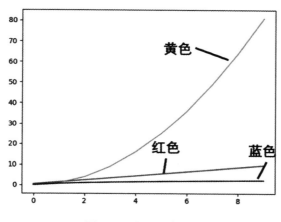

图 3.45　指定线条颜色

上述代码中，3 种不同的线条通过 plot 方法的第 3 个参数设置线条颜色。上述代码的第 15、16 以及 17 行分别通过传入参数 r、y 和 b 代表对应的红色、黄色和蓝色线条，从而根据需要指定线条颜色。

📢 **注意：**

> 使用迭代器或生成器作为坐标中的横轴或纵轴时，切记迭代器和生成器只能使用一次，因此对于需要多次用于绘图的场景，需要使用列表等可以多次访问的数据结构，使用迭代器可能会在后续绘图过程中由于迭代器已经遍历完成而报错。

pyplot 中的 plot 方法也支持修改线条的形状以及决定是否使用虚线。例如，通过指定线条是否为虚线对不同的数据进行区分。如下代码展示了如何通过传入不同的线条形状参数修改线条的形状，其输出如图 3.46 所示。

```
01   >>> # coding=utf8
02   >>> import numpy as np
03   >>> import matplotlib.pyplot as plt
04   >>>
05   >>> # 创建 x 轴数组
06   >>> x = np.arange(10)
07   >>>
08   >>> # 创建 y 轴数组
09   >>> y1 = x + 0.5
```

```
10   >>> y2 = x**0.5
11   >>> y3 = np.log2(x+1)
12   >>>
13   >>> # 给定 3 组数据，分别设置 3 种不同的形状
14   >>> plt.plot(x, y1, '--')                    # 虚线
15   >>> plt.plot(x, y2, 's')                     # 方块
16   >>> plt.plot(x, y3, '*')                     # 星形
17   >>>
18   >>> # 调用 show 方法显示绘制的图像
19   >>> plt.show()
```

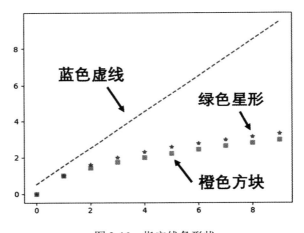

图 3.46   指定线条形状

为了简化线条的指定样式，plot 方法支持灵活地通过一个字符串参数同时指定线条的样式和形状，并且能够通过字符串参数组合不同的样式、形状和颜色，通过简单的参数满足较为复杂的需求变化。下面的代码演示了如何通过字符串组合颜色、线条形状以及实线和虚线等，结果如图 3.47 所示。

```
01   >>> # coding=utf8
02   >>>
03   >>> import numpy as np
04   >>> import matplotlib.pyplot as plt
05   >>>
06   >>> # 创建 x 轴数组
07   >>> x = np.arange(10)
08   >>>
09   >>> # 创建 y 轴数组
10   >>> y1 = x + 0.5
11   >>> y2 = x**1.5
```

```
12  >>> y3 = np.log2(x+1)
13  >>>
14  >>> # 给定 3 组数据，分别设置 3 中不同的颜色
15  >>> plt.plot(x, y1, 'ro--')   # 红色圆圈虚线
16  >>> plt.plot(x, y2, 'g^-')    # 绿色三角实线
17  >>> plt.plot(x, y3, 'b-.')    # 蓝色点画线
18  >>>
19  >>> # 调用 show 方法显示绘制的图像
20  >>> plt.show()
```

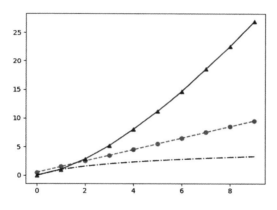

图 3.47　组合线条形状、样式及颜色

3.4.4　绘制多子图

　　Matplotlib 的 pyplot 库支持在一张图中绘制多张子图，以满足复杂数据的多数据图之间的对比需求。Pyplot 库中通常可以使用 subplot 函数指定当前绘制的子图。具体来说，subplot 方法传入 3 个整数作为参数，分别表示子图布局的行数、子图布局的列数，以及当前子图的 id。其中，行数与列数相乘是整张图上容纳的所有子图的数目，而当前子图 id（即第三个整数参数）则从 1 开始计数，直到可容纳的最大子图数目。

　　为了简单起见，在可容纳的子图数目少于 10 的情况下，由于上述 3 个参数都只可能是个位数，此时三个参数可以不通过逗号分隔开来。例如，下面的两种写法在执行过程中是等价的。

```
01  >>> # 整张图由 2 行 1 列构成，选择第一个子图
02  >>> plt.subplot(2,1,1)
03  >>> # 与 02 行等价
04  >>> plt.subplot(211)
```

```
05  >>>
06  >>>  # 整张图由 2 行 1 列构成，选择第 2 个子图
07  >>>  plt.subplot(2,1,2)
08  >>>  # 与 07 行等价
09  >>>  plt.subplot(212)
```

📢 **注意：**

> 在子图数目大于 10 的情况下，必须保留传参过程中的逗号，否则会由于歧义
> 而报错。

如下代码展示了在一张图像中绘制 4 个子图的流程，其绘制的图形如
图 3.48 所示。

```
01  >>>  # coding=utf8
02  >>>  import numpy as np
03  >>>  import matplotlib.pyplot as plt
04  >>>
05  >>>  # 创建 x 轴数组
06  >>>  x = np.arange(10)
07  >>>
08  >>>  # 创建 y 轴数组
09  >>>  y1 = x + 0.5
10  >>>  y2 = x**1.5
11  >>>  y3 = np.log2(2 * x+1)
12  >>>  y4 = 1 / (x + 1) * np.sin(x)
13  >>>
14  >>>  # 选择 2x2 中的第 1 个子图后绘制子图
15  >>>  plt.subplot(221)
16  >>>  plt.plot(x, y1, 'k')
17  >>>
18  >>>  # 选择 2x2 中的第 2 个子图后绘制子图
19  >>>  plt.subplot(222)
20  >>>  plt.plot(x, y2, 'rs')
21  >>>
22  >>>  # 选择 2x2 中的第 3 个子图后绘制子图
23  >>>  plt.subplot(223)
24  >>>  plt.plot(x, y3, 'g^--')
25  >>>
26  >>>  # 选择 2x2 中的第 4 个子图后绘制子图
27  >>>  plt.subplot(224)
28  >>>  plt.plot(x, y4, 'bo-')
29  >>>
30  >>>  # 调用 show 方法显示绘制的图像
31  >>>  plt.show()
```

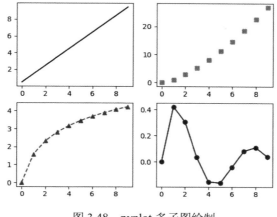

图 3.48　pyplot 多子图绘制

上述代码中使用 subplot 方法创建了一个 2 行 2 列的子图布局，然后分别通过传入不同的子图 id 从而选择不同的子图，再调用 pyplot 库中的 plot 方法绘制对应的线条。

3.4.5　添加解释说明与图例

为了更好地理解图示的信息，人们通常会在绘制好的图像上加上解释说明的文字或者图例，以文字结合图像的方式更好地传达图像的内容。常见的例子是在绘制图像时对特殊位置通过箭头进行强调说明，以及在绘制的图像上通过图例的方式说明具体的形状信息。

如下代码展示了如何为绘制的图像添加图例，并展示了如何在图例中通过 Latex 描述数学公式，结果如图 3.49 所示。

```
01  >>> # coding=utf8
02  >>> import numpy as np
03  >>> import matplotlib.pyplot as plt
04  >>>
05  >>> # 创建 x 轴数组
06  >>> x = np.arange(10)
07  >>>
08  >>> # 创建 y 轴数组
09  >>> y1 = np.log2(2 * x+1)
10  >>> y2 = 1 / (x + 1) * np.sin(x)
11  >>>
12  >>> # 通过 label 参数添加图例说明
```

```
13   >>> plt.plot(x, y1, 'ro--', label=r'$\log_2 (2x+1$)')
14   >>>
15   >>> # 通过 legend 方法显示第 1 个图例
16   >>> plt.legend()
17   >>>
18   >>> plt.plot(x, y2, 'bo-', label=r'$\frac{1}{x+1}\sin x$')
19   >>>
20   >>> # 通过 legend 方法显示第 2 个图例
21   >>> plt.legend()
22   >>>
23   >>> # 调用 show 方法显示绘制的图像
24   >>> plt.show()
```

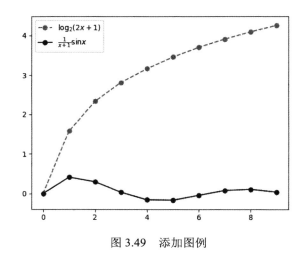

图 3.49　添加图例

需要特别注意的是，上述代码中通过 plot 方法的 label 参数将图例的描述以字符串的形式传入。如果需要通过 Latex 描述数学公式，则在传入的字符串中将 Latex 的数学公式通过 $$ 包含起来，pyplot 将会自动解析数学公式。

📢 注意：

特殊的 Latex 数学符号如 log 符号需要使用反斜线进行转义。为了简化反斜线的写法，需要在传入的字符串前加上字母 r 表示无须转译反斜线。如果没有字母 r，字符串中反斜线的数目会翻一倍。

除了使用图例说明图中信息，有时需要对图像的局部特征进行强调补充。因此 pyplot 库中提供了添加解释说明的 annotate 方法用于对使用箭头和文字的局部重要的特征进行强调和说明。

如下代码展示了如何通过 annotate 方法对函数的局部极值进行强调，然后通过文字对强调部分进行解释说明，输出如图 3.50 所示。

```
01  >>> # coding=utf8
02  >>> import numpy as np
03  >>> import matplotlib.pyplot as plt
04  >>>
05  >>> # 创建 x 轴数组
06  >>> x = np.arange(10)
07  >>>
08  >>> # 创建 y 轴数组
09  >>> y = 1 / (x + 1) * np.sin(x)
10  >>>
11  >>>
12  >>> # 通过 label 参数添加图例说明
13  >>> plt.plot(x, y, 'bo--', label=r'$\frac{1}{x+1}\sin x$')
14  >>>
15  >>> # 通过 legend 方法显示第 1 个图例
16  >>> plt.legend()
17  >>>
18  >>> # 通过 annotate 方法进行解释说明和强调
19  >>> plt.annotate('local maximum', xy=(1, 0.42), xytext=
    (1.8, 0.4), xycoords='data',
20  >>>              fontsize=20, arrowprops=dict(facecolor=
    'black', shrink=1, width=5))
21  >>> # 调用 show 方法显示绘制的图像
22  >>> plt.show()
```

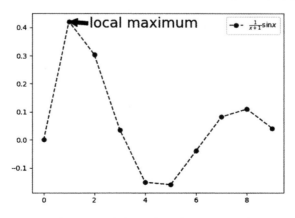

图 3.50　添加解释说明型注释以及图例

上述代码通过第 19 行的 annotate 方法的调用完成了对图像的最大值进行标注的功能。其中第一个参数为待指定的字符串，该字符串同样支持在 $$符号之间插入 Latex 描述数学公式。参数 xy 主要用于指定箭头顶点的位置坐标，而参数 xytext 用于指定字符串的位置坐标。参数 xycoords 用于指定坐标所使用的参考系。在默认情况下，传入的 xy 和 xytext 参数被视为绝对坐标，但是在 xycoords 参数为 data 的情况下，传入的 xy 和 xytext 参数是对应数据点所在的绝对值坐标。参数 fontsize 用于指定字符串输出时的字体大小。参数 arrowprops 是一个集合，用于描述箭头的颜色、缩放和宽度以及样式等属性。

3.4.6　定制坐标轴与辅助线

为了能够指明所绘制图像的横轴、纵轴的含义，pyplot 提供了对轴的名称和范围的定制功能。除此之外，为了使细节图像的比较更为精确，可以在绘制的图像上加辅助线以便于关键数据点的比较。

坐标轴的名称，可以通过 pyplot 库中的 xlabel 和 ylabel 来指定。整张图像的名称，可以通过 pyplot 库中的 title 来指定。对于过于粗疏的坐标轴，可以通过 pyplot 库中的 xticks 和 yticks 指定期望的刻度，然后结合图像辅助线绘制指定范围和指定精度的图像。

如下代码演示了如何为坐标轴以及整张图像指定名称，然后指定横轴的精度，最后在整张图像上添加辅助线，结果如图 3.51 所示。

```
01  >>> # coding=utf8
02  >>>
03  >>> import numpy as np
04  >>> import matplotlib.pyplot as plt
05  >>>
06  >>> # 创建 x 轴数组
07  >>> x = np.arange(10)
08  >>>
09  >>> # 创建 y 轴数组
10  >>> y = np.exp(-x) * np.sin(x)
11  >>>
12  >>> # 通过 label 参数添加图例说明
13  >>> plt.plot(x, y, 'bo--', label=r'$\exp^{-x} \sin x$')
14  >>>
15  >>> # 通过 legend 方法显示第 1 个图例
16  >>> plt.legend()
17  >>>
```

```
18   >>> # 设置横轴的精度为 1，范围为 0-9
19   >>> plt.xticks(np.arange(10))
20   >>>
21   >>> # 加上辅助线
22   >>> plt.grid(True)
23   >>>
24   >>> # 为横轴指定名称
25   >>> plt.xlabel('x axis')
26   >>>
27   >>> # 为纵轴指定名称
28   >>> plt.ylabel('y axis')
29   >>>
30   >>> # 为整张图指定名称
31   >>> plt.title('The title of figure')
32   >>>
33   >>> # 调用 show 方法显示绘制的图像
34   >>> plt.show()
```

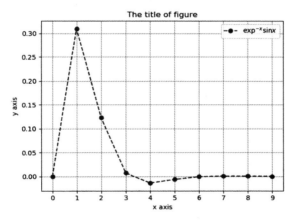

图 3.51　定制坐标轴和标题并添加辅助线

📢 注意：

　　辅助线加得过于密集不但会影响图像的观察过程，而且在渲染图像的过程中也会增加大量的运算负担，因此辅助线应该在能够清晰指示图像信息的前提下尽量稀疏。

3.5　Pandas 简介

Pandas 是基于 Numpy 和 Matplotlib 开发的功能强大而简洁的数据分析

工具。Pandas 融合了 Numpy 的数值处理能力和 Matplotlib 灵活的图像定制能力，提供了分析数据强大而简单的编程接口。不仅如此，Pandas 还提供了处理时序数据简单而强大的序列分析能力。本节从 Pandas 基本功能的介绍开始，结合对波士顿房价数据集的分析，展示 Pandas 作为强大而简洁的数据分析工具在数据集分析中的应用。

本节涉及的波士顿房价数据集是由卡内基梅隆大学维护的一个公开的免费数据集，可以从 https://archive.ics.uci.edu/ml/machine-learning-databases/housing/下载到对应的完整数据集。打开上述网址会看到 3 个文件，其中的 housing.data 和 housing.names 文件分别提供了完整的 csv 格式的数据文件以及 csv 文件的描述信息，其中包括 csv 文件中每列的含义等信息。将上述数据分别复制保存到本地。为了便于区分两个文件，可以将 housing.data 文件更名为 data.csv，并将 housing.names 文件更名为 info.txt。

✍ **说明：**

> 在后续的展示中，没有特殊说明的情况下，housing.data 文件都以 data.csv 文件指代，而 housing.names 文件则以 info.txt 文件指代。

由于 Pandas 对基于 Jupyter Notebook 的显示方式支持得最为完善，因此本节以 Jupyter Notebook 为平台演示 Pandas 操作数据的诸多功能。

3.5.1　读入 csv 文件

作为一种广泛应用的文本数据文件，csv 通过分隔符将每行数据按照属性进行分割，从而能够描述各类数据文件。常见的 csv 文件中的分隔符有空格、逗号以及分号。对于较为复杂的数据，还可以用双引号或单引号包含数据项，以处理可能含有空格的数据。Pandas 作为强大的数据处理库，能够高效地自动处理各种格式的 csv 文件并将其转化为表格进行显示。在 Jupyter Notebook 中能够自动匹配 Pandas 对应的表格对象，并以二维表格形式显示 csv 文件的组成。

在编写代码处理 csv 文件之前，首先要观察 csv 文件内容的结构。如图 3.52 所示是通过 VisualStudioCode 编辑器观察 data.csv 文件示意图。观察发现，data.csv 文件共有 506 行 14 列，并且整个文件不包含每列数据的列名以及行号等信息。

	0.00632	18.00	2.310	0	0.5380	6.5750	65.20	4.0900	1	296.0	15.30	396.90	4.98	24.00
2	0.02731	0.00	7.070	0	0.4690	6.4210	78.90	4.9671	2	242.0	17.80	396.90	9.14	21.60
	0.02729	0.00	7.070	0	0.4690	7.1850	61.10	4.9671	2	242.0	17.80	392.83	4.03	34.70
	0.03237	0.00	2.180	0	0.4580	6.9980	45.80	6.0622	3	222.0	18.70	394.63	2.94	33.40
	0.06905	0.00	2.180	0	0.4580	7.1470	54.20	6.0622	3	222.0	18.70	396.90	5.33	36.20
	0.02985	0.00	2.180	0	0.4580	6.4300	58.70	6.0622	3	222.0	18.70	394.12	5.21	28.70
	0.08829	12.50	7.870	0	0.5240	6.0120	66.60	5.5605	5	311.0	15.20	395.60	12.43	22.90
	0.14455	12.50	7.870	0	0.5240	6.1720	96.10	5.9505	5	311.0	15.20	396.90	19.15	27.10
	0.21124	12.50	7.870	0	0.5240	5.6310	100.00	6.0821	5	311.0	15.20	386.63	29.93	16.50
	0.17004	12.50	7.870	0	0.5240	6.0040	85.90	6.5921	5	311.0	15.20	386.71	17.10	18.90

图 3.52　data.csv 文件示意图

🖊 提示：

> 　　对于习惯使用 Windows 的读者而言，需要特别注意的是，在使用文本文件作为数据载体时，要尽量避免使用 Windows 系统自带的笔记本进行查看或编辑。因为 Windows 自带的笔记本会对 UTF-8 编码的文件通过特殊的不可见字符进行标记。虽然标记后不影响正常的阅读过程，但是在编写程序处理文件时，常常会由于该不可见字符导致程序报错甚至崩溃。因此，可以使用其他文本编辑器，如 Sublime、VisualStudioCode 以及 Notepad++等第三方文本编辑器替代 Windows 原生的记事本。

　　更为重要的是，为了文本对齐，data.csv 中每一列的间隔并不相等，因此不能简单地使用空格作为分隔符。作为处理 csv 文件强大的库之一，Pandas 提供了通过自定义分隔符的方式来分割文本，从而能够灵活地处理每列不等间距的问题。并且 data.csv 文件中没有列名，需要手动添加列名。

　　如下代码展示了通过正则表达式进行复杂分隔符自定义的过程。为了能够明确读取后的数据每列属性的含义，通过 names 参数传入了 info.txt 中给出的 14 列的列名。其结果如图 3.53 所示。

```
01  >>> # 导入 Pandas 库
02  >>> import pandas as pd
03  >>>
04  >>> # 所有 14 列的列名，来自 info.txt
05  >>> col_names = ['CRIM', 'ZN', 'INDUS', 'CHAS', 'NOX',
    'RM', 'AGE',
06  >>>              'DIS', 'RAD', 'TAX', 'PTRATIO', 'B',
    'LSTAT', 'MEDV']
07  >>>
08  >>> # 读取数据文件
09  >>> data = pd.read_csv('data.csv', header=-1, sep=r'\
    s+', names=col_names)
10  >>>
11  >>> # 显示读取的数据
12  >>> data
```

Out[1]:

	CRIM	ZN	INDUS	CHAS	NOX	RM	AGE	DIS	RAD	TAX	PTRATIO	B	LSTAT	MEDV
0	0.00632	18.0	2.31	0	0.538	6.575	65.2	4.0900	1	296.0	15.3	396.90	4.98	24.0
1	0.02731	0.0	7.07	0	0.469	6.421	78.9	4.9671	2	242.0	17.8	396.90	9.14	21.6
2	0.02729	0.0	7.07	0	0.469	7.185	61.1	4.9671	2	242.0	17.8	392.83	4.03	34.7
3	0.03237	0.0	2.18	0	0.458	6.998	45.8	6.0622	3	222.0	18.7	394.63	2.94	33.4
4	0.06905	0.0	2.18	0	0.458	7.147	54.2	6.0622	3	222.0	18.7	396.90	5.33	36.2
5	0.02985	0.0	2.18	0	0.458	6.430	58.7	6.0622	3	222.0	18.7	394.12	5.21	28.7
6	0.08829	12.5	7.87	0	0.524	6.012	66.6	5.5605	5	311.0	15.2	395.60	12.43	22.9
7	0.14455	12.5	7.87	0	0.524	6.172	96.1	5.9505	5	311.0	15.2	396.90	19.15	27.1
8	0.21124	12.5	7.87	0	0.524	5.631	100.0	6.0821	5	311.0	15.2	386.63	29.93	16.5
9	0.17004	12.5	7.87	0	0.524	6.004	85.9	6.5921	5	311.0	15.2	386.71	17.10	18.9
10	0.22489	12.5	7.87	0	0.524	6.377	94.3	6.3467	5	311.0	15.2	392.52	20.45	15.0
11	0.11747	12.5	7.87	0	0.524	6.009	82.9	6.2267	5	311.0	15.2	396.90	13.27	18.9
12	0.09378	12.5	7.87	0	0.524	5.889	39.0	5.4509	5	311.0	15.2	390.50	15.71	21.7
13	0.62976	0.0	8.14	0	0.538	5.949	61.8	4.7075	4	307.0	21.0	396.90	8.26	20.4
14	0.63796	0.0	8.14	0	0.538	6.096	84.5	4.4619	4	307.0	21.0	380.02	10.26	18.2
15	0.62739	0.0	8.14	0	0.538	5.834	56.5	4.4986	4	307.0	21.0	395.62	8.47	19.9

图 3.53　data.csv 文件读取后输出的表格

上述代码中第 05 行通过列表制定了所有 14 列属性的列名。所有列名来自于 info.txt。上述代码的第 09 行通过 Pandas 库提供的 read_csv 函数读取 csv 文件。其中第 1 个参数为 csv 文件的路径。第 2 个参数 header 指示 Pandas 如何处理 csv 文件的首行数据。在多数情况下，csv 文件首行数据往往是列名，因此 header 参数可以使用默认值。但是在本例中，列名由 info.txt 给出，data.csv 中不包含列名，因此将 header 设置为-1 以表示需要将首行也视为数据行进行处理。

上述 read_csv 方法的调用过程中，sep 参数用于指定每列属性之间的分隔符。由于本例中空格数目可变，因此这里传入的 sep 参数是正则表达式，其含义为将一个或多个连续的空格均视为分隔符。对于正则表达式的探讨超出了本书的范畴，有兴趣的读者可自行了解有关知识。

由于 data.csv 没有列名信息，因此上述代码中使用参数 names 传入预先指定的列名信息以标明每列信息的含义。

📢 注意：

> csv 文件的路径可以设置为绝对路径，也可以设置为相对路径。但是如果设置为相对路径，必须根据 Python 或者 Jupyter Notebook 启动的路径为参照计算相对路径，否则会报错文件无法找到。

3.5.2　截取数据与描述数据

由于通过 csv 文件存储数据的数据量较大，因此不能一次性完全显示所有数据。Pandas 提供了简单的数据截取方法，便于选择少量数据进行预先的分析工作。例如，可以通过单独选择前面若干条数据，用于分析数据集起始位置的边缘特征分布。然后再选择数据尾部的若干条数据以便分析数据集尾部的边缘特征分布。

如下的代码展示了如何通过 Pandas 库提供的方法截取数据集的起始位置的若干数据，其输出结果如图 3.54 和图 3.55 所示。

```
01  >>> # 导入 Pandas 库
02  >>> import pandas as pd
03  >>>
04  >>> # 14 列的列名
05  >>> col_names = ['CRIM', 'ZN', 'INDUS', 'CHAS', 'NOX',
    'RM', 'AGE',
06  >>>               'DIS', 'RAD', 'TAX', 'PTRATIO', 'B',
    'LSTAT', 'MEDV']
07  >>>
08  >>> # 读取数据文件
09  >>> data = pd.read_csv('data.csv', header=-1, sep=r'\
    s+', names=col_names)
10  >>>
11  >>> # 截取数据的前 5 行
12  >>> first_5 = data.head()
13  >>> # 显示前 5 行
14  >>> first_5
```

Out[2]:

	CRIM	ZN	INDUS	CHAS	NOX	RM	AGE	DIS	RAD	TAX	PTRATIO	B	LSTAT	MEDV
0	0.00632	18.0	2.31	0	0.538	6.575	65.2	4.0900	1	296.0	15.3	396.90	4.98	24.0
1	0.02731	0.0	7.07	0	0.469	6.421	78.9	4.9671	2	242.0	17.8	396.90	9.14	21.6
2	0.02729	0.0	7.07	0	0.469	7.185	61.1	4.9671	2	242.0	17.8	392.83	4.03	34.7
3	0.03237	0.0	2.18	0	0.458	6.998	45.8	6.0622	3	222.0	18.7	394.63	2.94	33.4
4	0.06905	0.0	2.18	0	0.458	7.147	54.2	6.0622	3	222.0	18.7	396.90	5.33	36.2

图 3.54　截取 data.csv 文件的前 5 行数据

```
15  >>> # 截取数据的前 10 行
16  >>> first_10 = data.head(10)
17  >>> # 显示前 10 行
18  >>> first_10
```

Out[3]:

	CRIM	ZN	INDUS	CHAS	NOX	RM	AGE	DIS	RAD	TAX	PTRATIO	B	LSTAT	MEDV
0	0.00632	18.0	2.31	0	0.538	6.575	65.2	4.0900	1	296.0	15.3	396.90	4.98	24.0
1	0.02731	0.0	7.07	0	0.469	6.421	78.9	4.9671	2	242.0	17.8	396.90	9.14	21.6
2	0.02729	0.0	7.07	0	0.469	7.185	61.1	4.9671	2	242.0	17.8	392.83	4.03	34.7
3	0.03237	0.0	2.18	0	0.458	6.998	45.8	6.0622	3	222.0	18.7	394.63	2.94	33.4
4	0.06905	0.0	2.18	0	0.458	7.147	54.2	6.0622	3	222.0	18.7	396.90	5.33	36.2
5	0.02985	0.0	2.18	0	0.458	6.430	58.7	6.0622	3	222.0	18.7	394.12	5.21	28.7
6	0.08829	12.5	7.87	0	0.524	6.012	66.6	5.5605	5	311.0	15.2	395.60	12.43	22.9
7	0.14455	12.5	7.87	0	0.524	6.172	96.1	5.9505	5	311.0	15.2	396.90	19.15	27.1
8	0.21124	12.5	7.87	0	0.524	5.631	100.0	6.0821	5	311.0	15.2	386.63	29.93	16.5
9	0.17004	12.5	7.87	0	0.524	6.004	85.9	6.5921	5	311.0	15.2	386.71	17.10	18.9

图 3.55　截取 data.csv 文件的前 10 行数据

通过 Pandas 库提供的 head 方法可以截取数据的前面若干行，而有时不仅需要前面若干行的数据，也需要分析尾部若干行。获取尾部若干行的功能可以通过调用 Pandas 提供的 tail 方法完成。如下代码展示了通过 tail 方法分别截取后 5 行数据和后 10 行数据的过程，其输出结果如图 3.56 和图 3.57 所示。

```
19  >>> # 截取数据的后 5 行
20  >>> last_5 = data.tail()
21  >>> # 显示后 5 行
22  >>> last_5
```

Out[4]:

	CRIM	ZN	INDUS	CHAS	NOX	RM	AGE	DIS	RAD	TAX	PTRATIO	B	LSTAT	MEDV
501	0.06263	0.0	11.93	0	0.573	6.593	69.1	2.4786	1	273.0	21.0	391.99	9.67	22.4
502	0.04527	0.0	11.93	0	0.573	6.120	76.7	2.2875	1	273.0	21.0	396.90	9.08	20.6
503	0.06076	0.0	11.93	0	0.573	6.976	91.0	2.1675	1	273.0	21.0	396.90	5.64	23.9
504	0.10959	0.0	11.93	0	0.573	6.794	89.3	2.3889	1	273.0	21.0	393.45	6.48	22.0
505	0.04741	0.0	11.93	0	0.573	6.030	80.8	2.5050	1	273.0	21.0	396.90	7.88	11.9

图 3.56　截取 data.csv 文件的后 5 行数据

```
23  >>> # 截取数据的后 10 行
24  >>> last_10 = data.tail(10)
25  >>> # 显示后 10 行
26  >>> last_10
```

Out[5]:

	CRIM	ZN	INDUS	CHAS	NOX	RM	AGE	DIS	RAD	TAX	PTRATIO	B	LSTAT	MEDV
496	0.28960	0.0	9.69	0	0.585	5.390	72.9	2.7986	6	391.0	19.2	396.90	21.14	19.7
497	0.26838	0.0	9.69	0	0.585	5.794	70.6	2.8927	6	391.0	19.2	396.90	14.10	18.3
498	0.23912	0.0	9.69	0	0.585	6.019	65.3	2.4091	6	391.0	19.2	396.90	12.92	21.2
499	0.17783	0.0	9.69	0	0.585	5.569	73.5	2.3999	6	391.0	19.2	395.77	15.10	17.5
500	0.22438	0.0	9.69	0	0.585	6.027	79.7	2.4982	6	391.0	19.2	396.90	14.33	16.8
501	0.06263	0.0	11.93	0	0.573	6.593	69.1	2.4786	1	273.0	21.0	391.99	9.67	22.4
502	0.04527	0.0	11.93	0	0.573	6.120	76.7	2.2875	1	273.0	21.0	396.90	9.08	20.6
503	0.06076	0.0	11.93	0	0.573	6.976	91.0	2.1675	1	273.0	21.0	396.90	5.64	23.9
504	0.10959	0.0	11.93	0	0.573	6.794	89.3	2.3889	1	273.0	21.0	393.45	6.48	22.0
505	0.04741	0.0	11.93	0	0.573	6.030	80.8	2.5050	1	273.0	21.0	396.90	7.88	11.9

图 3.57　截取 data.csv 文件的后 10 行数据

　　截取的部分数据能够反映数据集中的部分特征，但是部分数据表现出的特征与整个数据集的统计特征往往有一定偏差。Pandas 提供了简便的描述方法以便简化获得数据集基本统计信息的代码。如下代码仅用一行即可获得所有属性的 8 类统计信息。其中包括频数、均值、标准差、最小值、前 25% 小的值的分界点、前 50% 小的值的分界点、前 75% 小的值的分界点，以及最大值，其输出结果如图 3.58 所示。限于篇幅，这里只展示前 10 个属性的统计结果。

```
27  >>> # 获取数据的属性描述
28  >>> data.describe()
```

Out[6]:

	CRIM	ZN	INDUS	CHAS	NOX	RM	AGE	DIS	RAD	TAX
count	506.000000	506.000000	506.000000	506.000000	506.000000	506.000000	506.000000	506.000000	506.000000	506.000000
mean	3.613524	11.363636	11.136779	0.069170	0.554695	6.284634	68.574901	3.795043	9.549407	408.237154
std	8.601545	23.322453	6.860353	0.253994	0.115878	0.702617	28.148861	2.105710	8.707259	168.537116
min	0.006320	0.000000	0.460000	0.000000	0.385000	3.561000	2.900000	1.129600	1.000000	187.000000
25%	0.082045	0.000000	5.190000	0.000000	0.449000	5.885500	45.025000	2.100175	4.000000	279.000000
50%	0.256510	0.000000	9.690000	0.000000	0.538000	6.208500	77.500000	3.207450	5.000000	330.000000
75%	3.677082	12.500000	18.100000	0.000000	0.624000	6.623500	94.075000	5.188425	24.000000	666.000000
max	88.976200	100.000000	27.740000	1.000000	0.871000	8.780000	100.000000	12.126500	24.000000	711.000000

图 3.58　获得属性的统计信息

　　除了通过 describe 方法获得数据的统计信息，还可以通过 Pandas 提供的接口查询每种属性的类型，数据的形状等信息。如下代码展示了通过 info 方法获得当前 Pandas 表的每个属性对应的数据类型，以及所占用的内存大小，如图 3.59 所示。

```
29  >>> # 获取数据类型及其他信息
30  >>> data.info()
```

```
<class 'pandas.core.frame.DataFrame'>
RangeIndex: 506 entries, 0 to 505
Data columns (total 14 columns):
CRIM      506 non-null float64
ZN        506 non-null float64
INDUS     506 non-null float64
CHAS      506 non-null int64
NOX       506 non-null float64
RM        506 non-null float64
AGE       506 non-null float64
DIS       506 non-null float64
RAD       506 non-null int64
TAX       506 non-null float64
PTRATIO   506 non-null float64
B         506 non-null float64
LSTAT     506 non-null float64
MEDV      506 non-null float64
dtypes: float64(12), int64(2)
memory usage: 55.4 KB
```

图 3.59　属性对应的数据类型等信息

由图 3.59 可见，14 列属性中包含了 2 个整数类型的属性——CHAS 和 RAD，其余 12 个类型的属性均为 64 位浮点数类型的属性。内存为 55.4KB。其中 non-null 类型说明该属性中所有取值没有为 null 类型的值，因此在处理异常值时可以不考虑空值 null。

📢 **注意：**

> 如果存在 null 值或 Nan 值，在处理过程中可能会导致数值计算错误，因此必须在预处理部分将 null 值用最大值、平均值、最小值替代。除了使用替代法处理特殊值，也可以直接将含有特殊值的数据行删去。

3.5.3　数据可视化

Pandas 作为数据处理的强大工具，拥有 Numpy 作为数值处理基础库和 Matplotlib 负责图像处理底层库，因此能够同时提供强大的数据处理能力和数据可视化的能力。数据可视化能够将数据的分布以及数据趋势以便于理解的方式加以呈现。Pandas 提供了常见的数据可视化工具，能够方便地根据需要绘制不同的可视化图形。本节将简要介绍 Pandas 的几种常用的可视化方法。

如下代码展示了如何通过 Pandas 库实现多条数据趋势折线图的绘制，其绘制结果如图 3.60 所示。

```
01  >>> import matplotlib.pyplot as plt
02  >>> # 绘制 INDUS 属性的折线图
03  >>> data.INDUS.plot(kind='line', color='g', label='INDUS',
    linewidth=2,
04  >>>                 alpha=0.7, grid=True, linestyle='-')
05  >>> # 绘制 AGE 属性的折线图
06  >>> data.AGE.plot(kind='line', color='r', label='AGE',
    linewidth=1.5,
07  >>>                 alpha=0.7, grid=True, linestyle=':')
08  >>> # 显示图例
09  >>> plt.legend()
10  >>>
11  >>> # 命名图像
12  >>> plt.title('Line plot of INDUS vs AGE')
13  >>> # 命名横轴
14  >>> plt.xlabel('x axis')
15  >>> # 命名纵轴
```

```
16  >>> plt.ylabel('y axis')
17  >>>
18  >>> # 显示图像
19  >>> plt.show()
```

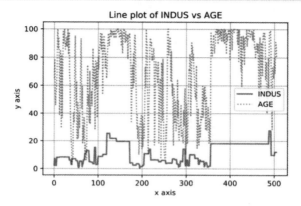

图 3.60　通过 Pandas 绘制多个属性折线图

　　除了绘制折线图，Pandas 也提供了简便的编程接口便于绘制直方图。直方图常用于统计数据集的频率以及频数信息。在统计数据关于某些特征的分布时，直方图也有着不可替代的作用。如下代码展示了如何通过直方图统计 data.csv 中属性 RM 的各种取值的频率分布情况，结果如图 3.61所示。

```
01  >>> import matplotlib.pyplot as plt
02  >>>
03  >>> # 绘制 RM 属性的直方图
04  >>> data.RM.plot(kind='hist', bins=60)
05  >>>
06  >>> # 显示图例
07  >>> plt.legend()
08  >>>
09  >>> # 命名图像
10  >>> plt.title('Histogram of RM')
11  >>> # 命名横轴
12  >>> plt.xlabel('RM')
13  >>> # 命名纵轴
14  >>> plt.ylabel('Counts')
15  >>> # 显示图像
16  >>> plt.show()
```

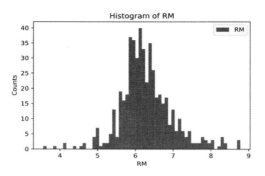

图 3.61　通过 Pandas 绘制 RM 属性直方图

　　上述直方图是一种非累加的直方图。其中非累加指的是图中的频数只取决于当前区间的统计结果而非累积的统计结果。与此相对，Pandas 也支持累加型的直方图，这种直方图能够将当前的计算结果与之前统计的结果累积起来绘制直方图。如下代码展示了如何绘制累积直方图，结果如图 3.62 所示。

```
01   >>> # 绘制 RM 属性的累积直方图
02   >>> data.RM.plot(kind='hist', bins=60, cumulative=True)
03   >>>
04   >>> # 显示图例
05   >>> plt.legend()
06   >>>
07   >>> # 命名图像
08   >>> plt.title('Cumulative histogram of RM')
09   >>> # 命名横轴
10   >>> plt.xlabel('RM')
11   >>> # 命名纵轴
12   >>> plt.ylabel('Cumulative Counts')
13   >>> # 显示图像
14   >>> plt.show()
```

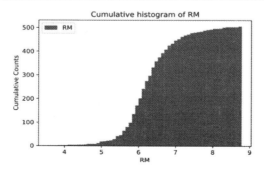

图 3.62　通过 Pandas 绘制 RM 属性累积直方图

　　散点图是另一种广泛应用的数据分析图表。与直方图不同的是，直方图主要统计不同范围内值的出现频率，而散点图则更多地应用于直接展示数值真值中。散点图可以发现较为突出的极大值和极小值，从而完成直观可视化的异常点检测任务。如下代码展示了如何绘制 data.csv 中以 TAX 属性为横轴、PTRATIO 属性为纵轴的散点图，结果如图 3.63 所示。

```
01   >>> import matplotlib.pyplot as plt
02   >>>
03   >>> # 绘制散点图
04   >>> data.plot(kind='scatter', x='TAX', y='PTRATIO',
     color='r', alpha=0.3)
05   >>>
06   >>> # 命名图像
07   >>> plt.title('Scatter of TAX vs PTRATIO')
08   >>> # 命名横轴
09   >>> plt.xlabel('TAX')
10   >>> # 命名纵轴
11   >>> plt.ylabel('PTRATIO')
12   >>>
13   >>> # 显示图像
14   >>> plt.show()
```

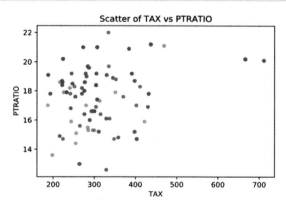

图 3.63　通过 Pandas 绘制数据散点图

　　对于数据集属性较多的情况，有时会存在数据集中的多个属性之间互相关联的情况。由于相互关联的属性之间存在信息冗余和信息干扰的情况，往往对数据处理和模型训练造成负面影响，因此需要对数据集的各个维度进行相关性分析。其中最为直观的相关性分析是维度之间的相关性矩阵。Pandas提供了 corr 方法计算同一表中不同属性之间的相关性。如下代码展示了如何计算属性之间的相关性矩阵，然后在 sns 中绘制属性间的相关性图以便数据分析，结果如图 3.64 所示。

```
01  >>> import matplotlib.pyplot as plt
02  >>> import seaborn as sns
03  >>> # 计算相关性矩阵
04  >>> corr_mat = data.corr()
05  >>>
06  >>> # 构建多子图
07  >>> f, ax = plt.subplots(figsize=(14, 14))
08  >>> # 绘制相关性图
09  >>> sns.heatmap(corr_mat, annot=True, linewidth=5, fmt=
    '.2f', ax=ax)
10  >>>
11  >>> # 显示图像
12  >>> plt.show()
```

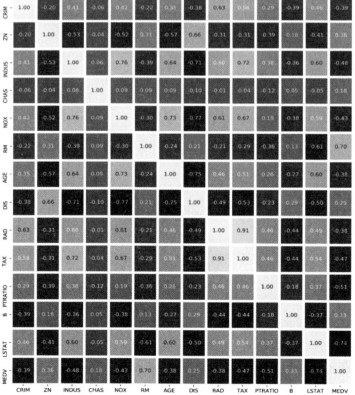

图 3.64　绘制属性间相关性图

📢 **注意：**

> 上述代码中的 figsize 不能省略。如果 figsize 省略，将会被认为是创建子图的行数和列数参数，从而导致绘制出的图像出错。在绘制属性间相关性图时，图像的大小取决于所计算的属性的数目。

3.5.4　数据融合与分离

Pandas 执行二维数据操作的基本单位是 DataFrame，其输出形式为二维表格。由于 csv 文件中数据较多，常常需要选择部分属性单独处理，因此 Pandas 提供了数据融合的 melt 方法，可以使用原先的数据，从原有的复杂的表中获取只有 3 列的新表。其中第 1 列为 id 列，第 2 列为变量列，第 3 列为变量列所取的值。上述 3 列分别通过 melt 方法的 id_vars 参数和 value_vars 参数进行指定。

如下代码展示了数据融合的代码以及执行数据融合后产生的新数据表，其输出如图 3.65 所示。

```
01  >>> import pandas as pd
02  >>> # 截取数据前 5 行
03  >>> data_5 = data.head()
04  >>>
05  >>> # 使用 melt 方法执行数据融合
06  >>> molten_5 = pd.melt(frame=data_5, id_vars='INDUS',
07  >>>                     value_vars=['CRIM', 'RAD', 'NOX'])
08  >>>
09  >>> # 显示融合结果
10  >>> molten_5
```

数据融合是将单张表的数据融合为 3 列并生成新数据表的过程。与数据融合过程相反，数据分离操作是将融合的 3 列数据根据指定列的内容拆分为多列二维表。如下代码展示了对融合的数据进行分离的过程，如图 3.66 所示。

```
01  >>> import pandas as pd
02  >>> # 对融合的数据进行拆分
03  >>> pivoted = molten_5.pivot(index=None, columns=
    'variable', values='value')
04  >>> # 显示拆分后的数据
05  >>> pivoted
```

	INDUS	variable	value
0	2.31	CRIM	0.00632
1	7.07	CRIM	0.02731
2	7.07	CRIM	0.02729
3	2.18	CRIM	0.03237
4	2.18	CRIM	0.06905
5	2.31	RAD	1.00000
6	7.07	RAD	2.00000
7	7.07	RAD	2.00000
8	2.18	RAD	3.00000
9	2.18	RAD	3.00000
10	2.31	NOX	0.53800
11	7.07	NOX	0.46900
12	7.07	NOX	0.46900
13	2.18	NOX	0.45800
14	2.18	NOX	0.45800

图 3.65　数据融合结果

variable	CRIM	NOX	RAD
0	0.00632	NaN	NaN
1	0.02731	NaN	NaN
2	0.02729	NaN	NaN
3	0.03237	NaN	NaN
4	0.06905	NaN	NaN
5	NaN	NaN	1.0
6	NaN	NaN	2.0
7	NaN	NaN	2.0
8	NaN	NaN	3.0
9	NaN	NaN	3.0
10	NaN	0.538	NaN
11	NaN	0.469	NaN
12	NaN	0.469	NaN
13	NaN	0.458	NaN
14	NaN	0.458	NaN

图 3.66　数据分离生成的新数据表示意图

📢 注意：

　　上述代码中调用 pivot 方法执行数据分离操作时，索引参数（index）、变量参数（columns）以及值参数（values）只能接受单个参数。作为索引的列不能有重复项，如果有重复项则会报错。

3.6　Scipy 简介

　　Scipy 是 Python 中常用的科学计算库。Scipy 提供了许多科学计算的高效实现，例如快速傅里叶变换、数值优化算法、图像与信号处理、数理统计相关工具、高效的文件输入/输出库以及函数拟合等。Scipy 支持与 Numpy 和 Matplotlib 进行交互，能够方便地将计算结果存储为 Numpy 支持的数据文件，或绘制图形将数据进行可视化。

　　本节从文件输入/输出、数值拟合算法、图像处理等方面介绍 Scipy 库的基本使用方法并绘制数据处理的相关图像。

3.6.1　操作 MATLAB 文件

　　Scipy 提供了多种不同的高级文件输入/输出功能，包括读取和存储

MATLAB 文件、操作 wav 格式的音频文件，以及操作 IDL 文件等。其中最为常用的功能是读取和存储 MATLAB 对应的 mat 格式文件。Scipy 提供了加载、存储和查看 mat 文件的各种方法。

　　如下代码展示了如何通过 Scipy 库提供的相关功能存储并读取 MATLAB 对应的 mat 格式文件，其输出如图 3.67 所示。

```
01  >>> # 引入 scipy 的输入/输出模块
02  >>> from scipy.io import loadmat, savemat, whosmat
03  >>>
04  >>> # 引入 Numpy 模块
05  >>> import numpy as np
06  >>>
07  >>> # 创建 Numpy 数组
08  >>> arr1 = np.arange(10).reshape(2, 5)
09  >>> arr2 = np.random.random(size=(3, 3))
10  >>>
11  >>> # 输出 Numpy 数组
12  >>> print(arr1)
13  >>> print(arr2)
14  >>>
15  >>> # 通过 scipy 存储为 mat 文件，保存形式为字典
16  >>> savemat('scipy_mat.mat', {'arr1': arr1, 'arr2': arr2})
17  >>>
18  >>> # 输出 mat 中存储的变量
19  >>> print(whosmat('scipy_mat.mat'))
20  >>>
21  >>> # 加载存储的 mat 文件
22  >>> mat = loadmat('scipy_mat.mat')
23  >>>
24  >>> # 输出存储 mat 文件中的信息
25  >>> # 输出存储 mat 文件中的信息
26  >>> print(mat['__version__'])
27  >>> print(mat['__globals__'])
28  >>>
29  >>> # 根据变量获得存储的变量
30  >>> var1 = mat['arr1']
31  >>> var2 = mat['arr2']
32  >>>
33  >>> # 输出加载的变量信息
34  >>> print(var1)
35  >>> print(var2)
```

```
>>> # 引入scipy的输入输出模块
... from scipy.io import loadmat, savemat, whosmat

>>> # 引入 numpy 模块
... import numpy as np

>>> # 创建numpy数组
... arr1 = np.arange(10).reshape(2, 5)
>>> arr2 = np.random.random(size=(3, 3))

>>> # 输出numpy数组
... print(arr1)
[[0 1 2 3 4]
 [5 6 7 8 9]]
>>> print(arr2)
[[0.46228065 0.77274251 0.70324634]
 [0.5762291  0.23013504 0.60003608]
 [0.21751355 0.41352059 0.54297924]]
>>>
>>> # 通过scipy存储为mat文件，保存形式为字典
... savemat('scipy_mat.mat', {'arr1': arr1, 'arr2': arr2})

>>> # 输出mat中存储的变量
... print(whosmat('scipy_mat.mat'))
[('arr1', (2, 5), 'int32'), ('arr2', (3, 3), 'double')]

>>> # 加载存储的mat文件
... mat = loadmat('scipy_mat.mat')
>>>
>>> # 输出存储mat文件中的信息
... # 输出存储mat文件中的信息
... print(mat['__version__'])
1.0
>>> print(mat['__globals__'])
[]
>>>
>>> # 根据变量获得存储的变量
... var1 = mat['arr1']
>>> var2 = mat['arr2']

>>> # 输出加载的变量信息
... print(var1)
[[0 1 2 3 4]
 [5 6 7 8 9]]
>>> print(var2)
[[0.46228065 0.77274251 0.70324634]
 [0.5762291  0.23013504 0.60003608]
 [0.21751355 0.41352059 0.54297924]]
>>>
```

图 3.67　Scipy 处理 mat 格式文件

　　上述代码中，首先通过代码的第 08 行调用 Numpy 库生成矩阵，然后将生成的两个矩阵 arr1 和 arr2 以字典的形式，调用 Scipy 库提供的 savemat 函数存储在 scipy_mat.mat 文件中。该文件是 MATLAB 格式支持的文件。

　　在实践中，对于未知的 mat 文件，需要在编程前获得 mat 文件内部存储的数据类型和变量名信息。Scipy 在其 io 库中提供了 whosmat 方法，用于提取 mat 文件存储的变量信息。在上述代码的第 19 行，即通过调用 whosmat

方法获取了存储的 scipy_mat.mat 文件内部变量结构，如图 3.67 所示。

上述代码的第 22 行通过调用 load_mat 函数将存储的 mat 文件加载到内存中，并用变量 mat 进行记录。该变量是一个字典类型的变量，主要记录了 mat 文件中所支持的 MATLAB 的版本信息，以及存储的所有变量的内容。例如，上述代码中的第 26 和 27 行通过键__version__以及__globals__输出了对应的值，如图 3.67 所示。

由于加载 mat 文件得到数据格式为字典，因此在上述代码的第 30 和 31 行中，将变量 mat 视为字典，然后传入预先定义的变量名，即可将 mat 文件所存储的变量读取到代码运行环境中，如图 3.67 所示，存储的两个矩阵都被正确读取。

📢 **注意：**

> 使用 Scipy 操作 MATLAB 所支持的 mat 格式文件时，需要注意加载 mat 文件所得到的字典中，变量名必须是字符串。一个十分常见的错误是通过变量名获取值时没有给变量名加上引号从而引发错误。

3.6.2　数理统计函数

Scipy 在 Numpy 的基础上，提供了强大的数理统计功能。许多数理统计中常用的分布，例如高斯分布、均匀分布、二项分布、泊松分布等，有关数理统计的相关功能都在 scipy.stats 中。这一部分主要介绍相关分布及其可视化方法。

如下代码展示了通过 Scipy 对指定的高斯分布进行采样所得到的 10000 个随机变量及其分布。由于是对指定分布的采样，因此两次执行结果难以完全相同，但其分布的大体规律应保持一致，结果如图 3.68 所示。

```
01  >>> # 导入 scipy 统计相关库
02  >>> from scipy import stats
03  >>> from matplotlib import pyplot as plt
04  >>> import numpy as np
05  >>>
06  >>> # 生成正态分布
07  >>> # 设置均值为 4，标准差为 0.7，样本数目为 10000 个
08  >>> norm = stats.norm.rvs(loc=4, scale=0.7, size=10000)
09  >>>
10  >>> # 绘制正态分布直方图
11  >>> plt.hist(norm, density=True, label='norm', color='b',
```

```
         bins=50)
12   >>>
13   >>> # 设置横轴显示区间和间隔
14   >>> ticks = np.arange(1, 8, 0.5)
15   >>> plt.xticks(ticks)
16   >>>
17   >>> # 显示图例
18   >>> plt.legend()
19   >>> # 显示图像
20   >>> plt.show()
```

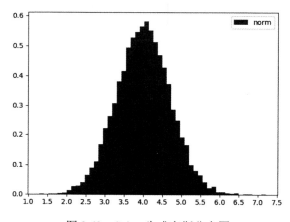

图 3.68　Scipy 生成高斯分布图

📢 注意：

　　上述代码中通过 bins 参数调整直方图粗细。该参数可以设置直方图的柱数目，从而改变其粗细和直方图的精度。

　　除了对高斯分布进行采样外，Scipy 还支持对已知数据集的分布通过假设检验判断其是否符合正态分布。如下代码通过假设检验判断一个加入了随机噪声的数据集是否属于正态分布。其中评价指标为返回的 pvalue 大小。一般认为，该值大于 0.05 时原假设成立，否则拒绝原假设（即原假设不成立）。Scipy 提供了检验函数用于判断给定数据集属于正态分布这一假设成立的 pvalue。其计算所得 pvalue 结果如图 3.69 所示，而加入噪声后的数据集分布如图 3.70 所示。

```
01   >>> # 导入 scipy 统计相关库
02   >>> from scipy import stats
03   >>> from matplotlib import pyplot as plt
04   >>> import numpy as np
```

```
05  >>>
06  >>> # 生成正态分布
07  >>> # 设置均值为 11，标准差为 3.34，样本数目 1000 个
08  >>> norm = stats.norm.rvs(loc=11, scale=3.34, size=1000)
09  >>>
10  >>> # 生成随机噪声
11  >>> noise = np.random.random(norm.shape)
12  >>>
13  >>> # 测试加入噪声的数据集
14  >>> test, pvalue = stats.normaltest(norm + noise)
15  >>>
16  >>> # 输出假设检验结果
17  >>> print(test, pvalue)
18  >>>
19  >>> # 绘制加入噪声的数据分布图
20  >>> plt.hist(norm + noise, color='r', bins=50)
21  >>>
22  >>> # 显示图片
23  >>> plt.show()
```

```
>>> # 导入 scipy 统计相关库
... from scipy import stats
>>> from matplotlib import pyplot as plt
>>> import numpy as np
>>>
>>> # 生成正态分布
... # 设置均值为 11，标准差为 3.34，样本数目 1000 个
... norm = stats.norm.rvs(loc=11, scale=3.34, size=1000)
>>> # 生成随机噪声
... noise = np.random.random(norm.shape)
>>> # 测试加入噪声的数据集
... test, pvalue = stats.normaltest(norm + noise)
>>>
>>> # 输出假设检验结果
... print(test, pvalue)
0.04391781796538246 0.9782804327635175
>>>
>>> # 绘制加入噪声的数据分布图
... plt.hist(norm + noise, color='r', bins=50)
(array([ 1.,  0.,  0.,  1.,  2.,  5.,  1.,  4.,  2.,  9., 11.,  9., 10.,
         9., 19., 33., 22., 23., 33., 40., 39., 41., 53., 41., 47., 43.,
        52., 54., 45., 65., 40., 35., 35., 28., 19., 15., 15., 13.,
         9., 16.,  4.,  4.,  6.,  5.,  1.,  1.,  1.,  3.,  1.]), array([ 0.93135611,
  1.33985636,  1.74835662,  2.15685688,  2.56535713,
  2.97385739,  3.38235765,  3.79085791,  4.19935816,  4.60785842,
  5.01635868,  5.42485893,  5.83335919,  6.24185945,  6.6503597 ,
  7.05885996,  7.46736022,  7.87586048,  8.28436073,  8.69286099,
  9.10136125,  9.5098615 ,  9.91836176, 10.32686202, 10.73536227,
 11.14386253, 11.55236279, 11.96086304, 12.3693633 , 12.77786356,
 13.18636382, 13.59486407, 14.00336433, 14.41186459, 14.82036484,
 15.2288651 , 15.63736536, 16.04586561, 16.45436587, 16.86286613,
 17.27136639, 17.67986664, 18.0883669 , 18.49686716, 18.90536741,
 19.31386767, 19.72236793, 20.13086818, 20.53936844, 20.9478687 ,
 21.35636895]), <a list of 50 Patch objects>)
>>>
>>> # 显示图片
... plt.show()
```

图 3.69 Scipy 检验正态分布并输出假设检验结果

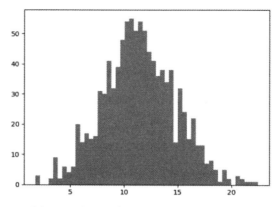

图 3.70　加入随机噪声的数据集分布情况

从图 3.69 输出结果可知，加入随机噪声后的数据集分布属于正态分布的 pvalue 值为 0.3559，大于 pvalue 的阈值 0.05，因此原假设成立。所以从假设检验的角度出发，加入噪声的数据集的分布仍然属于正态分布。

3.6.3　函数插值与曲线拟合

Scipy 库提供了强大的函数插值功能。函数插值功能能够通过已有的数据分布对缺失数据通过插值进行近似。如果插值函数与原始数据集分布近似，那么插值后得到的新数据集的数据分布特征能够保证与原始数据集近似，从而能够处理数据缺失、数据间隔较大、精度较低等实际数据集获取中遇到的常见情况。

曲线拟合是 Sicpy 提供的另一类重要功能。曲线拟合功能常用于数据集分布具有较为明显特征的情况。例如数据集的分布具有明显的二次函数特征、三角函数特征等。通过分析数据分布的特征，能够大致了解数据的分布规律，进而确定数据分布公式的形式。但是精确的参数调整需要通过曲线拟合方法获得较为精确的参数估计结果。

如下代码展示了图像插值的基本用法。以一维数据为例，通过不同的插值方法会得到不同的一维数据集，进而产生不同的图像分布。如下代码分别展示了线性插值和三次多项式插值两种不同的值方法得到的结果，其输出如图 3.71 所示。

```
01  >>> # 导入 scipy 相关库
02  >>> from scipy.interpolate import interp1d
03  >>> from matplotlib import pyplot as plt
```

```
04   >>> import numpy as np
05   >>>
06   >>> # 生成原始横轴数据
07   >>> x = np.arange(20) + 1
08   >>>
09   >>> # 生成纵轴数据
10   >>> y = np.exp(-x / 8) * np.sin(2 * x) * np.cos(8 * x)
11   >>>
12   >>> # 绘制原始数据图
13   >>> plt.plot(x, y, 'bo')
14   >>>
15   >>> # 生成插值数据 x
16   >>> x1 = np.linspace(1, 20, num=60, endpoint=True)
17   >>>
18   >>> # 线性插值数据函数
19   >>> f1 = interp1d(x, y, kind='linear')
20   >>>
21   >>> # 三次多项式插值数据函数
22   >>> f2 = interp1d(x, y, kind='cubic')
23   >>>
24   >>> # 绘制插值图像
25   >>> plt.plot(x1, f1(x1), 'g--', x1, f2(x1), 'r-')
26   >>>
27   >>> # 设置图例
28   >>> plt.legend(['original', 'linear', 'cubic'], loc='best')
29   >>>
30   >>> # 显示图片
31   >>> plt.show()
```

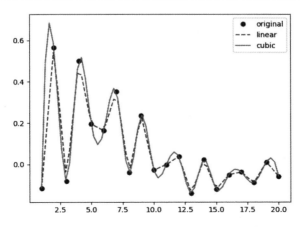

图 3.71　线性插值与三次多项式插值比较

如图 3.71 所示，两种不同的插值函数对于数据的插值能力有着显著不同。其中，线性插值函数的拐点较为尖锐，并且在变化较大的数据点部分出现了通过直线进行直接插值的情况。三次多项式插值产生的数据在拐点处较为平缓，并且在数据变化较大的部分基本不直接通过直线进行插值，因此三次多项式插值的效果相较于线性插值的效果更好。

◀» **注意：**

> 　　多项式插值不一定总是优于线性插值，合适的插值方法需要结合数据集中数据的具体分布进行选择。越复杂的插值所刻画的数据特征越精细，但是也可能引入数据的非关键特征，因此选择插值方法必须结合数据集进行。

除了对一维数组进行插值操作，Scipy 还支持对二维数据进行插值操作。由于常见的平面图形只能展示二维数据，因此对于二维数据计算所得值仅仅通过平面坐标无法进行展示。因此可以通过颜色信息来显示第 3 个维度值的大小。

如下代码展示了如何通过颜色展示第 3 个维度经过插值计算后的数据特征图，这里采用的是径向基（RBF）插值，其输出如图 3.72 所示。

```
01  >>> # 导入 scipy 相关库
02  >>> from scipy.interpolate import Rbf
03  >>> from matplotlib import pyplot as plt
04  >>> import numpy as np
05  >>>
06  >>> # 生成原始横轴数据，均值为 0，左右范围为 5
07  >>> x = np.random.random(200) * 10 - 5
08  >>> y = np.random.random(200) * 10 - 5
09  >>>
10  >>> # 生成纵轴数据
11  >>> z = x * y * np.exp(-x**2 / 8) * np.exp(-y**2 / 8)
12  >>>
13  >>> # 绘制原始数据图
14  >>> plt.subplot(121)
15  >>> plt.scatter(x, y, 30, z, cmap='jet')
16  >>>
17  >>> # 命名图像
18  >>> plt.title('original')
19  >>>
20  >>> # 生成插值数据 x
21  >>> x1 = np.linspace(-5, 5, num=200, endpoint=True)
22  >>>
23  >>> # 绘制 2D 网格
```

```
24   >>> X, Y = np.meshgrid(x1, x1)
25   >>>
26   >>> # 2D 插值函数
27   >>> rbf = Rbf(x, y, z, epsilon=2)
28   >>>
29   >>> # 计算插值
30   >>> Z = rbf(X, Y)
31   >>>
32   >>> # 绘制 2D 插值图像
33   >>> plt.subplot(122)
34   >>> plt.pcolor(X, Y, Z, cmap='jet')
35   >>>
36   >>> # 绘制原始数据点在插值图像上的位置
37   >>> plt.scatter(x, y, 80, z, cmap='jet')
38   >>>
39   >>> # 命名图像
40   >>> plt.title('RBF')
41   >>>
42   >>> # 显示色彩条
43   >>> plt.colorbar()
44   >>>
45   >>> # 显示图片
46   >>> plt.show()
```

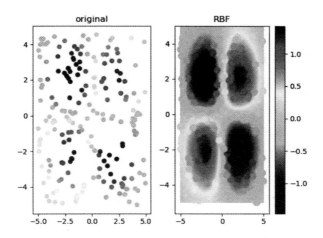

图 3.72　基于 Scipy 的二维径向基插值结果

　　曲线拟合是 Scipy 提供的另一类强大并且常用的功能。曲线拟合主要通过已知数据对未知数据的变化趋势通过函数进行刻画，并通过拟合算法求得给定形式的函数的最佳参数组合。

如下代码展示了通过 Scipy 进行曲线参数拟合的常见用法。通过正弦、余弦对正态分布进行拟合，结果如图 3.73 所示。

```
01  >>> # 导入 scipy 相关库
02  >>> from scipy import optimize, stats
03  >>> from matplotlib import pyplot as plt
04  >>> import numpy as np
05  >>>
06  >>> # 生成原始横轴数据
07  >>> x = np.arange(10)
08  >>> # 通过对均值为 0、标准差为 0.01 的正态分布
09  >>> # 进行抽样获取样本
10  >>> x0 = stats.norm.rvs(loc=0, scale=0.1, size=10)
11  >>> y = np.sin(x0 / np.max(x0))
12  >>>
13  >>> # 定义拟合函数，通过正弦、余弦函数进行拟合
14  >>> def func(x, a1, a2, a3, b1, b2, b3, c):
15  >>>     return a1 * np.sin(a2 * x + a3) + b1 * np.cos
    (b2 * x + b3) + c
16  >>>
17  >>> # 执行拟合算法，输入自定义的拟合函数与初始化参数，返回拟合结果
    与误差
18  >>> fit_params, errors = optimize.curve_fit(func, x, y,
    np.ones(7))
19  >>>
20  >>> # 输出拟合参数
21  >>> print(fit_params)
22  >>>
23  >>> # 输出拟合误差
24  >>> print(errors)
25  >>>
26  >>> # 绘制原始数据图
27  >>> plt.plot(x, y, 'bo')
28  >>>
29  >>> # 计算拟合结果
30  >>> x1 = np.arange(0, 10, 0.1)
31  >>> y1 = func(x1, *fit_params)
32  >>>
33  >>> # 绘制拟合图像
34  >>> plt.plot(x1, y1, 'r-', linewidth=2)
35  >>> plt.title('curve-fit')
36  >>>
37  >>> # 设置图例
38  >>> plt.legend(['original', 'fit'])
```

```
39  >>>
40  >>> # 显示图片
41  >>> plt.show()
```

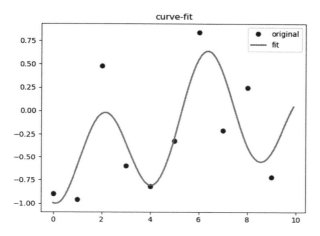

图 3.73　基于 Scipy 通过正弦、余弦拟合正态分布

📢 注意：

> 曲线拟合需要手动指定待拟合曲线的具体形式，然后根据给定数据进行参数调整。曲线拟合不能"猜测"数据的具体函数形式。

上述代码中函数拟合通过 Scipy 提供的 optimize 模块执行。其中返回两个参数，分别为拟合后的参数及拟合误差，如图 3.74 所示。

```
>>> # 输出拟合参数
... print(fit_params)
[ 0.54621734  1.48894695 -1.54096368  0.35062904  0.58041947  2.23507789
 -0.2327153 ]
>>>
>>> # 输出拟合误差
... print(errors)
[[ 1.04766243e-01  1.27601675e-02 -6.38478453e-02  1.38533987e-03
   9.11656217e-03 -1.53683944e-01  1.83987954e-02]
 [ 1.27601675e-02  6.02011380e-02 -3.00654346e-01  3.79749296e-03
   4.44313026e-02 -2.59889017e-01  1.45615083e-02]
 [-6.38478453e-02 -3.00654346e-01  1.84525421e+00  1.36315970e-03
  -2.37472022e-01  1.45100545e+00 -8.76896378e-02]
 [ 1.38533987e-03  3.79749296e-03  1.36315970e-03  9.55077105e-02
   3.22445649e-02  1.75527085e-03]
 [ 9.11656217e-03  4.44313026e-02 -2.37472022e-01  3.22445649e-02
   1.46334008e-01 -7.37881613e-01  2.17028294e-02]
 [-1.53683944e-01 -2.59889017e-01  1.45100545e+00 -1.46528761e-01
  -7.37881613e-01  4.69805734e-01 -1.57763955e-01]
 [ 1.83987954e-02  1.45615083e-02 -8.76896378e-02  1.75527085e-03
   2.17028294e-02 -1.57763955e-01  5.45093672e-02]]
```

图 3.74　拟合参数与拟合误差

3.6.4　图像处理

Scipy 不仅具有强大的数理统计工具箱以及数值计算能力，还提供了常用的图像处理工具用于进行图像的简单处理。例如，图像处理中较为常见的中值滤波、高斯滤波等。本节以高斯滤波为例，展示 Scipy 在图像处理方面的常见应用方法及其输出结果。代码如下，结果如图 3.75 所示。其中上图为原始图像，下图为高斯滤波图像。

```
01  >>> # 导入 scipy 相关库
02  >>> from scipy.ndimage import filters
03  >>> from matplotlib import pyplot as plt
04  >>> import numpy as np
05  >>>
06  >>> # 生成原始横轴数据
07  >>> x = plt.imread('windows.png')
08  >>>
09  >>> g_filtered = np.zeros_like(x)
10  >>>
11  >>> # 逐通道执行高斯过滤
12  >>> for i in range(3):
13  >>>     g_filtered[:, :, i] = filters.gaussian_filter
    (x[:, :, i], sigma=10)
14  >>>
15  >>> # 绘制原始图
16  >>> plt.subplot(121)
17  >>> plt.imshow(x)
18  >>>
19  >>> # 命名图像
20  >>> plt.title('original')
21  >>>
22  >>> # 绘制滤波图像
23  >>> plt.subplot(122)
24  >>> plt.imshow(g_filtered)
25  >>>
26  >>> # 命名图像
27  >>> plt.title('gaussian')
28  >>>
29  >>> # 显示图片
30  >>> plt.show()
```

图 3.75 原始图像和高斯滤波输出对比

3.7 本章小结

本章介绍了常见的 Python 工具包。借助于常见工具包，我们可以有效提高工作效率，避免重复解决前人已经解决过的问题。本章介绍的 6 种常用工具基本涵盖了 Python 常见工具包，包括数理统计计算、图像与绘图、高性能计算以及基于 Jupyter Notebook 这样广受欢迎的代码编辑环境。

　　本章介绍的工具包是高效解决问题的基础，从第 4 章开始，将会陆续涉及更为复杂的基础理论知识。作为解决问题的工具，本章所介绍的工具包对常见的难题都已经有了较为完善的解决方案，不必重新实现。因此，读者可以在日常工作中广泛应用上述工具包，以便熟能生巧，为后续章节打下良好的基础。

第 4 章　深度学习基本原理

随着当今计算机算力的提高和大数据时代海量的数据资源，深度学习作为人工智能领域中一类强大的分支算法，以其罕见的通用性和远超原先方法的处理能力在自然语言处理、计算机视觉等领域展现了惊人的效果。例如，在 ImageNet 数据集上通过深度卷积神经网络进行图像识别和检索的精度可以超过人类水平。在神经机器翻译领域，基于深度学习的注意力机制展现了强大的文本理解能力，能够从给定的双语语料中自动理解词组在结合语境的情况下进行翻译时的对应关系。

在目标检测领域，相比于传统目标检测方法，YOLO 网络将图像中的目标检索速度降低到数十毫秒的同时，还将精度提高了 3 倍左右。因此，作为强大的特征识别工具，深度学习是当今最有效的海量数据处理方法之一。

本章自底向上地介绍深度学习的基本原理，其中将会涉及少量必要的数学知识。首先，将会介绍深度学习的基本概念以便于读者对深度学习产生感性的认识。接着将会以感知机这一神经网络的基本组件作为起点，分别介绍感知机的基本组成、理论基础及其应用。

了解了基本的组成部分后，将会介绍如何通过反向传播与梯度下降算法对网络状态进行调整，以优化网络的输出。最后，将会展示如何通过代码构建一个全连接网络，并将全连接网络用于处理手写数字识别问题，从而为读者提供一个简单的实战案例。

本章主要涉及的知识点如下。

- ↘ 深度学习的概念简介。
- ↘ 深度学习基本组成部分，感知机的原理。
- ↘ 反向传播与梯度下降算法介绍。
- ↘ 如何构建一个全连接网络。
- ↘ 如何将神经网络用于解决手写数字识别问题。

4.1 深度学习简介

4.1.1 什么是深度学习

深度学习是机器学习领域中的一个新的技术，其动机在于建立、模拟人脑神经网络进行分析学习的神经网络，从而解决某些领域的难题。人脑神经网络是由大量神经元构成，神经元接受突触传来的电位信号并整合这些信号，当信号总和达到阈值，神经元将产生兴奋或抑制，如图 4.1 所示显示了神经元工作机制，其中 x_1、x_2、…、x_n 为输入信号，w_1、w_2、…、w_n 为每个突触权值，b_k 为神经元固有偏置，s_k 为 x_1、x_2、…、x_n 信号线性求和，$\emptyset(s_k)$ 为去线性激活函数，y_k 为输出信号。

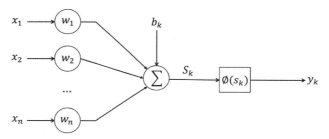

图 4.1　神经元工作机制

深度学习是利用多层神经网络结构，依靠大量的数据学习掌握一些抽象的概念。简单地说，深度学习就是使用多层神经网络来进行机器学习。深度学习一般包括输入层、隐含层、输出层，其中隐藏层包括多层神经网络。图 4.2 展示了深度学习的结构，其中一个圆代表一个神经元。

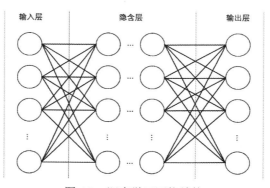

图 4.2　深度学习网络结构

除了网络层数深、包含神经元多之外，深度学习还具有对数据依赖性大的特点，深度学习往往需要大量的数据支持，在数据较少时并不能凸显其优势。传统机器学习通常会将问题分解为多个子问题并逐个解决，最后结合所有子问题的结果获得最终结果。相反，深度学习提倡直接的端到端的解决问题。

浅层结构学习模型的相同点是采用一层简单结构将原始输入信号或特征转换到特定问题的特征空间中，可以解决一些简单的分类回归问题，但对复杂分类回归问题浅层结构学习模型就相形见绌了。浅层结构学习模型对于复杂分类问题其泛化能力受到一定的制约，难以解决更加复杂的自然信号处理问题，例如人类语音和自然图像等。

深度学习是学习一种深层非线性的网络结构，只需简单的网络结构即可实现复杂函数的逼近，并展现了强大的从大量样本集中学习数据集本质特征的能力。深度学习能够获得更好地表示数据的特征，同时由于模型的层次深（通常有 5 层、6 层，甚至 10 多层的隐藏层节点）、表达能力强，因此有能力表示大规模数据。对于图像、语音这种特征不明显（需要手工设计且很多没有直观的物理含义）的问题，深度学习模型能够在大规模训练数据上取得很好的效果。

深度学习优化的过程即是权值优化的过程。通过大量数据的训练不断地改变神经元之间的权值和每个神经元的偏置值，训练的过程是有监督地学习，通过数据的标签和预测的标签建立损失函数，利用求导即梯度下降法对神经元之间的权值和每个神经元的偏置值进行优化，最终达到全局最优的结果。

📢 **注意：**

> 深度学习不是万能的，像很多其他方法一样，它需要结合特定领域的先验知识，需要和其他模型结合才能得到最好的结果。此外，类似于神经网络，深度学习的另一局限性是可解释性不强，像个"黑箱子"一样不知如何能取得好的效果，以及不知如何有针对性地去具体改进，而这有可能成为产品升级过程中的阻碍。

4.1.2　深度学习的发展

深度学习从提出到现在起起落落已经有 60 余年，近年来，深度学习正处于高速发展期，其发展也逐渐成熟。2014 年 3 月，基于深度学习方法，Facebook 的 DeepFace 项目使得人脸识别技术的识别率达到了 97.25%，只比人类识别 97.5% 的正确率略低一点点，准确率几乎可媲美人类。2016 年 3 月人工智能围棋比赛，DeepMind 公司利用深度学习开发的 AlphaGo 战胜了世界围棋冠军、职业九段选手李世石，并以 4：1 的总比分获胜。

4.1.3　深度学习的应用

深度学习极大地促进了机器学习的发展，受到世界各国相关领域研究人员和高科技公司的重视，语音、图像和自然语言处理是深度学习算法应用最广泛的 3 个主要研究领域。

长期以来，语音识别系统大多是采用高斯混合模型（GMM）来描述每个建模单元的概率模型。从 2009 年开始，微软亚洲研究院的语音识别专家们和深度学习领军人物 Hinton 合作。2011 年微软公司推出基于深度神经网络的语音识别系统并取得了巨大的成功，这一成果完全改变了语音识别领域已有的技术框架。

对于图像的处理是深度学习算法最早尝试应用的领域。早在 1989 年，加拿大多伦多大学教授 Yann LeCun 就和他的同事提出了卷积神经网络。2012 年 10 月，Hinton 教授和他的学生采用更深的卷积神经网络模型在著名的 ImageNet 问题上取得了世界最好结果，使得对于图像识别的领域研究更进一步，如今图像识别已经走进了我们的生活，尤其是人脸识别。

美国 NEC 研究院最早将深度学习引入到自然语言处理研究中，其研究院从 2008 年起采用将词汇映射到一维矢量空间和多层一维卷积结构去解决词性标注、分词、命名实体识别和语义角色标注四个典型的自然语言处理问题。他们构建了一个网络模型用于解决四个不同问题，都取得了相当精确的结果。

除此之外，深度学习在很多软件也有应用，京东商品推荐，b 站视频推荐以及英语学习软件，英语流利说等都能看到深度学习的身影，可以说深度学习已经融入了我们的衣食住行，让我们的生活更高效，更智能。

4.2　感知机基本原理

通过 4.1 节的介绍，对于深度学习已经有了大体的认识。本节从组成深度学习的基本构件——感知机开始，自底向上地介绍深度学习的基石。如果将深度学习的中流砥柱神经网络比作复杂的人类大脑，那么感知机就是神经网络这个数字大脑中最基本的神经单元，脱离了感知机这样最为基本的组成单元，神经网络和深度学习也就失去了其强大的处理能力。

4.2.1　感知机基本结构

以包含 4 个变量的感知机为例，如图 4.3 是 4 变量感知机最基本的结构。图中数据经过感知机时从左向右流动，以输入层为起点，经过加权求和后，通过激活层产生"感知"的输出项。其中感知层的输出取决于输入的特征向量 X、感知机的权重向量 ω，以及激活函数的激活策略。

为了使用高度优化的向量化计算库，所有变量的组成方式都以矩阵或向量的形式，从而避免显式的循环计算。这一编程策略被称为"向量化编程"。通过向量化编程，能够有效实现代码的复用以及计算性能优化。

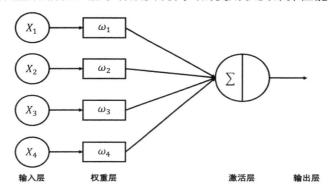

图 4.3　简单感知机基本结构图

📢 注意：

　　向量化编程需要高效的矩阵运算库作为底层实现，然后通过例如 Python 这样的高层语言进行调用。例如 Numpy 可以调用 MKL 进行计算加速，其向量化实现的速度是通过 Python 循环的 30~100 倍。而 CUDA 等通过 GPU 实现并行运算的库相较于基于 CPU 的向量库还能够再加速数十倍到数百倍。

在数据处理过程中，感知机的加权求和过程是对输入的不同参数赋予不同的重要性，然后综合考虑所有参数的过程。这一综合考虑的过程通过公式可表示为：

$$\sum = \sum_i \omega_i X_i \\ = \omega^{\mathrm{T}} X \tag{4.1}$$

首先通过显式循环的方式解释式（4.1）的含义。$\omega_i X_i$ 是每个输入层参

数 X_i 与对应的权重 ω_i 的乘积。以图 4.3 中所示的 4 变量感知机为例，$\omega_i X_i$ 展开可得到：$\omega_1 X_1$，$\omega_2 X_2$，$\omega_3 X_3$ 以及 $\omega_4 X_4$ 共计 4 项参数加权值。得到 4 项加权参数后，通过求和操作 $\sum_i \omega_i X_i$ 将上述 4 项加权结果求和，从而综合考虑 4 项输入参数。

接着以向量化编程的角度解释式（4.1）的含义。从向量化角度分析，上述以循环方式逐项相乘的求和过程与矩阵乘法中点积的运算相同。在更为复杂的实际情况中，参数 X 所输入的参数量远不止 4 个，相反可能多达上百万个，通过显式循环的方式运算显然不能满足参数量较大时的性能需求。此时可以使用矩阵点积的运算方式来适应任意参数量的加权求和运算。

其中特别需要说明的是，ω^T 是权重向量 ω 的转置所得结果。这是由于权重向量 ω 与输入层参数向量 X 在默认情况下均约定为列向量，又由于权重向量 ω 与参数向量 X 中的参数一一对应，因此权重向量 ω 与参数向量 X 具有相同的维度，不能在具有相同维度的向量之间进行点积运算。通过转置操作，得到维度相反的向量，从而进行点积操作，图 4.4 展示了列向量如何通过转置进行点积操作。

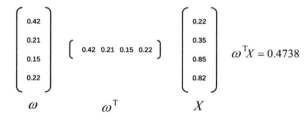

图 4.4　转置点积运算示意图

具体来说，上述转置点积运算将权重行向量 ω^T 与输入参数列向量 X 看作二维矩阵，因此 ω^T 的维度为 1 行 4 列，即 1×4 的矩阵，而输入参数向量 X 则为 4 行 1 列矩阵，即为 4×1 的矩阵，因此通过点积之后可以得到标量计算结果：$\omega^T X = 0.42 \times 0.22 + 0.21 \times 0.35 + 0.15 \times 0.85 + 0.22 \times 0.82 = 0.4738$。第 3 章中涉及的 Numpy 库能够高效计算矩阵的点积结果，这里不再赘述。

4.2.2　偏置项

在基本感知机的基础上，通过加入偏置（bias）项，能够赋予感知机更强的数据拟合能力，图 4.5 展示了加入偏置的感知机的结构，其中红色方框标识出了增加的偏置部分。与上述无偏置的感知机相比较而言，加入偏置的感知机增加了一个输入层为 1 的参数，同时为此常数输入项增加了一个对应的权重 ω_0。

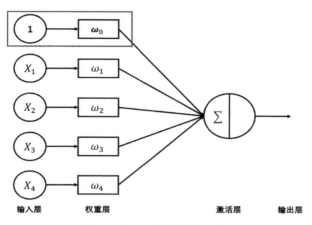

图 4.5　加入偏置项的感知机

偏置的作用可以简单理解为通过增加一个常数因子从而提供线性模型模拟直线族的能力。输入层参数较多时，偏置参数的作用难以直接衡量，因此如下采用单个输入参数对偏置的作用进行直观的简单描述。

如下代码展示了一个单个输入参数的感知机增加偏置后的效果，假定偏置的权重 ω_0 的值为 0.97，而输入参数 X_1 对应的权重 ω_1 为 0.85，加入偏置项的感知机相较于不含偏置项的感知机可以为相同的线性拟合提供平移拟合的能力，如图 4.6 所示。

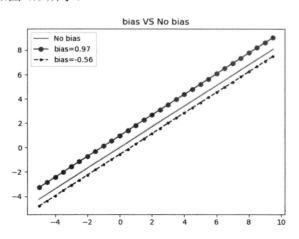

图 4.6　含偏置项感知机与无偏置项感知机对比图

图中绿色圆形实线以及蓝色虚线点画线分别为加入偏置项权重为 0.97 以及加入的偏置项权重为-0.56 时拟合的结果。从图中可以看出，加入偏置项的感知机能够为感知机提供拟合同一直线族的平移拟合能力。因此不论在神经网络中，还是简单的感知机中，都会增加偏置项以提高模型的数据拟合能力。

```
01  >>> # coding=utf8
02  >>> import numpy as np
03  >>> from matplotlib import pyplot as plt
04  >>>
05  >>> # 生成自变量 x
06  >>> x = np.arange(-5, 10, 0.5)
07  >>>
08  >>> # 权重参数
09  >>> omega = np.array([0.85, 0.97, -0.56])
10  >>>
11  >>> # 无偏置项的线性拟合直线
12  >>> y1 = x * omega[0]
13  >>>
14  >>> # 增加偏置项的线性拟合直线
15  >>> y2 = x * omega[0] + omega[1]
16  >>>
17  >>> y3 = x * omega[0] + omegaS[2]
18  >>>
19  >>> # 绘制无偏置项拟合结果
20  >>> plt.plot(x, y1, 'r-')
21  >>>
22  >>> # 绘制含偏置项拟合结果
23  >>> plt.plot(x, y2, 'go-')
24  >>> plt.plot(x, y3, 'b.--')
25  >>>
26  >>> # 绘制图例
27  >>> plt.legend(['No bias', 'bias=0.97', 'bias=-0.56'])
28  >>>
29  >>> # 命名图像
30  >>> plt.title('bias VS No bias')
31  >>>
32  >>> # 显示图像
33  >>> plt.show()
```

◀)) **注意：**

　　上述代码并不是感知机的一般形式，而是通过指定参数进行直线拟合，然后将拟合后的直线绘制成图像的例子。

4.2.3　训练感知机

通过上述介绍，已经大体了解感知机的结构组成。感知机能够进行线性拟合，但是手动为每个数据集指定权重和偏置是难以实现的。因此，需要借助于感知机训练算法对给定数据集进行感知机训练。感知机训练过程需要对感知机的权重 ω 以及偏置 b 进行调整，以满足数据集的不同分布。

感知机的参数更新规则通过求解梯度得到，这里不加解释地给出其更新公式，如式（4.2）所示。其中参数 η 用于调整感知机的学习率，以确定感知机分类错误时的学习幅度。参数 x_i 是对应的第 i 个输入样本，而 Δy_i 则是对应的预测值与实际真实值的误差。以二分类问题为例，当样本标签为 1 时，如果感知机预测结果为 1，则误差 Δy 为 0；反之，如果感知机预测结果为 0，则误差 Δy 为 1。

$$\omega \leftarrow \omega + \eta \Delta y_i x_i$$
$$b \leftarrow b + \eta \Delta y_i \tag{4.2}$$

有了感知机的学习规则，只需给定数据的输入和标签，即可对感知机进行训练。例如，与门作为一个基本的逻辑门，只有在所有参数均为真时才为真。感知机可以通过训练完成与门的逻辑运算。类似地，感知机也可以完成或运算与非运算。如下代码展示了如何通过感知机进行与或非三种基本逻辑运算的代码，此代码基于 Numpy 实现。

```
01   >>> # coding=utf8
02   >>>
03   >>> import numpy as np
04   >>>
05   >>> def activate(X):
06   >>>     '''
07   >>>     激活函数
08   >>>
09   >>>     Args: X 输入参数矩阵 X
10   >>>
11   >>>     Return:
12   >>>         X: 激活后的值
13   >>>     '''
14   >>>     X[X > 0], X[X < 0] = 1, 0
15   >>>     return X
16   >>>
17   >>> def add_bias(X):
18   >>>     '''
```

```
19  >>>      在参数矩阵 X 中加入偏置项 bias
20  >>>
21  >>>      Args:
22  >>>          X: 输入参数矩阵 X
23  >>>      '''
24  >>>      if X.ndim == 1:
25  >>>          X = X.reshape(len(X), 1)
26  >>>      return np.hstack([X, np.ones((len(X), 1))])
27  >>>
28  >>> def train(X, Y, eta=0.2):
29  >>>      '''训练感知机的函数
30  >>>
31  >>>      Args:
32  >>>          X: 输入参数矩阵
33  >>>          Y: 指定标签列表
34  >>>          eta: 学习率
35  >>>
36  >>>      Return:
37  >>>          omega: 权重向量与偏置项
38  >>>      '''
39  >>>      # 初始化权重向量，其中包含偏置项的权重
40  >>>      omega = np.zeros(X.shape[1])
41  >>>      # 开始权重训练过程
42  >>>      while True:
43  >>>          # 计算样本预测与标签的误差
44  >>>          delta = Y - predict(omega, X)
45  >>>          if (abs(delta) > 0).any():
46  >>>              # 更新权重以及偏置
47  >>>              omega += eta * np.sum((delta * X.T).T,axis=0)
48  >>>          else:
49  >>>              # 返回训练后的权重
50  >>>              return omega
51  >>>
52  >>>
53  >>> def predict(omega, X):
54  >>>      '''根据输入参数预测结果
55  >>>
56  >>>      Args:
57  >>>          omega: 权重与偏置构成的矩阵
58  >>>          X: 输入参数矩阵
59  >>>
60  >>>      Return:
61  >>>          res: 预测结果
62  >>>      '''
```

```
63 >>>        return activate(omega.dot(X.T))
64 >>>
65 >>>
66 >>> def train_and_evaluate(X, Y, X_test, Y_test, eta=0.1):
67 >>>     '''将传入的数据进行训练，并将数据打乱后进行测试
68 >>>
69 >>>     Args:
70 >>>         X: 输入参数矩阵
71 >>>         eta: 学习率
72 >>>     '''
73 >>>     # 加入偏置项 bias
74 >>>     X_bias = add_bias(X)
75 >>>     # 执行训练并返回参数
76 >>>     omega = train(X_bias, Y, eta=eta)
77 >>>     # 输出训练参数
78 >>>     ·info = ''.join(['权重%d: %.4f\n' % (i+1, w) for i,
   w in enumerate(omega[:-1])])
79 >>>     info += + '偏置项: %.4f\n' % omega[-1]
80 >>>     print(info)
81 >>>     # 评估训练结果
82 >>>     X_test_bias = add_bias(X_test)
83 >>>     Y_pred = predict(omega, X_test_bias)
84 >>>     # 输出测试标签与预测结果
85 >>>     print('正确的标签为: Y=%s' % Y_test)
86 >>>     print('预测的标签为: Y=%s' % Y_pred)
87 >>>     print('错误的样本数目为%d 个' % np.count_nonzero
   (Y_test - Y_pred))
88 >>>
89 >>> def prepare_data(data_type='and'):
90 >>>     '''构造数据训练集与测试集
91 >>>
92 >>>     Args:
93 >>>         type: 构造的数据集类型，有与运算
94 >>>         或运算以及非运算
95 >>>     '''
96 >>>     data_type = data_type.lower()
97 >>>     if data_type in ['and', 'or']:
98 >>>         X = np.asarray([[1, 1],
99 >>>                         [1, 0],
100 >>>                        [0, 1],
101 >>>                        [0, 0]])
102 >>>         Y = np.asarray([1,0,0,0] if data_type == 'and'
   else [1,1,1,0])
103 >>>     elif data_type == 'not':
```

```
104 >>>        X = np.asarray([0, 1])
105 >>>        Y = np.asarray([1, 0])
106 >>>
107 >>>     # 随机打乱输入矩阵 X 和标签 Y
108 >>>     idx = np.arange(len(X))
109 >>>     np.random.shuffle(idx)
110 >>>     X_test = X[idx]
111 >>>     Y_test = Y[idx]
112 >>>     print('X:\n%s\nY:\n%s\nX_test:\n%s\nY_test:\n%s\n'
    % (X, Y, X_test, Y_test))
113 >>>     return X, Y, X_test, Y_test
114 >>>
115 >>> # 与运算数据
116 >>> X, Y, X_test, Y_test = prepare_data('and')
117 >>> train_and_evaluate(X, Y, X_test, Y_test, eta=0.25)
118 >>>
119 >>> # 或运算数据
120 >>> X, Y, X_test, Y_test = prepare_data('or')
121 >>> train_and_evaluate(X, Y, X_test, Y_test, eta=0.02)
122 >>>
123 >>> # 非运算数据
124 >>> X, Y, X_test, Y_test = prepare_data('not')
125 >>> train_and_evaluate(X, Y, X_test, Y_test, eta=0.1)
```

上述代码的执行流程从第 114 行开始，首先调用 prepare_data 函数准备数据。数据准备分为 2 组，一组由(X,Y)构成训练集，另一组则通过对于(X,Y)进行随机混洗组成测试集。训练集和测试集一同传入 train_and_evaluate 方法中进行训练和评估。感知机的训练过程为定义在第 28~48 行的 train 方法中。需要特别说明的是，在实际运算中，为了提高训练效率，偏置项 bias 不会单独作为一项进行计算，而是合并为权重 ω 的一部分进行计算。

如上述代码中第 17 行的 add_bias 方法所示，通过对传入参数的维度进行计算，在传入参数中合并全为 1 的列向量，即可将式（4.2）中的 $\eta\Delta y_i x_i$ 与 $\eta\Delta y_i$ 的计算合并为上述代码中第 45 行的单步计算。在数据量较大时，合并类似的计算能够有效提高训练和预测的速度。上述代码的执行结果如图 4.7~图 4.9 所示，可以看到，感知机能够完成基本的与、或、非运算。

◀ 注意：

> 上述代码中第 45 行的训练方法是一次计算所有样本的预测误差进行训练，在训练数据量较大时，可以仅仅选择部分数据进行训练，也可以只预测单个样本后立即更新权重和偏置。

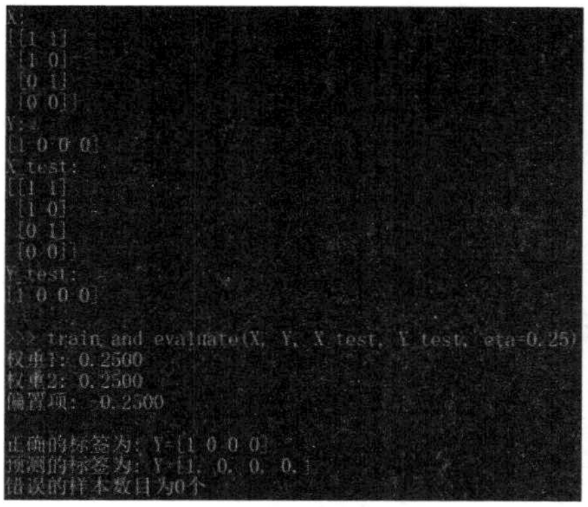

图 4.7　感知机实现与运算示意图

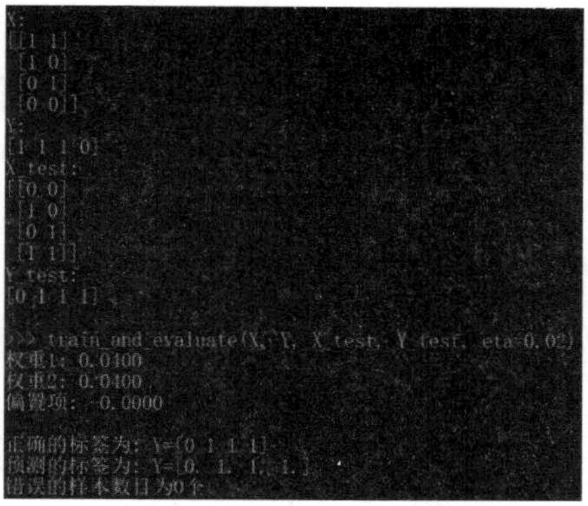

图 4.8　感知机实现或运算示意图

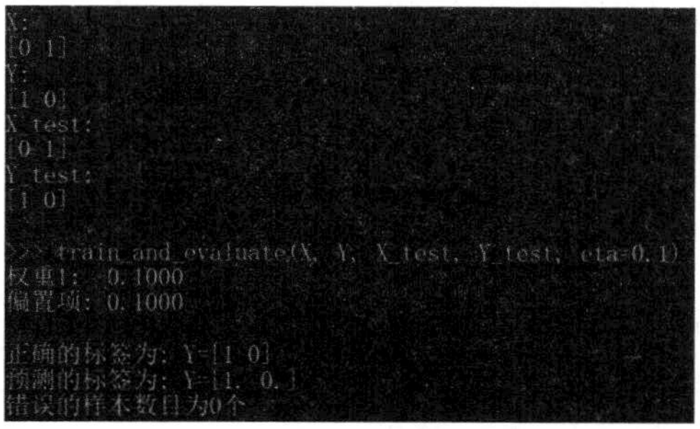

图 4.9　感知机实现非运算示意图

4.2.4　常见激活函数

通过前面的介绍，已经对感知机的线性拟合能力有了较为明确的认识，接下来主要介绍为模型提供非线性拟合能力的重要部分，即激活函数。一方面，加入偏置项的机器学习模型能够提供线性族的拟合能力；另一方面，为了增加机器学习模型的非线性拟合能力，还需要在机器学习模型尾部引入非线性的激活函数。

为机器学习模型引入非线性拟合部分，是因为现实世界中的大多数问题都是非线性的。例如，现实世界中，由多个彼此独立的自变量共同影响得到的因变量，则往往符合或近似正态分布，或者其分布可以通过正态分布进行拟合。而诸如正态分布这样常见的分布则往往是非线性的。因此，为了提高拟合能力，需要为机器学习模型引入非线性组成部分，这一部分被称为激活函数。

常见的激活函数有 Sigmoid 函数、Tanh 函数、Relu 函数以及 Softplus 函数等。这里将简单介绍常见的激活函数。

首先介绍的是最初提出的 Sigmoid 函数。Sigmoid 函数之所以被选择作为激活函数，一方面是因为 Sigmoid 具有良好的数学性质——其导数值可以通过原函数值求得，因此无须对 Sigmoid 进行显式求导；另一方面，Sigmoid 函数值域为(0,1)，因此对于输入 X 较大的情况能够压缩输出到合理的范围内。其数学定义如式（4.3）所示。

$$\text{Sigmoid}(X) = \frac{1}{1 + e^{-X}} \tag{4.3}$$

如下代码通过 Numpy 库计算 Sigmoid 函数的输出值，然后通过 Matplotlib 库绘制对应的图像，绘制的 Sigmoid 函数如图 4.10 所示。

```
01  >>> # coding=utf8
02  >>> import numpy as np
03  >>> from matplotlib import pyplot as plt
04  >>>
05  >>> # 引入坐标轴绘制库
06  >>> from mpl_toolkits.axisartist.axislines import
    SubplotZero
07  >>>
08  >>> # 获取当前图像
09  >>> fig = plt.figure(1)
10  >>>
11  >>> # 绘制 x 轴和 y 轴
12  >>> ax = SubplotZero(fig, 111)
13  >>> fig.add_subplot(ax)
14  >>>
15  >>> # 显示绘制的 x 轴 y 轴，并设置坐标轴线条格式
16  >>> for direc in ['x', 'y']:
17  >>>     ax.axis[direc+'zero'].set_axisline_style('-|>')
18  >>>     ax.axis[direc+'zero'].set_visible(True)
19  >>>
20  >>> # 因此原始坐标轴
21  >>> for direc in ['left', 'right', 'bottom', 'top']:
22  >>>     ax.axis[direc].set_visible(False)
23  >>>
24  >>> # 生成自变量 x
25  >>> x = np.arange(-5, 5.1, 0.1)
26  >>>
```

```
27  >>> # 生成因变量 y 即 sigmoid 函数输出值
28  >>> sigmoid = 1 / (1 + np.exp(-x))
29  >>>
30  >>> # 绘制 sigmoid 函数
31  >>> ax.plot(x, sigmoid)
32  >>>
33  >>> plt.yticks(1)
34  >>> plt.grid(True)
35  >>>
36  >>> # 绘制图例
37  >>> plt.legend(['Sigmoid function'], loc='best')
38  >>>
39  >>> # 命名图像
40  >>> plt.title('Sigmoid')
41  >>>
42  >>> # 显示图像
43  >>> plt.show()
```

Tanh 是双曲正切函数，并且也是一个十分常见的激活函数。与 Sigmoid 十分相似的是，Tanh 函数值同样有界，并且函数形状十分近似，同样能够将实数域内的值压缩到值域范围内，得到合理的输出结果。但需要注意的是 Tanh 函数的值域为(-1,1)，与 Sigmoid 不同。Tanh 的函数定义为：

$$\text{Tanh}(X) = \frac{e^X - e^{-X}}{e^X + e^{-X}} \qquad (4.4)$$

如下代码展示了绘制 Tanh 函数的方法，如图 4.11 所示。从图中可见，Tanh 函数将实数范围内的输入压缩到了(-1,1)范围内。

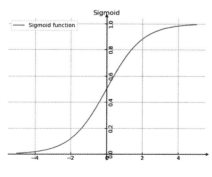

图 4.10　Sigmoid 函数

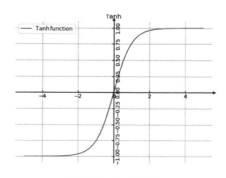

图 4.11　Tanh 函数

```
01  >>> # coding=utf8
02  >>> import numpy as np
```

```
03 >>> from matplotlib import pyplot as plt
04 >>>
05 >>> # 引入坐标轴绘制库
06 >>> from mpl_toolkits.axisartist.axislines import
   SubplotZero
07 >>>
08 >>> # 获取当前图像
09 >>> fig = plt.figure(1)
10 >>>
11 >>> # 绘制 x 轴和 y 轴
12 >>> ax = SubplotZero(fig, 111)
13 >>> fig.add_subplot(ax)
14 >>>
15 >>> # 显示绘制的 x 轴 y 轴，并设置坐标轴线条格式
16 >>> for direc in ['x', 'y']:
17 >>>     ax.axis[direc+'zero'].set_axisline_style('-|>')
18 >>>     ax.axis[direc+'zero'].set_visible(True)
19 >>>
20 >>> # 因此原始坐标轴
21 >>> for direc in ['left', 'right', 'bottom', 'top']:
22 >>>     ax.axis[direc].set_visible(False)
23 >>>
24 >>> # 生成自变量 x
25 >>> x = np.arange(-5, 5.1, 0.1)
26 >>>
27 >>> # 生成因变量 y
28 >>> e1, e2 = np.exp(x), np.exp(-x)
29 >>> tanh = (e1 - e2) / (e1 + e2)
30 >>>
31 >>> # 绘制 tanh 函数
32 >>> ax.plot(x, tanh)
33 >>>
34 >>> plt.yticks(1)
35 >>> plt.grid(True)
36 >>>
37 >>> # 绘制图例
38 >>> plt.legend(['tanh function'], loc='best')
39 >>>
40 >>> # 命名图像
41 >>> plt.title('tanh')
42 >>>
43 >>> # 显示图像
44 >>> plt.show()
```

从图像中不难看出，Tanh 函数以及 Sigmoid 函数均有中心对称性。其中 Sigmoid 函数图像关于点(0,0.5)对称，而 Tanh 函数关于原点(0,0)对称。而另一类激活函数则与 Sigmoid 函数以及 Tanh 函数不同，不具备对称性。Relu 函数，又称为修正线性单元，就是这种非对称的激活函数。其数学定义十分简单，如式（4.5）所示：

$$\mathrm{Relu}(X) = \max(X,0) = \begin{cases} X & \text{if } X > 0 \\ 0 & \text{otherwise} \end{cases} \quad (4.5)$$

不难看出，Relu 函数对于输入的正值返回其原始值，而对于非正值则返回 0，相当于在输入参数 X 与 0 之间取较大值进行返回。如下代码将输入 x 通过 Relu 函数后的输出绘制在坐标平面上。Relu 函数对应的函数图像如图 4.12 所示。

```
01  >>> # coding=utf8
02  >>> import numpy as np
03  >>> from matplotlib import pyplot as plt
04  >>> # 引入坐标轴绘制库
05  >>> from mpl_toolkits.axisartist.axislines import
    SubplotZero
06  >>>
07  >>> # 获取当前图像
08  >>> fig = plt.figure(1)
09  >>>
10  >>> # 绘制 x 轴和 y 轴
11  >>> ax = SubplotZero(fig, 111)
12  >>> fig.add_subplot(ax)
13  >>>
14  >>> # 显示绘制的 x 轴 y 轴，并设置坐标轴线条格式
15  >>> for direc in ['x', 'y']:
16  >>>     ax.axis[direc+'zero'].set_axisline_style('-|>')
17  >>>     ax.axis[direc+'zero'].set_visible(True)
18  >>>
19  >>> # 因此原始坐标轴
20  >>> for direc in ['left', 'right', 'bottom', 'top']:
21  >>>     ax.axis[direc].set_visible(False)
22  >>>
23  >>> # 生成自变量 x
24  >>> x = np.arange(-5, 5.1, 0.1)
25  >>>
26  >>> # 生成因变量 y
```

```
27  >>> relu = np.maximum(x, 0)
28  >>>
29  >>> # 绘制 relu 函数
30  >>> ax.plot(x, relu, 'r-', lw=4)
31  >>> plt.grid(True)
32  >>>
33  >>> # 绘制图例
34  >>> plt.legend(['relu function'], loc='best')
35  >>>
36  >>> # 命名图像
37  >>> plt.title('relu')
38  >>>
39  >>> # 显示图像
40  >>> plt.show()
```

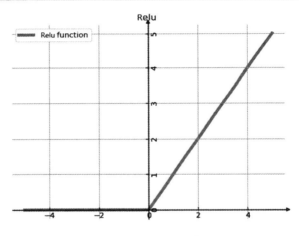

图 4.12　Relu 函数

　　与 Relu 函数较为近似的一种常用于分类模型中的 Softplus 函数。Softplus 函数与 Relu 函数相近的一点是同样没有中心对称性。Softplus 函数名称中的 soft 是对 Relu 函数的修正。Relu 函数由于直接进行大小比较，因此接近 0 的位置存在一个明显的拐点。与此不同的是，Softplus 函数通过高斯变换，在 0 附近的拐点较为 "缓和"，因此命名为 Softplus。Softplus 函数的定义如下，其中 log 为自然对数。

$$\text{Softplus}(X) = \log(1 + \text{e}^X) \tag{4.6}$$

　　如下的代码绘制了 Softplus 函数和 Relu 函数的对比图。其中红色实线为 Relu 函数，蓝色虚线为 Softplus 函数，如图 4.13 所示。

```
01  >>> # coding=utf8
02  >>> import numpy as np
03  >>> from matplotlib import pyplot as plt
04  >>>
05  >>> # 引入坐标轴绘制库
06  >>> from mpl_toolkits.axisartist.axislines import
    SubplotZero
07  >>>
08  >>> # 获取当前图像
09  >>> fig = plt.figure(1)
10  >>>
11  >>> # 绘制 x 轴和 y 轴
12  >>> ax = SubplotZero(fig, 111)
13  >>> fig.add_subplot(ax)
14  >>>
15  >>> # 显示绘制的 x 轴 y 轴，并设置坐标轴线条格式
16  >>> for direc in ['x', 'y']:
17  >>>     ax.axis[direc+'zero'].set_axisline_style('-|>')
18  >>>     ax.axis[direc+'zero'].set_visible(True)
19  >>>
20  >>> # 因此原始坐标轴
21  >>> for direc in ['left', 'right', 'bottom', 'top']:
22  >>>     ax.axis[direc].set_visible(False)
23  >>>
24  >>> # 生成自变量 x
25  >>> x = np.arange(-3, 3.1, 0.1)
26  >>>
27  >>> # 生成因变量 y
28  >>> relu = np.maximum(x, 0)
29  >>> softplus = np.log(1 + np.exp(x))
30  >>>
31  >>> # 绘制 relu 函数
32  >>> ax.plot(x, relu, 'r-', lw=4)
33  >>> # 绘制 softplus 函数
34  >>> ax.plot(x, softplus, 'b--', lw=2)
35  >>>
36  >>> plt.grid(True)
37  >>>
38  >>> # 绘制图例
39  >>> plt.legend(['relu', 'softplus'], loc='best')
40  >>>
41  >>> # 命名图像
```

```
42  >>> plt.title('relu VS softplus')
43  >>>
44  >>> # 显示图像
45  >>> plt.show()
```

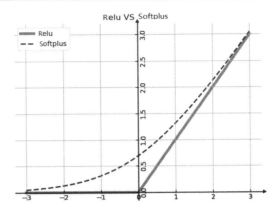

图 4.13　Relu 函数与 Softplus 函数对比图

　　有了线性机器学习模型的权重作为线性部分，又有了激活函数进行非线性拟合，机器学习模型才能发挥出强大的数据拟合能力。4.3 节将会展示机器学习模型的训练方法及其基本的理论基础。

4.3　梯度下降法训练模型

　　通过 4.2 节的介绍，已经大体了解了感知机作为神经网络基础部件的原理与训练过程。本节主要介绍真正的神经网络模型中使用的训练算法——梯度下降法。梯度下降法广泛应用于各种神经网络模型的训练过程中，在模型的构建和优化方面发挥了至关重要的作用。本节的数学推导较为复杂，与此同时也是神经网络当中较为重要的理论基础。

　　读者可以根据自身需要选择性地了解有关理论基础，也可以在初次阅读时暂时跳过，待到需要有关基础知识时再进行阅读。

4.3.1　线性单元的梯度下降法与 Sigmoid 函数

　　常见的神经网络训练是一类有监督学习的过程，接下来以简单的基于 Sigmoid 函数的二分类神经网络模型以及最为基础的线性单元为例，简单讲解相关的算法基础。通过给定的数据标签对模型的输出进行校正，从而最终训练出一个可用的神经网络模型。一个刚刚初始化的神经网络模型中，每个神经元的权重通常是随机初始化的，因此预测的结果往往与数据的真实标签有较大的偏差。

在最开始的训练过程中，每一轮（epoch）训练的输出中都会存在分类错误的样本，错误的样本为模型的训练提供了依据，神经网络模型会根据错误的信息修正网络中的参数分布情况，从而较好地拟合真实数据集中的特征分布情况。这种以输出的误差作为调整信息的信号源，由网络的输出层向网络的输入层逐层传播信息的方法即为反向传播法。神经网络训练过程中，每一轮（epoch）的基本思想如图 4.14 所示。

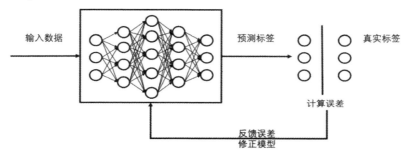

图 4.14　模型训练基本思想示意图

模型的预测值与数的真实标签之间通过损失函数刻画偏差。通过将每个样本的预测误差进行累加，就可以得到最终的总体误差。以均方误差衡量预测标签与真实标签的误差为例，均方误差衡量的是预测标签与数据的真实标签之间的欧氏距离。其定义如式（4.7）所示，其中损失函数的系数 1/2 是为了便于求导而加入的常数，不会影响最终结果。

$$\text{loss}(\omega) = \frac{1}{2}\sum_i (y_i - \text{predict}_i)^2$$
$$\text{predict}_i = F(X_i)$$

（4.7）

式（4.7）中的真实标签为 y_i 而预测结果为 predict_i，因此在指定数据集上的误差累积为将每个样本 x_i 的预测误差的平方进行累加，可以刻画出一批样本的总体误差。模型的训练过程，就是要通过有限的数据集，尽量模拟大范围中数据的实际分布，从而在预测数据标签时能够进行接近数据的真实标签。因此，训练过程中的核心目标是降低模型的误差，即减少预测训练集时的损失。

减小损失通常有两种做法：一种是通过数值求解算法直接解出模型得到最优解时对应的模型参数，另一种则是通过梯度进行迭代试错，而实践中较为常用的方法是后者。

一方面是因为数值求解算法的时间复杂度远高于迭代试错的算法，因此随着数据规模的增长，数值求解算法求解所需的时间的增长速度也远高于基于迭代的方法。由于复杂的神经网络动辄百亿千亿级别的参数量，数值求解的运算时间难以承受。

另一方面，数值求解参数虽然结果精度较高，但是其收益相较于投入的时间以及算力成本并不明显优于迭代式求解结果，因此，梯度下降法作为一种迭代式求解算法得到了广泛的应用。梯度下降法基于梯度算子，简单来说，梯度就是沿着函数的各个维度进行求偏导得到的向量。梯度算子描述了函数值上升最快的方向，因此，更新参数时，将会沿着梯度的反方向更新参数。

由于神经网络的主要工作是通过复杂的参数组合近似任意复杂的函数，因此神经网络可以看作任意复杂的函数。作为神经网络的基础部分，首先考察线性单元，其定义如式（4.8）所示，其中线性单元对于每个维度的映射作用通过函数 F 表示。对于函数 F 的优化，可以采用梯度下降法，逐次逼近损失函数的最小值，从而完成优化过程。

$$\text{predict}_i = F(X_i) = \omega^{\mathrm{T}} X \qquad (4.8)$$

基于对神经网络功能的理解以及优化方法的大体思路，优化过程的核心只有对于不同的网络模型求解其梯度，进而借助于梯度下降法对模型进行优化。

这里必须简单介绍早期模型中选择 Sigmoid 函数作为激活函数的原因。Sigmoid 函数具有多种良好的数学性质，例如能够将实数范围内的值压缩到 0 与 1 之间，使得任意大小的输出都能够良好地用于二分类的判别；除此以外，Sigmoid 函数的一个重要性质是其导数可以通过原函数表示。这意味着在计算出原函数的值的同时也就间接计算出了其导数。这一点在早期算力不足的神经网络运行环境中尤为重要，因此，Sigmoid 函数作为重要并且十分基础的激活函数，对于当今的网络模型设计仍有一定的指导意义。

下面简单介绍 Sigmoid 函数的导数推导过程。为了简便起见，式中的 Sigmoid 函数用字母 S 来替代。式（4.9）的求导过程证明，Sigmoid 函数的导数值可以借助已知的 Sigmoid 函数的函数值来表示，其推导过程如下所示。

$$S(x)' = (\frac{1}{1+e^{-x}})'$$
$$= \frac{e^{-x}}{(1+e^{-x})^2}$$
$$= \frac{(1+e^{-x})-1}{(1+e^{-x})^2} \qquad (4.9)$$
$$= \frac{1}{1+e^{-x}} - \frac{1}{(1+e^{-x})^2}$$
$$= \frac{1}{1+e^{-x}}(1-\frac{1}{1+e^{-x}})$$
$$= S(x)(1-S(x))$$

另一方面，在高维空间中，沿着各个轴方向分别求解偏导数所组成的向量即为梯度。调整参数的过程即为通过梯度的反方向结合步长，根据模型输出的预测结果与实际值之间的误差进行反馈调整。其形式可表示如下：

$$\omega \leftarrow \omega - \eta \Delta loss(\omega) \qquad (4.10)$$

对式（4.7）的损失函数进行求导，并结合式（4.9），可得到线性单元中损失函数的梯度，其具体推导为：

$$\Delta loss(\omega) = \frac{\partial loss(\omega)}{\partial \omega}$$
$$= \frac{1}{2}\sum_i \frac{\partial(y_i - F(x_i))^2}{\partial \omega} \qquad (4.11)$$
$$= \sum_i (y_i - F(x_i))\frac{\partial(-F(x_i))}{\partial \omega}$$
$$= -\sum_i (y_i - F(x_i))x_i$$

由此，即可得到关于线性单元的更新规则。将式（4.11）所得结果代入式（4.10）可得基于梯度下降的更新规则，如式（4.12）所示。

$$\omega \leftarrow \omega + \eta \sum_i (y_i - F(x_i))x_i \qquad (4.12)$$

4.3.2 全连接网络的梯度下降法

有了基于线性单元的梯度下降法的基础，并且了解了 Sigmoid 函数重要的数学性质，本节在上一节的基础上更进一步，介绍简单的全连接网络的权重更新规则的理论推导过程。全连接网络是一种经典的网络结构，并且也是较为容易推导的基本网络结构。了解全连接网络的训练方法，对于学习和研究其他网络模型的训练方法起着奠基作用。为了简单起见，本节选择以 Sigmoid 为激活函数的全连接网络作为讨论模型，介绍训练过程背后的数学原理，从而为了解其他模型奠定基础。

4.3.1 节中介绍了 Sigmoid 函数的一个重要性质，即 Sigmoid 函数作为一种十分常用的激活函数，其导数可以通过函数值表示。因此，使用了 Sigmoid 激活函数的网络与纯线性变换的网络之间在网络模型的定义上有一些微小的差异。加入 Sigmoid 函数的模型定义与式（4.7）的定义稍有不同，如式（4.13）所示。

$$\text{predict}_i = F(\text{X}_i) = S(\text{NN}) = S(\omega^{\mathrm{T}} X) \qquad (4.13)$$

为了简洁起见，式（4.13）中使用 S 表示 Sigmoid 函数，而 NN 表示经过神经网络（Neural Network）之后，输入到 Sigmoid 函数中的等待激活的值。事实上，全连接网络的基础是线性单元，因此 NN 的实际运算仍为加权求和。由于式中模型的函数 F 发生了变化，因此相比于式（4.11）的求导结果，对 F 的求导结果应代入 Sigmoid 函数的求导结果。代入后，应用链式求导法则，可将式（4.11）改写如下：

$$
\begin{aligned}
\Delta \text{loss}(\omega) &= \frac{\partial \text{loss}(\omega)}{\partial \omega} \\
&= \frac{\partial \text{loss}(\omega)}{\partial \text{NN}} \frac{\partial \text{NN}}{\partial \omega} \\
&= \frac{\partial \text{loss}(\omega)}{\partial \text{NN}} x
\end{aligned}
\qquad (4.14)
$$

为了进一步求解式（4.14）的具体形式，需要计算损失函数对网络部分的推导。由于网络的输出层加入了 Sigmoid 函数进行激活，而隐层仅仅是不同神经元的加权组合，因此输出层和隐层的应用求导法则后求得的表达式并不相同。由于反向传播法的信息传播路径是从网络的输出层向网络的输入层逐层传播信息，因此这里可以按照反向传播的顺序，首先介绍输出层的求解方法及其具体形式，然后介绍网络隐层的求解方法及其具体形式。

对于反向传播的起点而言，输出层的值经过 Sigmoid 函数激活后作为整个模型的输出值。通过对比输出值与标签的差异，能够进而影响模型的参数调整过程。因此，输出层损失是模型预测值 predict 的函数。从而，式（4.14）的求解可借助于 Sigmoid 函数值与导数值之间的关系得到式（4.15）：

$$\begin{aligned}
\frac{\partial \mathrm{loss}(\omega)}{\partial \mathrm{NN}} &= \frac{\partial \mathrm{loss}(\omega)}{\partial \mathrm{predict}} \frac{\partial \mathrm{predict}}{\partial \mathrm{NN}} \\
&= \frac{\partial \mathrm{loss}(\omega)}{\partial \mathrm{predict}} \frac{\partial S(\mathrm{NN})}{\partial \mathrm{NN}} \\
&= \frac{\partial \mathrm{loss}(\omega)}{\partial \mathrm{predict}} \mathrm{predict}(1-\mathrm{predict}) \\
&= \frac{\partial \mathrm{loss}(\omega)}{F(x)} F(x)(1-F(x)) \\
&= -(y-F(x))F(x)(1-F(x))
\end{aligned} \quad (4.15)$$

将式（4.9）得到的偏导数代入式（4.14），即可得到损失的梯度的表达式。将得到的梯度的表达式代入式中定义的梯度下降法基本框架中，可得到输出层的权重更新机制，如式（4.16）所示。

$$\omega \leftarrow \omega + \eta(y-F(x))F(x)(1-F(x))x \quad (4.16)$$

有了输出层的权重更新机制，接下来根据类似的思路进行隐层权重更新机制的求解。在求解隐层的更新机制时，需要注意隐层的信息传递关系。隐层神经元对于损失的贡献主要通过影响后继的隐层节点来实现。因此，应用链式求导法则时，应当考虑到每个当前隐层节点的所有后继神经元对于当前隐层神经元的影响。由此，可将梯度求解过程中的链式法则列为式（4.17）：

$$\frac{\partial \mathrm{loss}(\omega)}{\partial \mathrm{NN}} = \sum_{\mathrm{node} \in \mathrm{successor(NN)}} \frac{\partial \mathrm{loss}(\omega)}{\partial \mathrm{node}} \frac{\partial \mathrm{node}}{\partial \mathrm{NN}} \quad (4.17)$$

式中 node 为当前神经元 cur 的后继神经元集合 successor(cur) 中的神经元输出值。事实上，由于神经元 node 本身的计算方式可以看作一个原始神经网络 NN 的一个子集，因此 node 本身也是一个神经网络。因此，式（4.17）中损失函数对 node 求解偏导可以代入式（4.15）的计算结果。接下来详细介绍 node 对 NN 部分计算偏导的方法。由于 NN 对于后继神经元 node 的作用主要通过 NN 的激活值作为后继神经元 node 的加权输入项。因此对上述偏导继续应用链式求导法可得式（4.18）：

$$\begin{aligned}
\frac{\partial \mathrm{node}}{\partial \mathrm{NN}} &= \frac{\partial \mathrm{node}}{\partial S(\mathrm{NN})} \frac{\partial S(\mathrm{NN})}{\partial \mathrm{NN}} \\
&= \frac{\partial(\omega_{(\mathrm{NN,node})} S(\mathrm{NN}))}{\partial S(\mathrm{NN})} S(\mathrm{NN})(1-S(\mathrm{NN})) \\
&= \omega_{(\mathrm{NN,node})} S(\mathrm{NN})(1-S(\mathrm{NN}))
\end{aligned} \quad (4.18)$$

　　最终，将上述结果代入式（4.17），可得隐层神经元的损失 loss 对网络 NN 求解梯度的结果。为了便于表示，可将求得的结果用符号 δ 表示，由此可得式（4.19）：

$$\frac{\partial \text{loss}(\omega)}{\partial \text{NN}} = -S(\text{NN})(1 - S(\text{NN})) \sum_{\text{node} \in \text{success}(\text{NN})} \delta_{\text{node}} \omega_{(\text{NN,node})} \qquad (4.19)$$

　　需要特别说明的是，式中的 δ 项包含了式的 $y - F(x)$ 项，从而使得该式能够将整个模型的误差借助梯度下降法将反馈信号传导到当前层的权重中，从而完成学习过程。式中 S 所表示的是 sigmoid 函数。此函数具有良好的数学特性，能够通过原函数表达自身的导函数，从而简化了梯度的运算过程。将式（4.18）代入式（4.17），可得待求解的隐层神经元梯度项。再将求得结果代入式（4.10）中的梯度框架，可得到隐层神经元的权重更新机制为：

$$\omega_{(\text{NN,node})} \leftarrow \omega_{(\text{NN,node})} + \eta S(\text{NN}) \sum_{\text{node}} \delta_{\text{node}} \omega_{(\text{NN,node})} \qquad (4.20)$$

　　有了输出层和隐层的权重更新机制，训练简单的全连接网络已经可行。4.4 节将通过代码简单地介绍全连接网络的表示方式，并且以一个最基本的例子初步讲解序贯模型（Sequential Model）。

4.4　构建简单的全连接网络

　　神经网络作为一种使信息沿指定方向流动的模型，非常适合使用顺序型存储结构进行神经网络的相关表示。例如，相邻两层之间的权重可以通过一个矩阵组织起来，而将每个权重矩阵组织成按顺序排列的列表中，即可表示整个神经网络模型。这种由顺序结构描述的模型被称为序贯模型（Sequential Model）。

　　序贯模型描述了绝大多数大部分神经网络的工作流程：即输入层通过显式指定的数据矩阵格式作为输入层，然后在隐层中逐层进行线性变换，并将变换结果通过非线性的激活函数进行激活，然后将得到的激活值交给下一层进行处理，直到最终到达输出层。为了便于具体介绍代码实现细节，在神经网络基本组件的介绍上，将按照自底向上的方式对各个组成部分进行介绍并实现。

　　在介绍序贯模型时，将按照神经网络的数据流动顺序，逐步介绍神经网络中序贯模型的各个部分的代码实现细节，并且解释神经网络模型中各个部分之间的连接方法，从而完整地介绍整个模型中数据流动的过程。

为了确保代码实现的简洁高效，本节所介绍的代码实现案例在核心计算部分全部使用 Numpy 作为数值计算库，并通过向量化编程思想对运算过程进行加速，从而使得实现的全连接网络即使在普通的 CPU 上运行，也能获得较快的训练和预测速度。

4.4.1　激活函数的代码实现

本节简单介绍激活函数的实现。为了确保代码的简洁性以及可复用的特点，这里采用面向对象方法对激活函数进行了封装。在封装时需要从两方面分别考虑。

首先，在序贯模型的正向训练过程中，隐层中每个神经元产生的加权和需要通过正向的激活函数对输出值进行激活。激活的过程只需通过 Sigmoid 函数对输入值进行映射即可实现激活过程。

其次，在反向传播更新误差的过程中，需要通过激活函数的梯度项求解出不同的权重项的更新值。由于更新模型的实际权重是模型性能提升的核心过程，因此反向传播过程中的梯度求解方法是激活函数类的核心函数。

除此之外，为了提高代码的可扩展性，可以将激活函数作为抽象类，并且将正向激活过程所需函数与反向误差传播过程所需函数的方法作为抽象方法进行调用，然后再将具体的计算过程实现在子类中，从而达到多态的目的。为了简化代码，如下的代码展示了如何实现最基本的激活函数类，从而进行激活函数的正向激活以及反向梯度的过程。

📢 注意：

> 　　基于面向对象的编程封装能够对代码及其属性的复杂度进行良好的隐藏，因此在实际项目中面向对象方法十分普遍。定义抽象类和抽象方法可以通过多态隐藏不同方法之间的细节，从而简化方法调用者的负担，加速模型的开发过程。

```
01  >>> # coding=utf8
02  >>>
03  >>> import numpy as np
04  >>>
05  >>> class Activation(object):
06  >>>     '''激活函数类'''
07  >>>
08  >>>     def __init__(self, activate):
09  >>>         self.forward_func = Activation._forward_by_name
```

```
                (activate)
10  >>>         self.backward_func = Activation._backward_by_
    name(activate)
11  >>>
12  >>>     @classmethod
13  >>>     def _sigmoid_forward(cls, X):
14  >>>         return 1 / (1 + np.exp(-X))
15  >>>
16  >>>     @classmethod
17  >>>     def _sigmoid_backward(cls, layer_output):
18  >>>         return layer_output * (1 - layer_output)
19  >>>
20  >>>     @classmethod
21  >>>     def _none_forward(cls, X):
22  >>>         return X
23  >>>
24  >>>     @classmethod
25  >>>     def _none_backward(cls, layer_output):
26  >>>         return 1
27  >>>
28  >>>     @classmethod
29  >>>     def _forward_by_name(cls, activate):
30  >>>         if activate is None:
31  >>>             return cls._none_forward
32  >>>         elif activate.lower() == 'sigmoid':
33  >>>             return cls._sigmoid_forward
34  >>>
35  >>>     @classmethod
36  >>>     def _backward_by_name(cls, activate):
37  >>>         if activate is None:
38  >>>             return cls._none_backward
39  >>>         elif activate.lower() == 'sigmoid':
40  >>>             return cls._sigmoid_backward
41  >>>         else:
42  >>>             raise NotImplementedError(f'Not supported
    activation function: {activate}')
43  >>>
44  >>>     def forward_activate(self, layer_input):
45  >>>         '''
46  >>>         前向激活
47  >>>         '''
48  >>>         return self.forward_func(layer_input)
49  >>>
50  >>>     def backward_gradient(self, layer_output):
```

```
51  >>>          '''
52  >>>          反向梯度
53  >>>          '''
54  >>>          return self.backward_func(layer_output)
55  >>>
56  >>>      def __str__(self):
57  >>>          if self.forward_func == Activation._none_
     forward:
58  >>>              s = '<None Activation>'
59  >>>          elif self.forward_func == Activation._sigmoid_
     forward:
60  >>>              s = '<Sigmoid Activation>'
61  >>>          else:
62  >>>              raise NotImplementedError(f'Not supported
     activation function: {self.forward_func.__name__}')
63  >>>          return s
```

为了简化代码,在上述激活函数类中没有使用抽象类以及抽象方法进行实现。但是为了保证代码的可扩展性,在调用流程中通过函数对象间接指向不同的激活函数及其反向梯度求解函数,从而在后续扩展过程中能够适配不同的激活函数。其中激活函数的正向方法为 forward_activate,在模型正向预测过程中调用,而反向误差传播过程中由模型调用激活函数类的backward_gradient 方法用于求解特定激活函数的梯度。

在初始化激活函数类的过程中,通过 forward_by_name 方法以及backward_by_name 方法能够根据不同的激活函数类对激活函数及其梯度函数进行匹配,从而避免了对于具体函数的选择过程。为了便于调试和输出激活函数类型,在激活函数类中加入了_str_方法用于输出激活函数类型的对象信息,该方法通过 print 进行调用。

4.4.2　网络层的代码实现

有了激活函数这一基本组件,接下来是构建网络层这一核心部分。在网络层进行正向预测阶段,只需要再配合线性变换部分即可构成全连接网络的任意层。

以向量化编程的视角分析,线性变换的核心计算流程是输入时的多个参数视作输入向量的多个维度,而输入时的每一项输入参数都对应于一个权重,从而权重项与输入参数项可以进行一一对应,然后逐项相乘再累加。如果将网络中神经元之间的权重视作图论中的有权边,并将神经元本身视作图论中的点，那么借助于图的邻接矩阵表示法，可以很自然地想到通过矩阵组织神经元之间的权重，从而通过权重矩阵表示网络中神经元之间的连接情况。

由此，可以将神经元的网络权重与输入向量之间进行点积从而得到对应的线性变换结果。得出线性变换结果后，激活函数的激活过程只需对所得的输出结果进行逐元素映射即可。

在网络的反向误差传播阶段，从后一层获得的误差需要在前一层的基础上通过梯度和输入项求得权重项的更新值。由于网络层反向传播时梯度项与激活函数的具体形式有关，因此相关的计算已经封装在激活函数类内。只需注意将各自的计算维度确保与网络层的维度一致即可。由此，可以得到网络层的具体代码实现。其中需要注意的是网络层前向预测与反向误差传播的具体实现。

📣 **注意：**

在网络层的封装代码中以下划线开头的方法通常表示不希望被用户所直接调用的方法。这类方法要么通过指定的通用函数进行调用，例如 _len_ 方法通过通用的 len 方法调用，要么只希望在类的内部进行调用。这是一种确保类内部封装性的代码书写习惯，良好的使用这类命名规则能够有效提高代码合作开发的效率。

```
01   >>> class FCLayer(object):
02   >>>     '''全连接层'''
03   >>>
04   >>>     def __init__(self, units, use_bias=True,
                             activation =None):
05   >>>         # 神经元数目，同时也是全连接层的输出数目
06   >>>         self.units = units
07   >>>         # 添加偏置，为每个输出项添加偏置
08   >>>         self.use_bias = use_bias
09   >>>         self.bias = np.zeros((self.units, 1)) if self
     .use_bias else None
10   >>>         # 添加激活函数
11   >>>         self.activator = Activation(activation)
12   >>>         # 预定义层的输入输出参数并初始化本层误差项
13   >>>         self.input, self.output, self.delta = None,
     None, None
14   >>>         # 初始化本层权重和偏置的更新项
15   >>>         self.w_update, self.b_update = None, None
16   >>>
17   >>>     def _add_weights(self, pre_units=None):
18   >>>         # 网络层权重矩阵，由序贯模型调用，通过矩阵 weihgts
     连接前后 2 个网络层
```

```
19  >>>            # pre_units 是前一层全连接层的神经元数目，如果是第一
层网络则无实际权重
20  >>>            # 第一层只需保证后续权重矩阵的维度正确即可，这里用 None
表示此网络层为第一层
21  >>>        self.weights = None if pre_units is None else
np.random.random((self.units, pre_units))
22  >>>
23  >>>    def forward(self, input_x):
24  >>>        '''前向传播：输入前一层的输出参数，经过本层运算交给后
一层'''
25  >>>        self.input = np.reshape(input_x, (-1, 1))
26  >>>        # sigmoid(omega * x + b) 的向量化表示
27  >>>        self.output = self.activator.forward_activate(
28  >>>                np.dot(self.weights, self.input) +
self.bias)
29  >>>        return self.output
30  >>>
31  >>>    def backward(self, delta_y):
32  >>>        '''反向传播：输入后一层的误差，经过按权重分配计算权重
与偏置的更新项，然后将误差传给前一层
33  >>>            后一层神经元的误差通过将每个相连的神经元的误差进行加
权求和得到前一层神经元的误差项
34  >>>
35  >>>        更新 weights: eta * delta * x 其中 eta 作为学习
率在训练阶段通过参数指定，反向传播时无需体现
36  >>>        更新 bias:   eta * delta * 1 其中 eta 作为学习
率在训练阶段通过参数指定，反向传播时无需体现
37  >>>        '''
38  >>>        # 需要注意的是：反向传播时本层的输入项即为前一层的输出
项。这里需要计算前一层输出项的梯度
39  >>>        self.gradient = self.activator.backward_
gradient(self.input)
40  >>>        # delta 是本层需要交给前一层的误差项
41  >>>        self.delta = self.gradient * np.dot
(self.weights.T, delta_y)
42  >>>        # 根据后一层传入的误差项 delta_y 计算本层的权重更新项
43  >>>        self.w_update = np.dot(delta_y, self.input.T)
44  >>>        # 根据后一层传入的误差项 delta_y 计算本层的偏置更新项
45  >>>        self.b_update = delta_y
46  >>>        # 返回需要交给前一层的误差
47  >>>        return self.delta
48  >>>
49  >>>    def update(self, learning_rate):
50  >>>        '''根据传入的学习率更新权重和偏置项'''
```

```
51 >>>          self.weights += learning_rate * self.w_update
52 >>>          self.bias += learning_rate * self.b_update
53 >>>
54 >>>      def __str__(self):
55 >>>          assert hasattr(self, 'weights'), 'Fully
Connected Layer not initialezed by SequtialModel yet.'
56 >>>          return ''.join([f'units-{self.units}, weights_
shape-{np.shape(self.weights)}, use_bias-{self.use_bias},',
57 >>>                          f'bias_shape-{np.shape(self.bias)}
activation-{self.activator}'])
```

4.4.3　序贯模型的代码实现

有了最基本的网络层，即可根据模型的具体需求添加具有不同参数数量的全连接层。这里采用的是最为基本的序贯模型。序贯模型将所有层按照前向顺序进行排列，在正向预测时，进行简单的逐层加权激活，而反向误差传播时，反向逐层调用梯度函数求解权重更新项，并最终依据指定的学习率和训练轮数进行模型的权重更新，并完成训练。

如下代码通过 SequentialModel 类展示了一个基本的序贯模型的代码实现，其中网络层通过列表进行组织。通过 SequentialModel 类封装的 add_fc_layer 方法可以添加指定的全连接层，然后通过 train 方法进行训练，通过 predict 相关方法预测指定数据的标签，并且可以通过 evaluate 方法评估模型的精度。

```
01 >>> class SequtialModel(object):
02 >>>     '''序贯模型'''
03 >>>
04 >>>     def __init__(self):
05 >>>         # 序贯模型的核心结构——网络层序列
06 >>>         self.layers = []
07 >>>
08 >>>     def add_fc_layer(self, units, use_bias=False,
09 >>>                      activation=None):
10 >>>         '''添加网络全连接层'''
11 >>>         layer = FCLayer(units, use_bias, activation)
12 >>>         # 为新创建的全连接层建立前后联系，其中第一层用于数据输入
13 >>>         # 因此实际上没有权重，第一层的输出即为训练数据,加入第一层
14 >>>         # 是为了保证后续权重矩阵的维度正确
15 >>>         layer._add_weights(self.layers[-1].units if
                                 self.layers else None)
```

```
16  >>>          # 将新的全连接层加入到序贯模型中
17  >>>          self.layers.append(layer)
18  >>>
19  >>>     def fit(self, train_data, train_labels, epoch,
20  >>>          learning_rate=0.001):
21  >>>          '''训练神经网络
22  >>>
23  >>>          Args:
24  >>>              train_datax: 训练数据
25  >>>              train_labels: 训练标签
26  >>>              epoch: 训练轮数
27  >>>              learning_rate: 学习率
28  >>>          '''
29  >>>          # 将传入的数据类型调整为 numpy 数组便于后续计算
30  >>>          train_data, train_labels = np.asarray
    (train_data), np.asarray(train_labels)
31  >>>          # 开始训练
32  >>>          for i in range(epoch):
33  >>>              for x, y in zip(train_data, train_labels):
34  >>>                  self._train_on_one_sample(x, y,
                                                learning_ rate)
35  >>>
36  >>>              # 每一轮结束后对模型进行评估
37  >>>              print(f'Evaluating Model after epoch
38  >>> {i+1}...')
39  >>>              acc, loss = self.evaluate(train_data,
                                            train_labels)
40  >>>              print(f'training acc: {acc}, training
                            loss: {loss}')
41  >>>
42  >>>          # 训练完成后输出训练集的预测结果以及训练集的真实标签
43  >>>          print(f'Training Finished. The Prediction of
    training set is:\n{self.predict_labels(train_data)}')
44  >>>          print(f'The Groundtruth of training set is:\n
    {np.argmax(train_labels, axis=1)}')
45  >>>
46  >>>     def _train_on_one_sample(self, x, y, learning_rate):
47  >>>          '''单例训练'''
48  >>>          # 序贯模型正向预测
49  >>>          self._predict_on_one_sample(x)
50  >>>          # 梯度下降法反向传播误差
51  >>>          self._gradient_dencent(y)
52  >>>          # 根据误差修正模型参数
53  >>>          self._update(learning_rate)
```

```
51   >>>
52   >>>    def predict_labels(self, X):
53   >>>        '''将模型输出转换为类别标签'''
54   >>>        return np.argmax(self.predict(X), axis=1)
     .squeeze()
55   >>>
56   >>>    def predict(self, X):
57   >>>        '''数目 X 中每个 sample 的原始预测结果'''
58   >>>        if np.ndim(X) == 1:
59   >>>            X = np.reshape(X, (-1, 1))
60   >>>        return np.asarray([self._predict_on_one_
     sample(x) for x in X])
61   >>>
62   >>>    def _predict_on_one_sample(self, x):
63   >>>        '''单例正向预测'''
64   >>>        assert np.size(x) == self.layers[0].units,
     f'input size: {np.size(x)} != units: {self.layers[0].units}'
65   >>>        # 注意 第一层无权重和偏置项 因此无需调用 forward 方法
66   >>>        for layer in self.layers[1:]:
67   >>>            x = layer.forward(x)
68   >>>        return x
69   >>>
70   >>>    def evaluate(self, data, labels):
71   >>>        '''传入指定数据样本和标签评估模型性能'''
72   >>>        # 计算精度
73   >>>        acc = self.get_acc(self.predict_labels(data),
     labels)
74   >>>        # 计算误差
75   >>>        loss = self.get_loss(self.predict(data), labels)
76   >>>        # 返回精度和误差
77   >>>        return acc, loss
78   >>>
79   >>>    def get_acc(self, predict_labels, groundtruths):
80   >>>        '''根据真实标签和预测标签计算精度'''
81   >>>        return np.sum(np.argmax(groundtruths, axis=1)
     == predict_labels) / len(predict_labels)
82   >>>
83   >>>    def get_loss(self, predicts, groundtruths):
84   >>>        '''计算所有样本的预测误差之和'''
85   >>>        return np.sum([self._get_loss_on_one_sample(p,g)
     for p,g in zip(predicts, groundtruths)])
86   >>>
87   >>>    def _get_loss_on_one_sample(self, predict,
     groundtruth):
```

```
88  >>>            '''计算单例的损失'''
89  >>>            # 注意 groundtruth 为一维时需要 reshape 为二维，否则
    Numpy 会进行广播使得 loss 为方阵
90  >>>            return np.sum((groundtruth.reshape(-1, 1) -
    predict)**2) / 2
91  >>>
92  >>>        def _gradient_dencent(self, label):
93  >>>            '''单例反向传播误差'''
94  >>>            # 首先求解出模型输出层的预测误差 delta
95  >>>            delta = self._get_output_delta_on_one_sample
    (self.layers[-1].output, label)
96  >>>            # 然后应用梯度下降法反向传播误差，由于第一层实际没有权
    重，因此不需要调用第一层的 backward
97  >>>            for layer in self.layers[:0:-1]:
98  >>>                delta = layer.backward(delta)
99  >>>
100 >>>        def _get_output_delta_on_one_sample(self, output,
    groundtruth):
101 >>>            '''计算单例的预测误差'''
102 >>>            # 注意 groundtruth 为一维时需要 reshape 为二维，否
    则 Numpy 会进行广播使得 delta 为方阵
103 >>>            return self.layers[-1].activator.backward_
    gradient(output) * (groundtruth.reshape(-1, 1) - output)
104 >>>
105 >>>        def _update(self, learning_rate):
106 >>>            '''更新权重与偏置项'''
107 >>>            # 注意 第一层无权重因此不需要更新
108 >>>            for layer in self.layers[1:]:
109 >>>                layer.update(learning_rate)
110 >>>
111 >>>        def __str__(self):
112 >>>            '''由 print 方法调用用于输出模型概要信息'''
113 >>>            sep = ['-' * 120]
114 >>>            return '\n'.join(sep + [f'layer {i+1}: {layer}'
    for i, layer in enumerate(self.layers)] + sep)
```

4.4.4 完整代码实现及模型训练结果

为了展示完整的代码流程，这里将所有的代码实现在同一个文件 SequentialModel.py 中，并从第 241 行开始给出了相关模型的使用方法以及测试数据的测试。下述代码对于一个简单的求和问题进行了三分类。具体来说，对于 2 个输入参数之和，如果求和结果小于等于 5 则为第一类，大于 5

小于等于 10 为第二类，大于 10 则为第三类。

```
01 >>> # coding=utf8
02 >>>
03 >>> import numpy as np
04 >>>
05 >>> class Activation(object):
06 >>>     '''激活函数类'''
07 >>>
08 >>>     def __init__(self, activate):
09 >>>         self.forward_func = Activation._forward_by_
       name(activate)
10 >>>         self.backward_func = Activation._backward_by_
       name(activate)
11 >>>
12 >>>     @classmethod
13 >>>     def _sigmoid_forward(cls, X):
14 >>>         return 1 / (1 + np.exp(-X))
15 >>>
16 >>>     @classmethod
17 >>>     def _sigmoid_backward(cls, layer_output):
18 >>>         return layer_output * (1 - layer_output)
19 >>>
20 >>>     @classmethod
21 >>>     def _none_forward(cls, X):
22 >>>         return X
23 >>>
24 >>>     @classmethod
25 >>>     def _none_backward(cls, layer_output):
26 >>>         return 1
27 >>>
28 >>>     @classmethod
29 >>>     def _forward_by_name(cls, activate):
30 >>>         if activate is None:
31 >>>             return cls._none_forward
32 >>>         elif activate.lower() == 'sigmoid':
33 >>>             return cls._sigmoid_forward
34 >>>
35 >>>     @classmethod
36 >>>     def _backward_by_name(cls, activate):
37 >>>         if activate is None:
38 >>>             return cls._none_backward
39 >>>         elif activate.lower() == 'sigmoid':
40 >>>             return cls._sigmoid_backward
```

```
41 >>>        else:
42 >>>            raise NotImplementedError(f'Not supported
   activation function: {activate}')
43 >>>
44 >>>    def forward_activate(self, layer_input):
45 >>>        '''
46 >>>        前向激活
47 >>>        '''
48 >>>        return self.forward_func(layer_input)
49 >>>
50 >>>    def backward_gradient(self, layer_output):
51 >>>        '''
52 >>>        反向梯度
53 >>>        '''
54 >>>        return self.backward_func(layer_output)
55 >>>
56 >>>    def __str__(self):
57 >>>        if self.forward_func == Activation._none_forward:
58 >>>            s = '<None Activation>'
59 >>>        elif self.forward_func == Activation._sigmoid_
   forward:
60 >>>            s = '<Sigmoid Activation>'
61 >>>        else:
62 >>>            raise NotImplementedError(f'Not supported
   activation function: {self.forward_func.__name__}')
63 >>>        return s
64 >>>
65 >>>
66 >>> class FCLayer(object):
67 >>>    '''全连接层'''
68 >>>
69 >>>    def __init__(self, units, use_bias=True, activation
   =None):
70 >>>        # 神经元数目，同时也是全连接层的输出数目
71 >>>        self.units = units
72 >>>        # 添加偏置，为每个输出项添加偏置
73 >>>        self.use_bias = use_bias
74 >>>        self.bias = np.zeros((self.units, 1)) if self
   .use_bias else None
75 >>>        # 添加激活函数
76 >>>        self.activator = Activation(activation)
77 >>>        # 预定义层的输入输出参数并初始化本层误差项
78 >>>        self.input, self.output, self.delta = None,
   None, None
```

```
79  >>>            # 初始化本层权重和偏置的更新项
80  >>>            self.w_update, self.b_update = None, None
81  >>>
82  >>>    def _add_weights(self, pre_units=None):
83  >>>            # 网络层权重矩阵，由序贯模型调用，通过矩阵 weihgts
连接前后 2 个网络层
84  >>>            # pre_units 是前一层全连接层的神经元数目，如果是第一
层网络则无实际权重
85  >>>            # 第一层只需保证后续权重矩阵的维度正确即可，这里用 None
表示此网络层为第一层
86  >>>            self.weights = None if pre_units is None else
np.random.random((self.units, pre_units))
87  >>>
88  >>>    def forward(self, input_x):
89  >>>            '''前向传播：输入前一层的输出参数，经过本层运算交给后
一层'''
90  >>>            self.input = np.reshape(input_x, (-1, 1))
91  >>>            # sigmoid(omega * x + b) 的向量化表示
92  >>>            self.output = self.activator.forward_activate(
93  >>>                    np.dot(self.weights, self.input) +
self.bias)
94  >>>            return self.output
95  >>>
96  >>>    def backward(self, delta_y):
97  >>>            '''反向传播：输入后一层的误差，经过按权重分配计算权重
与偏置的更新项,然后将误差传给前一层
98  >>>                后一层神经元的误差通过将每个相连的神经元的误差进行
加权求和得到前一层神经元的误差项
99  >>>
100 >>>                更新 weights: eta * delta * x 其中 eta 作为学
习率在训练阶段通过参数指定，反向传播时无需体现
101 >>>                更新 bias:   eta * delta * 1 其中 eta 作为学习
率在训练阶段通过参数指定，反向传播时无需体现
102 >>>            '''
103 >>>            # 需要注意的是：反向传播时本层的输入项即为前一层的输出
项。这里需要计算前一层输出项的梯度
104 >>>            self.gradient = self.activator.backward_
gradient(self.input)
105 >>>            # delta 是本层需要交给前一层的误差项
106 >>>            self.delta = self.gradient * np.dot(self
.weights.T, delta_y)
107 >>>            # 根据后一层传入的误差项 delta_y 计算本层的权重更新项
108 >>>            self.w_update = np.dot(delta_y, self.input.T)
109 >>>            # 根据后一层传入的误差项 delta_y 计算本层的偏置更新项
```

```
110 >>>          self.b_update = delta_y
111 >>>          # 返回需要交给前一层的误差
112 >>>          return self.delta
113 >>>
114 >>>      def update(self, learning_rate):
115 >>>          '''根据传入的学习率更新权重和偏置项'''
116 >>>          self.weights += learning_rate * self.w_update
117 >>>          self.bias += learning_rate * self.b_update
118 >>>
119 >>>      def __str__(self):
120 >>>          assert hasattr(self, 'weights'), 'Fully
    Connected Layer not initialezed by SequtialModel yet.'
121 >>>          return ''.join([f'units-{self.units}, weights_
    shape-{np.shape(self.weights)}, use_bias-{self.use_bias},',
122 >>>                         f'bias_shape-{np.shape(self.bias)}
    activation-{self.activator}'])
123 >>>
124 >>>
125 >>> class SequtialModel(object):
126 >>>      '''序贯模型'''
127 >>>
128 >>>      def __init__(self):
129 >>>          # 序贯模型的核心结构——网络层序列
130 >>>          self.layers = []
131 >>>
132 >>>      def add_fc_layer(self, units, use_bias=False,
    activation=None):
133 >>>          '''添加网络全连接层'''
134 >>>          layer = FCLayer(units, use_bias, activation)
135 >>>          # 为新创建的全连接层建立前后联系，其中第一层用于数据输入
136 >>>          # 因此实际上没有权重，第一层的输出即为训练数据，加入第一层
137 >>>          # 是为了保证后续权重矩阵的维度正确
138 >>>          layer._add_weights(self.layers[-1].units if
    self.layers else None)
139 >>>          # 将新的全连接层加入到序贯模型中
140 >>>          self.layers.append(layer)
141 >>>
142 >>>      def fit(self, train_data, train_labels, epoch,
    learning_rate=0.001):
143 >>>          '''训练神经网络
144 >>>
145 >>>          Args:
146 >>>              train_datax: 训练数据
147 >>>              train_labels: 训练标签
```

```
148 >>>                epoch: 训练轮数
149 >>>                learning_rate: 学习率
150 >>>           '''
151 >>>           # 将传入的数据类型调整为 Numpy 数组便于后续计算
152 >>>           train_data, train_labels = np.asarray(train_
    data), np.asarray(train_labels)
153 >>>           # 开始训练
154 >>>           for i in range(epoch):
155 >>>               for x, y in zip(train_data, train_labels):
156 >>>                   self._train_on_one_sample(x, y, learning_
    rate)
157 >>>
158 >>>               # 每一轮结束后对模型进行评估
159 >>>               print(f'Evaluating Model after epoch
    {i+1}...')
160 >>>               acc, loss = self.evaluate(train_data,
    train_labels)
161 >>>               print(f'training acc: {acc}, training
    loss: {loss}')
162 >>>
163 >>>           # 训练完成后输出训练集的预测结果以及训练集的真实标签
164 >>>           print(f'Training Finished. The Prediction of
    training set is:\n{self.predict_labels(train_data)}')
165 >>>           print(f'The Groundtruth of training set is:\n
    {np.argmax(train_labels, axis=1)}')
166 >>>
167 >>>       def _train_on_one_sample(self, x, y, learning_
    rate):
168 >>>           '''单例训练'''
169 >>>           # 序贯模型正向预测
170 >>>           self._predict_on_one_sample(x)
171 >>>           # 梯度下降法反向传播误差
172 >>>           self._gradient_dencent(y)
173 >>>           # 根据误差修正模型参数
174 >>>           self._update(learning_rate)
175 >>>
176 >>>       def predict_labels(self, X):
177 >>>           '''将模型输出转换为类别标签'''
178 >>>           return np.argmax(self.predict(X), axis=1)
    .squeeze()
179 >>>
180 >>>       def predict(self, X):
181 >>>           '''数目 X 中每个 sample 的原始预测结果'''
182 >>>           if np.ndim(X) == 1:
```

```
183 >>>            X = np.reshape(X, (-1, 1))
184 >>>            return np.asarray([self._predict_on_one_sample
    (x) for x in X])
185 >>>
186 >>>     def _predict_on_one_sample(self, x):
187 >>>         '''单例正向预测'''
188 >>>         assert np.size(x) == self.layers[0].units, f
    'input size: {np.size(x)} != units: {self.layers[0].units}'
189 >>>         # 注意 第一层无权重和偏置项 因此无需调用 forward 方法
190 >>>         for layer in self.layers[1:]:
191 >>>             x = layer.forward(x)
192 >>>         return x
193 >>>
194 >>>     def evaluate(self, data, labels):
195 >>>         '''传入指定数据样本和标签评估模型性能'''
196 >>>         # 计算精度
197 >>>         acc = self.get_acc(self.predict_labels(data),
    labels)
198 >>>         # 计算误差
199 >>>         loss = self.get_loss(self.predict(data), labels)
200 >>>         # 返回精度和误差
201 >>>         return acc, loss
202 >>>
203 >>>     def get_acc(self, predict_labels, groundtruths):
204 >>>         '''根据真实标签和预测标签计算精度'''
205 >>>         return np.sum(np.argmax(groundtruths, axis=1)
    == predict_labels) / len(predict_labels)
206 >>>
207 >>>     def get_loss(self, predicts, groundtruths):
208 >>>         '''计算所有样本的预测误差之和'''
209 >>>         return np.sum([self._get_loss_on_one_sample
    (p, g) for p,g in zip(predicts, groundtruths)])
210 >>>
211 >>>     def _get_loss_on_one_sample(self, predict,
    groundtruth):
212 >>>         '''计算单例的损失'''
213 >>>         # 注意 groundtruth 为一维时需要 reshape 为二维, 否
    则 Numpy 会进行广播使得 loss 为方阵
214 >>>         return np.sum((groundtruth.reshape(-1, 1) -
    predict)**2) / 2
215 >>>
216 >>>     def _gradient_dencent(self, label):
217 >>>         '''单例反向传播误差'''
218 >>>         # 首先求解出模型输出层的预测误差 delta
```

```
219 >>>         delta = self._get_output_delta_on_one_sample
    (self.layers[-1].output, label)
220 >>>         # 然后应用梯度下降法反向传播误差，由于第一层实际没有权
    重，因此不需要调用第一层的 backward
221 >>>         for layer in self.layers[:0:-1]:
222 >>>             delta = layer.backward(delta)
223 >>>
224 >>>     def _get_output_delta_on_one_sample(self, output,
    groundtruth):
225 >>>         '''计算单例的预测误差'''
226 >>>         # 注意 groundtruth 为一维时需要 reshape 为二维，否
    则 Numpy 会进行广播使得 delta 为方阵
227 >>>         return self.layers[-1].activator.backward_
    gradient(output) * (groundtruth.reshape(-1, 1) - output)
228 >>>
229 >>>     def _update(self, learning_rate):
230 >>>         '''更新权重与偏置项'''
231 >>>         # 注意 第一层无权重因此不需要更新
232 >>>         for layer in self.layers[1:]:
233 >>>             layer.update(learning_rate)
234 >>>
235 >>>     def __str__(self):
236 >>>         '''由 print 方法调用用于输出模型概要信息'''
237 >>>         sep = ['-' * 120]
238 >>>         return '\n'.join(sep + [f'layer {i+1}: {layer}
    ' for i, layer in enumerate(self.layers)] + sep)
239 >>>
240 >>>
241 >>> if __name__ == '__main__':
242 >>>
243 >>>     # 创建模型
244 >>>     model = SequtialModel()
245 >>>     # 输入层，无偏置项，无实际权重
246 >>>     model.add_fc_layer(2, use_bias=False)
247 >>>     # 隐层，10 个神经元
248 >>>     model.add_fc_layer(10, activation='sigmoid',
    use_bias=True)
249 >>>     # 输出层，3 个神经元
250 >>>     model.add_fc_layer(3, activation='sigmoid',
    use_bias=True)
251 >>>
252 >>>     # 输出模型信息
253 >>>     print(model)
254 >>>
```

```
255 >>>        # 准备数据
256 >>>        # 2 个维度之和小于等于 5 的为第一类，小于等于 10 大于 5 的为
               第二类的输出 0，大于 10 的为第三类
257 >>>        X = [[0,3], [5, 6], [-1, 11], [-1, -3]]
258 >>>        # 标签采用 onehot 编码
259 >>>        Y = [[1, 0, 0], [0, 0, 1], [0, 1, 0], [1, 0, 0]]
260 >>>
261 >>>        # 训练模型
262 >>>        model.fit(X, Y, 120, learning_rate=0.1)
```

📢 注意：

> 多分类问题中数据的标签是以 onehot 编码的形式给出的，即所处类别为 1，其余类别为 0。上述模型中不能处理非 onehot 编码形式的数据标签。

上述代码在执行过程中，首先输出模型的逐层信息，如图 4.15 所示。在模型的训练过程中，train 方法会对模型在训练集上的结果进行评估，并最终输出相关评估精度以及损失项，如图 4.16 所示。最终训练结束后，会给出训练集的预测标签以及真实标签便于人工比对，如图 4.17 所示。

```
layer 1: units-2, weights_shape-(), use_bias-False, bias_shape-() activation-<None Activation>
layer 2: units-10, weights_shape-(10, 2), use_bias-True, bias_shape-(10, 1) activation-<Sigmoid Activation>
layer 3: units-3, weights_shape-(3, 10), use_bias-True, bias_shape-(3, 1) activation-<Sigmoid Activation>
```

图 4.15　网络层信息输出

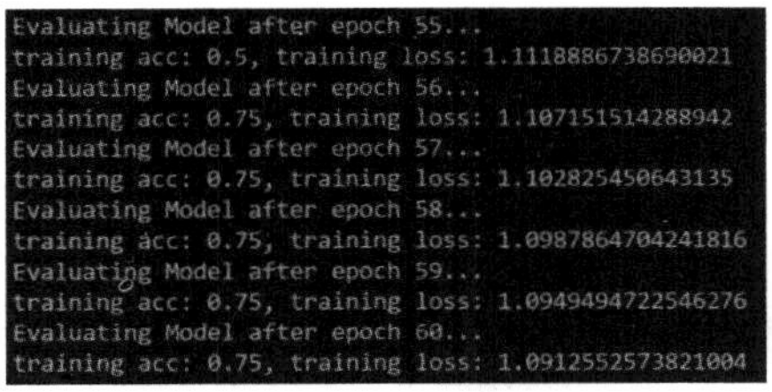

```
Evaluating Model after epoch 55...
training acc: 0.5, training loss: 1.1118886738690021
Evaluating Model after epoch 56...
training acc: 0.75, training loss: 1.107151514288942
Evaluating Model after epoch 57...
training acc: 0.75, training loss: 1.102825450643135
Evaluating Model after epoch 58...
training acc: 0.75, training loss: 1.0987864704241816
Evaluating Model after epoch 59...
training acc: 0.75, training loss: 1.0949494722546276
Evaluating Model after epoch 60...
training acc: 0.75, training loss: 1.0912552573821004
```

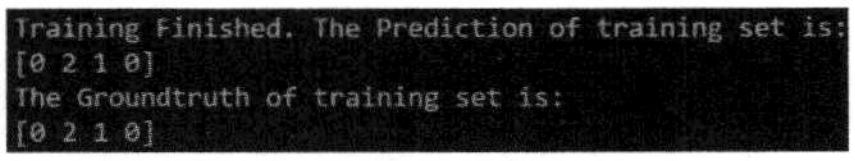

```
Training Finished. The Prediction of training set is:
[0 2 1 0]
The Groundtruth of training set is:
[0 2 1 0]
```

图 4.16　训练过程中在测试集上　　　　图 4.17　训练结束后比对预测
　　　对模型进行评估　　　　　　　　　　标签与真实标签

4.5　实战：手写数字识别

在 4.4 节的内容中，基于向量化编程的思想，简要介绍了如何从零开始实现一个具有多分类能力的全连接神经网络。在本节中将会借助上一节的神经网络代码，对一个更加具有现实意义的问题发起挑战。本节以著名的 MNIST 数据集为例，通过 4.4 节所示的全连接神经网络对数字图像进行识

别，从而将数字图像转化为实际数字。

4.5.1　数据集解压缩

MNIST 数据集是经典的在计算机视觉领域中考察和比较基础模型相关性能的数据集。该数据集共分为 4 个文件，分别存储了 MNIST 数据集的训练集图像（train-images-idx3-ubyte.gz）、训练集标签（train-labels-idx1-ubyte.gz）、测试集图像（t10k-images-idx3-ubyte.gz）以及测试集标签（t10k-labels-idx1-ubyte.gz）的相关信息。MNIST 数据集可以从其官网上下载，链接为：http://yann.lecun.com/exdb/mnist/。其中，MNIST 数据集的训练数据集中包含 60000 张图片及其对应标签，而其测试数据集中包含了 10000 张图片及其对应的标签。

从官网上下载得到的 MNIST 数据集为 gz 格式的压缩包，压缩后的数据无法直接使用，因此可以使用 Python 的 gzip 库进行解压，然后再进行数据预处理操作。如下代码展示了如何通过 Python 代码解压缩 4 个压缩文件。解压后的文件去掉了后缀名.gz，可以直接读取为二进制图像并进行下一步预处理，如图 4.18 所示。

```
01   >>> # coding=utf8
02   >>>
03   >>> # 解压所需的库
04   >>> import gzip
05   >>>
06   >>> def unpack_gz(file_lis):
07   >>>     '''解压缩 gz 文件'''
08   >>>     for f in file_lis:
09   >>>         with open(f, 'rb') as fin:
10   >>>             with open(f.replace('.gz', ''), 'wb') as
     fout:
11   >>>                 fout.write(gzip.decompress(fin.read()))
12   >>>
13   >>> if __name__ == '__main__':
14   >>>     # 待解压的文件路径列表
15   >>>     gz_file_lis = ['./MNIST/train-images-idx3-ubyte
     .gz',
16   >>>                    './MNIST/train-labels-idx1-ubyte.gz',
17   >>>                    './MNIST/t10k-images-idx3-ubyte.gz',
18   >>>                    './MNIST/t10k-labels-idx1-ubyte.gz']
19   >>>
20   >>>     unpack_gz(gz_file_lis)
```

图 4.18　MNIST 原始文件与解压缩后的文件

4.5.2　加载数据集

经过解压缩的数据集为原始的二进制字节文件。加载二进制数据可以通过 Python 的 struct 库进行二进制解码。由于二进制是计算机底层最为通用的编码，因此许多高级数值计算库同样提供了为二进制进行解码和读取的功能，并且相较于从底层逐步手动编码解析二进制格式，高级数值计算库，例如 Numpy 能够以更高的效率以及更间接的代码完成同样的功能。本节将会介绍如何基于 Numpy 构建一个针对 MNIST 数据集的数据加载器。

根据官网的介绍可知，MNIST 数据集的所有数据分为训练集与测试集两部分。训练集包含 60000 张数字图像，对应 60000 个数字 0~9 之间的标签，每张图像的大小为 28 像素×28 像素，因此对应于 784 个字节的数据。而训练集数据中的前 16 个字节偏移量为无关数据。MNIST 的测试集包含 10000 张数字图像及与之对应的 10000 个标签，其中的前 12 字节为无关数据，并且图像的大小也是 28 像素×28 像素。

由此，数据加载方法可以基本确定为：对于 MNIST 数据集的训练集而言，首先读取所有字节，然后跳过首部无关的 16 字节数据后，将余下的数据按照 784 个字节进行分割，所得每一组即为一张图像。对 MNIST 的测试集而言，则跳过 12 字节大小的数据，并将余下的每一字节单独作为数据标签即可。

如下代码展示了如何抽象上述数据加载流程，从而尽可能简洁地复用相同代码完成数据和标签的加载过程。加载完成后，下述代码通过 Matplotlib 库将训练集和测试集的第一个数字进行了绘制，通过 print 方法在控制台输出了对应标签，以验证数据和标签是否满足一一对应关系，如图 4.19 所示，可以看到，代码正确的加载了数据，并且数据与标签互相匹配。

```
01  >>> # coding=utf8
02  >>>
03  >>> import numpy as np
```

```
04  >>> import os
05  >>>
06  >>> class MNISTLoader(object):
07  >>>     '''MNIST 数据加载器'''
08  >>>
09  >>>     def __init__(self, path, dtype, sample_size,
    offset):
10  >>>         '''MNIST 数据加载器初始化函数
11  >>>
12  >>>         Args:
13  >>>             data_path: str 文件路径
14  >>>             dtype: str 数据类型描述字符串，与 Numpy 兼容
15  >>>             sample_size: int 数据文件中每个样例的大小，以字
    节计算
16  >>>             offset: int 文件头偏移量 以字节计算
17  >>>         '''
18  >>>         self.path = os.path.realpath(path)
19  >>>         self.dtype = dtype
20  >>>         self.sample_size = sample_size
21  >>>         self.offset = offset
22  >>>
23  >>>     def load(self):
24  >>>         '''加载数据'''
25  >>>         data = np.fromfile(self.path, dtype=self.dtype)
    [self.offset:]
26  >>>         return data.reshape(-1, self.sample_size)
27  >>>
28  >>>
29  >>> if __name__ == '__main__':
30  >>>
31  >>>     train_data_path = './MNIST/train-images-idx3-
    ubyte'
32  >>>     train_label_path = './MNIST/train-labels-idx1-
    ubyte'
33  >>>
34  >>>     test_data_path = './MNIST/t10k-images-idx3-ubyte'
35  >>>     test_label_path = './MNIST/t10k-labels-idx1-ubyte'
36  >>>
37  >>>     # 图像数据大小为 28 像素*28 像素，类型'u1'为无符号单字节，
    文件前 16 字节为无关数据
38  >>>     train_loader = MNISTLoader(train_data_path, 'u1',
    28*28, 16)
39  >>>     # 图像标签数据大小为 1 字节的整数，文件的前 8 字节为无关数据
40  >>>     train_label_loader = MNISTLoader(train_label_path,
```

```
     'u1', 1, 8)
41   >>>      # 图像数据大小为 28 像素*28 像素，类型'u1'为无符号单字节，
     文件前 16 字节为无关数据
42   >>>      test_loader = MNISTLoader(test_data_path, 'u1',
     28*28, 16)
43   >>>      # 图像标签数据大小为 1 字节的整数，文件的前 8 字节为无关数据
44   >>>      test_label_loader = MNISTLoader(test_label_path,
     'u1', 1, 8)
45   >>>
46   >>>      train_data = train_loader.load()
47   >>>      train_labels = train_label_loader.load()
48   >>>      test_data = test_loader.load()
49   >>>      test_labels = test_label_loader.load()
50   >>>
51   >>>      # 绘制图像数字
52   >>>      from matplotlib import pyplot as plt
53   >>>      plt.subplot(121)
54   >>>      plt.imshow(train_data[0].reshape(28, 28))
55   >>>      plt.subplot(122)
56   >>>      plt.imshow(test_data[0].reshape(28, 28))
57   >>>      plt.show()
58   >>>      print(train_labels[0], test_labels[0])
```

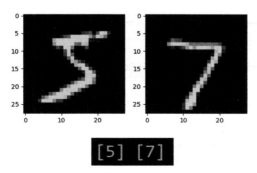

图 4.19　MNIST 加载数据与标签示意图

通过将上述代码存储在文件 MNISTLoader.py 中，可以有效复用上述代码，为训练全连接网络模型做准备。

4.5.3　标签预处理与模型训练

通过上节的介绍，已经展示了如何通过 Numpy 库简洁高效地加载 MNIST 数据集中的训练图像、测试图像以及对应的标签。本节将会结合之

前所介绍的全连接网络、onehot 编码以及 MNIST 的数据加载方法，借助 Numpy 实现的全连接网络，实现真实数据集上的手写数字图像到数字的转换过程。为了顺利完成这一过程，读者需要确保已经完成了 4.4 节中所介绍的 SequentialModel.py 文件的编写和测试，并且完成了 4.5.1 节对 MNIST 数据集的解压缩部分的工作，以及 4.5.2 节中介绍的加载数据集的部分。

如下代码通过将标签转化为 onehot 编码的类别标签，然后送入全连接网络中进行训练，从而得到手写数字识别的相关模型。其网络结构如图 4.20 所示。

```
01  >>> # coding=utf8
02  >>> import numpy as np
03  >>>
04  >>> from MNISTLoader import MNISTLoader
05  >>> from SequentialModel import SequtialModel
06  >>>
07  >>> def categorical_to_onehot(label_lis, class_num):
08  >>>     '''将类别编码转换为 onehot 编码'''
09  >>>     label_lis = np.squeeze(label_lis).astype(int)
10  >>>     onehot = np.zeros((len(label_lis), class_num))
11  >>>     onehot[range(len(label_lis)), label_lis] = 1
12  >>>     return onehot
13  >>>
14  >>>
15  >>> def load_data():
16  >>>     '''加载所有数据以及标签'''
17  >>>     train_data_path = './MNIST/train-images-idx3-ubyte'
18  >>>     train_label_path = './MNIST/train-labels-idx1-ubyte'
19  >>>
20  >>>     test_data_path = './MNIST/t10k-images-idx3-ubyte'
21  >>>     test_label_path = './MNIST/t10k-labels-idx1-ubyte'
22  >>>
23  >>>     # 图像数据大小为 28 像素*28 像素，文件的前 8 字节为无关数据
24  >>>     train_loader = MNISTLoader(train_data_path, 'u1',
    28*28, 16)
25  >>>     # 图像标签数据大小为 1 字节的整数，文件的前 12 字节为无关数据
26  >>>     train_label_loader = MNISTLoader(train_label_path,
    'u1', 1, 8)
27  >>>     # 图像数据大小为 28 像素*28 像素，文件的前 16 字节为无关数据
28  >>>     test_loader = MNISTLoader(test_data_path, 'u1',
    28*28, 16)
29  >>>     # 图像标签数据大小为 1 字节的整数，文件的前 8 字节为无关数据
```

```
30  >>>      test_label_loader = MNISTLoader(test_label_path,
    'u1', 1, 8)
31  >>>
32  >>>      train_data = train_loader.load()
33  >>>      train_labels = train_label_loader.load()
34  >>>      test_data = test_loader.load()
35  >>>      test_labels = test_label_loader.load()
36  >>>
37  >>>      # 转换标签为 onehot 类型
38  >>>      train_labels = categorical_to_onehot(train_labels,
    10)
39  >>>      test_labels = categorical_to_onehot(test_labels,
    10)
40  >>>
41  >>>      return (train_data, train_labels), (test_data,
    test_labels)
42  >>>
43  >>>
44  >>> def create_model():
45  >>>      '''构建基于全连接层的手写数字识别模型'''
46  >>>      model = SequtialModel()
47  >>>      # 构建输入层
48  >>>      model.add_fc_layer(28*28)
49  >>>      # 构建第一个隐层
50  >>>      model.add_fc_layer(400, use_bias=True, activation
    ='sigmoid')
51  >>>      # 构建输出层
52  >>>      model.add_fc_layer(10, use_bias=True, activation
    ='sigmoid')
53  >>>
54  >>>      return model
55  >>>
56  >>>
57  >>> if __name__ == '__main__':
58  >>>
59  >>>      # 获取数据和标签
60  >>>      (train_x, train_y), (test_x, test_y) = load_data()
61  >>>      # 构建基于全连接网络的序贯模型
62  >>>      model = create_model()
63  >>>      # 输出模型信息
64  >>>      print(model)
65  >>>      # 训练模型
```

```
66  >>>      model.fit(train_x, train_y, 10, learning_rate=0.1)
67  >>>      # 评估模型在测试集上的表现结果
68  >>>      model.evaluate(test_x, test_y)
```

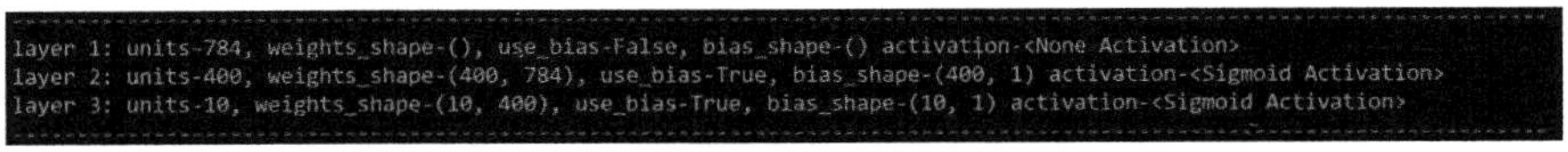

```
layer 1: units-784, weights_shape-(), use_bias-False, bias_shape-() activation-<None Activation>
layer 2: units-400, weights_shape-(400, 784), use_bias-True, bias_shape-(400, 1) activation-<Sigmoid Activation>
layer 3: units-10, weights_shape-(10, 400), use_bias-True, bias_shape-(10, 1) activation-<Sigmoid Activation>
```

图 4.20　网络结构示意图

4.6　本章小结

　　本章介绍了神经网络的基本原理以及如何使用数值计算库实现一个基本的基于全连接层的序贯模型，从而为后续理解 Keras 的序贯模型的设计思想打下了坚实的基础。到本章为止，基本的深度学习入门已经完成，可以根据自身的需要对之前的章节进行复习。第 5 章开始将逐步介绍基于 Keras 的深度学习模型的构建方法，从而能够让模型设计者从繁重重复的任务中腾出精力优化模型的设计工作，而不必过度关心具体的编程中的细节问题。

第5章 基于 Keras 的卷积神经网络

通过前述内容对于神经网络基本原理的简单涉及，相信读者已经基本能够理解神经网络的原理，并且能够自己实现一个简单的全连接神经网络。由于完全从零实现神经网络中有大量重复的代码实现，因此如果能够将重复的代码进行封装和整理，就能够极大地减少重复的代码工作。

基于这一思想，诞生了许多诸如 TensorFlow 以及 CNTK 这样灵活且强大的张量库。但是，仅仅有张量库仍然不能满足快速调试模型的需要，不同的张量库之间往往不能兼容。为了能够达到"一次编码，处处运行"的目标，即只需一次编写就能在各种不同的张量库之间灵活切换，从而有效复用已有的模型和代码。基于这一需要，Keras 在各个主流张量库的基础上提供了不同的封装方法，并在用户调用的高层 API 设计上提供了统一的接口，从而只需同一套代码即可在不同的底层张量库之间灵活切换，实现了"一次编码，处处运行"的复用目标。

本章以基于 Keras 框架构建的卷积神经网络为例，简要介绍了 Keras 在图像处理方面如何通过提供顶层 API 完成卷积神经网络的搭建与训练，并通过卷积神经网络的可视化进一步加深读者对于卷积神经网络的直观感受和体会。

本章主要涉及的知识点如下。

- ➷ Keras 框架的简介与基本用法。
- ➷ 如何使用 Keras 训练卷积神经网络。
- ➷ 如何应用 Keras 提供的预训练模型并且进行特征可视化。
- ➷ 如何在 CIFAR10 数据集上应用 Keras 模型并进行分类。

5.1 Keras 框架初探

Keras 框架是一种基于底层张量库（例如 TensorFlow 等）的高层神经网

络构建框架。为了快速提供调用接口的一致性，同时隐藏底层张量库的差异性，Keras 对不同的底层张量库提供了不同的封装，并在该层 API 的设计上保持了一致性，使得同一套代码可以在以不同的张量库为底层的 Keras 框架下运行，从而有效避免了由于框架更替带来的额外的代码维护成本。

5.1.1　使用 Keras 构建简单的全连接层

以全连接网络为例，如果需要使用全连接网络，在 Keras 中只需通过简单的 Dense 类构建网络的全连接层即可。通过 Dense 类可以指定相关参数。全连接层通常有许多不同的参数需要进行微调，例如全连接层的神经元数目、激活函数的类型、不同参数的类型以及神经元权重的参数初始化策略等。通过针对不同的网络指定参数，可以将网络层定制任务的工作量缩减为对具体参数的指定上，从而最大程度上提供了设计网络层的便捷性。

如下代码展示了如何通过 Keras 进行基本的全连接网络模型的构建。模型的整个结构可以通过 Keras 提供的 summary 方法获得，从而便于调试模型。上述模型的结构信息汇总结果的输出如图 5.1 所示。

```
01   >>> # coding=utf8
02   >>> # 引入序贯模型和全连接层
03   >>> from keras.layers import Dense
04   >>> from keras import Sequential
05   >>>
06   >>> # 构建 Keras 的序贯模型
07   >>> model = Sequential()
08   >>> # 构建全连接层，网络的第一层可以加入参数 input_shape 用于指
        定输入数据的维度
09   >>> d1 = Dense(128, input_shape=(32, 24, 512))
10   >>> # 通过 add 方法按照顺序依次添加网络层
11   >>> model.add(d1)
12   >>> # 添加第二层全连接层，使用 sigmoid 作为激活函数
13   >>> d2 = Dense(256, activation='sigmoid')
14   >>> # 通过 add 方法按照顺序依次添加网络层
15   >>> model.add(d2)
16   >>> # 添加第三层全连接层，使用 sigmoid 作为激活函数
17   >>> d3 = Dense(128, activation='sigmoid')
18   >>> # 通过 add 方法按照顺序依次添加网络层
19   >>> model.add(d3)
20   >>> # 添加判别层作为二分类输出项
21   >>> d4 = Dense(1, activation='sigmoid')
```

```
22   >>> # 通过 add 方法按照顺序依次添加网络层
23   >>> model.add(d4)
24   >>>
25   >>> # 输出模型的结构信息
26   >>> model.summary()
```

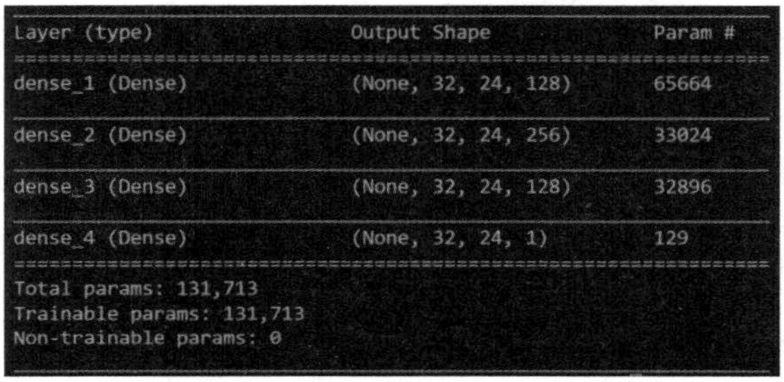

```
Layer (type)                 Output Shape              Param #
=================================================================
dense_1 (Dense)              (None, 32, 24, 128)       65664
_____
dense_2 (Dense)              (None, 32, 24, 256)       33024
_____
dense_3 (Dense)              (None, 32, 24, 128)       32896
_____
dense_4 (Dense)              (None, 32, 24, 1)         129
=================================================================
Total params: 131,713
Trainable params: 131,713
Non-trainable params: 0
```

图 5.1　全连接模型构建结果

上述代码中，首先在第 03~04 行引入所需的 Keras 库，以使用 Keras 内置的 Dense 层以及 Keras 实现的序贯模型，然后在代码的第 09~21 行分别使用变量 d1-d4 记录了 4 个不同的全连接层。由于模型训练所使用的数据输入维度是未知的，因此在模型的首个网络层中，除了需要指定首层的输入外，不需要在其他层指定输入维度，Keras 能够在执行模型添加网络层的 add 方法过程中自动计算当前正在添加的网络层与前一层的维度关系，从而完成网络层的连接过程。

5.1.2　定制化全连接层

在搭建每层网络的过程中，如果需要对网络进行定制化的处理，可以通过 Dense 的各种参数对全连接层进行调整。例如，Dense 的首位参数 units 用于表示该层网络的输出维度，即该层的神经元的数目。如果需要修改神经元权重的初始化方法，则需要修改 kernel_initializer 参数以匹配不同的模型要求。如果需要结合其他激活函数，则可以通过调整 activation 参数来选择不同的激活函数。

如下漏洞代码展示了如何通过改变参数来调整不同的网络层属性，从而定制化全连接层。其中需要特别指出的是，为了便于区分每层的调整参数，可以通过在构建层时借助于 name 参数传入指定的名称，便于了解各层的位置以及参数信息，可以有效地帮助解决漏洞。下述代码的输出如图 5.2 所示。

```
01   >>> # coding=utf8
```

```
02  >>> # 引入 keras 相关库
03  >>> from keras.layers import Dense
04  >>> from keras import Sequential
05  >>>
06  >>> # 构建 Keras 的序贯模型
07  >>> model = Sequential()
08  >>> # 构建全连接层, 网络的第一层可以加入参数 input_shape 用于指
        定输入数据的维度
09  >>> d1 = Dense(64, input_shape=(32, 24, 512), bias_
        initializer='ones', name='ones_bias')
10  >>> # 通过 add 方法按照顺序依次添加网络层
11  >>> model.add(d1)
12  >>> # 添加第二层全连接层, 使用 sigmoid 作为激活函数
13  >>> d2 = Dense(256, activation='sigmoid', use_bias=False,
        name='no_bias')
14  >>> # 通过 add 方法按照顺序依次添加网络层
15  >>> model.add(d2)
16  >>> # 添加第三层全连接层, 使用 sigmoid 作为激活函数
17  >>> d3 = Dense(128, activation='relu', name=
        'relu_activation')
18  >>> # 通过 add 方法按照顺序依次添加网络层
19  >>> model.add(d3)
20  >>> # 添加判别层作为二分类输出项
21  >>> d4 = Dense(1, activation='sigmoid',
22  kernel_initializer='uniform', name='weights_uniform_init')
23  >>> # 通过 add 方法按照顺序依次添加网络层
24  >>> model.add(d4)
25  >>> # 输出模型的结构信息
26  >>> model.summary()
```

```
Layer (type)                      Output Shape              Param #
=================================================================
ones_bias (Dense)                 (None, 32, 24, 64)        32832
_____
no_bias (Dense)                   (None, 32, 24, 256)       16384
_____
relu_activation (Dense)           (None, 32, 24, 128)       32896
_____
weights_uniform_init (Dense)      (None, 32, 24, 1)         129
=================================================================
Total params: 82,241
Trainable params: 82,241
Non-trainable params: 0
```

图 5.2　定制化全连接层结构

　　通过 Keras 对不同张量库的封装，构建基本的神经网络模型可以将数百行代码简化到 10 行之内，因此，Keras 作为一种新手友好，并且学习曲线较为平缓的框架，在高效构建并测试神经网络模型方面得到了广泛的应用。

5.1.3　编译与执行训练

通过 Keras 构建模型后，为了能够使得模型生效，需要通过编译阶段将模型真正变成可执行代码。经过编译的模型才具备可以执行的条件。在编译之后可以将生成的代码转换为真正可执行的代码，从而才能够真正执行模型的代码。

如下代码展示了通过 Keras 框架提供的编译方法，及进行编译和训练的简单流程。其中需要注意的是，编译过程必须在执行训练或预测的过程中进行。

```
01  >>> # 编译模型
02  >>> model.compile(optimizer='rmsprop', loss='categorical_
    crossentropy',
03  >>>              metrics=['accuracy', 'loss'])
04  >>> # 训练模型
05  >>> model.fit(train_x, train_labels, epochs=5, batch_
    size=64)
06  >>> # 评估模型
07  >>> model.evaluate(x=eval_x, y=eval_y, batch_size=64)
```

这里需要简单解释一下 compile 方法的相关参数。上述代码在第 02 行执行了模型的编译过程，其中较为重要的参数有 3 个：optimizer 参数、loss 参数以及 metrics 参数。

- optimizer 参数主要用于模型训练时应用的优化器，例如随机梯度下降（sgd）或者 Adam 等。在训练模型时，不同的优化算法可能会将模型训练到不同的收敛情况，因此可以选择不同的优化器进行尝试以确定合适的优化器。

- loss 参数在模型中主要用于误差的衡量指标。对于多分类问题，loss 参数通常选择 categorical_crossentropy，但是对于二分类问题，则需要将其修改为 binary_crossentropy。

- metrics 参数是模型执行过程中需要记录的训练记录参数，常用的训练历史记录会存储在 history 对象中，而 metrics 参数则用于决定 history 对象存储的内容。常用的记录数据为精度以及在训练或评估过程中的损失。

通过调用 compile 编译模型后，可以使用 fit 方法进行模型的训练过程，从而根据给定的数据拟合模型的参数。fit 方法返回的 history 对象参数可用于确定模型训练的收敛过程。训练完成的模型可以通过 evaluate 方法进行模型评估，并将模型评估结果返回。

🔊 注意：

> history 对象可以用于防止模型过拟合，但是通常需要结合损失 loss 和 accuracy 同时判断才能最终确定模型是否过拟合。

5.2 使用 Keras 构建卷积神经网络

在前一章节中介绍了全连接网络进行手写数字识别的方法。然而，全连接网络由于神经元众多，需要学习的参数量十分庞大，并且由于全连接网络过于通用化，在图像识别方面相比于其他算法并不具备特别的优势。因此，卷积神经网络作为一种近年来广泛使用的图像识别模型得到了广泛的应用。卷积的优势主要在于，卷积既能够学习到不同的图像数据的空间模式，还能够在神经元之间共享网络权重，从而有效降低了模型的训练时间并且降低了过拟合的风险。

5.2.1 卷积简介

卷积操作是一种特殊的积分变换，对于图像的卷积操作通常是离散卷积操作，即通过图像的每个像素进行局部卷积特征变换，从而得到对应的卷积特征响应输出值。上述过程可表示为式（5.1）所示的形式：

$$I(x,y) * w(s,t) = \sum_{s} \sum_{t} I(x,y) \times w(s,t) \tag{5.1}$$

具体来说，卷积是一种积分变换，卷积通过不同的卷积核可以学习不同的空间特征。卷积核实质上是一种特殊的张量。卷积核通过不同的参数设置，可以和对应的输入矩阵进行参数相乘后再进行累加，从而产生经过卷积后的图像。同样输入图像，经过不同的卷积处理后，就会产生不同的输出特征。以 MNIST 数据集为例，应用不同的卷积，可以产生不同的特征输出。

如图 5.3 所示，卷积核通常在图像特征矩阵上进行滑动，并计算乘积以确定图像特征参数对于卷积后产生的响应值的贡献度。其中，卷积核的大小由参数 s,t 决定，而图像本身的大小由 x,y 决定，如图 5.3 所示是一个特征参数矩阵经过二维卷积操作得到特征响应值的示意图。其中每个部分按照 2×2 的大小进行区分，并且设定步幅大小为 2，即可得到如图 5.3 所示的 2×2 大小的卷积特征响应值。

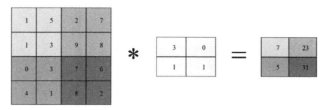

图 5.3　卷积核滑动运算示例

如下代码分别展示了选择横向特征的卷积、选择纵向作用的卷积，以及选择右下角局部特征的卷积分别作用于 MNIST 数据集后产生的输出效果，如图 5.4、图 5.5 所示。

```
01  >>> # coding=utf8
02  >>> import numpy as np
03  >>> from MNISTLoader import MNISTLoader
04  >>>
05  >>>
06  >>> def categorical_to_onehot(label_lis, class_num):
07  >>>     '''将类别编码转换为 onehot 编码'''
08  >>>     label_lis = np.squeeze(label_lis).astype('int32')
09  >>>     onehot = np.zeros((len(label_lis), class_num))
10  >>>     onehot[range(len(label_lis)), label_lis] = 1
11  >>>     return onehot
12  >>>
13  >>> def load_data():
14  >>>     '''加载所有数据以及标签'''
15  >>>     train_data_path = './MNIST/train-images-idx3-ubyte'
16  >>>     train_label_path = './MNIST/train-labels-idx1-ubyte'
17  >>>     test_data_path = './MNIST/t10k-images-idx3-ubyte'
18  >>>     test_label_path = './MNIST/t10k-labels-idx1-ubyte'
19  >>>
20  >>>     # 图像数据大小为 28 像素*28 像素，文件的前 16 字节为无关数据
21  >>>     train_loader = MNISTLoader(train_data_path, 'u1',
        28*28, 16)
22  >>>     # 图像标签数据大小为 1 字节的整数，文件的前 12 字节为无关数据
23  >>>     train_label_loader = MNISTLoader(train_label_path,
        'u1', 1, 8)
24  >>>     # 图像数据大小为 28 像素*28 像素，文件的前 16 字节为无关数据
25  >>>     test_loader = MNISTLoader(test_data_path, 'u1',
        28*28, 16)
26  >>>     # 图像标签数据大小为 1 字节的整数，文件的前 12 字节为无关数据
```

```
27  >>>     test_label_loader = MNISTLoader(test_label_path,
    'u1', 1, 8)
28  >>>
29  >>>     train_data = train_loader.load()
30  >>>     train_labels = train_label_loader.load()
31  >>>     test_data = test_loader.load()
32  >>>     test_labels = test_label_loader.load()
33  >>>
34  >>>     # 转换标签为 onehot 类型
35  >>>     train_labels = categorical_to_onehot(train_labels,10)
36  >>>     test_labels = categorical_to_onehot(test_labels,10)
37  >>>
38  >>>     return (train_data, train_labels), (test_data,
    test_labels)
39  >>>
40  >>>
41  >>> def conv2d(x, kernel, stride):
42  >>>     H, W = np.shape(x)
43  >>>     h, w = np.shape(kernel)
44  >>>     conv = np.zeros(((H-h) // stride + 1, (W-w) // stride
    + 1))
45  >>>     # 进行边界 padding
46  >>>     padded = np.pad(x, ((h // 2, h // 2), (w // 2, w //
    2)), 'constant', constant_values=0)
47  >>>     print(padded)
48  >>>     for i, j in np.ndindex(conv.shape):
49  >>>         pi, pj = i*stride, j*stride
50  >>>         conv[i, j] = np.sum(padded[pi: pi+h, pj: pj+w]
    * kernel)
51  >>>     return conv
52  >>>
53  >>> if __name__ == '__main__':
54  >>>     import matplotlib.pyplot as plt
55  >>>
56  >>>     # 获取数据和标签
57  >>>     (train_x, train_y), (test_x, test_y) = load_data()
58  >>>
59  >>>     # 定义卷积核
60  >>>     kernel_row = np.zeros((5, 5))
61  >>>     kernel_row[range(0, 5, 2)] = 1
62  >>>
63  >>>     # 输出卷积核
64  >>>     print('行为主的卷积核为:')
```

```
65  >>>      print(kernel_row)
66  >>>
67  >>>      # 列为主的卷积核
68  >>>      kernel_col = np.zeros((5, 5))
69  >>>      kernel_col[:, range(0, 5, 2)] = 1
70  >>>
71  >>>      # 输出卷积核
72  >>>      print('列为主的卷积核为:')
73  >>>      print(kernel_col)
74  >>>
75  >>>      # 只有左上角局部特征的卷积核
76  >>>      kernel_local = np.zeros((5, 5))
77  >>>      kernel_local[3:, 3:] = 1
78  >>>
79  >>>      # 输出卷积核
80  >>>      print('局部特征的卷积核为:')
81  >>>      print(kernel_local)
82  >>>
83  >>>      for i in range(2):
84  >>>          plt.subplot(221)
85  >>>          pic = train_x[i].reshape(28, 28)
86  >>>          plt.imshow(pic)
87  >>>          plt.subplot(222)
88  >>>          plt.imshow(conv2d(pic, kernel_row, 2))
89  >>>          plt.subplot(223)
90  >>>          plt.imshow(conv2d(pic, kernel_col, 2))
91  >>>          plt.subplot(224)
92  >>>          plt.imshow(conv2d(pic, kernel_local, 2))
93  >>>          plt.show()
```

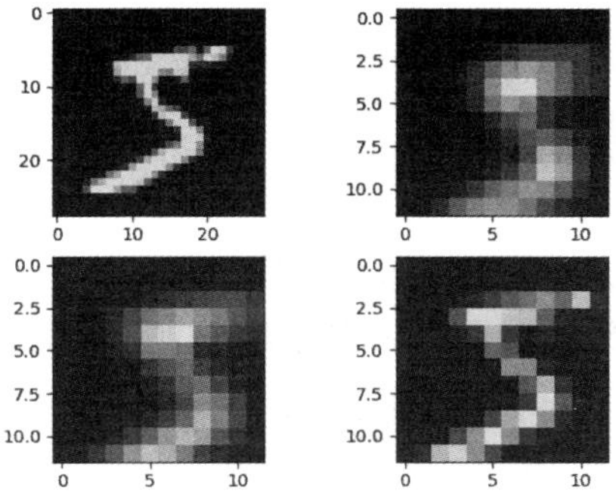

图 5.4　原始数字 5 与经过卷积的
　　　　数字 5 对比图

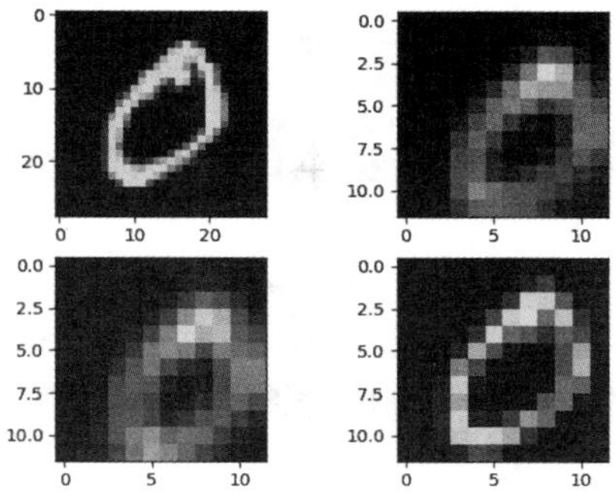

图 5.5　原始数字 0 与经过卷积的
　　　　数字 0 对比图

图 5.4 展示了数字 5 的原始图像和不同的卷积策略产生的输出图像，图 5.5 展示了数字 0 的原始图像和不同的卷积策略产生的输出图像。上述 2 张图的左上角为原始的手写数字图像特征，而第一行左起第二列为隔行进行卷积操作所产生的响应图。第二行第一列所产生的响应值是原始图像通过隔列进行卷积操作所产生的卷积特征响应图，而最后一张则是仅选择局部特征中右下角的部分特征进行卷积得到的特征响应图。不同的卷积核能够产生不同的卷积特征响应图。

为了能直观了解卷积核的特征选择作用，上述代码将卷积核的非 0 部分全部取 1 以进行等权重的卷积求和，并借助于上述代码将提到的 3 种卷积核以二维矩阵的方式输出在控制台，如图 5.6 所示。

图 5.6　不同卷积核对比

从图 5.4、图 5.5 中可以看到，使用不同的卷积核，实质上是对原始图像的空间特征进行了不同角度的筛选，因此得到的图像特征具有不同的输出响应结果。卷积操作实质上是通过合理的控制卷积核的参数来对有效特征进行提取并抑制无效噪声的过程。下一节将简单介绍卷积神经网络中另一个重要组成部分——池化层的作用，并且还将介绍如何通过 Keras 框架提供的卷积层的相关工具，搭建一个小型的具有池化层的卷积神经网络，并用于进行简单的手写数字识别任务。

◁)) **注意：**

> 卷积操作的核心在于对卷积核的选择以及卷积步长的选择，对于不同的问题，上述选择可能会十分不同，因此需要具体问题具体分析，而不能生搬硬套地选择固定的参数进行搭配。

5.2.2　搭建基本的卷积神经网络

通过 5.2.1 节对卷积运算的简单介绍，对于卷积运算已经有了基本的了解。本节将会使用 Keras 提供的卷积层框架对输入图像进行处理。下面将通过代码简单介绍卷积神经网络的常用重要组件，包括卷积层、池化层以及其他常用类型的激活函数等。

一个简单的卷积神经网络通常由卷积层、池化层、激活层以及最终用于分类输出的全连接层构成。如下代码展示了如何使用 Keras 搭建最基本的包含池化层和全连接层的卷积神经网络。其中，卷积层的参数除了在第一层需要确定输入数据的维度之外，还需要指定卷积核的大小。

为了展示高级激活函数的用法，如下代码的模型中采用了较为高级的 PRelu 激活函数对每一层进行激活，然后将经过激活的特征响应层交给池化层进行输出，然后交给下一层。在进行全连接的分类前，尤其需要注意的是，首先应当将卷积特征层压扁以适应全连接层的数据格式，然后再连接全连接层。

```
01  >>> # coding=utf8
02  >>>
03  >>> from keras import layers
04  >>> from keras.models import Sequential
05  >>>
06  >>> # 构建 Keras 的序贯模型
07  >>> model = Sequential()
08  >>> # 构建卷积层
09  >>> model.add(layers.Conv2D(32, (3, 3), input_shape=
    (28, 28, 1)))
10  >>> # PRelu 激活层
11  >>> model.add(layers.PReLU('ones'))
12  >>> # 构建池化层
13  >>> model.add(layers.MaxPool2D(pool_size=(10, 10), strides=
    (1, 1)))
14  >>> # 构建卷积层
15  >>> model.add(layers.Conv2D(64, (5, 5)))
16  >>> # 构建激活层
17  >>> model.add(layers.PReLU('ones'))
18  >>> # 构建池化层
19  >>> model.add(layers.MaxPool2D(pool_size=(3, 3), strides=
    (1, 1)))
20  >>> # 构建卷积层
21  >>> model.add(layers.Conv2D(64, (3, 3)))
22  >>> # 构建激活层
23  >>> model.add(layers.PReLU('ones'))
24  >>> # 构建池化层
25  >>> model.add(layers.MaxPool2D(pool_size=(3, 3), strides=
    (1, 1)))
26  >>>
27  >>> # 构建分类器
28  >>> model.add(layers.Flatten())
29  >>> model.add(layers.Dense(32, activation='relu'))
30  >>> model.add(layers.Dense(10, activation='softmax'))
```

```
31  >>>
32  >>> # 输出模型的结构信息
33  >>> model.summary()
34  >>>
35  >>> # 编译模型
36  >>> model.compile(optimizer='rmsprop', loss='categorical_
    crossentropy',
37  >>>             metrics=['accuracy'])
38  >>>
39  >>> # 加载数据
40  >>> from keras.datasets import mnist
41  >>> from keras.utils import to_categorical
42  >>>
43  >>> (train_imgs, train_labels), (test_imgs, test_labels)
    = mnist.load_data()
44  >>>
45  >>> # 灰度归一化
46  >>> train_imgs = train_imgs / 255
47  >>> test_imgs = test_imgs / 255
48  >>>
49  >>> # 调整维度，按照 28x28 大小拆分图片数据
50  >>> train_imgs = train_imgs.reshape(-1, 28, 28, 1)
51  >>> test_imgs = test_imgs.reshape(-1, 28, 28, 1)
52  >>>
53  >>> # 调整标签为 onehot
54  >>> train_labels = to_categorical(train_labels)
55  >>> test_labels = to_categorical(test_labels)
56  >>>
57  >>> # 训练模型
58  >>> history = model.fit(train_imgs, train_labels, epochs
    =12, batch_size=64)
59  >>> # 评估模型
60  >>> evaluate_res = model.evaluate(x=test_imgs, y=test_
    labels, batch_size=64)
61  >>>
62  >>> # 输出评估结果
63  >>> print(evaluate_res)
64  >>>
65  >>> # 借助 history 对象了解训练过程
66  >>> history_dict = history.history
67  >>> acc = history_dict['acc']
68  >>> loss = history_dict['loss']
69  >>>
```

```
70  >>> # 借助 Matplotlib 绘制图像
71  >>> from matplotlib import pyplot as plt
72  >>> plt.plot(range(1, len(acc)+1), acc, 'b--')
73  >>> plt.plot(range(1, len(loss)+1), loss, 'r-')
74  >>>
75  >>> # 显示图例
76  >>> plt.legend(['accuracy', 'loss'])
77  >>> # 显示训练过程
78  >>> plt.show()
```

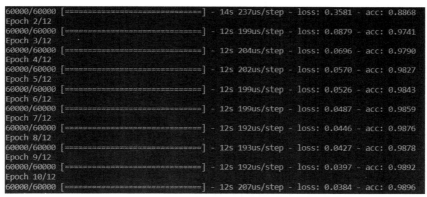

图 5.7　卷积神经网络训练过程输出

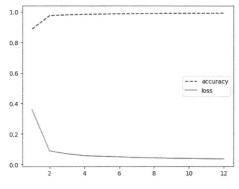

图 5.8　训练过程精度与损失可视化结果　　　图 5.9　测试集精度评估结果

　　从上述测试集评估结果可以看出，基本的卷积神经网络在手写数字识别等简单的图像识别领域相较于传统的全连接网络有着相当明显的优势。由于卷积神经网络易于训练，并且能够广泛应用于各种场景中进行特征提取，因此，卷积神经网络已经成为当前模型研究的热点和主流技术。

5.3 预训练模型与特征可视化

在 5.2 节中简单介绍了如何借助于 Keras 从零开始构建一个基础的卷积神经网络，并用于手写数字识别问题。事实上，在以往的研究中，可以使用许多已有的研究成果。这些研究成果往往以预训练模型的形式提供，特别是一些经典的模型。这些经过实践检验的模型成果能够进行非常广泛的扩展应用，Keras 作为一个易于上手的模型构建框架，能够非常方便的提供一些经典的预训练模型及其权重，从而避免了从零构建模型和搜集数据的烦琐工作。

5.3.1 预训练模型

在预训练模型中，Keras 提供了许多不同的模型以供不同的项目需求。例如，对于基于深度学习的凸显特征提取任务，可以选择 VGG16 或者 VGG19 网络进行图像特征的提取。而对于运行环境中的计算资源较为限制的情况（例如在手机或嵌入式设备上提供深度学习相关计算能力），则可以选择 MobileNet 等较为轻量级的预训练模型执行相关任务。

另一方面，对于图像的分类问题，有时由于数据集的标签类属数目差异，往往不能将已有的预训练模型直接用于新数据集上执行的数据分类任务。因此，Keras 也提供了不带顶层分类器的相关预训练模型及其相关权重。有了 Keras 的相关模型，能够将已有权重的预训练模型用于各种模型中，并进行多种不同的图像处理任务。

如下代码总结了 Keras 提供的相关预训练模型的加载方式，可以从下述代码中根据不同的任务选择恰当的预训练模型，以满足不同的任务需要。

📣 注意：

> 较为通用的预训练模型有 VGG16、VGG19、ResNet50 等，但是对于多种不同的其他任务，需要根据不同的任务特点选择不同的网络。因此实际使用中往往需要选择不同的预训练模型分别进行尝试。

```
01  >>> # coding=utf8
02  >>>
03  >>> from keras.applications import VGG16, VGG19
04  >>> from keras.applications import Xception, InceptionV3
05  >>> from keras.applications import InceptionResNetV2,
    ResNet50
```

```
06  >>>
07  >>> VGG16_base = VGG16(include_top=True, input_shape=
    (224, 224, 3))
08  >>> VGG19_base = VGG19(include_top=True, input_shape=
    (224, 224, 3))
09  >>> Res50_base = ResNet50(include_top=True, input_shape=
    (224, 224, 3))
10  >>> Xception_base = Xception(include_top=True, input_shape=
    (299, 299, 3))
11  >>> InceptionV3_base = InceptionV3(include_top=True,
    input_shape=(299, 299, 3))
12  >>> InceptionResNetV2_base = InceptionResNetV2(include_
    top=True, input_shape=(299, 299, 3))
13  >>>
14  >>> # 无顶层权重的网络
15  >>> VGG16_top = VGG16(include_top=False, input_shape=
    (224, 224, 3))
16  >>> VGG19_top = VGG19(include_top=False, input_shape=
    (224, 224, 3))
17  >>> Res50_top = ResNet50(include_top=False, input_shape=
    (224, 224, 3))
18  >>> Xception_top = Xception(include_top=False, input_
    shape=(299, 299, 3))
19  >>> InceptionV3_top = InceptionV3(include_top=False,
    input_shape=(299, 299, 3))
20  >>> InceptionResNetV2_top = InceptionResNetV2(include_
    top=False, input_shape=(299, 299, 3))
21  >>>
22  >>>
23  >>> # 不太常用的预训练的模型，Keras 也提供预训练的权重的模型
24  >>>
25  >>> from keras.applications import MobileNet
26  >>> from keras.applications import DenseNet121,
    DenseNet169, DenseNet201
27  >>> from keras.applications import NASNetLarge,
    NASNetMobile
28  >>>
29  >>> Mobile_base = MobileNet(include_top=True, input_
    shape=(224, 224, 3))
30  >>>
31  >>> Dense121_base = DenseNet121(include_top=True, input_
    shape=(224, 224, 3))
32  >>> Dense169_base = DenseNet169(include_top=True, input_
    shape=(224, 224, 3))
```

```
33 >>> Dense201_base = DenseNet201(include_top=True, input_
   shape=(224, 224, 3))
34 >>>
35 >>> NASNetLarge_base = NASNetLarge(include_top=True,
   input_shape=(331, 331, 3))
36 >>> NASNetMobile_base = NASNetMobile(include_top=True,
   input_shape=(224, 224, 3))
37 >>>
38 >>> # 无顶层权重的网络
39 >>> Mobile_top = MobileNet(include_top=False, input_shape=
   (224, 224, 3))
40 >>>
41 >>> Dense121_top = DenseNet121(include_top=False, input_
   shape=(224, 224, 3))
42 >>> Dense169_top = DenseNet169(include_top=False, input_
   shape=(224, 224, 3))
43 >>> Dense201_top = DenseNet201(include_top=False, input_
   shape=(224, 224, 3))
```

上述代码中的所有网络在训练时采用的特定的训练算法是通过对不同论文的复现而得到的，预训练模型的数据集通常是在 ImageNet 数据集上进行训练和验证。由于 ImageNet 包含了百万级别的各类图像数据，因此训练出的经过预训练的神经网络相较于在小规模数据集上从零开始训练的神经网络往往有极高的泛化能力的优势。

以 VGG16 模型为例，VGG16 模型广泛应用于许多基于深度卷积神经网络的图像特征提取任务。下述代码首先加载了 Keras 提供的 VGG16 卷积神经网络在 ImageNet 上预训练得到的模型，然后展示了 VGG16 模型的结构，所输出的 VGG16 模型的核心层次如图 5.10 所示。

```
01 >>> # coding=utf8
02 >>>
03 >>> from keras.applications import VGG16
04 >>>
05 >>> # 加载 VGG16 模型
06 >>> # 选择 imagenet 数据集上预训练的权重
07 >>> # 输入数据为任意形状
08 >>> vgg16_model = VGG16(include_top=True, weights=
   'imagenet', input_tensor=None)
09 >>>
10 >>> # 输出 vgg16 模型的相关信息
11 >>> vgg16_model.summary()
```

block1_conv1 (Conv2D)	(None, 224, 224, 64)	1792
block1_conv2 (Conv2D)	(None, 224, 224, 64)	36928
block1_pool (MaxPooling2D)	(None, 112, 112, 64)	0
block2_conv1 (Conv2D)	(None, 112, 112, 128)	73856
block2_conv2 (Conv2D)	(None, 112, 112, 128)	147584
block2_pool (MaxPooling2D)	(None, 56, 56, 128)	0
block3_conv1 (Conv2D)	(None, 56, 56, 256)	295168
block3_conv2 (Conv2D)	(None, 56, 56, 256)	590080
block3_conv3 (Conv2D)	(None, 56, 56, 256)	590080
block3_pool (MaxPooling2D)	(None, 28, 28, 256)	0
block4_conv1 (Conv2D)	(None, 28, 28, 512)	1180160
block4_conv2 (Conv2D)	(None, 28, 28, 512)	2359808
block4_conv3 (Conv2D)	(None, 28, 28, 512)	2359808
block4_pool (MaxPooling2D)	(None, 14, 14, 512)	0
block5_conv1 (Conv2D)	(None, 14, 14, 512)	2359808
block5_conv2 (Conv2D)	(None, 14, 14, 512)	2359808
block5_conv3 (Conv2D)	(None, 14, 14, 512)	2359808
block5_pool (MaxPooling2D)	(None, 7, 7, 512)	0

图 5.10　VGG16 核心层信息

事实上，完整的 VGG16 模型不仅常用于对图像数据进行分类，而且由于 VGG16 模型的结构简单直接，因此 VGG16 模型还常常被用于提取逐个图像的空间和通道特征。完整的 VGG16 结构示意图如图 5.11 所示。

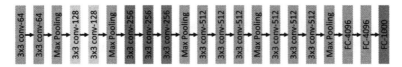

图 5.11　VGG16 完整结构示意图

除了 VGG16 模型，另一种非常常见的结构是大量应用残差结构的残差网络 ResNet，残差结构在训练极深的网络中有着重要作用。由于残差结构的输入特征能够跨越网络层进行"短路"传播，因此在训练极深网络时，残差网络能够将输入层的信息传递到极深的网络深层，从而避免在层层处理的过程中输入的原始信息有所衰减，导致网络层数目增加但是网络的误差却有所上升的问题。残差网络的核心结构如图 5.12 所示。

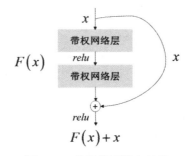

图 5.12　残差模型核心结构

5.3.2 基于预训练模型的特征提取

有了基于 ImageNet 这类大规模数据集提供模型训练的特征，训练得到的预训练模型能够获得极高的泛化能力。因此，预训练模型也可以被用于进行未知数据集的特征提取工作。基于预训练模型的特征提取工作原理主要是通过预训练模型的多层卷积层分别进行卷积操作，卷积核由于不同的参数分布，因此对于不同的局部特征有着不同的响应。例如，第 10 层的卷积层可能对人物的眼睛和嘴巴有较高的响应，而卷积层的第 12 层可能对人体的轮廓有较高的响应。随着底层的卷积层的特征不断在前向传播的过程中向高层网络层传播，高层网络层能够对底层的特征，例如人体的眼睛、嘴巴等低维度特征做出响应，并将上述特征合并为高层的语义特征，例如判定当前图像中的主体是一个人。

📢 注意：

> 低维度的特征需要通过多层卷积层逐个叠加，然后在各种卷积核的共同作用下，提取出不同的特征。但是需要注意的是，卷积层并不是越多越好，通过卷积层特征提取也可能提取出无关的噪声，因此需要注意提取出的特征尽量避免噪声。

预训练模型的特征提取可以广泛应用于许多不曾训练过的数据集上，从而将数据集的特征提取后单独用于处理。例如，借助于在 ImageNet 网络上训练出的 Inception 模型，可以将该模型应用于未知数据集的特征提取，例如医学 CT 图像的病理特征提取。将病理特征提取后，再使用第 4 章提到的全连接神经网络构建一个专门针对医学 CT 图像的病理特征分类器，可以大大缩短该医学 CT 图像的病理特征模型构建所需的时间以及消耗的算力资源，从而通过复用已有的经典模型来快速构建相近领域的深度模型。

由于不同模型有不同的结构，因此使用不同的模型进行特征提取时会有一些细微的差异。这里主要简单介绍最为基本的特征提取流程，从而能够提供广泛适用于一般情况的模型特征提取的基本框架，而不同模型之间的细微差异，则留待读者自行探索。

通常情况下，一个完整的神经网络模型中，相关的网络层根据其作用可以分为特征提取层和分类器两部分。提取不同的数据集的相关特征时，通常只保留特征提取器，而不使用原先模型中的分类器部分。这是由于预训练模型中的特征分类器可以作为一个高度任务相关的部分，而预训练模型的特征提取器则可以视为一个较为通用的部分。

在反向传播算法中，由于模型输出的误差经过反向传播过程时首先作用于模型顶层的分类器，因此在模型顶层的分类器层更直接地受到相关数据集中，标签与数据特征分布之间关系的影响，而底层的特征提取器相较于分类器受到的影响则小的多，因此输出的特征也通用的多。基于这一考虑，在执行特征提取过程中往往不会考虑引入分类器，而是直接使用底层的特征提取器获得数据集特征。

如图 5.13 所示，预训练模型的数据流向是首先经过低层的特征提取器，然后将模型的特征数据输入分类器层，再通过分类器层的权重计算进行最终的标签预测过程，得到最终的结果。

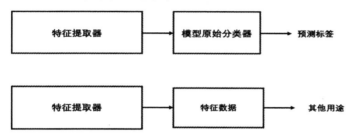

图 5.13　预训练模型特征提取流程示意图

通过将模型输出的特征数据用于不同的用途，可以最大程度复用已有的模型构建工作从而降低模型的开发成本，提高模型开发效率。以手写数字识别为例，通过将 MNIST 数据集中的手写数字图像输入预训练模型，可以从模型输出的某一层中输出相关的特征响应，然后将特征响应存储为单独的文件，即可得到对应的特征数据。如下代码展示了如何通过自定义的卷积神经网络的预训练模型将 MNIST 数据集的特征提取后存储为特征文件的过程。代码的执行结果如图 5.14、图 5.15 所示。

```
01   >>> # coding=utf8
02   >>>
03   >>> import numpy as np
04   >>> import cv2
05   >>> import matplotlib.pyplot as plt
06   >>>
07   >>> from keras.applications import VGG16
08   >>> from keras.datasets import mnist
09   >>>
10   >>> # 定义输入图像大小
11   >>> input_img_shape = (140, 140, 3)
12   >>> # 加载 MNNIST 数据集
13   >>> (x_train, y_train), (x_test, y_test) = mnist.load_data()
```

```
14  >>>
15  >>> # 加载 VGG16 模型
16  >>> # 选择 imagenet 数据集上预训练的权重
17  >>> # 选择无顶层分类器的 VGG16 模型
18  >>> vgg16_base = VGG16(include_top=False, weights=
    'imagenet', input_shape=input_img_shape)
19  >>>
20  >>> # 输出 vgg16 模型的特征提取器的相关信息
21  >>> vgg16_base.summary()
22  >>>
23  >>> # 将模型特征进行扩展以匹配预训练模型
24  >>> x_train = np.asarray([np.repeat(cv2.resize(x, input_
    img_shape[:2])[:, :, np.newaxis], repeats=3, axis=2) for
    x in x_train])
25  >>> x_test = np.asarray([np.repeat(cv2.resize(x, input_
    img_shape[:2])[:, :, np.newaxis], repeats=3, axis=2) for
    x in x_test])
26  >>>
27  >>> # print 数据格式修改完成
28  >>> plt.imshow(x_train[0])
29  >>> plt.show()
30  >>>
31  >>> # 将模型特征输出为特征张量
32  >>> features = vgg16_base.predict(x_train)
33  >>> f = features[0]
34  >>> print('输出特征的形状为:', f.shape)
35  >>>
36  >>> # 输出特征张量的空间特征
37  >>> plt.imshow(f.sum(axis=2))
38  >>> plt.show()
39  >>>
40  >>> # 存储特征
41  >>> for i, f in enumerate(features):
42  >>>     np.save('feature-%d.npy' % i)
```

需要特别注意的是，MNIST 数据集中手写数字是灰度图像，这是因为在手写数字识别问题中，通过图像的色彩归一化可以降低图像的尺寸，并且让模型尽可能关注图像的空间形状特征，而不会受到彩色图像中数字可能存在不同颜色的干扰信息。但是在常见的预训练模型中，许多模型都是基于彩色的 3 通道图像进行测试，因此，大多数预训练模型的参数，例如卷积核通道数，都是为 3 通道图像设计的。

在使用这些预训练模型前，首先要确保数据的格式与模型所接受的数据格式互相匹配。具体来说，上述灰度图像仅有一个通道，因此不能适用于 VGG16 模型的特征提取层。在上述代码中，首先需要将单通道的手写数字识别图像扩展为 3 通道图像，再输入预训练模型得到相关的模型特征，或者改用其他神经网络模型进行卷积特征提取器。扩展后的手写数字识别图像如图 5.14 所示。

由 Keras 框架提供的 VGG16 模型的信息可以通过不同的数据集得到，通过图 5.15 所示的模型结构可以看出，模型的最后一层输出的特征形状为(4,4,512)类型的三维张量，通过图 5.16 所示的模型特征输出可以看出，输出形状与模型顶层的特征提取器的特征相吻合。而最终通过上述模型所提取得到的特征为(4,4,512)类型的三维张量，由于特征的维度较高，因此可以通过将特征的通道维度的所有特征相加从而获得输出的特征张量的空间维度，如图 5.17 所示。

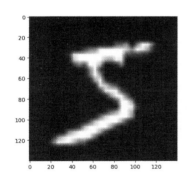

图 5.14　扩展为 3 通道后的手写数字识别图像

```
block5_conv1 (Conv2D)        (None, 8, 8, 512)        2359808
block5_conv2 (Conv2D)        (None, 8, 8, 512)        2359808
block5_conv3 (Conv2D)        (None, 8, 8, 512)        2359808
block5_pool (MaxPooling2D)   (None, 4, 4, 512)        0
=================================================================
Total params: 14,714,688
Trainable params: 14,714,688
Non-trainable params: 0
```

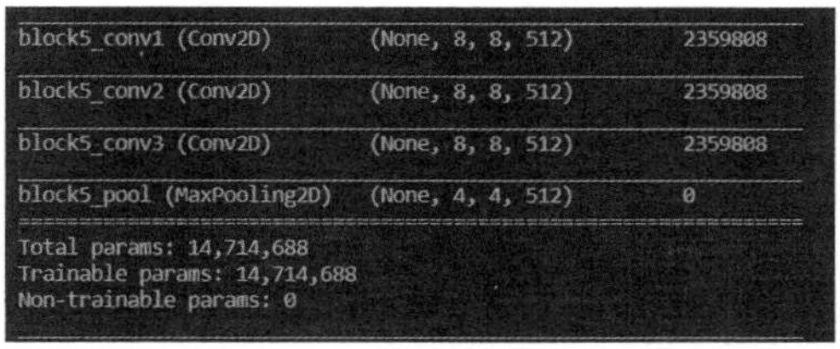

图 5.15　模型顶部结构

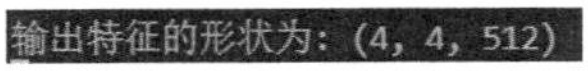

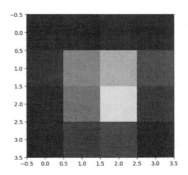

图 5.16　模型特征输出形状

图 5.17　VGG16 模型所提取的特征

在上述代码的最后，为了能够通过将模型输出的特征张量用于其他应用中，可以将输出的数据特征存储为 Numpy 的数组文件，从而在后续的使用中避免了对神经网络的直接调用，节约了算力和时间。

5.3.3 预训练模型微调

通过深度模型提取的相关卷积神经网络能够将深度特征应用于不同的任务中，甚至可以将多个模型提取的特征进行组合，从而结合多个模型的优势进行取长补短。但是，由于预训练模型在数据集中的所有特征都是在非目标数据集上训练得到的，因此，尽管预训练模型能够对于目标数据集的大范围特征进行改进，但是预训练模型可能会对其中不少的特殊特征产生较低的响应值，从而忽略目标数据集的部分特征导致模型的精确度有所降低。

为了预训练模型一方面能够借助已有的先验知识更好地克服数据集过拟合的现象，另一方面能够针对不同的目标数据集学习到原先的大规模数据集所不具备的特征，因此可以将原始模型在模板数据集上进行微调，即保留原始预训练模型中的底层特征提取器的相关功能，但是将高层特征提取部分经过数据集的充分训练后，能够更好地适应给定的目标数据集的相关特征，以达到一方面适应目标数据集，另一方面运用预训练模型先验知识的目标。

预训练模型的微调过程通常按照以下流程进行。首先，获取一个经过大量数据集训练的预训练模型，例如 VGG16 模型以及 ResNet 模型。然后，将神经网络中原始的分类器层替换掉，使用新的分类器层或其他层（网络层的选择也取决于模型需要完成的任务类型）作为新的模型顶层以满足给定的目标数据集的需要，从而得到了一个保留原始特征提取部分，但替换了模型顶层的新的神经网络模型。

在新的神经网络进行训练时，首先将模型的原始特征提取部分的权重进行"冻结"。在这里冻结的含义是，在反向传播算法执行权重更新时，冻结的网络层部分不进行权重更新，而非冻结的网络层则执行正常的反向传播更新操作。经过多轮梯度下降算法进行优化后，此时的模型中，新的分类器层的权重已经较为适应当前数据集的各种相关特征，由此进入第三步。在第三步中，将第二步冻结的网络层根据需要逐步"解冻"，即重新加入反向传播算法的权重更新过程，从而在第三阶段同时训练顶层的分类器层，以及底层的特征提取层。通过上述步骤，可以在保留大部分原始预训练模型先验知识的同时，将模型调整为更适合当前数据集的模型。

上述步骤，即为微调的整体框架，其中，第一步训练分类器的部分如图 5.18 所示，图中下面的方框表示模型的冻结部分，即预训练模型的特征提取部分，这部分网络层的权重在模型执行反向传播算法时不会实际执行权重更新，其学习率为 0，而上面的方框则表示模型的分类器层，这部分权重在执行反向传播时会进行更新。

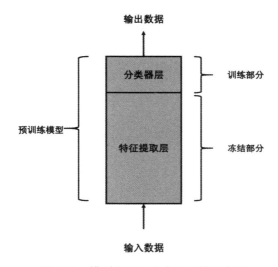

图 5.18　模型微调之分类器训练示意图

📢 注意：

　　首先进行分类器层的权重更新而不更新特征提取层的原因在于，由于分类器层往往是基于特定任务构建的全新层，因此初始化参数不但不能很好地适应数据集的特征分布与标签分布之间的关系，而且可能会由于梯度下降过程传导较大的误差项，导致预训练模型中的底层特征提取器的权重的分布受到破坏，从而破坏了预训练模型的先验知识导致微调失败。

经过训练的分类器层往往能够在已有的数据集上达到较高的准确率，这是由于预训练模型的先验知识提供了特征提取能力，而分类器部分则提供了针对数据集特征的判别能力。如果需要进一步提高模型的精度，可以从模型特征提取部分的顶层开始，自顶向下地逐步训练原始模型的特征提取部分，如图 5.19 所示。

图 5.19 中，上面的两个方框表示模型的可训练部分，最下面的方框表示模型的冻结部分，其中需要特别指出的是，相比于只训练模型的新分类器的阶段，第二阶段不仅仅训练了模型的分类器，而且训练了模型原始的特

征提取层的顶部网络层。这一作用在于能够将模型原始的"高级"特征进行调整，但同时保证"低级"特征在训练过程中相对稳定。

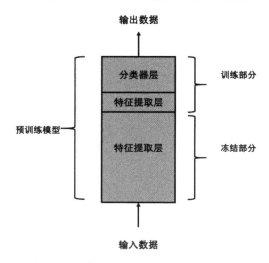

图 5.19　模型微调之特征提取部分微调

除此之外，在模型微调特征提取层时，需要特别注意要将学习率调整为较小的值。由于微调模型的核心是要借助于预训练模型强大的先验知识，并结合特定的数据集进行问题的求解，因此需要注意，在微调模型的特征提取层时要选择较小的学习率。这是因为较大的学习率会破坏预训练模型的特征层权重，使模型的特征层权重过度适应当前数据集，从而"遗忘"了原先训练得到的先验知识及其表示。

如下代码展示了如何通过在 ImageNet 数据集上微调得到的 VGG16 模型微调来对 Dogs vs Cats 数据集借助模型微调得到一个高性能的卷积神经网络。Dogs vs Cats 数据集是 Kaggle 上曾经一个较为著名的比赛所用数据集，可以在 https://www.kaggle.com/c/dogs-vs-cats-redux-kernels-edition/data 下载到相关数据，注意下载前需要注册账号并同意相关协议才可以下载。

上述数据集包含上万张猫和狗的图像，其中训练集包含 25000 张猫和狗的训练数据集，而测试集则包含 12500 张图像。下载数据集后，将训练集和测试集分别放在各自的 train 和 test 目录下，并将 train 和 test 文件夹放在 CatDog 文件夹下，然后从数据集的猫和狗中各自选 4 张图像显示出来。如下代码展示了这一流程，如图 5.20 和图 5.21 所示。

```
01  >>> # coding=utf8
```

```
02   >>>
03   >>> import os
04   >>> # 获取指定格式的文件
05   >>> from glob import glob
06   >>> train_dir = 'CatDog/train'
07   >>> test_dir = 'CatDog/test'
08   >>>
09   >>> # 选择猫和狗的文件
10   >>> cats = glob(os.path.join(train_dir, 'cat.*.jpg'))
11   >>> dogs = glob(os.path.join(train_dir, 'dog.*.jpg'))
12   >>>
13   >>> # 使用 Numpy 对于猫狗图像进行任选
14   >>> import numpy as np
15   >>> select_cats = np.random.choice(cats, size=4)
16   >>> select_dogs = np.random.choice(dogs, size=4)
17   >>>
18   >>> # 使用 Matplotlib 绘制选择的图像
19   >>> from matplotlib import pyplot as plt
20   >>>
21   >>> # 绘制猫图像
22   >>> for i, cat in enumerate(select_cats):
23   >>>     # 指定子图位置
24   >>>     plt.subplot(2, 2, i+1)
25   >>>     # 读取图片
26   >>>     pic = plt.imread(cat)
27   >>>     plt.imshow(pic)
28   >>>     # 关闭坐标轴
29   >>>     plt.axis('off')
30   >>>
31   >>> # 显示猫的图像
32   >>> plt.show()
33   >>>
34   >>> # 绘制狗图像
35   >>> for i, dog in enumerate(select_dogs):
36   >>>     # 指定子图位置
37   >>>     plt.subplot(2, 2, i+1)
38   >>>     # 读取图片
39   >>>     pic = plt.imread(dog)
40   >>>     plt.imshow(pic)
41   >>>     # 关闭坐标轴
42   >>>     plt.axis('off')
43   >>>
44   >>>     # 显示狗的图像
45   >>> plt.show()
```

图 5.20　数据集中猫的图像　　　　　图 5.21　数据集中狗的图像

为了更方便地将图像输入 Keras 的神经网络，这里使用了 Keras 提供的图像数据生成器 ImageDataGenerator。但是 Keras 提供的图像数据生成器在计算不同数据的标签时，需要将不同标签的数据放在不同的文件夹下，以便数据生成器能够根据所属的文件夹判断当前数据的标签类别。由于将所有文件单独复制并存储在不同文件夹下的操作十分费力，而且会成倍浪费硬盘的存储空间，因此这里介绍一种常用的通过软链接的技巧，能够避免在文件复制的同时，让数据生成器认为图像被存储在不同的文件夹下。

代码如下所示，其中任意选择训练集中 20%的数据作为验证集，验证模型的性能，而训练集中的剩余 80%数据用于进行模型训练和微调。

```
01  >>> # coding=utf8
02  >>>
03  >>> import os
04  >>> # 获取指定格式的文件
05  >>> from glob import glob
06  >>> train_dir = 'CatDog/train'
07  >>> test_dir = 'CatDog/test'
08  >>>
09  >>> # 选择猫和狗的文件
10  >>> cats = glob(os.path.join(train_dir, 'cat.*.jpg'))
11  >>> dogs = glob(os.path.join(train_dir, 'dog.*.jpg'))
12  >>>
13  >>> # 任选 20%数据作为验证集，其余 80%数据作为训练集
14  >>> import numpy as np
15  >>> # 建立猫和狗数据集的索引
16  >>> idx_cats = np.arange(len(cats))
17  >>> idx_dogs = np.arange(len(dogs))
18  >>>
19  >>> # 随机混洗索引
20  >>> np.random.shuffle(idx_cats)
```

```
21   >>> np.random.shuffle(idx_dogs)
22   >>>
23   >>> # 选择前 20%作为验证集，后 80%为训练集
24   >>> cats_pos, dogs_pos = int(len(cats)*0.2), int(len
     (dogs)*0.2)
25   >>> val_cats, train_cats = cats[:cats_pos], cats[cats_pos:]
26   >>> val_dogs, train_dogs = dogs[:dogs_pos], dogs[dogs_pos:]
27   >>>
28   >>> # 创建存储软链接的文件夹
29   >>> # 如果没有下述 2 个文件夹，则无法创建成功软链接
30   >>> os.makedirs('symbolic_link/train/cats')
31   >>> os.makedirs('symbolic_link/train/dogs')
32   >>>
33   >>> # 创建软链接用于 Keras 提供的图像数据生成器
34   >>> for cat in train_cats:
35   >>>     # cat 为文件真实路径，第二个参数为软链接的目标路径
36   >>>     # 通过目标路径到真是路径的软链接可以模拟将文件分类存放在不
     同文件夹的过程
37   >>>     os.symlink(os.path.realpath(cat),
38   >>>             os.path.realpath('symbolic_link/train/
     cats/%s' % os.path.split(cat)[1]))
39   >>>
40   >>> # 创建指向狗数据集的软链接
41   >>> for dog in train_dogs:
42   >>>     os.symlink(os.path.realpath(dog),
43   >>>             os.path.realpath('symbolic_link/train/
     dogs/%s' % os.path.split(dog)[1]))
44   >>>
45   >>> # 创建指向验证集的软链接
46   >>> os.makedirs('symbolic_link/val/cats')
47   >>> os.makedirs('symbolic_link/val/dogs')
48   >>> for vc in val_cats:
49   >>>     os.symlink(os.path.realpath(vc),
50   >>>             os.path.realpath('symbolic_link/val/
     cats/%s' % os.path.split(vc)[1]))
51   >>>
52   >>> for vd in val_dogs:
53   >>>     os.symlink(os.path.realpath(vd),
54   >>>             os.path.realpath('symbolic_link/val/
     dogs/%s' % os.path.split(vd)[1]))
55   >>>
56   >>> # 创建指向测试集的软链接
57   >>> os.makedirs('symbolic_link/test/test')
58   >>> test_imgs = glob(os.path.join(test_dir, '*.jpg'))
59   >>> for t in test_imgs:
60   >>>     os.symlink(os.path.realpath(t),
```

```
61  >>>                os.path.realpath('symbolic_link/test/
    test/%s' % os.path.split(t)[1]))
```

🔊 注意：

> 　　相比于直接复制图像到不同的文件夹，创建软链接的小技巧可以在不额外占用硬盘空间的情况下完成文件路径的指定，并且不会修改文件原始位置。因此在实际应用中创建软链接方法的使用较为广泛。但是软链接的创建需要使用相对路径，必须记住软链接的相对路径计算方法：src 参数是相对于 dst 参数计算相对路径，而 dst 参数则是相对于当前 Python 解释器的路径计算相对路径，否则会创建出空的软链接文件，导致 OSError 22 错误。

　　有了上述数据集文件的软链接后，能够将所有的数据集在逻辑上按照标签类别进行分类存放。逻辑上分类存放的数据可以交给 Keras 提供的图像数据生成器相关工具 ImageDataGenerator 进行逐批读取图像并生成训练和测试数据。其中，需要特别说明的是，ImageDataGenerator 在读取测试集时，虽然不能获得测试集数据的相关标签，但是也需要将测试集的数据存放在指定目录的下一级子文件夹中。

　　以下述代码为例，代码中的 test_gen 在初始化时传入的参数为 test_soft 文件夹，而为了确保测试集文件能够被 Keras 的 ImageDataGenerator 正确获取相关路径，因此在之前的代码中为测试集创建了一个软链接，使得测试数据在逻辑上属于 test_soft 文件夹下的子文件夹 test 中。总而言之，在使用该工具加载测试数据时，要注意为测试数据单独建立子文件夹。

```
01  >>> # 引入 Keras 图像生成器
02  >>> from keras.preprocessing.image import ImageDataGenerator
03  >>> # 产生一个用于构造生成器的对象
04  >>> generator = ImageDataGenerator()
05  >>> # 构造训练数据生成器
06  >>> # 通过将软链接文件夹传入，可以模拟分类存放图像
07  >>> # 生成训练集生成器
08  >>> train_gen = generator.flow_from_directory('symbolic_
    link/train', target_size=(224, 224), batch_size=32,
09  >>> class_mode='binary')
10  >>>
11  >>>
12  >>>
13  >>> # 生成测试集生成器
14  >>> # 训练集没有标签，因此 class_mode 参数设置为 None
15  >>> # 测试集没有标签，因此需要提交到 Kaggle 网站进行评测
16  >>> val_gen = generator.flow_from_directory('symbolic_
    link/val',
```

```
17   >>>                                    target_size=(224, 224),
18   >>>                                    batch_size=32,
19   >>>                                    class_mode='binary')
20   >>>
21   >>> # 生成测试集生成器
22   >>> # 训练集没有已知标签，因此 class_mode 参数设置为 None
23   >>> test_gen = generator.flow_from_directory('test_soft',
     target_size=(224, 224), class_mode =None)
```

有了逻辑上的路径，接下来可以进行数据读取以及构建模型。以 VGG16
模型为例，可以通过如下的代码将 VGG16 模型的底层特征提取部分单独获
取，代码如下。

```
01   >>> # 使用 VGG16 作为基本模型，同时去除顶层分类器层
02   >>> from keras.applications import VGG16
03   >>> vgg_base = VGG16(include_top=False, weights='imagenet',
     input_shape=(224, 224, 3))
04   >>> # 展示特征提取部分的模型结构
05   >>> vgg_base.summary()
```

上述代码能够在无顶层分类器的 VGG16 模型中单独获取相关的特征提
取层的权重，以便于模型微调，获得模型特征层结构如图 5.22 所示。

Layer (type)	Output Shape	Param #
input_1 (InputLayer)	(None, 224, 224, 3)	0
block1_conv1 (Conv2D)	(None, 224, 224, 64)	1792
block1_conv2 (Conv2D)	(None, 224, 224, 64)	36928
block1_pool (MaxPooling2D)	(None, 112, 112, 64)	0
block2_conv1 (Conv2D)	(None, 112, 112, 128)	73856
block2_conv2 (Conv2D)	(None, 112, 112, 128)	147584
block2_pool (MaxPooling2D)	(None, 56, 56, 128)	0
block3_conv1 (Conv2D)	(None, 56, 56, 256)	295168
block3_conv2 (Conv2D)	(None, 56, 56, 256)	590080
block3_conv3 (Conv2D)	(None, 56, 56, 256)	590080
block3_pool (MaxPooling2D)	(None, 28, 28, 256)	0
block4_conv1 (Conv2D)	(None, 28, 28, 512)	1180160
block4_conv2 (Conv2D)	(None, 28, 28, 512)	2359808
block4_conv3 (Conv2D)	(None, 28, 28, 512)	2359808
block4_pool (MaxPooling2D)	(None, 14, 14, 512)	0
block5_conv1 (Conv2D)	(None, 14, 14, 512)	2359808
block5_conv2 (Conv2D)	(None, 14, 14, 512)	2359808
block5_conv3 (Conv2D)	(None, 14, 14, 512)	2359808
block5_pool (MaxPooling2D)	(None, 7, 7, 512)	0

图 5.22　VGG16 特征提取层结构

有了 VGG16 模型的基本特征提取层，接着可以将 VGG16 的特征提取

层作为底层，在其上加入全连接层用于分类。构建完整的用于分类的模型代码如下：

```
01  >>> # 为模型增加分类器层
02  >>> from keras.layers import Dense, Flatten
03  >>> from keras.models import Model, Sequential
04  >>>
05  >>> # 使用序贯模型作为最终模型的容器
06  >>> model = Sequential()
07  >>> # 冻结整个特征提取层
08  >>> vgg_base.trainable = False
09  >>> # 检查模型可训练权重数量是否为 0
10  >>> vgg_base.summary()
11  >>> # 添加 VGG16 模型特征提取部分到最终模型中
12  >>> model.add(vgg_base)
13  >>> # 为模型添加全连接层，首先将卷积输出压平
14  >>> model.add(Flatten())
15  >>> # 添加第一个全连接层
16  >>> model.add(Dense(256, activation='relu'))
17  >>> # 添加最终的分类层
18  >>> model.add(Dense(1, activation='sigmoid'))
19  >>>
20  >>> # 检查网络结构和可训练权重参数数量
21  >>> model.summary()
```

上述代码首先将整个 VGG16 模型的特征提取层全部冻结，避免由于线性分类层的初始化权重与数据集特征偏差太大导致误差，信息对于特征提取层的高级图像特征的表示受到破坏。为了确保模型的冻结操作有效，需要通过 summary 方法检查模型的可训练参数是否为 0，如图 5.23 所示。

从图 5.23 中可以看到，冻结操作使得底层的特征提取层可训练权重数量降低为 0。冻结权重后，使用序贯模型作为新模型的容器，然后将 VGG16 的特征提取部分加入新模型，再为此新模型构建 2 层全连接层作为模型顶层的分类器，即可开始对模型的微调部分。完整的新模型结构信息如图 5.24 所示。

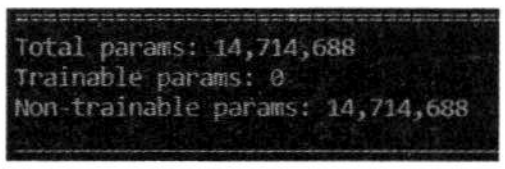

图 5.23　VGG16 冻结特征层权重检查 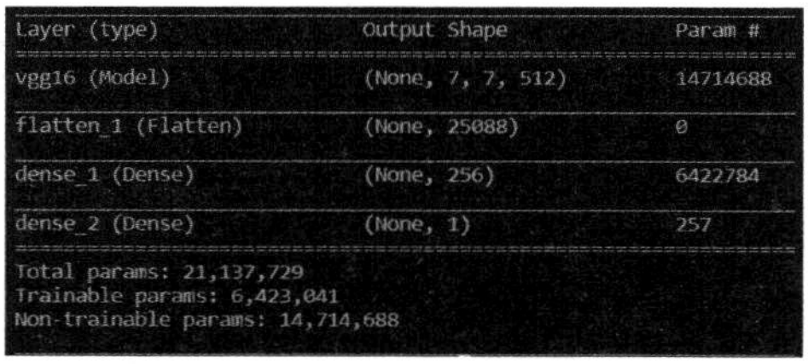　　　图 5.24　待微调的完整模型结构信息

由于在模型的构建过程中冻结了底层的特征提取层，因此特征提取层在第一步的训练中不会受到影响。为了能够使得修改对模型生效，需要对模型执行编译过程。如下的代码执行了模型的编译，并开始进行模型的分类器训练过程。其部分过程如图 5.25 所示，由于增加了验证集的部分，因此模型的训练过程中每完成一轮迭代，都会在验证集上验证当前模型的精度和误差。

```
22  >>> # 编译模型，注意在新数据集上是二分类问题
23  >>> model.compile('rmsprop', loss='binary_crossentropy',
    metrics=['acc'])
24  >>>
25  >>> # 开始模型的顶层分类器训练
26  >>> history = model.fit_generator(train_gen, epochs=10,
    shuffle=False,
27  >>>    validation_data=val_gen, steps_per_epoch=64)
```

```
64/64 [==============================] - 51s 791ms/step - loss: 5.6463 - acc: 0.6465 - val_loss: 2.4448 - val_acc: 0.8432
Epoch 2/10
64/64 [==============================] - 48s 750ms/step - loss: 3.5388 - acc: 0.7764 - val_loss: 2.0909 - val_acc: 0.8680
Epoch 3/10
64/64 [==============================] - 48s 746ms/step - loss: 1.9606 - acc: 0.8755 - val_loss: 1.4826 - val_acc: 0.9048
Epoch 4/10
64/64 [==============================] - 48s 751ms/step - loss: 1.7107 - acc: 0.8901 - val_loss: 0.9628 - val_acc: 0.9386
Epoch 5/10
64/64 [==============================] - 48s 752ms/step - loss: 1.5194 - acc: 0.9038 - val_loss: 0.9988 - val_acc: 0.9370
Epoch 6/10
64/64 [==============================] - 48s 757ms/step - loss: 1.2189 - acc: 0.9233 - val_loss: 1.1265 - val_acc: 0.9288
Epoch 7/10
64/64 [==============================] - 48s 755ms/step - loss: 1.2905 - acc: 0.9189 - val_loss: 0.9921 - val_acc: 0.9360
```

图 5.25 训练模型分类器部分示意图

经过 10 轮的迭代，最终在验证集上得到超过 93%的精度，模型的精度变化和损失的变化如图 5.26 和图 5.27 所示，如下代码绘制了相关的内容。接下来，进行模型可训练参数的数目调整。由于全连接网络已经经过训练，因此第二个阶段使用全连接网络和卷积层的部分顶部特征提取器进行同时训练，但是需要注意此时学习率应该较小以免影响 VGG16 模型原有的先验知识。

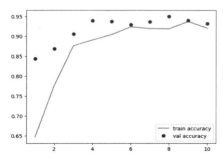

图 5.26 第一阶段训练精度变化趋势图

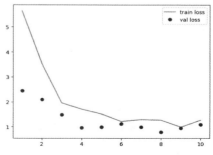

图 5.27 第一阶段训练损失变化趋势图

在开始执行第二阶段训练前，首先需要确保可训练权重数目发生了调整。通过 summary 方法可以看到，可训练权重数目增加了一倍左右，如图 5.28 和图 5.29 所示。

```
01  >>> # 绘制模型训练过程
02  >>> from matplotlib import pyplot as plt
03  >>> train_acc, val_acc = history.history['acc'],
                             history.history['val_acc']
04  >>> train_loss, val_loss = history.history['loss'],
                             history.history['val_loss']
05  >>>
06  >>> plt.plot(range(1, 10+1), train_acc, 'r-', range(1,10+1),
               val_acc, 'bo')
07  >>> plt.legend(['train accuracy', 'val accuracy'])
08  >>> plt.show()
09  >>>
10  >>> plt.plot(range(1, 10+1), train_loss, 'r-',
               range(1,10+1), val_loss, 'bo')
11  >>> plt.legend(['train loss', 'val loss'])
12  >>> plt.show()
```

下述代码对 VGG16 的特征提取层进行逐层遍历，并将网络层的最后 3 层卷积层的权重解冻以进行微调，其中第 11~12 行输出了模型结构，并给出了可训练的参数数量，如图 5.28 和图 5.29 所示。

```
01  >>> # 进行模型微调，解冻模型特征提取器顶层
02  >>> vgg_base.trainable = True
03  >>> for layer in vgg_base.layers:
04  >>>     if layer.name in ['block5_conv1', 'block5_conv2',
        'block5_conv3']:
05  >>>         layer.trainable = True
06  >>>     else:
07  >>>         layer.trainable = False
08  >>>
09  >>> # 检查模型可训练参数数目
10  >>> vgg_base.summary()
11  >>> model.summary()
```

```
Total params: 14,714,688
Trainable params: 7,079,424
Non-trainable params: 7,635,264
```

```
Total params: 21,137,729
Trainable params: 13,502,465
Non-trainable params: 7,635,264
```

图 5.28 VGG16 特征提取层可训练　　图 5.29 完整模型可训练参数
　　　　参数数目检查　　　　　　　　　　数目检查

从图 5.28 和图 5.29 中可以看到，可训练参数数量预期发生了增长。接下来需要在模型训练过程中，借助于 VGG16 模型广泛的先验知识来对 Cats vs Dogs 数据集进行微调。微调的过程中，需要精细控制模型权重的更新幅度。更新幅度通常可以通过学习率进行调节，当学习率设置得过大时，会破坏原有的模型参数的分布导致预训练模型的先验知识的"遗忘"；如果学习率设置得过小，又会导致学习过程十分缓慢，甚至陷入模型优化的局部极小值导致模型无法学习目标数据集的真正核心特征。

下面的代码中，在模型编译阶段选择了 RMSprop 作为模型的优化器，并设置学习率为一个较小的值，然后继续在已经训练过的全连接网络层分类器的基础上，加入特征提取层的最后 3 层卷积层，进行最终的模型微调。

模型微调结束后，可以通过给出的绘制模型损失和模型精度的代码绘制出第二阶段的模型微调时模型精度和损失的变化趋势图，如图 5.30 和图 5.31 所示。从图中可以看出，经过微调后，模型在验证集上的精度从原先的 93% 提高到了 95.2%，可见模型微调的第二阶段也能够显著提高模型的性能。

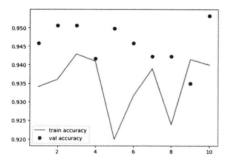 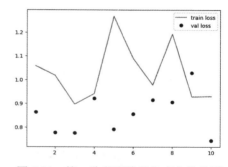

图 5.30　第二阶段训练精度变化趋势图　　图 5.31　第二阶段训练损失变化趋势图

最后，通过微调，得到了基于 VGG16 的卷积特征提取层的一个适用于 Cats vs Dogs 数据集的新模型，可以通过 Keras 模型提供的 save 方法将模型的权重保存为 h5 文件，便于以后进行重复使用，或者进一步的优化工作。完整的模型微调流程代码如下。

```
01  >>> # coding=utf8
02  >>>
03  >>> import os
04  >>> # 获取指定格式的文件
05  >>> from glob import glob
```

```
06   >>> train_dir = 'CatDog/train'
07   >>> test_dir = 'CatDog/test'
08   >>>
09   >>> # 选择猫和狗的文件
10   >>> cats = glob(os.path.join(train_dir, 'cat.*.jpg'))
11   >>> dogs = glob(os.path.join(train_dir, 'dog.*.jpg'))
12   >>>
13   >>> # 任选 20%数据作为验证集，其余 80%数据作为训练集
14   >>> import numpy as np
15   >>> # 建立猫和狗数据集的索引
16   >>> idx_cats = np.arange(len(cats))
17   >>> idx_dogs = np.arange(len(dogs))
18   >>>
19   >>> # 随机混洗索引
20   >>> np.random.shuffle(idx_cats)
21   >>> np.random.shuffle(idx_dogs)
22   >>>
23   >>> # 选择前 20%作为验证集，后 80%为训练集
24   >>> cats_pos, dogs_pos = int(len(cats)*0.2), int(len
     (dogs)*0.2)
25   >>> val_cats, train_cats = cats[:cats_pos], cats[cats_pos:]
26   >>> val_dogs, train_dogs = dogs[:dogs_pos], dogs[dogs_pos:]
27   >>>
28   >>> # 创建存储软链接的文件夹
29   >>> # 如果没有下述 2 个文件夹，则无法创建成功软链接
30   >>> os.makedirs('symbolic_link/train/cats')
31   >>> os.makedirs('symbolic_link/train/dogs')
32   >>>
33   >>> # 创建软链接用于 Keras 提供的图像数据生成器
34   >>> for cat in train_cats:
35   >>>     # cat 为文件真实路径，第二个参数为软链接的目标路径
36   >>>     # 通过目标路径到真实路径的软链接可以模拟将文件分类存放在不同文
     件夹的过程
37   >>>     os.symlink(os.path.realpath(cat),
38   >>>               os.path.realpath('symbolic_link/train/
     cats/%s' % os.path.split(cat)[1]))
39   >>>
40   >>> # 创建指向狗数据集的软链接
41   >>> for dog in train_dogs:
42   >>>     os.symlink(os.path.realpath(dog),
43   >>>               os.path.realpath('symbolic_link/train/
     dogs/%s' % os.path.split(dog)[1]))
44   >>>
45   >>> # 创建指向验证集的软链接
```

```
46  >>> os.makedirs('symbolic_link/val/cats')
47  >>> os.makedirs('symbolic_link/val/dogs')
48  >>> for vc in val_cats:
49  >>>     os.symlink(os.path.realpath(vc),
50  >>>               os.path.realpath('symbolic_link/val/
    cats/%s' % os.path.split(vc)[1]))
51  >>>
52  >>> for vd in val_dogs:
53  >>>     os.symlink(os.path.realpath(vd),
54  >>>               os.path.realpath('symbolic_link/val/
    dogs/%s' % os.path.split(vd)[1]))
55  >>>
56  >>> # 创建指向测试集的软链接
57  >>> os.makedirs('symbolic_link/test/test')
58  >>> test_imgs = glob(os.path.join(test_dir, '*.jpg'))
59  >>> for t in test_imgs:
60  >>>     os.symlink(os.path.realpath(t),
61  >>>               os.path.realpath('symbolic_link/test/
    test/%s' % os.path.split(t)[1]))
62  >>>
63  >>> # 引入 Keras 图像生成器
64  >>> from keras.preprocessing.image import ImageDataGenerator
65  >>> # 产生一个用于构造生成器的对象
66  >>> generator = ImageDataGenerator()
67  >>> # 构造训练数据生成器
68  >>> # 通过将软链接文件夹传入，可以模拟分类存放图像
69  >>> # 生成训练集生成器
70  >>> train_gen = generator.flow_from_directory('symbolic_
    link/train', target_size=(224, 224), batch_size=32,
71  >>> class_mode='binary')
72  >>>
73  >>>
74  >>>
75  >>> # 生成测试集生成器
76  >>> # 训练集没有标签，因此 class_mode 参数设置为 None
77  >>> # 测试集没有标签，因此需要提交到 Kaggle 网站进行评测
78  >>> val_gen = generator.flow_from_directory('symbolic_
    link/val', target_size=(224, 224), batch_size=32,
79  >>> class_mode='binary')
80  >>>
81  >>>
82  >>>
83  >>> # 使用 VGG16 作为基本模型，同时去除顶层分类器层
84  >>> from keras.applications import VGG16
```

```
85  >>> vgg_base = VGG16(include_top=False, weights=
    'imagenet', input_shape=(224, 224, 3))
86  >>> # 展示特征提取部分的模型结构
87  >>> vgg_base.summary()
88  >>>
89  >>> # 为模型增加分类器层
90  >>> from keras.layers import Dense, Flatten
91  >>> from keras.models import Model, Sequential
92  >>>
93  >>> # 使用序贯模型作为最终模型的容器
94  >>> model = Sequential()
95  >>> # 冻结整个特征提取层
96  >>> vgg_base.trainable = False
97  >>> # 检查模型可训练权重数量是否为 0
98  >>> vgg_base.summary()
99  >>> # 添加 VGG16 模型特征提取部分到最终模型中
100 >>> model.add(vgg_base)
101 >>> # 为模型添加全连接层，首先将卷积输出压平
102 >>> model.add(Flatten())
103 >>> # 添加第一个全连接层
104 >>> model.add(Dense(256, activation='relu'))
105 >>> # 添加最终的分类层
106 >>> model.add(Dense(1, activation='sigmoid'))
107 >>>
108 >>> # 检查网络结构和可训练权重参数数量
109 >>> model.summary()
110 >>>
111 >>> # 编译模型，注意在新数据集上是二分类问题
112 >>> model.compile('rmsprop', loss='binary_crossentropy',
    metrics=['acc'])
113 >>>
114 >>> # 开始模型的顶层分类器训练
115 >>> history = model.fit_generator(train_gen, epochs=10,
116 >>> shuffle=False, validation_data=val_gen, steps_per_
    epoch=64)
117 >>>
118 >>> # 绘制模型训练过程
119 >>> from matplotlib import pyplot as plt
120 >>> train_acc, val_acc = history.history['acc'], history
    .history['val_acc']
121 >>> train_loss, val_loss = history.history['loss'], history
    .history['val_loss']
122 >>>
```

```
123 >>> plt.plot(range(1, 10+1), train_acc, 'r-',
    range(1,10+1), val_acc, 'bo')
124 >>> plt.legend(['train accuracy', 'val accuracy'])
125 >>> plt.show()
126 >>>
127 >>> plt.plot(range(1, 10+1), train_loss, 'r-',
    range (1,10+1), val_loss, 'bo')
128 >>> plt.legend(['train loss', 'val loss'])
129 >>> plt.show()
130 >>>
131 >>> # 进行模型微调，解冻模型特征提取器顶层
132 >>> vgg_base.trainable = True
133 >>> for layer in vgg_base.layers:
134 >>>     if layer.name in ['block5_conv1', 'block5_conv2',
    'block5_conv3']:
135 >>>         layer.trainable = True
136 >>>     else:
137 >>>         layer.trainable = False
138 >>>
139 >>> # 检查模型可训练参数数目
140 >>> vgg_base.summary()
141 >>> model.summary()
142 >>>
143 >>> # 编译模型使修改对模型生效
144 >>> # 为了保证卷积层的高层特征表达不被破坏
145 >>> # 将学习率调整为较小值
146 >>> from keras.optimizers import RMSprop
147 >>> model.compile(RMSprop(lr=1.5e-5), loss='binary_
    crossentropy', metrics=['acc'])
148 >>>
149 >>> # 开始模型的顶层分类器训练
150 >>> history = model.fit_generator(train_gen, epochs=10,
151 >>> shuffle=False, validation_data=val_gen, steps_per_
    epoch=64)
152 >>>
153 >>> # 绘制模型训练过程
154 >>> from matplotlib import pyplot as plt
155 >>> train_acc, val_acc = history.history['acc'], history
    .history['val_acc']
156 >>> train_loss, val_loss = history.history['loss'], history
    .history['val_loss']
157 >>>
```

```
158 >>> plt.plot(range(1, 10+1), train_acc, 'r-',
    range(1,10+1), val_acc, 'bo')
159 >>> plt.legend(['train accuracy', 'val accuracy'])
160 >>> plt.show()
161 >>>
162 >>> plt.plot(range(1, 10+1), train_loss, 'r-',
    range(1,10+1), val_loss, 'bo')
163 >>> plt.legend(['train loss', 'val loss'])
164 >>> plt.show()
165 >>>
166 >>> # 存储模型权重信息
167 >>> model.save('Cats_vs_Dogs_VGG16.h5')
```

5.3.4　可视化模型隐层特征

大型卷积神经网络由于在训练时用到了大量的参数，而参数之间的显式和隐式关系异常复杂，因此大型卷积神经网络往往不能对参数进行良好的解释。由于模型的特征提取需要特定的权重之间互相配合，不同网络层次之间通过不同的权重分布从而提取出不同的特征，因此，可视化模型的隐层相关参数以及特征可以有效加深对卷积神经网络的卷积原理的直观感受和理解。

图 5.32　示例图像

从 Cats vs Dogs 数据集中任选一张图片作为输入，然后将图像通过如下代码显示出来，如图 5.32 所示。

```
01  >>> # coding=utf8
02  >>> import os
03  >>>
04  >>> train_dir = 'CatDog/train'
05  >>> # 选择一张图片为输入
06  >>> cat = os.path.join(train_dir, 'cat.117.jpg')
07  >>> from matplotlib import pyplot as plt
08  >>> cat_img = plt.imread(cat)
09  >>> plt.imshow(cat_img)
10  >>> plt.axis('off')
11  >>> plt.show()
```

将上述选择的图像作为数据输入到 5.3.3 节训练的模型中，然后可视化相关特征，可以直观地看到所训练的模型对于指定图像的特征响应及其相关特征。

如下代码首先加载了 5.3.3 节所保存的模型，然后将图片大小缩放到训练模型时所采用的模型大小，然后将模型的部分网络层单独选择出来作为新模型的多输出层从而构建新的单输入多输出模型。新模型的结构如图 5.33 所示。

```
01  >>> # coding=utf8
02  >>>
03  >>> import os
04  >>> # 获取指定格式的文件
05  >>> train_dir = 'CatDog/train'
06  >>>
07  >>> # 选择猫的一张图片为例
08  >>> cat = os.path.join(train_dir, 'cat.117.jpg')
09  >>>
10  >>> from keras.preprocessing import image
11  >>> import numpy as np
12  >>> # 加载图像并修改为训练时的图像大小 (224, 224)
13  >>> cat_img = image.load_img(cat, target_size=(224, 224))
14  >>> # 将图像转换为 Numpy 数组
15  >>> cat_img = image.img_to_array(cat_img)
16  >>> # 将图像扩展为具有 batchsize 维度的四维张量, batchsize 维度在
        起始轴
17  >>> X = np.expand_dims(cat_img, axis=0)
18  >>>
19  >>> # 加载训练好的模型
20  >>> from keras.models import load_model
21  >>> trained_model = load_model('Cats_vs_Dogs_VGG16.h5')
22  >>>
23  >>> # 将已训练模型的底部 6 层隐层作为输出层
24  >>> # 首先取出序贯模型中的原始 VGG16 模型特征层
25  >>> trained_vgg_base = trained_model.layers[0]
26  >>> trained_outputs = [layer.output for layer in trained_
        vgg_base.layers[:6]]
27  >>>
28  >>> # 将已训练的 VGG16 模型的隐层作为输出, 构建多输出模型
29  >>> from keras.models import Model
30  >>> multi_model = Model(inputs=trained_vgg_base.get_
        input_at(0), outputs=trained_outputs)
31  >>> # 查看模型结构信息
32  >>> multi_model.summary()
```

　　获得模型的输出后，可以将模型的不同卷积层进行输出，从而获得模型不同层次的特征提取结果。需要注意的是，每个隐层可以有多个通道的输出，为了能够将多通道的输出处理成可视化的空间图像，需要首先检查模型输出的隐层特征的形状，然后从模型输出的通道特征中选择特定的通道进行特征可视化。

　　由于原始分类模型中的多个隐层可以通过网络进行输出，以如下的代码为例，代码中首先检查了输出的特征形状和维度，如图 5.34 所示。然后代码将模型的输出层在 3 行 2 列的图像中，其中选择的隐层是除去输入层的原始信息外的前 6 层神经网络的输出信息，并且从每个隐层中选择了第 6 个通道进行可视化，从而得到如图 5.35 所示的隐层特征。

```
01  >>> # 获取模型的输出
02  >>> multi_outputs = multi_model.predict(X)
03  >>> # 检查模型输出的数目是否与定义的一致
04  >>>print('模型输出数目:', len(multi_outputs))
05  >>> # 任意选择一项检查模型输出项的维度
06  >>> print('模型输出的维度:', np.shape(multi_outputs[1]))
07  >>> from matplotlib import pyplot as plt
08  >>> # 获得所有输出并通过 Matplotlib 进行展示
09  >>> for i, output in enumerate(multi_outputs[1:7]):
10  >>>     name = multi_model.output_layers[i+1].name
11  >>>     plt.subplot(3, 2, i+1, title='layer %d: %s' %
    (i+1, name))
12  >>>     plt.axis('off')
13  >>>     plt.imshow(output[0, :, :, 5])
14  >>> plt.show()
```

Layer (type)	Output Shape	Param #
input_1 (InputLayer)	(None, 224, 224, 3)	0
block1_conv1 (Conv2D)	(None, 224, 224, 64)	1792
block1_conv2 (Conv2D)	(None, 224, 224, 64)	36928
block1_pool (MaxPooling2D)	(None, 112, 112, 64)	0
block2_conv1 (Conv2D)	(None, 112, 112, 128)	73856
block2_conv2 (Conv2D)	(None, 112, 112, 128)	147584

```
Total params: 260,160
Trainable params: 0
Non-trainable params: 260,160
```

```
模型输出数目: 7
模型输出的维度: (1, 224, 224, 64)
```

图 5.33　新模型结构组成　　　　图 5.34　检查模型输出数目和维度结果

　　从图 5.35 中可以看出，模型的每层输出的第 6 层卷积层都提取了不同的特征。为了进一步了解卷积的响应特征，可以通过输出模型的隐层响应值显示出更多的特征。如下的代码将模型中除了输出层外的所有 6 层隐层的

特征进行输出，并分别将每一个神经网络层的所有通道的响应特征可视化
到同一张子图中，最终得到如图 5.36~图 5.41 所示的前 6 层隐层的特征响
应图。

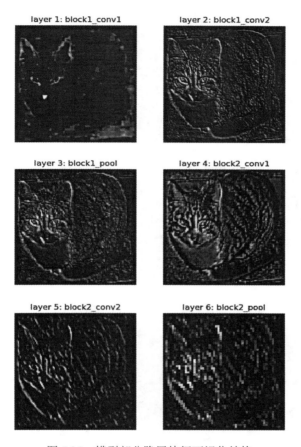

图 5.35　模型部分隐层特征可视化结构

```
01  >>> # 定义每行输出的图像数目
02  >>> imgs_per_row = 10
03  >>> # 循环获取每层网络中每个通道的响应特征
04  >>> for i, output in enumerate(multi_outputs[1:7]):
05  >>>     name = multi_model.output_layers[i+1].name
06  >>>     channel_cnt = output.shape[-1]
07  >>>     h, w = output.shape[1:3]
08  >>>     # 计算输出的行数
09  >>>     rows = channel_cnt // imgs_per_row
10  >>>     # 创建可容纳输出图像的矩阵
```

```
11  >>>        matrix = np.zeros((h * rows, w * imgs_per_row))
12  >>>
13  >>>        # 遍历每一个位置并将响应值赋值给对应位置的子矩阵
14  >>>        for r in range(rows):
15  >>>            for c in range(imgs_per_row):
16  >>>                # 获得当前通道的特征响应图
17  >>>                channel_map = output[0, :, :, r * imgs_per_row
      + c]
18  >>>                # 将得到的通道特征响应图放入子矩阵中
19  >>>                matrix[r*h:(r+1)*h, c*w:(c+1)*w] = channel_map
20  >>>
21  >>>        # 显示包含通道特征的矩阵
22  >>>        hscale, wscale = 1 / h, 1 / w
23  >>>        # 调整图像大小
24  >>>        mat_h, mat_w = matrix.shape
25  >>>        plt.figure(figsize=(hscale*mat_h, wscale*mat_w))
26  >>>        # 显示图像名称
27  >>>        plt.title(name)
28  >>>        # 隐藏坐标轴
29  >>>        plt.axis('off')
30  >>>        # 显示通道特征图
31  >>>        plt.imshow(matrix)
32  >>>        # 显示通道特征
33  >>>        plt.show()
```

图 5.36 block1_conv1 层通道特征响应

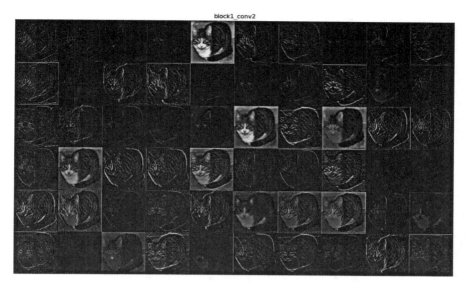

图 5.37 block1_conv2 层通道特征响应

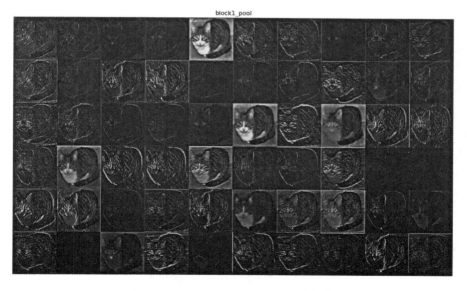

图 5.38 block1_pool 层通道特征响应

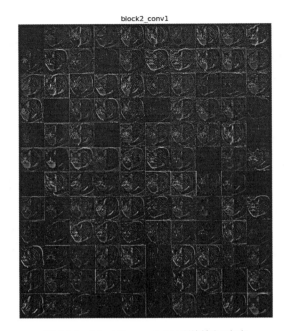

图 5.39　block2_conv1 层通道特征响应

图 5.40　block2_conv2 层通道特征响应

图 5.41　block2_pool 层通道特征响应

从通道的特征响应中可以看出，通道的特征响应随着网络层次的加深，卷积层对于图像本身特征的响应逐渐降低。在网络底部的底层特征提取器中可以看到网络中存在一些通道的响应值较高。

随着特征提取层次的加深，网络中通道响应的特征图逐渐变暗，这是因为随着网络层次的增加，网络中的信息逐步向数据集中的标签分类信息过渡，因此反映图像空间特征响应逐步被更加抽象地反映数据分类信息的编码所取代，使整体的通道特征图对图像的原始空间信息的响应逐渐减弱。

5.3.5　基于梯度的可视化技术

在构建图像相关的模型时，由于模型参数数量十分庞大，并且神经网络模型的中间训练过程仅仅基于梯度下降法，难以直接确定模型实际的训练影响因素是目标数据集中的影响因素还是其他因素。因此在模型的构架和测试阶段,有必要借助于一些可视化技术确定模型本身的训练是否达到预期目标。

例如,许多模型在进行图像二分类任务时,尽管能够达到较好的精确度,但是对于数据本身的特征并没有进行关注,而是由于学得了其他无关特征,导致模型的性能看似较好。借助基于梯度的可视化技术,能够快速定位模型的特征响应与原始数据之间的关系,从而改善模型的优化方向,同时监督模型学习的特征有效性,避免其他无关特征干扰模型的学习进程。

以图 5.42 为例,在 Cats vs Dogs 数据集中以 dog.8065.jpg 这张图像为例,图像中一只黑背斜跨整个图像。一个良好的分类模型应当在模型的特征响应中寻找到狗狗的位置,从而确认模型训练过程的有效性。

如下的代码使用 Keras 提供的预训练模型 ResNet50 作为分类模型,并产生了特征分布图和施加在原图像上的特征分布热力图,分别如图 5.43 和图 5.44 所示。

图 5.42 输入的狗狗图像

```
01  >>> # coding=utf8
02  >>>
03  >>> from keras.preprocessing import image as K_image
04  >>> from keras import backend as K
05  >>>
06  >>> import numpy as np
07  >>> import matplotlib.pyplot as plt
08  >>>
09  >>> import os
10  >>>
11  >>> def heatmap(img_path, model, layer_name='block5_conv3',
    save_dir='./heatmap', num=1):
12  >>>     # 读取图像
13  >>>     img = K_image.load_img(img_path, target_size=
    (224, 224))
14  >>>     # 将读取到的图像转化为数组
15  >>>     x = K_image.img_to_array(img)
16  >>>     # 扩展维度
```

```
17  >>>      x = np.expand_dims(x, axis=0)
18  >>>      # 逐通道的去均值归一化
19  >>>      x = preprocess_input(x)
20  >>>
21  >>>      # 执行 ResNet50 模型
22  >>>      preds = model.predict(x)
23  >>>
24  >>>      # 输出分类的最终 label
25  >>>      max_id = np.argmax(preds[0])
26  >>>      print('\nmax id:', max_id)
27  >>>
28  >>>      # 获得 label 对应的输出项
29  >>>      maxid_output = model.output[:, max_id]
30  >>>
31  >>>      # 获得 ResNet50 的指定卷积层
32  >>>      conv_layer = model.get_layer(layer_name)
33  >>>
34  >>>      # 通过模型输出计算梯度项
35  >>>      grads = K.gradients(maxid_output, conv_layer
     .output)[0]
36  >>>
37  >>>      # 逐通道均值归一
38  >>>      pooled_grads = K.mean(grads, axis=(0,1,2))
39  >>>
40  >>>      # 构建访问梯度和卷积层输出项的迭代器
41  >>>      iterate = K.function([model.input], [pooled_grads,
     conv_layer.output[0]])
42  >>>
43  >>>      pooled_grads_value, conv_layer_output_value =
     iterate([x])
44  >>>
45  >>>      # 为每个通道的输出按照池化值赋权
46  >>>      for i, pooled_grad in enumerate(pooled_grads_value):
47  >>>          conv_layer_output_value[:,:,i] *= pooled_grad
48  >>>
49  >>>      # 逐通道求平均，完成加权求和的归一化步骤
50  >>>      heatmap = np.mean(conv_layer_output_value, axis=-1)
51  >>>      # Relu 层，激活非负值
52  >>>      heatmap = np.maximum(heatmap, 1e-9)
53  >>>      # 将所有值缩放到 0-1 之间
54  >>>      heatmap /= np.max(heatmap)
55  >>>
56  >>>      # -----------------------------------------------
```

```
57  >>>
58  >>>      # 显示 heatmap
59  >>>      plt.imshow(heatmap) # imshow can remove boerders
60  >>>      # 关闭坐标轴
61  >>>      plt.axis('off')
62  >>>      # 去除存储图像时的空白部分
63  >>>      fig = plt.gcf()
64  >>>      ax = plt.gca()
65  >>>      extent = ax.get_window_extent().transformed
    (fig.dpi_scale_trans.inverted())
66  >>>      # 存储特征分布图到文件
67  >>>      plt.savefig(os.path.join(save_dir, 'feature-
    %d.jpg' % num), bbox_inches=extent, pad_inches=0)
68  >>>      # 显示特征分布
69  >>>      plt.show()
70  >>>
71  >>>      # ------------------------------------------
72  >>>
73  >>>      # 将特征分布热力图加入到原图中
74  >>>
75  >>>      # 读取并显示原图
76  >>>      image = plt.imread(img_path)
77  >>>      # 关闭坐标轴
78  >>>      plt.axis('off')
79  >>>      # 读取原图
80  >>>      plt.imshow(image)
81  >>>      # 显示原图
82  >>>      plt.show()
83  >>>
84  >>>      # 使用 opencv 读取图像
85  >>>      import cv2
86  >>>      img = cv2.imread(img_path)
87  >>>
88  >>>      # 缩放 heatmap
89  >>>      heatmap = cv2.resize(heatmap, (img.shape[1],
    mg.shape[0]))
90  >>>
91  >>>      # 将 heatmap 的值映射到 0-255
92  >>>      heatmap = np.uint8(225 * heatmap)
93  >>>
94  >>>      # 求得特征图
95  >>>      heatmap = cv2.applyColorMap(heatmap, cv2.COLORMAP_
    ET)
```

```
96  >>>
97  >>>      # 将原图和特征图按比例加权得到最终的特征分布热力图
98  >>>      superimposed_img = heatmap * 0.4 + img * 0.6
99  >>>
100 >>>      # 存入文件
101 >>>      cv2.imwrite('./superimposed-%d.jpg' % num,
    uperimposed_img)
102 >>>
103 >>>      # 显示最终的热力图
104 >>>      plt.imshow(plt.imread('./superimposed-%d.jpg' %
    um))
105 >>>      plt.axis('off')
106 >>>      plt.show()
107 >>>
108 >>> if __name__ == '__main__':
109 >>>      # img path
110 >>>      paths = ['CatDog/train/dog.8065.jpg']
111 >>>
112 >>>      from keras.applications import ResNet50
113 >>>      model = ResNet50()
114 >>>
115 >>>      layer_name = 'activation_49'
116 >>>
117 >>>      for i, path in enumerate(paths):
118 >>>          heatmap(path, model, layer_name=layer_name,
    um=i, save_dir='.')
```

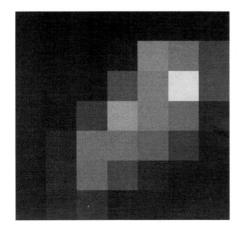

图 5.43　ResNet50 特征响应分布图

图 5.44　ResNet50 特征分布热力图

从图 5.44 中可以看出，上述模型正确识别出了狗狗的位置，因此模型的训练过程是正确有效的。

📣 **注意：**

> 基于梯度的可视化技术常用于模型的修正和测试阶段，但是上述技术的局限性在于不能直接应用于二分类模型中，主要适用于图像多分类模型中。

5.4 实战：CIFAR10 图像分类

CIFAR10 数据集是一个小型的图像模板检测数据集，可以从如下网址下载到：https://www.cs.toronto.edu/~kriz/cifar.html。此数据集中的所有图像都是从 80 Million Tiny Dataset 获得的，数据量较大的 80 Million Tiny Dataset 数据集可以通过如下地址下载到：http://groups.csail.mit.edu/vision/Tiny-Images/。

5.4.1 数据集预处理

CIFAR10 数据集包含了 50000 张训练图片以及 10000 张测试图片，共计 60000 张图片。为了便于使用，60000 张图片通过分批（batch）的方式分别进行存储，其中 50000 张的训练图片分别存储为 5 个 batch，而测试集的 10000 张图片存储为单独的 batch。训练时，可以将 5 个训练集的 batch 分别加载到内存中进行分批训练，然后在测试时再加载训练集专用的 10000 张图片的 batch。在下载得到的压缩文件中，可以得到数据集每一类的完整描述。将数据集解压后，可以得到一个 pickle 文件，该文件是一个 Python 字典的持久化数据，里面包含了标签 0~9 对应的类别及其含义。需要注意的是，CIFAR10 数据集中图像的大小为 32 像素×32 像素，因此图像放大显示时会有明显的马赛克现象。

实际上，Keras 框架已经内置了下载并处理该数据集的相关功能。如下代码通过 Keras 内置的方法下载 CIFAR10 数据集，并将数据集进行解压缩，然后将数据集格式整理为易于使用的训练数据与标签一一对应的格式以便进行模型训练。

```
01  >>> from keras.datasets import cifar10
02  >>> (train_x, train_y), (test_x, test_y) = cifar10.load_
    data()
```

下载完成后，Keras 会自动将文件进行解压，对于 Windows 用户而言，可以通过如下路径找到下载后的数据集所在位置。

```
01  %USERPROFILE%\.keras\datasets\cifar-10-batches-py
```

而对于 Linux 系统的用户而言，可以通过如下路径找到下载后的数据集所在位置。

```
02  $ HOME/.keras/datasets\cifar-10-batches-py
```

进入该路径后，执行如下的 Python 代码可以读取出相关的类别标签的含义。具体的代码如下，输出结果如图 5.45 所示。

```
01  >>> with open('batches.meta', 'rb') as f:
02  >>>     des = pickle.load(f)
03  >>> print(des)
```

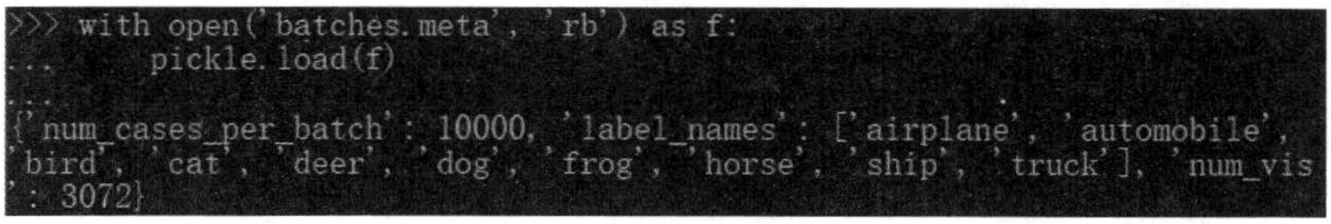

图 5.45　类别标签说明信息

如下代码通过 Keras 框架提供的内置方法可以下载 CIFAR10 数据集，并将前 12 张图片及其标签显示出来，如图 5.46 所示。

```
01  >>> # coding=utf8
02  >>> from keras.datasets import cifar10
03  >>> # 加载 cifar10 数据
04  >>> (train_x, train_y), (test_x, test_y) = cifar10.load_
    data()
05  >>> # 定义标签的描述信息
06  >>> labels = ['airplane', 'automobile', 'bird', 'cat',
    'deer', 'dog', 'frog', 'horse', 'ship', 'truck']
07  >>>
08  >>> from matplotlib import pyplot as plt
09  >>> # 显示前 12 张图片并将其标签作为图像标题
10  >>> for i in range(12):
11  >>>     plt.subplot(4, 3, i+1)
12  >>>     # 关闭坐标轴
13  >>>     plt.axis('off')
14  >>>     x, y = train_x[i], train_y[i][0]
15  >>>     # 获取标签对应的描述
16  >>>     y_des = labels[y]
```

```
17  >>>      # 将图像数据输入 Matplotlib 中
18  >>>      plt.imshow(x)
19  >>>      # 将图像的标签和对应的描述作为标签
20  >>>      plt.title('%d: <%d-%s>' % (i+1, y, y_des))
21  >>>
22  >>> # 显示前 12 张图片
23  >>> plt.show()
```

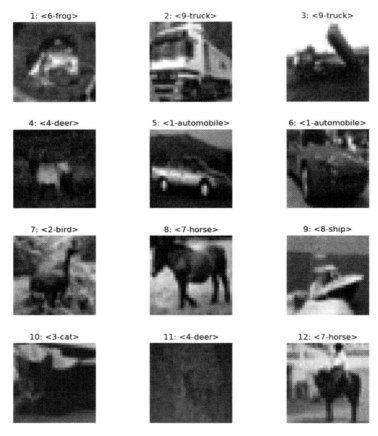

图 5.46　CIFAR10 数据集前 12 张图片及其标签

　　得到 CIFAR10 相关数据后，接着进行图像数据的预处理。这里以 Keras 自带的卷积层为基础构建一种卷积神经网络。然后，还需要将每一项数据对应的标签转换为对应的 one-hot 编码。

　　如图 5.46 所示，CIFAR10 数据集的图像大小只有 28 像素×28 像素，所有该数据集中的图像本身就是高度模糊的。

如下代码完成了数据集的预处理,然后将对应的数据项标签从类别编码转换为 onehot 编码的过程。这里使用了 Keras 自带的工具进行 onehot 编码的直接转换。

```
01  >>> # 数据预处理
02  >>> import numpy as np
03  >>> train_x = train_x.astype('float32')
04  >>> test_x = test_x.astype('float32')
05  >>>
06  >>> for data in [train_x, test_x]:
07  >>>     # 逐通道去均值
08  >>>     data -= np.mean(data, axis=(0, 1, 2))
09  >>>     # 逐通道归一化
10  >>>     data /= np.std(data, axis=(0, 1, 2))
11  >>>     # 检查归一化结果,均值接近于 0,方差接近于 1
12  >>>     print('输入数据均值:', data.mean())
13  >>>     print('输入数据方差:', data.var())
14  >>>
15  >>> # 将标签转换为 onehot
16  >>> from keras.utils import np_utils
17  >>> train_y = np_utils.to_categorical(train_y, num_
    classes=10)
18  >>> test_y = np_utils.to_categorical(test_y, num_classes=10)
```

代码的第 08~10 行对数据进行了去均值和归一化操作,去均值和归一化可以将图像数据逐通道地映射到 0~1 之间,从而有效避免数据分布不合理导致的模型过拟合现象。去均值后,输入的图像数据的均值将会接近 0,而图像数据的方差将会接近 1,如图 5.47 所示,输出数据的均值和方差符合预期结果。

图 5.47　输入数据预处理检查

5.4.2　构建分类模型并训练

经过数据集的预处理后,即可以构建卷积神经网络模型以便于对 CIFAR10 进行分类。需要注意的是,由于 CIFAR10 数据集不是二分类数据集,因此在构建分类模型顶层最后的分类网络时,需要使用 softmax 作为激活函数。softmax 可以将模型的输出转化为对应的概率,从而可以将多分类模型的输出转化为指定类的概率最大化。如下代码构建了一个用于多分类的卷积神经网络。

```
01  >>> from keras.layers import Dense, Flatten, Dropout
02  >>> from keras.layers import Conv2D, MaxPool2D, Global-
    AvgPool2D
03  >>> from keras.models import Sequential
04  >>> from keras.regularizers import l2
05  >>>
06  >>> # 使用序贯模型作为模型的容器
07  >>> model = Sequential()
08  >>> # --------------------block_1----------------------
09  >>> # 卷积层
10  >>> model.add(Conv2D(name='block_1_conv_1',
11  >>>                 input_shape=(32, 32, 3),
12  >>>                 filters=32, kernel_size=3, strides=1,
13  >>>                 activation='relu', padding='same',
14  >>>                 kernel_regularizer=l2(2e-3),
15  >>>                 kernel_initializer='he_normal'))
16  >>> model.add(Conv2D(name='block_1_conv_2',
17  >>>                 filters=32, kernel_size=3, strides=1,
18  >>>                 activation='relu', padding='same',
19  >>>                 kernel_regularizer=l2(2e-3),
20  >>>                 kernel_initializer='he_normal'))
21  >>>
22  >>> # 池化层
23  >>> model.add(MaxPool2D(name='block_1_maxpool', pool_size=2,
                strides=2, padding='same'))

24  >>>
25  >>> # --------------------block_2----------------------
26  >>> # 卷积层
27  >>> model.add(Conv2D(name='block_2_conv_1',
28  >>>                 filters=64, kernel_size=5, strides=2,
29  >>>                 activation='relu', padding='same',
30  >>>                 kernel_regularizer=l2(2e-3),
31  >>>                 kernel_initializer='he_normal'))
32  >>> model.add(Conv2D(name='block_2_conv_2',
33  >>>                 filters=64, kernel_size=5, strides=1,
34  >>>                 activation='relu', padding='same',
35  >>>                 kernel_regularizer=l2(2e-3),
36  >>>                 kernel_initializer='he_normal'))
37  >>>
38  >>> # 池化层
39  >>> model.add(MaxPool2D(name='block_2_maxpool', pool_size=2,
                strides=2, padding='same'))
40  >>>
41  >>> # --------------------block_3----------------------
```

```
42   >>> # 卷积层
43   >>> model.add(Conv2D(name='block_3_conv_1',
44   >>>                 filters=128, kernel_size=3, strides=1,
45   >>>                 activation='relu', padding='same',
46   >>>                 kernel_regularizer=l2(2e-3),
47   >>>                 kernel_initializer='he_normal'))
48   >>> model.add(Conv2D(name='block_3_conv_2',
49   >>>                 filters=128, kernel_size=3, strides=1,
50   >>>                 activation='relu', padding='same',
51   >>>                 kernel_regularizer=l2(2e-3),
52   >>>                 kernel_initializer='he_normal'))
53   >>>
54   >>> # 池化层
55   >>> model.add(MaxPool2D(name='block_3_maxpool', pool_size=2,
            strides=2, padding='same'))
56   >>>
57   >>> # --------------------block_4---------------------
58   >>> # 卷积层
59   >>> model.add(Conv2D(name='block_4_conv_1',
60   >>>                 filters=256, kernel_size=5, strides=1,
61   >>>                 activation='relu', padding='same',
62   >>>                 kernel_regularizer=l2(2e-3),
63   >>>                 kernel_initializer='he_normal'))
64   >>> model.add(Conv2D(name='block_4_conv_2',
65   >>>                 filters=256, kernel_size=5, strides=1,
66   >>>                 activation='relu', padding='same',
67   >>>                 kernel_regularizer=l2(2e-3),
68   >>>                 kernel_initializer='he_normal'))
69   >>>
70   >>> # 池化层
71   >>> model.add(MaxPool2D(name='block_4_maxpool', pool_size=2,
            strides=2, padding='same'))
72   >>>
73   >>> # --------------------block_5---------------------
74   >>> # 卷积层
75   >>> model.add(Conv2D(name='block_5_conv_1',
76   >>>                 filters=512, kernel_size=3, strides=2,
77   >>>                 activation='relu', padding='same',
78   >>>                 kernel_regularizer=l2(2e-3),
79   >>>                 kernel_initializer='he_normal'))
80   >>> model.add(Conv2D(name='block_5_conv_2',
81   >>>                 filters=512, kernel_size=3, strides=2,
82   >>>                 activation='relu', padding='same',
83   >>>                 kernel_regularizer=l2(2e-3),
```

```
84  >>>                 kernel_initializer='he_normal'))
85  >>>
86  >>> # 池化层
87  >>> model.add(MaxPool2D(name='block_5_maxpool', pool_size=2,
    strides=2, padding='same'))
88  >>># --------------------过渡层--------------------
89  >>> model.add(Flatten())
90  >>> # --------------------分类层--------------------
91  >>> model.add(Dense(4096, name='dense_2', activation=
    'relu', kernel_initializer='he_normal'))
92  >>> # 随机屏蔽神经元对抗过拟合
93  >>> model.add(Dropout(rate=0.25))
94  >>> # 最终分类层
95  >>> model.add(Dense(10, name='classifier', activation=
    'softmax', kernel_initializer='he_normal'))
96  >>>
97  >>> # 检查模型结构
98  >>> model.summary()
```

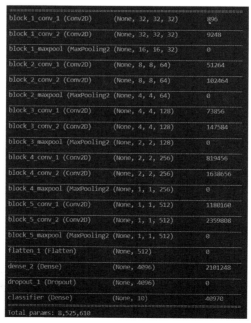

图 5.48   具备多分类能力的分类模型

📢注意：

　　将卷积神经网络用于多分类任务时，需要在网络顶层的分类器中设置其节点数目等于待分类的总的标签类别数目。例如，CIFAR10 中共有 10 类标签，因此顶层分类器有 10 个节点。然后，在激活函数中需要选择 softmax 函数，从而将模型的输出直接映射为 10 种类别对应的概率。

　　构建模型完成后，通过编译模型来使模型生效，需要特别注意的是，对于多分类问题，在选择损失函数时需要选择用于多类别的损失函数。编译和执行训练过程的代码如下所示，其训练过程的精度和损失变化如图 5.49 和图 5.50 所示。

```
01  >>> # 编译模型
02  >>> from keras.optimizers import SGD
03  >>> sgd = SGD(lr=1e-2, momentum=0.99, decay=1e-4, nesterov=
    True)
04  >>> model.compile(sgd, 'categorical_crossentropy', metrics=
    ['acc'])
05  >>> # 训练模型 30 轮
06  >>> history = model.fit(x=train_x, y=train_y, epochs=30,
07  >>>                     batch_size=256,
08  >>>                     validation_data=(test_x, test_y))
```

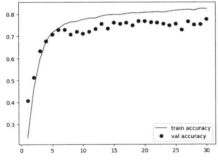

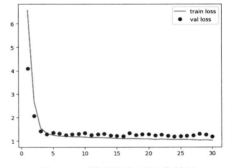

图 5.49　模型精度可视化结果　　　　图 5.50　模型损失可视化结果

　　图 5.49 和图 5.50 中横坐标表示训练轮数，纵坐标分别表示模型的精度和损失。其中 train accuracy 他 val accuracy 分别表示模型在训练集和验证集上取得的精度。train loss 和 val loss 则分别表示模型在训练集和验证集上的误差。从图 5.49 和图 5.50 中可以看出，模型经过 30 轮的训练后，在训练集上取得了大约 82%的精度，而在验证集上取得了 78%的精度。事实上，如果没有在模型中加入 Dropout 层进行神经元输出的屏蔽，上述模型会很快在训练集上取得超过 95%的精度，但是在验证集上的精度将会下降到 70%~72%。这种过拟合现象是深度卷积神经网络需要克服的主要问题之一。

　　针对过拟合现象，已经有了许多不同的解决方案，这里采用的便是其中一种：即通过随机屏蔽部分神经元，来破坏训练集在模型训练过程中产生的特定的数据模式，从而强迫模型学习不同的数据模式，进而加强模型的泛化能力。

5.4.3　数据增强技术

另一种数据克服过拟合的技术是使用数据增强技术。数据增强是指通过不同的图像处理技术来扩展原始的数据集，从而将数据集中可能出现一定偏差的图像加入数据集进行训练。常见的数据增强技术可以借助于图像的旋转、平移、缩放等完成。在 Keras 框架中，也提供了一套专门用于图像数据的数据增强方法，可以在模型训练过程中动态完成数据增强过程，也可以在模型训练开始前执行数据增强以扩充原始数据集。

但是需要特别注意的是，数据增强是一把双刃剑。在数据增强的过程中，由于引入了原始数据集中不存在的数据图像，因此也会存在引入噪音数据的可能性。因此，数据增强技术并不一定在各种复杂场景下都能适用。在应用数据增强时，需要根据具体问题，采用合适的方式进行数据增强。

如下代码是使用 Keras 进行数据增强的一个简单使用示例。通过使用数据增强，可以在训练时扩展出原始图像的旋转和翻转版本。如下的代码中，使用 5.4.2 节相同的模型结构，在训练时加入数据增强技术，产生了如图 5.51 和图 5.52 所示的训练结果。训练共计持续了 30 轮。

```
01  >>> # coding=utf8
02  >>>
03  >>> from keras.datasets import cifar10
04  >>> # 加载 cifar10 数据
05  >>> (train_x, train_y), (test_x, test_y) = cifar10.load_
    data()
06  >>>
07  >>> # 将标签转换为 onehot
08  >>> from keras.utils import np_utils
09  >>> train_y = np_utils.to_categorical(train_y,
    num_classes=10)
10  >>> test_y = np_utils.to_categorical(test_y,
    num_classes=10)
11  >>>
12  >>> # 定义标签的描述信息
13  >>> labels = ['airplane', 'automobile', 'bird', 'cat',
    'deer', 'dog', 'frog', 'horse', 'ship', 'truck']
```

```
14  >>>
15  >>> from keras.layers import Dense, Flatten, Dropout
16  >>> from keras.layers import Conv2D, MaxPool2D,
    GlobalAvgPool2D
17  >>> from keras.models import Sequential
18  >>> from keras.regularizers import l2
19  >>> from keras.preprocessing.image import ImageDataGenerator
20  >>> # 模型定义
21  >>>
22  >>> model = Sequential()
23  >>> # -------------block_1-------------
24  >>> # 卷积层
25  >>> model.add(Conv2D(name='block_1_conv_1',
26  >>>                   input_shape=(32, 32, 3),
27  >>>                   filters=32, kernel_size=3, strides=1,
28  >>>                   activation='relu', padding='same',
29  >>>                   kernel_regularizer=l2(2e-3),
30  >>>                   kernel_initializer='he_normal'))
31  >>> model.add(Conv2D(name='block_1_conv_2',
32  >>>                   filters=32, kernel_size=3, strides=1,
33  >>>                   activation='relu', padding='same',
34  >>>                   kernel_regularizer=l2(2e-3),
35  >>>                   kernel_initializer='he_normal'))
36  >>>
37  >>> # 池化层
38  >>> model.add(MaxPool2D(name='block_1_maxpool',
39  >>>                     pool_size=2, strides=2,
40  >>>                     padding='same'))
41  >>>
42  >>> # -------------block_2-------------
43  >>> # 卷积层
44  >>> model.add(Conv2D(name='block_2_conv_1',
45  >>>                   filters=64, kernel_size=5, strides=2,
46  >>>                   activation='relu', padding='same',
47  >>>                   kernel_regularizer=l2(2e-3),
48  >>>                   kernel_initializer='he_normal'))
49  >>> model.add(Conv2D(name='block_2_conv_2',
50  >>>                   filters=64, kernel_size=5, strides=1,
51  >>>                   activation='relu', padding='same',
52  >>>                   kernel_regularizer=l2(2e-3),
53  >>>                   kernel_initializer='he_normal'))
54  >>>
55  >>> # 池化层
56  >>> model.add(MaxPool2D(name='block_2_maxpool',
```

```
57  >>>                          pool_size=2, strides=2,
58  >>>                          padding='same'))
59  >>>
60  >>> # -------------block_3-------------
61  >>> # 卷积层
62  >>> model.add(Conv2D(name='block_3_conv_1',
63  >>>                     filters=128, kernel_size=3, strides=1,
64  >>>                     activation='relu', padding='same',
65  >>>                     kernel_regularizer=l2(2e-3),
66  >>>                     kernel_initializer='he_normal'))
67  >>> model.add(Conv2D(name='block_3_conv_2',
68  >>>                     filters=128, kernel_size=3, strides=1,
69  >>>                     activation='relu', padding='same',
70  >>>                     kernel_regularizer=l2(2e-3),
71  >>>                     kernel_initializer='he_normal'))
72  >>>
73  >>> # 池化层
74  >>> model.add(MaxPool2D(name='block_3_maxpool',
75  >>>                        pool_size=2, strides=2,
76  >>>                        padding='same'))
77  >>>
78  >>> # -------------block_4-------------
79  >>> # 卷积层
80  >>> model.add(Conv2D(name='block_4_conv_1',
81  >>>                     filters=256, kernel_size=5, strides=1,
82  >>>                     activation='relu', padding='same',
83  >>>                     kernel_regularizer=l2(2e-3),
84  >>>                     kernel_initializer='he_normal'))
85  >>> model.add(Conv2D(name='block_4_conv_2',
86  >>>                     filters=256, kernel_size=5, strides=1,
87  >>>                     activation='relu', padding='same',
88  >>>                     kernel_regularizer=l2(2e-3),
89  >>>                     kernel_initializer='he_normal'))
90  >>> # 池化层
91  >>> model.add(MaxPool2D(name='block_4_maxpool',
92  >>>                        pool_size=2, strides=2,
                               padding='same'))
93  >>>
94  >>> # -------------block_5-------------
95  >>> # 卷积层
96  >>> model.add(Conv2D(name='block_5_conv_1',
97  >>>                     filters=512, kernel_size=3, strides=2,
98  >>>                     activation='relu', padding='same',
99  >>>                     kernel_regularizer=l2(2e-3),
```

```
100 >>>                       kernel_initializer='he_normal'))
101 >>> model.add(Conv2D(name='block_5_conv_2',
102 >>>                   filters=512, kernel_size=3, strides=2,
103 >>>                   activation='relu', padding='same',
104 >>>                   kernel_regularizer=l2(2e-3),
105 >>>                   kernel_initializer='he_normal'))
106 >>>
107 >>> # 池化层
108 >>> model.add(MaxPool2D(name='block_5_maxpool',
109 >>>                      pool_size=2, strides=2,
                            padding='same'))
110 >>> # -------------过渡层-------------
111 >>> model.add(Flatten())
112 >>> # -------------分类层-------------
113 >>> model.add(Dense(4096, name='dense_2',
114 >>>                  activation='relu',
115 >>>                  kernel_initializer='he_normal'))
116 >>> # 随机屏蔽神经元对抗过拟合
117 >>> model.add(Dropout(rate=0.25))
118 >>> model.add(Dense(10, name='classifier',
119 >>>                  activation='softmax',
120 >>>                  kernel_initializer='he_normal'))
121 >>>
122 >>> # 检查模型结构
123 >>> model.summary()
124 >>>
125 >>> # 编译模型
126 >>> from keras.optimizers import SGD
127 >>> sgd = SGD(lr=1e-2, momentum=0.99, decay=1e-4,
               nesterov=True)
128 >>> model.compile(sgd, 'categorical_crossentropy',
                  metrics=['acc'])
129 >>> generator = ImageDataGenerator(width_shift_range=
130 >>>                       0.125,height_shift_range=0.125,
131 >>>                       vertical_flip=True)
132 >>>
133 >>> # 构造训练数据生成器
134 >>> # 生成训练集生成器
135 >>> train_gen = generator.flow(train_x, train_y,
                              batch_size=256)
136 >>>
137 >>> history = model.fit_generator(train_gen,
138 >>>                       steps_per_epoch=150000 // 256 + 1,
```

```
139 >>>                              epochs=30,
140 >>>                              validation_data=(test_x, test_y))
141 >>>
142 >>> # 可视化训练结果
143 >>> epochs = 30
144 >>> train_acc, val_acc = history.history['acc'], history
    .history['val_acc']
145 >>> train_loss, val_loss = history.history['loss'],
    history.history['val_loss']
146 >>>
147 >>> plt.plot(range(1, epochs+1), train_acc, 'r-',
    range(1, epochs+1), val_acc, 'bo')
148 >>> plt.legend(['train accuracy', 'val accuracy'])
149 >>> plt.show()
150 >>>
151 >>> plt.plot(range(1, epochs+1), train_loss, 'r-',
    range(1, epochs+1), val_loss, 'bo')
152 >>> plt.legend(['train loss', 'val loss'])
153 >>> plt.show()
```

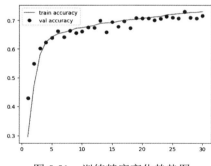

图 5.51　训练精度变化趋势图

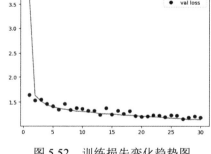

图 5.52　训练损失变化趋势图

从图中可以看出，通过数据增强技术，训练集和测试集的精度变化和损失变化几乎完全一致，过拟合现象得到了有效的缓解。随着训练轮数的增加，模型的精度还会继续上升。但是，也可以看出，随着数据增强技术的引入，模型的收敛速度有所下降，因此，是否引入数据增强技术，需要根据具体的情况进行分析确定。

5.5　本章小结

本章简要介绍了卷积神经网络的基本原理和应用，并通过 Keras 框架介绍了如何使用 Keras 来搭建小型的卷积神经网络。除此之外，本章还简单介绍了常见的几种高级激活函数的使用方法。在模型的使用上，本章介绍了 Keras 框架自带的 VGG16 模型，并深入展示了如何通过一个已有的预训练模型，借助于高质量的预训练数据集获得较好的先验知识，通过模型微调的方式将预训练模型应用于解决特定的问题。不仅如此，本章还介绍了常见的模型特征可视化技术，便于了解模型对图像数据产生的响应分布以及模型本身的信息，以便对深度卷积神经网络进行进一步的改进和优化。

第6章 用 Keras 进行序列处理

在第 5 章中，借助于 Keras 框架提供的卷积神经网络，能够实现一个高精度的图像二分类神经网络。本章中主要介绍深度学习在序列处理方面的常见应用场景。与图像数据不同的是，普通的图片数据往往在输入时已经限定了输入数据的范围，并且图像数据中不同的特征之间可以通过卷积进行特征提取。

对于序列数据而言，一个重要的区别在于序列本身的特征以及序列的输入方式，这两者决定了序列与图像之间不同的处理方式。

- ➥ 一方面，序列数据本身的大小可能是不确定的，甚至可能是无限的，而模型在计算时只能根据有限的数据确定相关信息。
- ➥ 另一方面，序列的前后内容之间可能出现因果关系，尤其是序列后段出现的数据可能会引用，或者基于序列前段的部分关键信息进行相关的引申和扩展，但是在前段序列信息中却存在大量的无关信息导致模型计算时受到干扰。
- ➥ 除此之外，序列信息中，同一段信息出现的位置不同可能代表着不同的含义，但是信息的位置需要在了解信息全貌的基础上才能进行分析，但模型只能计算出已知信息的位置，而不能对未输入的序列信息进行判别。

因此，本章将从序列处理这一角度，介绍深度学习在相关领域中的应用探索。

本章以基于 Keras 框架构建的循环神经网络、长短期记忆网络等带有递归性质的深度神经网络为例，简要介绍了 Keras 在长序列处理方面如何通过 API 完成具有递归性质的神经网络的搭建与训练，并在本章的最后一节介绍简单的文本序列情感倾向分类问题的经典应用，以基于 Keras 框架的深度学习模型完成文本序列的处理任务。

本章主要涉及的知识点如下。

- onehot 编码与词嵌入向量。
- 什么是循环神经网络。
- 如何通过常见的循环神经网络处理序列信息。
- 如何将卷积操作与处理序列的模型相结合。
- 如何将文本处理技术应用于 IMDB 电影评论情感分类问题。

6.1　序列预处理：onehot 编码与词嵌入

随着深度学习技术的不断发展壮大，越来越多的深度学习技术逐渐深入应用到序列处理领域。许多具有时序特征的数据，例如文本、语音、流式视频也通过深度学习逐步进行自动化识别和处理。本节将会以文本为例，介绍基本的序列预处理技术，并将在后续的内容中使用本节所述的序列预处理技术作为模型训练的前提。

在序列预处理技术中，首先需要解决的是序列本身的建模问题。以文本序列为例，文字序列本身代表的含义能够被人脑接收并处理为有意义的信息，但是对于深度学习模型而言，文字信息本身并不能代表任何能够被模型所理解的有意义的信息，因此在使用深度学习模型处理文本序列前，首先需要将待输入的文本序列存储为有意义的张量，然后将张量送入深度学习模型中进行训练，最终得到结果。

在深度学习模型的训练过程中，常见的转换方法有 onehot 编码和词嵌入等。本节主要介绍这两种方法，并简单比较两种转换方法的优劣差异。

6.1.1　onehot 编码与词袋模型

onehot 编码技术是一类非常常用且简单易行的编码技术。onehot 编码的核心思想是通过枚举所有不同的情况，然后约定每种情况下的编码索引，再将对应情况的编码索引值置为 1，其余编码索引置为 0 的一种编码技术。

以手写数字识别为例，由于手写数字识别的数据数目仅限 0~9 共 10 种不同的情况，因此使用 onehot 编码表示每一种数字时，使用一个包含 10 个元素的一维向量，其中指定位置赋值为 1，其余位置赋值为 0 即可。例如，图 6.1 展示了 onehot 编码的最简单的情况，即输入图像数字 5，在类别上属于 5 这一类，即第六类（0 算第一类），则其 onehot 编码和类别编码如图 6.2 所示。

onehot编码: [0 0 0 0 1 0 0 0 0]
类别编码: 5

图 6.1　手写数字图像　　　　图 6.2　手写数字图像类别编码和 onehot 编码对比

针对指定数据集的 onehot 编码是对数据集中有限情况的刻画，例如，在使用神经网络训练分类模型时，可以通过 onehot 编码将对应类别标为 1 从而得到不同的类别标记，然后作为标签送入神经网络进行训练。

以路透社新闻数据集为例，路透社新闻数据集总共包含 11228 条新闻信息用于模型的训练和预测过程。由于 Keras 框架提供了默认的加载数据集的方法，因此不需要额外单独下载数据集。需要特别注意的是，在 Keras 提供的默认方法中，会将路透社新闻数据集的前 80% 数据作为训练集，而将后 20% 数据作为测试集。

如下的代码通过 Keras 提供的方法获取了完整的数据集，然后将数据集按照 80% 作为训练集、20% 作为测试集进行分割，并返回所有的数据。需要注意的是，得到的数据并不是文本序列，而是文本的单词经过类别编码后得到的数字序列，如图 6.3 所示。

```
01  >>> # coding=utf8
02  >>>
03  >>> # 引入 Keras 数据集
04  >>> from keras.datasets import reuters
05  >>>
06  >>> # 加载路透社新闻数据集
07  >>> (train_x, train_y), (test_x, test_y) = reuters.load_
    data(num_words=10000, index_from=3)
08  >>>
09  >>> # 显示获取的数据
10  >>> print('第一条新闻数据:[')
11  >>>
12  >>> for i in range(len(train_x[0])):
13  >>>     if i > 0 and i % 10 == 0:
14  >>>         # 输出换行符
```

```
15   >>>         print()
16   >>>     # 输出数据内容但不换行
17   >>>     print('%04d' % train_x[0][i], end=' ')
18   >>>
19   >>> print(']\n第一条新闻标签:', train_y[0])
```

```
第一条新闻数据:[
0001 0002 0002 0008 0043 0010 0447 0005 0025 0207
0270 0005 3095 0111 0016 0369 0186 0090 0067 0007
0089 0005 0019 0102 0006 0019 0124 0015 0090 0067
0084 0022 0482 0026 0007 0048 0004 0049 0008 0864
0039 0209 0154 0006 0151 0006 0083 0011 0015 0022
0155 0011 0015 0007 0048 0009 4579 1005 0504 0006
0258 0006 0272 0011 0015 0022 0134 0044 0011 0015
0016 0008 0197 1245 0090 0067 0052 0029 0209 0030
0032 0132 0006 0109 0015 0017 0012 ]
第一条新闻标签: 3
```

图 6.3　路透社新闻数据集数据示例

　　从图 6.3 中可知，路透社新闻数据集的新闻是数字序列，每一个数字代表了不同的词，而每个新闻的标签是类别编码。在上述代码中，通过参数 num_words=10000 限定了选择的文章中只选择出现频率最高的 1000 个词汇，因此一些罕见词汇会被过滤掉。

✍ 说明：

　　index_from=3 表示最小的词汇标号为 3，比 3 更小的索引标号中，0 表示对序列的填充项，而 1 表示序列的开始，2 表示未知词汇，未知词汇有可能由两种原因导致：一种是原始文本中未知对应的原始词汇；另一种则是由于设定了加载数据中出现频率最高的 10000 个词汇导致罕见词汇出现频率过低，因而变成了未知词汇。

　　尽管数字序列对于计算机能够识别和理解，但是对于人却不能理解，因此可以通过 Keras 提供的文本转换到数字的词表进行反向转换，从而将对应的数字转换为原始词汇。如下的代码通过将索引标号转换为词汇，输出了路透社新闻数据集中的第一条新闻的文本，输出文本信息如图 6.4 所示。下述代码首先将每个词汇经过字典的映射转换为独立的词汇，然后将转换后的词汇列表连接起来得到正文内容，如图 6.5 所示。需要特别说明的是，下述代码中<UNK>符号表示未知词汇（Unknown）。

```
01   >>> # coding=utf8
02   >>>
03   >>> # 引入 Keras 数据集
04   >>> from keras.datasets import reuters
05   >>>
06   >>> # 加载路透社新闻数据集
07   >>> (train_x, train_y), (test_x, test_y) = reuters.load_
```

```
    data(num_words=10000, index_from=3)
>>>
>>> # 获取词汇到索引的映射表
>>> words2index = reuters.get_word_index()
>>> # 构建索引到词汇的反向映射
>>> index2words = {v: k for k, v in words2index.items()}
>>>
>>> # 将第一条新闻转换为文本
>>> text = [index2words.get(i-3, '<UNK>') for i in train_x[0]]
>>>
>>> # 输出词汇序列
>>> print(text)
>>> # 输出连接后的文本
>>> print(' '.join(text))
```

```
['<UNK>', '<UNK>', '<UNK>', 'said', 'as', 'a', 'result', 'of', 'its', 'de
cember', 'acquisition', 'of', 'space', 'co', 'it', 'expects', 'earnings',
 'per', 'share', 'in', '1987', 'of', '1', '15', 'to', '1', '30', 'dlrs',
'per', 'share', 'up', 'from', '70', 'cts', 'in', '1986', 'the', 'company'
, 'said', 'pretax', 'net', 'should', 'rise', 'to', 'nine', 'to', '10', 'm
ln', 'dlrs', 'from', 'six', 'mln', 'dlrs', 'in', '1986', 'and', 'rental',
 'operation', 'revenues', 'to', '19', 'to', '22', 'mln', 'dlrs', 'from',
'12', '5', 'mln', 'dlrs', 'it', 'said', 'cash', 'flow', 'per', 'share',
'this', 'year', 'should', 'be', '2', '50', 'to', 'three', 'dlrs', 'reuter'
, '3']
```

图 6.4　路透社新闻从数字索引转换为词汇序列

```
<UNK> <UNK> <UNK> said as a result of its december acquisition of space c
o it expects earnings per share in 1987 of 1 15 to 1 30 dlrs per share up
 from 70 cts in 1986 the company said pretax net should rise to nine to 1
0 mln dlrs from six mln dlrs in 1986 and rental operation revenues to 19
to 22 mln dlrs from 12 5 mln dlrs it said cash flow per share this year s
hould be 2 50 to three dlrs reuter 3
```

图 6.5　路透社新闻内容

通过转化为文本，可以看到路透社新闻数据集原始的内容信息。接下来，需要将路透社新闻数据转换为对应的 onehot 编码，以便输入到模型中进行训练。

注意：

转换为 onehot 编码时，这里转换的方式与标签转换 onehot 的方式不同：将文本等序列信息转换为 onehot 编码时，一段文本序列中有多个词汇，因此转换数据序列时通常使用词袋模型进行转换，即在一段文本中，每个不同的词汇都用一个单独的数字表示，然后通过将对应的索引位置置为 1 从而得到二进制的向量，进而通过向量表示对应的文本信息。这样的模型之所以被称为词袋模型，是由于词袋模型本身构建的过程中不会考虑文本词汇的前后顺序，并且也不会考虑对应文本中词汇出现的上下文以及出现的词频。

onehot 编码能够在情况有限时完整地表示出整个数据集，但是，onehot 编码最大的问题在于数据过于稀疏的表示方式无法表现出数据本身的语义信息。例如，完整的语义信息需要将相近意思的词语通过相近的向量进行表示，但是 onehot 表示方法只能够表示词语是否出现，难以表示词语的含义以及语义之间的近似关系，而词袋模型则不能体现上下文对于词语含义的影响。除了本节介绍的 onehot 编码，将会在下一节简单介绍语义相关的基于分布的词嵌入表示技术。

6.1.2 词嵌入技术简介

词嵌入技术（wordembeddings）也称为词向量技术（wordvectors）或称为基于分布的表示技术（distributedrepresentation），这一技术与 onehot 编码技术的不同在于，onehot 编码技术使用定长的二值向量来表示词语，其中向量的表示维度与所有文档中词语的数目是相关的，这对于大规模文本数据集而言会造成文本表示过于稀疏的问题。除此以外，onehot 表示法中，词语表示之间为正交关系，不同词语的语义无法通过常用的向量相似度刻画方法进行有效联系。

与 onehot 表示法不同的是，基于分布的词嵌入技术使用定长实数向量来表示不同词语，一方面避免了词向量的表示维度与文本数据集的词语规模的相关性，以及表示的稀疏性；另一方面则使得所有的词语之间，其语义的相近程度可以通过向量相似度的刻画方法进行描述，从而建立起一套简易的数学模型以刻画词语之间的语义相似度。

以一个简单的文本词库为例，假定文本词库中包含三个词：<面包、老虎、熊猫>。根据语义关系可知，"老虎"和"熊猫"都是动物，而"面包"是一种食物，因此语义关系之间"老虎"和"熊猫"具有相近的语义关系，而"面包"与上述两个词语的语义关系较远。如果以 onehot 编码表示上述词语，则可以使用长度为 3 的二值向量将上述词语表示为如图 6.6 所示的形式。

由于图 6.6 所示的 3 个向量互相正交，因此使用余弦距离等刻画向量相似度的技术会得到三个向量之间的距离均为 0，因此无法刻画出语义之间的相近关系。而基于分布的词嵌入技术则可以使用实数表示词语在语义空间的分布信息，如图 6.7 所示。

图 6.6　onehot 表示法表示词语　　图 6.7　基于分布的词嵌入技术表示词语

首先需要说明的是，通常词嵌入技术所使用的词语表示向量的长度是远小于词库中词语数目的，例如，可以使用 100 维的向量表示上万规模的词库。另一方面，词语的含义可以通过刻画向量之间的相似度进行度量。

以图 6.7 所示的 3 个表示向量为例，以余弦相似度为例，余弦相似度以 2 个向量之间的夹角大小来刻画向量之间的相似度，夹角越小，则向量越相似，其余弦值越大。通常计算余弦相似度时采取余弦值在 0~1 之间来表示从非相似到完全相同之间的变化。余弦相似度的定义如式（6.1）所示。

$$\cos\theta = \frac{\vec{A} \cdot \vec{B}}{\|\vec{A}\| \times \|\vec{B}\|} \tag{6.1}$$

使用如下代码可以计算出两个向量之间的余弦相似度，计算得到的不同表示法下的输出结果如图 6.8 所示。可以看出，使用基于词嵌入的表示能够更好地刻画词语含义信息。

```
01  >>> # coding=utf8
02  >>> # 计算两个向量之间的余弦相似度
03  >>> import numpy as np
04  >>>
05  >>> # 计算向量范数
06  >>> def norm(x, ord=2):
07  >>>     # 一阶范数
08  >>>     if ord == 1:
09  >>>         return np.sum(x)
10  >>>     # 二阶范数
11  >>>     elif ord == 2:
12  >>>         return np.sqrt(np.sum(x**2))
13  >>>
14  >>> # 计算余弦相似度
15  >>> def cos_sim(a, b):
16  >>>     a, b = np.asarray(a), np.asarray(b)
17  >>>     return np.dot(a, b) / (norm(a) * norm(b))
18  >>>
19  >>> # 使用 onehot 表示词语并计算相似度
```

```
20  >>> bread = [1, 0, 0]
21  >>> tiger = [0, 1, 0]
22  >>> panda = [0, 0, 1]
23  >>>
24  >>> print('使用 onehot 表示法计算的词语相似度:')
25  >>> print('面包<-->老虎: %.3f' % cos_sim(bread, tiger))
26  >>> print('熊猫<-->老虎: %.3f' % cos_sim(panda, tiger))
27  >>> print('熊猫<-->面包: %.3f' % cos_sim(panda, bread))
28  >>>
29  >>> # 使用词嵌入表示词语并计算相似度
30  >>> bread = [0.2, 0.1]
31  >>> tiger = [0.85, 0.93]
32  >>> panda = [0.62, 0.85]
33  >>>
34  >>> print('\n 使用词嵌入表示法计算的词语相似度:')
35  >>> print('面包<-->老虎: %.3f' % cos_sim(bread, tiger))
36  >>> print('熊猫<-->老虎: %.3f' % cos_sim(panda, tiger))
37  >>> print('熊猫<-->面包: %.3f' % cos_sim(panda, bread))
```

```
使用onehot表示法计算的词语相似度:
面包 <--> 老虎: 0.000
熊猫 <--> 老虎: 0.000
熊猫 <--> 面包: 0.000

使用词嵌入表示法计算的词语相似度:
面包 <--> 老虎: 0.934
熊猫 <--> 老虎: 0.994
熊猫 <--> 面包: 0.888
```

图 6.8　基于余弦相似度的不同词语表示法的语义相似度刻画结果

有了基于分布的词嵌入技术，能够根据词义刻画出不同向量之间的距离关系，从而根据词义的先验知识得到不同的词义分布，进而提高模型对自然语言的理解。常见的基于分布的词嵌入技术有 word2vec 等相关技术。

在 Keras 框架中，同样提供了 Embedding 层用于获得基于分布的词向量。Keras 的 Embedding 层可以将词语转换为对应的词语之间的参数，从而得到词语的不同表示向量。通常情况下，词语的表示向量可以使用 word2vec 等技术进行预先训练从而得到预训练的词嵌入向量，但是 Keras 也可支持通过自定义的 Embedding 层将输入的 onehot 向量转化为随机初始化的随机数向量，然后通过梯度下降法训练过程对 Embedding 层的转换结果进行训练。

以 Keras 自带的路透社新闻数据集为例，取其中前 10 条文本作为语料库，用于训练由词嵌入技术所表示的词向量，代码如下。

```
01  >>> # coding=utf8
02  >>>
```

```
03   >>> import numpy as np
04   >>> from gensim.models import Word2Vec
05   >>>
06   >>> from keras.preprocessing.text import Tokenizer
07   >>> from keras.preprocessing.sequence import pad_sequences
08   >>> from keras.datasets import reuters
09   >>>
10   >>> (x_train, y_train), (x_test, y_test) = reuters.
     load_data()
11   >>>
12   >>> # 获取词汇到索引的映射表
13   >>> words2index = reuters.get_word_index()
14   >>> # 构建索引到词汇的反向映射
15   >>> index2words = {v: k for k, v in words2index.items()}
16   >>>
17   >>> # 将前 10 条新闻转换为文本
18   >>> texts = []
19   >>> for t in x_train[:10]:
20   >>>     texts.append([index2words.get(i-3, '<UNK>') for I
     in t])
21   >>>
22   >>> # 查看第 1 条文本
23   >>> print('\n 第一条原始文本为: %s\n' % texts[0])
```

由上述代码可以将路透社新闻数据集转换为原始的文本信息，并在上述
diamagnetic 的第 23 行打印了第一条新闻的内容，如图 6.9 所示。

图 6.9　路透社新闻数据集文本

得到文本数据后，以基于 Gensim 的 word2vec 工具箱为例，首先在确保
联网的情况下，在控制台界面输入如下指令以安装 gensim。

```
01   pip install genism
```

然后使用如下代码进行词向量的训练过程。训练完成后，可以将训练好
的词向量文件作为文件存储以便于后续使用。

```
01   >>> print('开始训练 word2vec 模型')
02   >>> # 开始模型训练
```

```
03  >>> w2v_model = Word2Vec(sentences=texts, size=200,
    window=8, workers=8, min_count=5)
04  >>>print('训练完成')
05  >>> # 存储模型
06  >>> w2v_model.save('word2vec.model')
07  >>> # 以文本形式存储词嵌入向量，不可追加训练
08  >>> w2v_model.wv.save_word2vec_format('embeddings.txt',
    binary=False)
09  >>> # 以二进制存储词嵌入向量，可以加载后继续追加训练
10  >>> w2v_model.wv.save_word2vec_format('embeddings.bin',
    binary=True)
```

得到的二进制文件以 bin 后缀标识，而文本词向量文件以 txt 后缀标识，完整的模型对象以 model 后缀标识。

📣 注意：

> 使用自主预训练的词向量时，可以选择不同的超参数以使模型适应不同的文本数据集。由于词向量的文本文件没有存储训练权重以及树的节点，因此文本文件不能继续训练，只能作为预训练的权重加载到 NLP 模型中。相反，由于以 model 为后缀的文件和以 bin 为后缀的文件存储了相关的模型信息，因此可以增量式的进行新的训练并产生不同的词向量输出。

以输出的词向量文本文件为例，其内容和格式如图 6.10 所示。

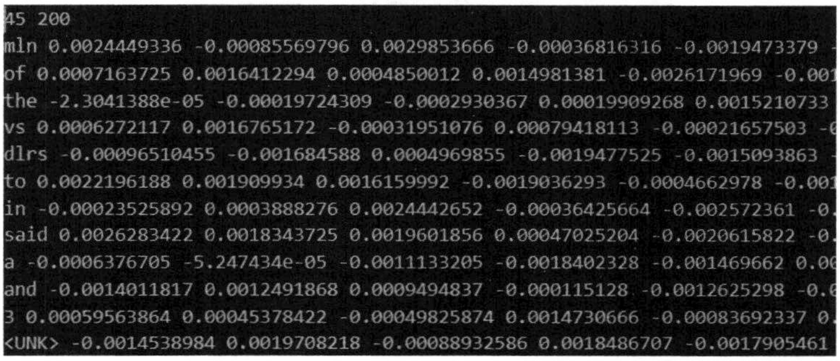

图 6.10　预训练的词向量文本文件

文件的第一行由 2 个数字构成：45 和 200，其中 45 表示词向量的数目共有 45 个不同的词，200 表示每个词由 200 维的数值向量组成。文件的其余部分则是每个单词本身及其词向量表示所得的内容。

有了预训练的词向量，接下来可以通过 Keras 提供的 Embedding 层的相关参数将预训练好的词嵌入向量加载到对应层中。首先，需要使用 Keras 提供的文本形符化工具将所有词语归一化为统一的形式，如图 6.11 所示。

```
01  >>> # 使用 Keras 提供的 Tokenizer 形符化英文词语
02  >>> # 对于中文则需要进行预先分词，keras 无法进行中文分词
03  >>> tokenizer = Tokenizer()
04  >>> # 对二维列表进行训练，每一个一维列表表示一个文本
05  >>> tokenizer.fit_on_texts(texts)
06  >>>
07  >>> # 查看所有形符，返回形符到 id 的对应字典
08  >>> print(tokenizer.word_index)
09  >>>
10  >>> # 编码原始文本
11  >>> encoded_txts = tokenizer.texts_to_sequences(texts)
12  >>>
13  >>> # 查看编码后的第一条文本
14  >>> print('\n 编码后的文本为：%s\n' % encoded_txts[0])
15  >>>
16  >>> # 对句子进行 padding，短的补齐，长的截断，确保句子长短一致
17  >>> max_length = 50
18  >>> padded_txts = pad_sequences(encoded_txts, maxlen=
    max_length, dtype='float32')
19  >>>
20  >>> # 查看补齐后的文本矩阵维度
21  >>> print('文本矩阵维度：', np.shape(padded_txts))
```

```
编码后的文本为: [12, 169, 170, 8, 61, 9, 171
3, 64, 14, 7, 20, 3, 65, 8, 175, 21, 102, 17
1, 5, 17, 8, 68, 103, 18, 19, 184, 31, 102,
文本矩阵维度: (10, 50)
```

图 6.11　经过预处理的文本矩阵

经过预处理的文本矩阵具有相同的维度，便于输入神经网络模型进行计算。为了将预训练的词嵌入向量加入神经网络中，可以将经过 word2vec 训练得到的权重加载到 Embedding 层中，并在训练初期将权重冻结，以防止随机初始化的网络层导致的较大的梯度更新值破坏了通过预训练得到的嵌入词向量表示的权重。在整个网络模型权重趋于稳定后，可以再对 Embedding 层的权重进行微调，以使得嵌入词向量能够不遗忘预训练得到的先验知识，从而凭借已有的知识更好地适应新的数据集。

如下的代码展示了如何将预训练得到的权重信息通过 Keras 的 Embedding 层加载到网络模型中，其输出如图 6.12 所示。

```
01  >>> # coding=utf8
02  >>> def load_embedding_file(filepath, dtype='float64'):
03  >>>     '''
```

```
04  >>>     Load embedding info from given file
05  >>>     Return dict of word to embedding vector.
06  >>>     '''
07  >>>     words2embedding = {}
08  >>>     with open(filepath) as f:
09  >>>         cnt, dim = f.readline().strip().split()
10  >>>         for line in f:
11  >>>             c = line.strip().split() # 每一行的有效内容
12  >>>             words2embedding[c[0]] = np.asarray(c[1:],
    dtype=dtype)
13  >>>     return words2embedding, int(cnt), int(dim)
14  >>>
15  >>>
16  >>> def load_embedding_weight(filepath, vocab2id,
    unknown=0):
17  >>>     '''Load embedding weight matrix from text file
18  >>>
19  >>>     Args:
20  >>>         filepath: str word2vec file path.
21  >>>         vocab2id: dict dict of word to integer
22  >>>         unknown: int, float, ndarray the default numeric
    id for unknown words
23  >>>     '''
24  >>>     embedding_dict, cnt, dim = load_embedding_file
    (filepath)
25  >>>     # 初始化权重矩阵
26  >>>     weights = np.zeros((len(vocab2id) + 1, dim))
27  >>>     # 构建权重矩阵
28  >>>     for w, i in vocab2id.items():
29  >>>         weights[i] = embedding_dict.get(w, unknown)
30  >>>     # 返回构建好的词向量
31  >>>     return weights, dim
32  >>>
33  >>> emb_weights, emb_dim = load_embedding_weight
    ('embeddings.txt', tokenizer.word_index)
34  >>> # 输出词向量的权重
35  >>> print('词向量的维度为: ', emb_weights.shape)
36  >>>
37  >>> from keras.layers import Embedding
38  >>> # 获得词汇表的词语数目，由于使用了 0 作为 padding
39  >>> # 因此需要在 vocab_size 中+1
40  >>> vocab_size = len(tokenizer.word_index) + 1
41  >>> # 使用 Embedding 层
```

```
42  >>> # input_dim 为 vocab_size, output_dim 为词向量的维度
43  >>> # weights 为权重矩阵的列表, input_length 为每个句子的最大长
    度(padding 后)
44  >>> # 在初始训练中首先要将 Embedding 层冻结, 然后逐步微调 Embedding 层
45  >>> emb_layer = Embedding(input_dim=vocab_size,
46  >>>                       output_dim=emb_dim,
47  >>>                       weights=[emb_weights],
48  >>>                       input_length=max_length,
49  >>>                       trainable=False)
50  >>>
51  >>> print('Embedding 权重加载完成')
```

图 6.12　将预训练的权重加载到 Embedding 层中

本节完整介绍了在基于深度学习的自然语言处理这一领域中两种常用的文本编码技术，它们各有其应用场景以及优势，因此需要根据具体的需求选择合适的编码方案，以取得性能较好的模型。

6.2　基于深度学习的序列处理技术

通过 6.1 节的内容，可以简要了解文本序列处理中，对于文本序列的预处理步骤，以便将文本序列转换为数字序列。仅仅通过预处理技术只能将文本转换为不同编码格式的矩阵，但是对于编码矩阵的处理，则需要通过基于深度学习的序列处理技术进行处理。

本节将会简要介绍基于 Keras 的深度学习序列处理技术，如循环神经网络、长短期记忆网络等。通过深度学习的序列处理技术，可以将词语之间的上下文进行不同程度的匹配，从而实现文本理解和应用。本节主要介绍 Keras 所支持的循环神经网络及其变种网络，随着深度学习技术的发展，其他基于深度学习的序列处理技术也逐步得到了发展和应用，有兴趣的读者可以自行进一步研究和拓展。

6.2.1　循环神经网络 RNN

循环神经网络（RNN，Recurrent Neural Network）是最为基本的深度学

习序列处理模型。循环神经网络将序列信息作为文本词汇的循环来进行处理，一个最简单的循环神经网络通过将 t 时刻的网络输出与 t+1 时刻网络得到的输入同时叠加从而得到最终的 t+1 时刻的输出，如图 6.13 展示了最基本的循环神经网络与普通的神经网络之间的不同关系：循环神经网络的计算结果不仅依赖于指定的输入，而且依赖于神经网络在上一个周期所产生的输出，而普通的神经网络仅仅与本周期的输入和神经网络中的权重有关，与模型上一个周期的输出无关。其中，由于 RNN 的计算与上一个周期的计算有关，因此可以认为 RNN 的计算过程中涉及之前计算过程的输出，因此可以考虑上下文的相关信息从而得到基于上下文的计算模型。

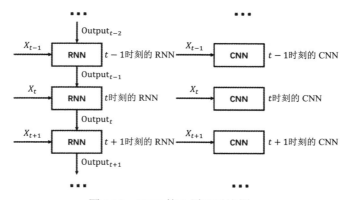

图 6.13　RNN 核心原理对比图

在文本处理和序列处理中，上下文信息有时决定了当前信息的含义：例如，在上下文中，可能因为包含不同的描述词语进而导致后续的文本内容走向不同，如图 6.14~图 6.16 分别展示了在不同的不含上下文信息，以及包含 2 种不同类型的上下文信息的情况下，文本走向的不同，从而说明上下文信息的重要性。

今天天气真（）呀！

图 6.14　无上下文信息

风和日丽，阳光明媚，今天天气真（）呀！

图 6.15　包含正面描述的上下文信息

暴风骤雨，天昏地暗，今天天气真（）呀！

图 6.16　包含负面描述的上下文信息

通过简短的介绍，可以看出循环神经网络在处理序列时具有对之前步骤内容的考察。因此，最简单的 RNN 前馈过程可以通过一个简单的循环进行模拟，其代码如下，代码的进度输出如图 6.17 所示。

```
01   >>> # coding=utf8
02   >>>
03   >>> import numpy as np
04   >>>
05   >>> # 定义参数
06   >>> # ------------------------------------------------
07   >>> # 定义每次输入的时序数目
08   >>> timesteps = 100
09   >>> # 定义输入特征维度
10   >>> input_dim = 32
11   >>> # 定义输出维度
12   >>> output_dim = 128
13   >>> # 定义输入的 batch 大小
14   >>> mini_batch = 64
15   >>> # 定义激活函数
16   >>> activation = np.tanh
17   >>>
18   >>> # 初始化随即因子
19   >>> np.random.seed(2018)
20   >>>
21   >>> # 定义单层 RNN 网络的权重和偏置
22   >>> # ------------------------------------------------
23   >>> # 处理输入特征的神经元权重矩阵
24   >>> W = np.random.random((input_dim, output_dim))
25   >>> # 处理前一步循环神经网络输出的神经元权重矩阵
26   >>> U = np.random.random((output_dim, output_dim))
27   >>> # 偏置项
28   >>> b = np.random.random(output_dim)
29   >>>
30   >>> # 初始化参数并进行训练
31   >>> # ------------------------------------------------
32   >>> # 初始化输入矩阵
33   >>> X = np.random.random((mini_batch, timesteps, input_dim))
34   >>> # 初始化上一时刻的输出状态
35   >>> state_t = np.zeros((mini_batch, output_dim))
36   >>>
37   >>> # 维度变换与扩展，便于矩阵运算
38   >>> # ------------------------------------------------
```

```
39  >>> state_t = np.expand_dims(state_t, 2)
40  >>> b = np.expand_dims(b, 2)
41  >>> # 交换最后 2 个坐标轴便于矩阵乘法广播
42  >>> X = X.transpose(0, 2, 1)
43  >>>
44  >>> # 开始训练的前向传播过程模拟
45  >>> for t in range(timesteps):
46  >>>     # 根据已有的上一时刻状态和输入计算输出
47  >>>     output_t = activation(np.matmul(W.T, X[:, :, t:
t+1]) + np.matmul(U, state_t) + b)
48  >>>     # 更新状态 state
49  >>>     state_t = output_t
50  >>>     # 输出进度
51  >>>     print('timestep: %03d, shape: %s' % (t+1, output_t
.shape))
```

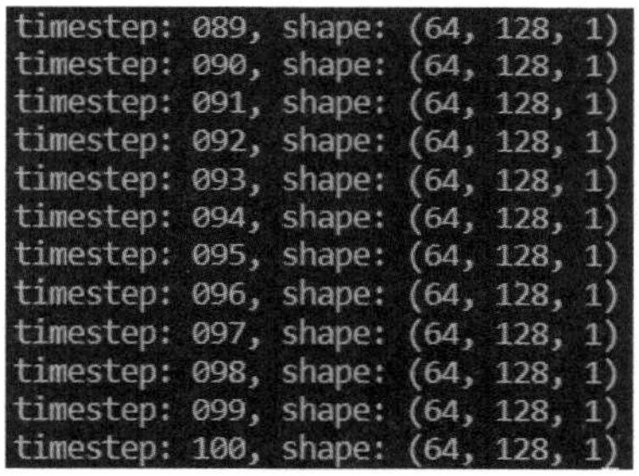

```
timestep: 089, shape: (64, 128, 1)
timestep: 090, shape: (64, 128, 1)
timestep: 091, shape: (64, 128, 1)
timestep: 092, shape: (64, 128, 1)
timestep: 093, shape: (64, 128, 1)
timestep: 094, shape: (64, 128, 1)
timestep: 095, shape: (64, 128, 1)
timestep: 096, shape: (64, 128, 1)
timestep: 097, shape: (64, 128, 1)
timestep: 098, shape: (64, 128, 1)
timestep: 099, shape: (64, 128, 1)
timestep: 100, shape: (64, 128, 1)
```

图 6.17　简单 RNN 前向传播过程维度检查示意图

上述代码中通过一个 for 循环模拟了 RNN 的核心结构：每一步的输出都包含了上一步当中最终的输出以产生当前步骤的输出。相比于普通的全连接神经网络，RNN 的每一层中使用了 2 个权重矩阵 W 和 U 来分别学习有关当前输入 X 和上一步输出 state_t 的信息，再结合偏置项 b 得到了线性变换结果。通过激活函数（上述代码中选择了 tanh 函数）将线性变换映射为非线性变换，从而完成了结合上下文信息的学习过程。

📢 注意：

上述代码中使用了 Numpy 库中的 matmul 进行矩阵之间的点积运算，matmul 在灵活性上虽然弱于 dot，但是可以实现多个维度的矩阵点积的广播运算，从而有效提高点积运算的速度。

在 Keras 中，基本的 RNN 结构对应于 Keras 所支持的 SimpleRNN 层。这一层实现了基本的 RNN 网络的前向传播和反向梯度下降过程，可以直接用于训练。以单层 RNN 网络为例，如下的代码构建了一个单层的 RNN 网络，并将该模型用于 Reuters 新闻数据集的文本分类任务当中。Reuters 数据集由 Keras 自带的数据集提供，代码如下：

```
01  >>> # coding=utf8
02  >>>
03  >>> from keras.models import Sequential
04  >>> from keras.layers import Dense, SimpleRNN, Embedding,
    LSTM
05  >>>
06  >>> # --------------------------------------------------
07  >>> # 加载数据
08  >>> from keras.datasets import reuters
09  >>> (x_train, y_train), (x_test, y_test) = reuters.load_
    data(num_words=10000)
10  >>> # 词汇到下标映射
11  >>> word_index = reuters.get_word_index()
12  >>>
13  >>> # 词汇数量
14  >>> vocab_size = len(word_index) + 1
15  >>> # 词嵌入维度
16  >>> emb_dim = 50
17  >>> # 句子最大长度
18  >>> maxlen = 100
19  >>>
20  >>> # --------------------------------------------------
21  >>> # 数据预处理
22  >>> from keras.preprocessing.sequence import pad_sequences
23  >>> from keras.utils import np_utils
24  >>> x_train = pad_sequences(x_train, maxlen=maxlen)
25  >>> x_test = pad_sequences(x_test, maxlen=maxlen)
26  >>>
27  >>>
28  >>> # 46 类文本
29  >>> y_train = np_utils.to_categorical(y_train, num_
    lasses=46)
30  >>> y_test = np_utils.to_categorical(y_test, num_
    lasses=46)
31  >>>
32  >>> # --------------------------------------------------
33  >>> # 定义模型，为文本提供词嵌入层
```

```
34  >>> model = Sequential()
35  >>> # 指定 Embedding 层的词汇表大小和词嵌入维度，句子长度
36  >>> model.add(Embedding(vocab_size, emb_dim, input_
    ength=maxlen))
37  >>> # 使用单个 RNN 层
38  >>> model.add(SimpleRNN(128))
39  >>>
40  >>> # 通过 softmax 进行分类
41  >>> model.add(Dense(128, activation='relu'))
42  >>> model.add(Dense(46, activation='softmax'))
43  >>>
44  >>> # --------------------------------------------
45  >>> # 编译模型并显示模型结构
46  >>> model.compile(optimizer='rmsprop',
47  >>>              loss='categorical_crossentropy', metrics=
    'acc'])
48  >>> model.summary()
49  >>>
50  >>> # --------------------------------------------
51  >>> # 模型训练并绘制训练图像
52  >>>
53  >>> epochs = 20
54  >>> history = model.fit(x_train, y_train, batch_size=128,
    epochs=epochs, validation_split=0.2)
55  >>>
56  >>> from matplotlib import pyplot as plt
57  >>> train_acc, val_acc = history.history['acc'], history
    .history['val_acc']
58  >>> train_loss, val_loss = history.history['loss'], history
    .history['val_loss']
59  >>>
60  >>> plt.plot(range(1, epochs+1), train_acc, 'r-', range
    (1, epochs+1), val_acc, 'bo')
61  >>> plt.legend(['train accuracy', 'val accuracy'])
62  >>> plt.show()
63  >>>
64  >>> plt.plot(range(1, epochs+1), train_loss, 'r-', range
    (1, epochs+1), val_loss, 'bo')
65  >>> plt.legend(['train loss', 'val loss'])
66  >>> plt.show()
67  >>>
```

如图 6.18 所示，模型中包含了一个随机初始化的 Embedding 层，用于将文本矩阵转换为定长的低维度向量，以及一个单层的 RNN 网络层。

Layer (type)	Output Shape	Param #
embedding_1 (Embedding)	(None, 1000, 100)	3098000
simple_rnn_1 (SimpleRNN)	(None, 128)	29312
dense_1 (Dense)	(None, 46)	5934

Total params: 3,133,246
Trainable params: 3,133,246
Non-trainable params: 0

图 6.18 用于文本分类的单层 RNN 模型结构

📢 注意：

> Embedding 的维度对于模型的训练速度有较为重要的影响，不同维度的 Embedding 往往包含的信息差异较小，但是对于训练速度影响较大，维度越高的 Embedding 导致模型的训练和收敛越慢。

单层 RNN 在 Reuters 数据集上的分类效果如图 6.19 和图 6.20 所示。训练中选择 80%的数据作为训练集，20%的数据作为验证集。从图中可见，模型训练过程发生了迅速的过拟合，在验证集上表现最佳的模型达到了约 41%的精度。对于一个简单的单层 RNN 网络而言，这一结果已经表现较好。

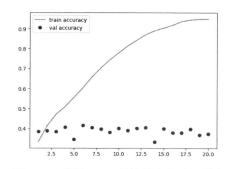 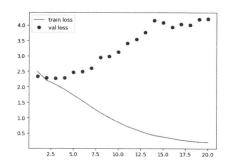

图 6.19 单层 RNN 训练精度和验证精度   图 6.20 单层 RNN 训练误差和验证误差

单层 RNN 模型虽然达到了一定的文本分类效果，但是单层 RNN 本身参数量较小，模型过于简单。因此，可以尝试叠加 RNN 层，并观察模型的分类效果。需要特别说明的是，RNN 层的参数中，如果需要叠加 RNN 层，必须将前面多层的 RNN 层的 return_sequences 参数设置为 True，并将最后一层的该参数设置为 False。在叠加 RNN 类型的网络层时，需要给后面的

RNN 类型的网络返回所有步骤的输出结果，因此不再是一个向量，而是所有时刻输出的矩阵。最后一层的 RNN 网络则只需将最后时刻的输出交给全连接层即可。

　　修改上述模型，将单层 RNN 模型修改为如下的 3 层 RNN 模型。模型结构如图 6.21 所示，训练过程的精度和训练中的损失如图 6.22 和图 6.23 所示。

```
01  >>> # 定义模型，为文本提供词嵌入层
02  >>> model = Sequential()
03  >>> # 指定 Embedding 层的词汇表大小和词嵌入维度，句子长度
04  >>> model.add(Embedding(vocab_size, emb_dim, input_length=
    maxlen))
05  >>>
06  >>> model.add(SimpleRNN(128, return_sequences=True))
07  >>> model.add(SimpleRNN(128, return_sequences=True))
08  >>> model.add(SimpleRNN(128, return_sequences=False))
09  >>> # 通过 softmax 进行分类
10  >>> model.add(Dense(128, activation='relu'))
11  >>> model.add(Dense(46, activation='softmax'))
12  >>>
13  >>> # -------------------------------------------------
14  >>> # 编译模型并显示模型结构
15  >>>
16  >>> model.compile(optimizer='rmsprop',
17  >>>              loss='categorical_crossentropy', metrics=
    ['acc'])
18  >>> model.summary()
```

```
Layer (type)                 Output Shape              Param #
=================================================================
embedding_1 (Embedding)      (None, 100, 50)           1549000
_____
simple_rnn_1 (SimpleRNN)     (None, 100, 128)          22912
_____
simple_rnn_2 (SimpleRNN)     (None, 100, 128)          32896
_____
simple_rnn_3 (SimpleRNN)     (None, 128)               32896
_____
dense_1 (Dense)              (None, 128)               16512
_____
dense_2 (Dense)              (None, 46)                5934
=================================================================
Total params: 1,660,150
Trainable params: 1,660,150
Non-trainable params: 0
```

图 6.21　用于文本分类的 3 层 RNN 模型结构

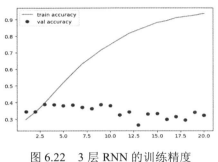
图 6.22　3 层 RNN 的训练精度

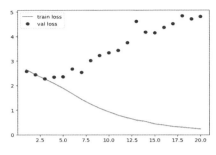
图 6.23　3 层 RNN 的训练损失

通过图 6.22 和图 6.23 所示的训练过程可知，简单堆叠 RNN 网络并不能带来显著的性能提升，因此有必要对 RNN 模型进行改进，以得到表达能力更强大的循环神经网络模型。

6.2.2　长短期记忆网络 LSTM

长短期记忆网络（Long Short Term Memory，LSTM）是一种专门用于改进标准 RNN 在长距离依赖上的不足而提出的循环神经网络，也是序列处理中最为常见的信息编码器之一。虽然在理论上，RNN 的网络结构能够使模型的上下文关联信息得到记忆和共享，但是在 RNN 的实际使用中，长距离的信息依赖往往无法学习。

如图 6.24 所示是一个简单的长距离依赖的示意图。其中，为了预测第二句话中应该填入的语言类型，必须要通过第一句话中的"中国"这一词语来预测第二句的空白处应填入"中"字。这种信息之间间隔较远的依赖，即为长距离依赖。

中国是一个拥有上千年的悠久历史的国家。为了更好地了解它，许多人选择了（　）语作为自己的第二外语。

图 6.24　长距离依赖示意图

为了解决标准 RNN 不能学习长距离依赖的问题，LSTM 引入了 3 个"门"对信息进行过滤，分别是：遗忘门、输入门、输出门。遗忘门用于决定上一个步骤的神经元信息的遗忘程度，避免无效信息对当前神经元状态的干扰；输入门通过上一个步骤中的隐层状态和本步骤的输入计算神经元的更新信息，然后交给 tanh 激活函数将数值范围压缩到(-1, 1)，再用于更新本步骤中的神经元状态；输出门则将本步骤的神经元状态通过 tanh 进行激活，再经过 sigmoid 进行筛选过滤后，作为本次步骤的隐层输出状态，交给下一步骤的神经元。

在 Keras 中，提供了 LSTM 的相关实现，可以直接通过代码调用。为了和标准的 RNN 性能进行比较，这里采用了 3 层 LSTM 作为模型的核心学习层，并且每层的神经元数目与上一节中的 RNN 相同，均为 128 个节点，然后将基于 LSTM 的模型用于 Reuters 进行分类，比较验证集的精度。如下的代码执行了模型定义和训练，其模型结构如图 6.25 所示，模型的训练性能和损失如图 6.26 和图 6.27 所示。

```
01  >>> # coding=utf8
02  >>>
03  >>> from keras.models import Sequential
04  >>> from keras.layers import Dense, Embedding, LSTM
05  >>>
06  >>> # ----------------------------------------------------
07  >>> # 加载数据
08  >>> from keras.datasets import reuters
09  >>> (x_train, y_train), (x_test, y_test) = reuters.load_
    data(num_words=10000)
10  >>> # 词汇到下标映射
11  >>> word_index = reuters.get_word_index()
12  >>>
13  >>> # 词汇数量
14  >>> vocab_size = len(word_index) + 1
15  >>> # 词嵌入维度
16  >>> emb_dim = 50
17  >>> # 句子最大长度
18  >>> maxlen = 100
19  >>>
20  >>> # ----------------------------------------------------
21  >>> # 数据预处理
22  >>> from keras.preprocessing.sequence import pad_sequences
23  >>> from keras.utils import np_utils
24  >>> x_train = pad_sequences(x_train, maxlen=maxlen)
25  >>> x_test = pad_sequences(x_test, maxlen=maxlen)
26  >>>
27  >>>
28  >>> # 46类文本
29  >>> y_train = np_utils.to_categorical(y_train, num_
    classes=46)
```

```
30  >>> y_test = np_utils.to_categorical(y_test, num_classes=46)
31  >>>
32  >>> # -----------------------------------------------
33  >>> # 定义模型, 为文本提供词嵌入层
34  >>> model = Sequential()
35  >>> # 指定 Embedding 层的词汇表大小和词嵌入维度, 句子长度
36  >>> model.add(Embedding(vocab_size, emb_dim, input_length=
    maxlen))
37  >>>
38  >>> model.add(LSTM(128, return_sequences=True))
39  >>> model.add(LSTM(128, return_sequences=True))
40  >>> model.add(LSTM(128, return_sequences=False))
41  >>>
42  >>> # 通过 softmax 进行分类
43  >>> model.add(Dense(128, activation='relu'))
44  >>> model.add(Dense(46, activation='softmax'))
45  >>>
46  >>> # -----------------------------------------------
47  >>> # 编译模型并显示模型结构
48  >>>
49  >>> model.compile(optimizer='rmsprop',
50  >>>              loss='categorical_crossentropy', metrics=
    ['acc'])
51  >>> model.summary()
52  >>>
53  >>> # -----------------------------------------------
54  >>> # 模型训练并绘制训练图像
55  >>>
56  >>> epochs = 20
57  >>> history = model.fit(x_train, y_train, batch_size=128,
    epochs=epochs, validation_split=0.2)
58  >>>
59  >>> from matplotlib import pyplot as plt
60  >>> train_acc, val_acc = history.history['acc'], history
    .history['val_acc']
61  >>> train_loss, val_loss = history.history['loss'], history
    .history['val_loss']
62  >>>
63  >>> plt.plot(range(1, epochs+1), train_acc, 'r-', range
    (1, epochs+1), val_acc, 'bo')
64  >>> plt.legend(['train accuracy', 'val accuracy'])
65  >>> plt.show()
```

```
66  >>>
67  >>> plt.plot(range(1, epochs+1), train_loss, 'r-', range
    (1, epochs+1), val_loss, 'bo')
68  >>> plt.legend(['train loss', 'val loss'])
69  >>> plt.show()
```

Layer (type)	Output Shape	Param #
embedding_1 (Embedding)	(None, 100, 50)	1549000
lstm_1 (LSTM)	(None, 100, 128)	91648
lstm_2 (LSTM)	(None, 100, 128)	131584
lstm_3 (LSTM)	(None, 128)	131584
dense_1 (Dense)	(None, 128)	16512
dense_2 (Dense)	(None, 46)	5934

```
Total params: 1,926,262
Trainable params: 1,926,262
Non-trainable params: 0
```

图 6.25　用于文本分类的 3 层 LSTM 模型结构

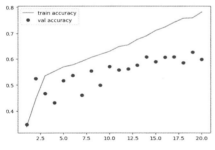

图 6.26　基于 LSTM 的分类模型精度
示意图

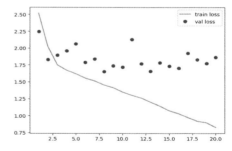

图 6.27　基于 LSTM 的损失
示意图

从图 6.26 和图 6.27 可以看出，采用类似结构进行训练时，3 层 RNN 在验证集上的性能仅为 40%左右，而 3 层 LSTM 的性能达到了 60%左右，提高了超过 20%的绝对精确度。可以说，LSTM 是对标准 RNN 的一个重大改进。

◀») 注意：

　　虽然 LSTM 相比于标准 RNN 有了质的提升，但是由于 LSTM 的 3 层门结构引入了大量的内部参数，因此 LSTM 的训练速度显著慢于标准 RNN，并且 LSTM 的训练也需要更多的计算资源。

6.2.3 门控循环单元网络 GRU

通过 6.2.2 节对 LSTM 的介绍，可以看到 LSTM 相比于 RNN 有巨大的改进。但同时也引入了更高的计算复杂度。为了解决 LSTM 计算复杂度过高的问题，一种 LSTM 的变体网络——门控循环单元网络（GRU，Gated Recurrent Unit）得以提出并广泛应用。GRU 最大的贡献是将 LSTM 网络的遗忘门和输入门通过一个"更新门"的结构进行替代，从而简化了 LSTM 网络中的门结构，在保持和 LSTM 模型相当的表达能力的前提下，提高了循环神经网络的训练速度。

如下代码通过 Keras 内置的 GRU 对 Reuters 数据集进行分类，其模型结构如图 6.28 所示，训练集和验证集的表现如图 6.29 和图 6.30 所示。

```
01  >>> # coding=utf8
02  >>>
03  >>> from keras.models import Sequential
04  >>> from keras.layers import Dense, SimpleRNN, Embedding,
    LSTM, GRU
05  >>>
06  >>> # --------------------------------------------------
07  >>> # 加载数据
08  >>> from keras.datasets import reuters
09  >>> (x_train, y_train), (x_test, y_test) = reuters.load_
    data(num_words=10000)
10  >>> # 词汇到下标映射
11  >>> word_index = reuters.get_word_index()
12  >>>
13  >>> # 词汇数量
14  >>> vocab_size = len(word_index) + 1
15  >>> # 词嵌入维度
16  >>> emb_dim = 50
17  >>> # 句子最大长度
18  >>> maxlen = 100
19  >>>
20  >>> # --------------------------------------------------
21  >>> # 数据预处理
22  >>> from keras.preprocessing.sequence import pad_sequences
23  >>> from keras.utils import np_utils
24  >>> x_train = pad_sequences(x_train, maxlen=maxlen)
25  >>> x_test = pad_sequences(x_test, maxlen=maxlen)
26  >>>
27  >>>
```

```
28  >>> # 46 类文本
29  >>> y_train = np_utils.to_categorical(y_train, num_
    classes=46)
30  >>> y_test = np_utils.to_categorical(y_test, num_
    classes=46)
31  >>>
32  >>> # ------------------------------------------------
33  >>> # 定义模型，为文本提供词嵌入层
34  >>> model = Sequential()
35  >>> # 指定 Embedding 层的词汇表大小和词嵌入维度，句子长度
36  >>> model.add(Embedding(vocab_size, emb_dim, input_length=
    maxlen))
37  >>>
38  >>> model.add(GRU(128, return_sequences=True))
39  >>> model.add(GRU(128, return_sequences=True))
40  >>> model.add(GRU(128, return_sequences=False))
41  >>>
42  >>> # 通过 softmax 进行分类
43  >>> model.add(Dense(128, activation='relu'))
44  >>> model.add(Dense(46, activation='softmax'))
45  >>>
46  >>> # ------------------------------------------------
47  >>> # 编译模型并显示模型结构
48  >>>
49  >>> model.compile(optimizer='rmsprop',
50  >>>            loss='categorical_crossentropy', metrics=
    ['acc'])
51  >>> model.summary()
52  >>>
53  >>> # ------------------------------------------------
54  >>> # 模型训练并绘制训练图像
55  >>>
56  >>> epochs = 20
57  >>> history = model.fit(x_train, y_train, batch_size=128,
    epochs=epochs, validation_split=0.2)
58  >>>
59  >>> from matplotlib import pyplot as plt
60  >>> train_acc, val_acc = history.history['acc'], history
    .history['val_acc']
61  >>> train_loss, val_loss = history.history['loss'], history
    .history['val_loss']
62  >>>
63  >>> plt.plot(range(1, epochs+1), train_acc, 'r-', range
    (1, epochs+1), val_acc, 'bo')
```

```
64  >>> plt.legend(['train accuracy', 'val accuracy'])
65  >>> plt.show()
66  >>>
67  >>> plt.plot(range(1, epochs+1), train_loss, 'r-', range
    (1, epochs+1), val_loss, 'bo')
68  >>> plt.legend(['train loss', 'val loss'])
69  >>> plt.show()
```

Layer (type)	Output Shape	Param #
embedding_1 (Embedding)	(None, 100, 50)	1549000
gru_1 (GRU)	(None, 100, 128)	68736
gru_2 (GRU)	(None, 100, 128)	98688
gru_3 (GRU)	(None, 128)	98688
dense_1 (Dense)	(None, 128)	16512
dense_2 (Dense)	(None, 46)	5934

```
Total params: 1,837,558
Trainable params: 1,837,558
Non-trainable params: 0
```

图 6.28　基于 GRU 的三层模型结构图

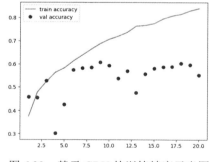

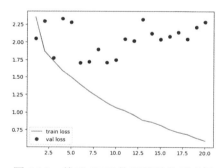

图 6.29　基于 GRU 的训练精度示意图　　图 6.30　基于 GRU 的训练损失示意图

　　从图 6.29 和图 6.30 所示的训练图像中可以看到，GRU 在训练过程中的收敛情况与 LSTM 十分近似，并且在最终的验证集上可以达到 60.7%的精度，与 LSTM 不相上下甚至稍好于 LSTM。在训练过程中，每一个 step 的训练速度 GRU 都要快于 LSTM。由于这里使用了三层 GRU 和三层的 LSTM 进行比较，因此每一个 epoch 的训练过程中，GRU 的用时比对应的 LSTM 用时快 7~8 秒，平均一个 GRU 层比一个 LSTM 层的训练快 1~2 秒。综上可知，GRU 的速度稍快于 LSTM，并且能够取得不逊于 LSTM 的学习能力。

📢 注意：

> 　　在训练循环神经网络及其变种网络时，建议使用 rmsprop 作为模型的优化器。在实践中，使用 rmsprop 优化器对循环神经网络进行训练能够显著提高模型的收敛速度。

6.2.4　双向循环神经网络模型

　　循环神经网络的核心是通过上下文的信息依赖处理序列信息。但是所有神经网络的数据流向都是单向的，这也导致了循环神经网络在处理信息时只能寻找"上文"信息，即只能学习出现在当前步骤之前的信息依赖，而无法学习到"下文"的信息，即出现在当前步骤之后的信息依赖。如图 6.31 所示，同样以天气为例，描述天气的词语既可以出现在上文中，也可以出现在下文里。对于天气好坏的判断，在本例中需要借助于下文的"阳光明媚"才能得出天气好的推断，由此诞生了双向循环神经网络模型。

　　双向循环神经网络的基本思路十分直接，对于上下文依赖关系，正序和逆序输入通过 2 个独立的循环神经网络同时进行训练，通过 2 组独立的模型分别对正序序列（上文依赖）和逆序序列（下文）依赖进行建模，从而对上下文完成建模，其核心思想如图 6.32 所示。

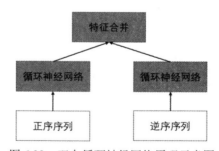

今天天气真（　）呀！阳光明媚。

图 6.31　后文依赖举例　　　　图 6.32　双向循环神经网络原理示意图

　　在 Keras 中，双向循环神经网络可以通过单向的循环神经网络以及一个 Bidirectional 层完成。以 GRU 为例，三层的单向 GRU 模型在 Reuters 中可以达到 60%左右的精度，而将其替换为三层双向 GRU 模型后，在验证集上可以有效提高模型精度。

　　如下所示的代码展示了如何使用 Bidirectional 层构建三层双向 GRU 模型，并用于 Reuters 数据集分类。模型结构如图 6.33 所示，训练过程的精度和误差如图 6.34 和图 6.35 所示。

```
01  >>> # coding=utf8
02  >>>
03  >>> from keras.models import Sequential
04  >>> from keras.layers import Dense, SimpleRNN, Embedding,
    GRU, Bidirectional
05  >>>
06  >>> # ------------------------------------------------------
07  >>> # 加载数据
08  >>> from keras.datasets import reuters
09  >>> (x_train, y_train), (x_test, y_test) = reuters.load_
    data(num_words=10000)
10  >>> # 词汇到下标映射
11  >>> word_index = reuters.get_word_index()
12  >>>
13  >>> # 词汇数量
14  >>> vocab_size = len(word_index) + 1
15  >>> # 词嵌入维度
16  >>> emb_dim = 50
17  >>> # 句子最大长度
18  >>> maxlen = 100
19  >>>
20  >>> # ------------------------------------------------------
21  >>> # 数据预处理
22  >>> from keras.preprocessing.sequence import pad_sequences
23  >>> from keras.utils import np_utils
24  >>> x_train = pad_sequences(x_train, maxlen=maxlen)
25  >>> x_test = pad_sequences(x_test, maxlen=maxlen)
26  >>>
27  >>>
28  >>> # 46 类文本
29  >>> y_train = np_utils.to_categorical(y_train, num_
    classes=46)
30  >>> y_test = np_utils.to_categorical(y_test, num_
    classes=46)
31  >>>
32  >>> # ------------------------------------------------------
33  >>> # 定义模型，为文本提供词嵌入层
34  >>> model = Sequential()
35  >>> # 指定 Embedding 层的词汇表大小和词嵌入维度，句子长度
36  >>> model.add(Embedding(vocab_size, emb_dim, input_
    length=maxlen))
```

```
37  >>>
38  >>> model.add(Bidirectional(GRU(128, return_sequences=
    True), merge_mode='sum'))
39  >>> model.add(Bidirectional(GRU(128, return_sequences=
    True,), merge_mode='sum'))
40  >>> model.add(Bidirectional(GRU(128, return_sequences=
    False,), merge_mode='sum'))
41  >>>
42  >>> # 通过 softmax 进行分类
43  >>> model.add(Dense(128, activation='relu'))
44  >>> model.add(Dense(46, activation='softmax'))
45  >>>
46  >>> # -----------------------------------------------
47  >>> # 编译模型并显示模型结构
48  >>> from keras.optimizers import Adagrad, SGD, Adadelta
49  >>> model.compile(optimizer='rmsprop',
50  >>>               loss='categorical_crossentropy', metrics=
    ['acc'])
51  >>> model.summary()
52  >>>
53  >>> # -----------------------------------------------
54  >>> # 模型训练并绘制训练图像
55  >>>
56  >>> epochs = 20
57  >>> history = model.fit(x_train, y_train, batch_size=128,
    epochs=epochs, validation_split=0.2)
58  >>>
59  >>> from matplotlib import pyplot as plt
60  >>> train_acc, val_acc = history.history['acc'], history
    .history['val_acc']
61  >>> train_loss, val_loss = history.history['loss'], history
    .history['val_loss']
62  >>>
63  >>> plt.plot(range(1, epochs+1), train_acc, 'r-', range
    (1, epochs+1), val_acc, 'bo')
64  >>> plt.legend(['train accuracy', 'val accuracy'])
65  >>> plt.show()
66  >>>
67  >>> plt.plot(range(1, epochs+1), train_loss, 'r-', range
    (1, epochs+1), val_loss, 'bo')
68  >>> plt.legend(['train loss', 'val loss'])
69  >>> plt.show()
```

```
Layer (type)                    Output Shape             Param #
=================================================================
embedding_1 (Embedding)         (None, 100, 50)          1549000
_____
bidirectional_1 (Bidirection    (None, 100, 128)         137472
_____
bidirectional_2 (Bidirection    (None, 100, 128)         197376
_____
bidirectional_3 (Bidirection    (None, 128)              197376
_____
dense_1 (Dense)                 (None, 128)              16512
_____
dense_2 (Dense)                 (None, 46)               5934
=================================================================
Total params: 2,103,670
Trainable params: 2,103,670
Non-trainable params: 0
```

图 6.33 　 三层双向 GRU 模型结构

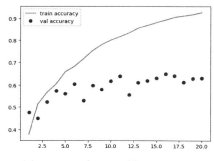

图 6.34 　 双向 GRU 模型分类精度

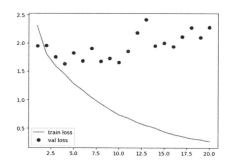

图 6.35 　 双向 GRU 模型分类损失

从图 6.34 中可以看出，使用了求和的合并策略后，三层的双向 GRU 模型相比于三层单向 GRU 模型的最佳验证集精度从 60%提高到了 64%~65%，提升了 4%~5%的绝对精度，因此双向循环神经网络能够有效提高模型表达能力。

注意：

> 双向循环神经网络的精度往往好于单向循环神经网络，但是双向模型的参数量以及训练时间也多于单向模型，因此使用时需要平衡训练速度和模型精度之间的关系。双向循环神经网络常用于处理双向依赖的问题，对于某些双向依赖较弱的数据而言，双向循环网络不会带来显著的性能提升。

6.3 　 CNN 与 RNN 相结合的序列处理

循环神经网络能够处理序列存在上下文信息依赖的情况，但是对于较长的序列而言，循环神经网络对于序列信息的"遗忘"将会导致序列数据不能有效在模型内部对信息依赖进行建模，进而导致模型性能瓶颈的出现。循环神经网络关于长序列信息依赖所表现出的问题可以通过将循环神经网络与卷积相结合，进而对模型的性能进行小幅度的优化。

6.3.1　一维卷积的序列处理

卷积神经网络的一维形式是一个定长的卷积核向量与原始序列的定长子序列进行点积操作，从而得到编码后序列的结果。如图 6.36 所示为一维卷积核与子序列进行卷积操作的过程。

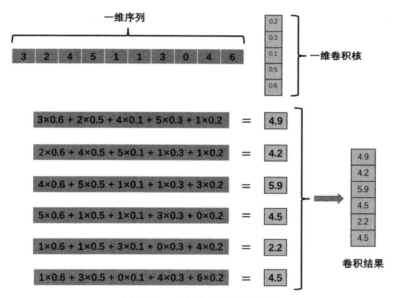

图 6.36　一维卷积操作示意图

图 6.36 展示了一维卷积的简单示例。由于一维卷积的维度单一，因此可以使用较大的卷积范围而不过度影响模型速度。为了将 CNN 与 RNN 结合，并发挥出 RNN 对上下文信息的建模能力，可以将 CNN 作为高级特征提取器，然后将 RNN 连接在 CNN 后面对上下文信息进行建模。

需要特别说明的是，为了能够确保 RNN 对上下文依赖的准确建模，可以在 CNN 和 RNN 层之间使用 Pooling 层作为特征下采样的中间层。下采样是指由于输入的特征过多导致信息过度冗余，因而有选择地将部分信息忽略，以减少输入到下一层网络的参数量的过程。

常见的下采样有均值池化（Average Pooling）和最大值池化（Max Pooling）等。常见的 CNN 与 RNN 相结合的模型架构如图 6.37 所示，CNN 在整个模型的底层位置，RNN 在整个模型的顶层位置用于预测，而池化层（Pooling Layer）则位于 CNN 和 RNN 之间，作为模型的降采样层连接着两个不同的部分。

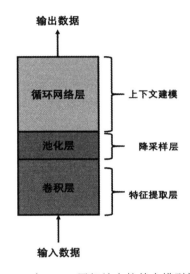

图 6.37　CNN 与 RNN 层相结合的基本模型架构示意图

📢 注意：

卷积层后的降采样层并不是必须的，并且卷积层也可以替换为全连接层等其他可以用于提取特征的网络层。

6.3.2　引入卷积的 GRU 模型

为了便于比较引入卷积层后对模型的影响，下述代码在 6.2.4 节对 Reuters 数据集通过三层双向 GRU 进行学习的基础上，引入了二层卷积层，并采用均值池化层作为 CNN 与 GRU 的连接层。模型的结构如图 6.38 所示，模型的训练精度和训练误差以及在验证集上的精度和误差如图 6.39 和图 6.40 所示。

```
01  >>> # coding=utf8
02  >>>
```

```
03  >>> from keras.models import Sequential
04  >>> from keras.layers import Dense, Conv1D, Embedding
05  >>> from keras.layers import Bidirectional, GRU, Average-
    Pooling1D
06  >>>
07  >>> # ------------------------------------------------
08  >>> # 加载数据
09  >>> from keras.datasets import reuters
10  >>> (x_train, y_train), (x_test, y_test) = reuters.load_
    data(num_words=10000)
11  >>> # 词汇到下标映射
12  >>> word_index = reuters.get_word_index()
13  >>>
14  >>> # 词汇数量
15  >>> vocab_size = len(word_index) + 1
16  >>> # 词嵌入维度
17  >>> emb_dim = 50
18  >>> # 句子最大长度
19  >>> maxlen = 100
20  >>>
21  >>> # ------------------------------------------------
22  >>> # 数据预处理
23  >>> from keras.preprocessing.sequence import pad_sequences
24  >>> from keras.utils import np_utils
25  >>> x_train = pad_sequences(x_train, maxlen=maxlen)
26  >>> x_test = pad_sequences(x_test, maxlen=maxlen)
27  >>>
28  >>>
29  >>> # 46 类文本
30  >>> y_train = np_utils.to_categorical(y_train, num_
    classes=46)
31  >>> y_test = np_utils.to_categorical(y_test, num_
    classes=46)
32  >>>
33  >>> # ------------------------------------------------
34  >>> # 定义模型，为文本提供词嵌入层
35  >>> model = Sequential()
36  >>> # 指定 Embedding 层的词汇表大小和词嵌入维度，句子长度
37  >>> model.add(Embedding(vocab_size, emb_dim, input_
    length=maxlen))
38  >>>
39  >>> # 先加入卷积层抽取序列信息
40  >>> model.add(Conv1D(32, 3, activation='relu', kernel_
    initializer='he_normal'))
```

```
41  >>> model.add(Conv1D(64, 1, activation='relu', kernel_
    initializer='he_normal'))
42  >>>
43  >>> # 降采样缩小上下文信息间隔
44  >>> model.add(AveragePooling1D(pool_size=7))
45  >>> # 再引入门控循环单元网络 GRU
46  >>> model.add(Bidirectional(GRU(128, return_sequences=
    True), merge_mode='sum'))
47  >>> model.add(Bidirectional(GRU(128, return_sequences=
    True), merge_mode='sum'))
48  >>> model.add(Bidirectional(GRU(128, return_sequences=
    False), merge_mode='sum'))
49  >>>
50  >>>
51  >>> # 通过 softmax 进行分类
52  >>> model.add(Dense(128, activation='relu'))
53  >>> model.add(Dense(46, activation='softmax'))
54  >>>
55  >>> # -----------------------------------------------
56  >>> # 编译模型并显示模型结构
57  >>> model.compile(optimizer='rmsprop',
58  >>>               loss='categorical_crossentropy', metrics=
    ['acc'])
59  >>> model.summary()
60  >>>
61  >>> # -----------------------------------------------
62  >>> # 模型训练并绘制训练图像
63  >>>
64  >>> epochs = 20
65  >>> history = model.fit(x_train, y_train, batch_size=128,
    epochs=epochs, validation_split=0.2)
66  >>>
67  >>> from matplotlib import pyplot as plt
68  >>> train_acc, val_acc = history.history['acc'], history
    .history['val_acc']
69  >>> train_loss, val_loss = history.history['loss'], history
    .history['val_loss']
70  >>>
71  >>> plt.plot(range(1, epochs+1), train_acc, 'r-', range
    (1, epochs+1), val_acc, 'bo')
72  >>> plt.legend(['train accuracy', 'val accuracy'])
73  >>> plt.show()
74  >>>
```

```
75  >>> plt.plot(range(1, epochs+1), train_loss, 'r-', range
    (1, epochs+1), val_loss, 'bo')
76  >>> plt.legend(['train loss', 'val loss'])
77  >>> plt.show()
```

```
Layer (type)                    Output Shape         Param #
embedding_1 (Embedding)         (None, 100, 50)       1549000
conv1d_1 (Conv1D)               (None, 98, 32)        4832
conv1d_2 (Conv1D)               (None, 98, 64)        2112
average_pooling1d_1 (Average    (None, 14, 64)        0
bidirectional_1 (Bidirection    (None, 14, 128)       148224
bidirectional_2 (Bidirection    (None, 14, 128)       197376
bidirectional_3 (Bidirection    (None, 128)           197376
dense_1 (Dense)                 (None, 128)           16512
dense_2 (Dense)                 (None, 46)            5934
==============================================================
Total params: 2,121,366
Trainable params: 2,121,366
Non-trainable params: 0
```

图 6.38　引入 CNN 后三层 GRU 模型结构

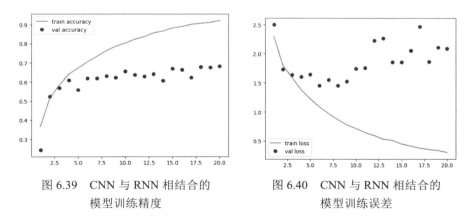

图 6.39　CNN 与 RNN 相结合的　　　图 6.40　CNN 与 RNN 相结合的
　　　模型训练精度　　　　　　　　　模型训练误差

需要特别指出的是，将循环神经网络与卷积神经网络相结合对于模型的训练速度有较大的提升。由于使用卷积神经网络时通常会将池化层作为下采样的中间过渡层以减少输入到循环神经网络中的特征参数，因此产生了两方面的作用。

　　➘　一方面，选择合适大小的池化窗口能够降低输入循环神经网络的噪声信息，从而起到降噪的作用增加模型精度（选择过大的池化窗口则会导致有效信息的大量丢失从而造成模型精度下降）；

➥ 另一方面，池化层降低了循环神经网络需要建模型信息序列的长度，使信息的上下文依赖缩短，有效缓解了循环神经网络由于信息依赖距离较远而难以学习的问题。

从图 6.39 中可以看出，模型的训练过程相比于单纯使用三层 GRU 模型收敛的稳定性有一定的改善，并且模型的精度从 65%左右上升到 68.1%，提高了大约 3.1%的绝对精度。由此可以看出，卷积神经网络对于序列信息也能够起到一定的特征提取作用，同时能够在一定程度上提高模型的训练稳定性，并且改善模型的精度。

与此同时，由于池化层的引入，虽然上述模型在 6.2.4 节模型的基础上加入了二层卷积层，大大增加了训练的参数量，但是，在实际操作中，模型每一轮的训练速度由原先的 50s/epoch 缩减为 8s/epoch，提高了 6.25 倍的模型训练速度。

📢 注意：

> 卷积神经网络与循环神经网络相结合能够在一定程度上提高模型的训练速度，在某些任务上也能够提升模型的性能，并且有助于提高循环神经网络的训练稳定性。

6.4 实战：IMDB 电影评论情感分类

IMDB 电影数据集是一个整理并经过分类的电影评论数据集，其中包含了 25000 条训练用途的评论数据和 25000 条测试用途的训练数据，且训练集与测试集均包含一半的正面评论和一半的侧面评论。Keras 中已经提供了 IMDB 数据集的相关数据接口，可以直接通过 Keras 的 dataset 模块进行下载使用。IMDB 数据集中所有电影情感分为正面情感和负面情感两类，因此是一个自然预处理中的二分类问题。

如下代码通过 Keras 提供的 imdb 数据集接口将数字化文本转化为原始文本并展示其内容和标签。IMDB 数据集的示例文本和示例标签如图 6.41 所示。

```
01  >>> # coding=utf8
02  >>> from keras.datasets import imdb
03  >>>
04  >>> (x_train, y_train), (x_test, y_test) = imdb.load_data
```

```
   (num_words=10000)
05 >>> # 获取词典
06 >>> word_index = imdb.get_word_index()
07 >>> # 索引到词语的词典
08 >>> index_word = {v:k for k, v in word_index.items()}
09 >>> # 获取示例文本
10 >>> sample_txt = ' '.join([index_word.get(w+3, '?') for
   w in x_train[0]])
11 >>> print('content:\n', sample_txt)
12 >>> print('label:', y_train[0])
```

```
content:
 of movie have film some thinking telling games developed were friend
 sits me cagney br quite or especially in one watch some sequences be
st up talent clairvoyant that her humor worth in actors br us best pa
rt innermost 3 understand it's br us tiresome century on type about w
ith drama br that's up film it years corny you movie have br included
 guarantee br have been made for film some thinking about also but
 with adaptation br have on run on for film hero not nasties in their
 small for this wife this being in br excited karl film humor me hyst
erical from br scene for film about whose in one end no or such when
 one acts from it have for interesting by into time in movie become fi
lm because enlightened this br life show goers but especially br yelc
hin i discussion in similar or been some thinking guess all human sta
r good i br pictured flat with seen its br let but later think so fav
or would all real it between bias not br guy have his go guess all hu
mor in now they anticipation not no or by far them one seen br guy we
re film about soldiers its for film three in film defend love charact
er so but film trend you pretty so
label: 1
```

图 6.41　IMDB 文本信息和标签类别示例

本节将从不同的方法入手，对 IMDB 数据集进行分析和分类，从而展示多种技术的应用方法。

6.4.1　基于 onehot 词袋模型的分类

词袋模型是一种十分简单有效的序列建模方法。词袋模型忽略了词语之间的顺序关系，但是能够将词语通过不同的索引进行表示，在词语出现的位置上值为 1，未出现的值为 0。onehot 编码就是一种狭义上的词袋模型。对 onehot 编码进行推广，可以将 onehot 编码用于基本的词袋模型中，及每个向量表示一个文本，而向量的维度与语料库中词语的数目相关，从而使得对单一文本的建模归结为简单的寻找词语是否出现。

如下代码使用了 onehot 编码来进行词袋模型的构建，一个向量使用多个 1 来表示不同的词语是否出现，然后使用了一个简单的三层全连接网络对输入的词袋编码进行分类。为了缓解过拟合，在分类层的前面加入了

Dropout 层用于随机丢弃神经元。最终的模型结构如图 6.42 所示，分类的精度和误差如图 6.43 和图 6.44 所示。

```
01  >>> # coding=utf8
02  >>> import numpy as np
03  >>>
04  >>> from keras.datasets import imdb
05  >>> from keras import layers
06  >>> from keras.models import Sequential
07  >>> # 加载 imdb 数据集
08  >>> (x_train, y_train), (x_test, y_test) = imdb.load_data
    (num_words=10000)
09  >>> word_index = imdb.get_word_index()
10  >>> # 句子截断长度
11  >>> maxlen = 500
12  >>> # batch 大小
13  >>> batch_size = 128
14  >>>
15  >>> # -------------------------------------------------
16  >>> # 数据预处理
17  >>> from keras.preprocessing.sequence import pad_sequences
18  >>> from keras.utils import np_utils
19  >>> x_train = pad_sequences(x_train, maxlen=maxlen)
20  >>> x_test = pad_sequences(x_test, maxlen=maxlen)
21  >>>
22  >>> # -------------------------------------------------
23  >>> # 定义神经网络模型
24  >>> model = Sequential()
25  >>>
26  >>> # 定义多重 onehot, 使用词袋法表示 imdb 数据
27  >>> def multi_onehot(data, dim=10000):
28  >>>     matrix = np.zeros((len(data), dim))
29  >>>     for i, d in enumerate(data):
30  >>>         matrix[i, d] = 1
31  >>>     return matrix
32  >>>
33  >>> # 使用词袋模型
34  >>> x_train = multi_onehot(x_train)
35  >>> x_test = multi_onehot(x_test)
36  >>>
37  >>> # 定义全连接层
38  >>> model.add(layers.Dense(128, activation='relu', input_
    shape=(10000,)))
39  >>> model.add(layers.Dense(128, activation='relu'))
```

```
40  >>> model.add(layers.Dropout(0.7))
41  >>> model.add(layers.Dense(1, activation='sigmoid'))
42  >>>
43  >>> model.summary()
44  >>> # 模型编译
45  >>> model.compile('rmsprop',
46  >>>                loss='binary_crossentropy',
47  >>>                metrics=['acc'])
48  >>>
49  >>> epochs = 10
50  >>>
51  >>> # 模型训练
52  >>> history = model.fit(x_train, y_train,
53  >>>            validation_data=(x_test, y_test),
54  >>>            batch_size=batch_size,
55  >>>            epochs=epochs)
56  >>>
57  >>> from matplotlib import pyplot as plt
58  >>> train_acc, val_acc = history.history['acc'], history
    .history['val_acc']
59  >>> train_loss, val_loss = history.history['loss'], history
    .history['val_loss']
60  >>>
61  >>> plt.plot(range(1, epochs+1), train_acc, 'r-', range
    (1, epochs+1), val_acc, 'bo')
62  >>> plt.legend(['train accuracy', 'val accuracy'])
63  >>> plt.show()
64  >>>
65  >>> plt.plot(range(1, epochs+1), train_loss, 'r-', range
    (1, epochs+1), val_loss, 'bo')
66  >>> plt.legend(['train loss', 'val loss'])
67  >>> plt.show()
```

```
Layer (type)               Output Shape            Param #
=================================================================
dense_1 (Dense)            (None, 128)             1280128

dense_2 (Dense)            (None, 128)             16512

dropout_1 (Dropout)       (None, 128)             0

dense_3 (Dense)            (None, 1)               129
=================================================================
Total params: 1,296,769
Trainable params: 1,296,769
Non-trainable params: 0
```

图 6.42　基于 onehot 词袋的分类模型结构

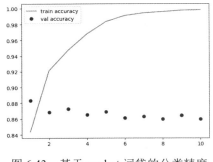 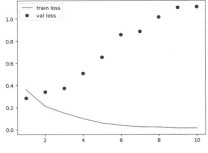

图 6.43　基于 onehot 词袋的分类精度　　　图 6.44　基于 onehot 词袋的分类误差

从图 6.43 和图 6.44 中可以看出，模型在第一轮训练结束后开始迅速过拟合，最好的验证集效果约为 88.2%。

6.4.2　CNN 与 GRU 相结合的分类

在 6.3.2 节中介绍了卷积神经网络与循环神经网络相结合的序列信息处理方式。通过卷积层对序列信息抽取建模，然后通过池化层完成降采样，最后通过 GRU 进行序列上下文信息建模，并通过全连接层进行。

为了提高模型的先验知识分布，可以使用预训练的词向量信息将文本信息的词转化为向量空间的分布式表示方式（Word Embedding），然后使用 6.2 节介绍的常见的循环神经网络进行文本上下文信息建模，并用于语义评论的分类。

如下代码使用了著名的 Glove（Global Vectors for Word Representation）预训练词向量的 100 维的权重版本。该预训练权重可以从：https://nlp.stanford.edu/projects/glove/下载。解压后会得到多个 glove.6B.100d.txt 的类似文件。这里使用的是 100 维的版本，因此为 100d，其他维度例如 300 维则文件名为 glove.6B.300d.txt，读者可以自行尝试使用。

下述模型在 Embedding 层后使用了一个 Dropout 层进行特征向量的随机屏蔽，从而降低特征冗余；另一方面，在模型全连接层使用了较宽的 128 个神经元的全连接网络，然后使用较大的 Dropout 值（0.7）随机屏蔽 70%的信号，以产生不同的模式用于最终的分类层，从而缓解过拟合。上述模型的结构如图 6.45 所示，模型的精度和误差如图 6.46 和图 6.47 所示。

```
01  >>> # coding=utf8
02  >>> import numpy as np
03  >>>
```

```
04  >>> # 定义加载词嵌入向量的方法
05  >>> def load_embedding_file(filepath, encoding='utf8',
    dtype='float32'):
06  >>>     '''
07  >>>     Load embedding info from given file
08  >>>     Return dict of word to embedding vector,
09  >>>     the size of dict and the dim of vectors
10  >>>     '''
11  >>>     words2embedding = {}
12  >>>     with open(filepath, encoding=encoding) as f:
13  >>>         first = f.readline().strip().split()
14  >>>         if len(first) > 2: # 文件首航直接开始词向量信息
15  >>>             vec = np.asarray(first[1:], dtype=dtype)
16  >>>             words2embedding[first[0]] = vec
17  >>>             dim = vec.size
18  >>>         else:
19  >>>             cnt, dim = first # 文件首航自带词数和维度
20  >>>         for line in f:
21  >>>             c = line.strip().split() # 其余每一行的有效内容
22  >>>             words2embedding[c[0]] = np.asarray(c[1:],
    dtype=dtype)
23  >>>     return words2embedding, len(words2embedding), int
    (dim)
24  >>>
25  >>> # 生成 embedding 矩阵
26  >>> def load_embedding_weight(filepath, vocab2id, encoding=
    'utf8', unknown=0):
27  >>>     '''Load embedding weight matrix from text file
28  >>>
29  >>>     Args:
30  >>>         filepath: str word2vec file path.
31  >>>         vocab2id: dict dict of word to integer
32  >>>         unknown: int, float, ndarray the default numeric
    id for unknown words
33  >>>     '''
34  >>>     embedding_dict, cnt, dim = load_embedding_file
    (filepath, encoding)
35  >>>     # 初始化权重矩阵, +1 是为了保证 padding 的 0 的空间
36  >>>     weights = np.zeros((len(vocab2id) + 1, dim))
37  >>>     # 构建权重矩阵
38  >>>     for w, i in vocab2id.items():
```

```
39  >>>          weights[i] = embedding_dict.get(w, unknown)
40  >>>     # 返回构建好的词向量
41  >>>     return weights, dim
42  >>>
43  >>> # 加载 imdb 数据
44  >>> from keras.datasets import imdb
45  >>> from keras import layers
46  >>> from keras.models import Sequential
47  >>> # 加载 imdb 数据集
48  >>> (x_train, y_train), (x_test, y_test) = imdb.load_data
    (num_words=10000)
49  >>> word_index = imdb.get_word_index()
50  >>>
51  >>> # 加载 Glove 预训练词向量, 获得词嵌入的矩阵和词嵌入维度
52  >>> emb_weights, emb_dim = load_embedding_weight('glove.
    6B.100d.txt', word_index)
53  >>>
54  >>> # 词汇数量
55  >>> vocab_size = len(word_index) + 1
56  >>> # 句子最大长度
57  >>> maxlen = 500
58  >>> # 词嵌入大小
59  >>> emb_dim = 100
60  >>> # batch 大小
61  >>> batch_size = 128
62  >>>
63  >>> # -------------------------------------------------
64  >>> # 数据预处理
65  >>> from keras.preprocessing.sequence import pad_sequences
66  >>> from keras.utils import np_utils
67  >>> x_train = pad_sequences(x_train, maxlen=maxlen)
68  >>> x_test = pad_sequences(x_test, maxlen=maxlen)
69  >>>
70  >>> # -------------------------------------------------
71  >>> # 定义神经网络模型
72  >>> model = Sequential()
73  >>>
74  >>> # 定义词嵌入层
75  >>> emb_layer = layers.Embedding(vocab_size, emb_dim,
    weights=[emb_weights], input_length=maxlen)
76  >>> model.add(emb_layer)
```

```
77  >>> # 加入 Dropout 层随机丢弃特征
78  >>> model.add(layers.Dropout(0.25))
79  >>>
80  >>> model.add(layers.Conv1D(128, 1, padding='same',
    activation='relu', kernel_initializer = 'he_normal'))
81  >>>
82  >>> # 池化层
83  >>> model.add(layers.MaxPool1D(11, 3))
84  >>>
85  >>> model.add(layers.Bidirectional(layers.GRU(128, return_
    sequences=False), merge_mode='sum'))
86  >>>
87  >>> model.add(layers.Dense(128, activation='relu'))
88  >>> model.add(layers.Dropout(0.7))
89  >>> model.add(layers.Dense(1, activation='sigmoid'))
90  >>>
91  >>> model.summary()
92  >>> # 模型编译
93  >>> model.compile('rmsprop',
94  >>>               loss='binary_crossentropy',
95  >>>               metrics=['acc'])
96  >>>
97  >>> epochs = 20
98  >>> # 模型训练
99  >>> history = model.fit(x_train, y_train,
100 >>>         validation_data=(x_test, y_test),
101 >>>         batch_size=batch_size,
102 >>>         epochs=epochs)
103 >>>
104 >>> from matplotlib import pyplot as plt
105 >>> train_acc, val_acc = history.history['acc'], history
    .history['val_acc']
106 >>> train_loss, val_loss = history.history['loss'], history
    .history['val_loss']
107 >>>
108 >>> plt.plot(range(1, epochs+1), train_acc, 'r-', range
    (1, epochs+1), val_acc, 'bo')
109 >>> plt.legend(['train accuracy', 'val accuracy'])
110 >>> plt.show()
111 >>>
112 >>> plt.plot(range(1, epochs+1), train_loss, 'r-', range
    (1, epochs+1), val_loss, 'bo')
```

```
113 >>> plt.legend(['train loss', 'val loss'])
114 >>> plt.show()
```

Layer (type)	Output Shape	Param #
embedding_1 (Embedding)	(None, 500, 100)	8858500
dropout_1 (Dropout)	(None, 500, 100)	0
conv1d_1 (Conv1D)	(None, 500, 128)	12928
max_pooling1d_1 (MaxPooling1	(None, 164, 128)	0
bidirectional_1 (Bidirection	(None, 128)	197376
dense_1 (Dense)	(None, 128)	16512
dropout_2 (Dropout)	(None, 128)	0
dense_2 (Dense)	(None, 1)	129

```
Total params: 9,085,445
Trainable params: 9,085,445
Non-trainable params: 0
```

图 6.45　CNN 与 GRU 相结合的模型结构

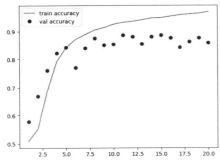

图 6.46　CNN 与 GRU 相结合的模型精度

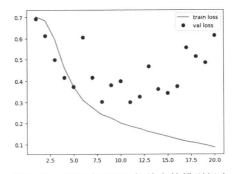

图 6.47　CNN 与 GRU 相结合的模型损失

通过图 6.46 和图 6.47 可以看出，模型的分类精度在验证集上基本稳定在 88% 左右，最好的模型达到了 88.6% 的测试精度，训练集的过拟合情况相较于 onehot 拓展的词袋模型也有了较大程度的提升。

📢 注意：

　　Dropout 层可以在特征提取层使用以达到减少冗余特征、变换特征模式的作用，例如卷积层后以及 Embedding 层后，通过每次训练时进行随机神经元屏蔽，可以将特征的模式进行随机变换，从而降低特征冗余。同理，将 Dropout 层用于分类器层前可以缓解分类器对于前层网络的特定模式的依赖性，从而提高整个模型的泛化能力。

6.5　本章小结

通过本章的介绍，通过以文本为例的序列化数据的处理，展示了基于 Keras 的多种不同的文本序列处理技术，包括各种文本编码技术。对于序列的上下文依赖，本章介绍了词袋模型和双向循环神经网络。对于循环神经网络及其变种模型，本章介绍了三种典型的循环神经网络：RNN、LSTM 及 GRU。除此之外，本章还介绍了将卷积神经网络与双向循环神经网络相结合的文本序列建模技术。

本章也是 Keras 基础功能介绍的最后一章。从第 7 章开始，将会介绍如何通过 Keras 构架更加复杂和灵活的模型、如何通过 Keras 自定义不同的模型等更加高级的模型定制化方法，从而使用 Keras 应对灵活多变的模型和架构。

第7章 Keras 函数式 API 及其应用

通过前两章的介绍，Keras 框架提供的基本用法已经介绍完毕，而本章主要介绍如何将 Keras 用于更加复杂的模型中。与之前介绍的内容不同，本章不再从序贯模型的角度出发介绍神经网络，而是将神经网络拓展为更加一般的"有向无环图（DAG）"结构，从图的角度更加深入地介绍神经网络模型的定制能力。

在前几章介绍的序贯模型中，是将模型参数从顺序的角度将其简单地抽象为一个"层序列"，这一简单抽象模型在多数情况下已经可以满足神经网络的抽象要求，但是，许多高级的神经网络结构并不仅仅是"顺序"的执行，还包括了内部分支。因此，一个更为一般化的做法是通过有向无环图中的"节点"作为数据处理的单元，而将图中的"有向边"用于指明数据在图中的"流动方向"。这一思想将数据在模型中的处理类比于"水流"，进而将模型的训练过程看作数据流的流动过程。

一般地，基于图的需要使用 Keras 提供的"函数式 API（Functional API）"以实现更加精细化的模型定制。借助于函数式 API 提供的能力，用户可以精细地控制模型中层与层之间数据流的流动方向以及数据的联系，并且对于模型的训练阶段提供更加精细化的控制。通过函数式 API，用户可以在训练的每个关键点加入自定义操作，便于在模型训练过程中完成诸如"调整学习率"一类更加精细的任务。更重要的是，Keras 函数式 API 也提供了自定义网络层的能力。

对于较为复杂和有特殊要求的神经网络，Keras 提供了相应的接口以方便用户自定义满足需要的网络层。因此，本章介绍的 Keras 用法将会对模型的灵活性带来巨大的提升，使得 Keras 在构建复杂网络模型方面，既能够保持必要的灵活性，又能够大大减少冗余烦琐的工作。

　　本章以 Keras 提供的函数式 API 为切入点，以 Keras 模型构建，以及模型训练中的诸多需要灵活定制的需求为例，简要介绍了如何通过 Keras 的函数式 API 对模型进行定制化设计以满足多输入多输出要求、如何在模型训练阶段嵌入用户的特定操作以满足特定需求，以及如何通过 Keras 的函数式 API 定制化设计自定义的层等。通过本章函数式 API 的调用，Keras 框架所提供的针对复杂模型的定制化能力以及灵活性都将大大提高。

　　本章主要涉及的知识点如下。

- ↪　什么是 Keras 函数式 API。
- ↪　如何使用 Keras 函数式 API 实现多输入多输出模型。
- ↪　如何通过 Keras 函数式 API 进行网络层权重的共享。
- ↪　如何定制化经典的复杂网络层。
- ↪　如何对模型进行可视化以及对模型训练过程进行可视化。
- ↪　如何通过函数式 API 对模型的训练过程中插入自定义操作。
- ↪　如何通过函数式 API 实现一个简单的端到端翻译模型。

7.1　基于函数式 API 的多输入多输出模型

　　最基础的 Keras 模型抽象结构是序贯模型，它假定模型的数据流动方向是顺序的，在数据流动过程中不会产生其他分支或回路。除此之外，序贯模型还假定模型的输入和输出均是单一的，但是，随着深度学习技术的发展，研究人员提出了多种新型的结构，许多新型结构不同于以往的序贯模型，一部分模型通过多输入以获取多种信息并进行综合处理，另一部分模型通过所输出部分将模型中的隐层信息结合多个后处理部分进行输出，从而将单个模型的信息同时用于多个信息的预测与拟合。

　　本节将会从多输入和多输出的角度介绍基于 Keras 的更加复杂多样的模型，并且简要展示单个模型如何结合多种输入信息和多种输出信息进行多角度融合的模型训练技术。

7.1.1　Keras 函数式 API 简介

　　为了能够更好地理解 Keras 函数式 API 的用途及意义，首先需要从

Keras 的序贯模型和函数式 API 的区别进行了解。序贯模型是 Keras 对于大多数模型进行抽象得到的模型基本假设：数据从网络底层逐层进行数值变换和处理，随着数据流不断向网络模型的高层流动，数据本身的形式也逐步从输入数据向输出的目标数据进行变换。如下代码展示了一个十分基础的三层全连接网络，其中网络的输入参数维度为 16 维，第一层全连接层有 32 个神经元，第二层全连接层有 64 个神经元，而第三层全连接层用于进行多分类，共有 10 个节点。首先展示了一个基于 Keras 序贯模型的简单实现。

```
01  >>># coding=utf8
02  >>> from keras import models
03  >>> from keras import layers
04  >>>
05  >>># 基本的序贯模型
06  >>> seq_model = models.Sequential()
07  >>># 为序贯模型添加层，第一层需要 input_shape 参数
08  >>> seq_model.add(layers.Dense(32, input_shape=(16,) ,
    activation='relu'))
09  >>># 第二层以后的输入参数可以自动计算
10  >>> seq_model.add(layers.Dense(64, activation='relu'))
11  >>># 第三层模型用于分类
12  >>> seq_model.add(layers.Dense(10, activation='softmax'))
13  >>>
14  >>># 显示模型结构信息
15  >>> seq_model.summary()
```

如图 7.1 所示是上述 3 层简单的序贯模型实现的模型结构信息。基于 Keras 的序贯模型的基本架构，能够构建出单向的数据流。而 Keras 的函数式 API 也可以实现序贯模型所能够设计的所有模型。

```
Layer (type)                 Output Shape              Param #
=================================================================
dense_1 (Dense)              (None, 32)                544
_____
dense_2 (Dense)              (None, 64)                2112
_____
dense_3 (Dense)              (None, 10)                650
=================================================================
Total params: 3,306
Trainable params: 3,306
Non-trainable params: 0
```

图 7.1　基于序贯模型的三层全连接网络结构示意图

如下代码展示了如何通过 Keras 函数式 API 构建上述 3 层序贯模型，其模型结构如图 7.2 所示。

```
01  >>># coding=utf8
02  >>> from keras import models
03  >>> from keras import layers
04  >>> from keras import Input
05  >>>
06  >>># 通过函数式模型构建序化模型
07  >>># 首先构建输入层张量
08  >>> input_tensor = Input((16,))
09  >>>
10  >>># 将输入层返回的 input_tensor 作为函数参数输入 Dense 层，构建
    第一层
11  >>> x = layers.Dense(32, activation='relu')(input_tensor)
12  >>># 将第一层的输出张量作为第二层网络的输入
13  >>> x = layers.Dense(64, activation='relu')(x)
14  >>># 最后一层使用 10 个神经元及逆行多分类
15  >>> output_layer = layers.Dense(10, activation='softmax')
    (x)
16  >>>
17  >>># 函数式模型属于 Model 类
18  >>># 将输入层和输出层的张量输入模型，完成基于函数式 API 的模型构建
19  >>> functional_model = models.Model(inputs=[input_tensor],
    outputs=[output_layer])
20  >>>
21  >>># 显示模型信息
22  >>> functional_model.summary()
```

```
Layer (type)                 Output Shape              Param #
=================================================================
input_1 (InputLayer)         (None, 16)                0
_____
dense_1 (Dense)              (None, 32)                544
_____
dense_2 (Dense)              (None, 64)                2112
_____
dense_3 (Dense)              (None, 10)                650
=================================================================
Total params: 3,306
Trainable params: 3,306
Non-trainable params: 0
```

图 7.2　基于函数式 API 的 3 层全连接网络结构示意图

从建立模型的层间数据流关系的角度看，基于函数式 API 的全连接网络的构建过程具体如下：对于模型的输入层而言，首先需要通过 Keras 提供的 Input 类构建专门的输入层。输入层不包含任何模型的可输入参数，但是会为模型后续的网络层之间的矩阵运算提供矩阵规模信息，以便 Keras 自动计算模型参数规模。定义输入层后，需要将 Input 返回的输入张量输入到后序的网络层中，作为下一层数据流的输入源头。通过将上一层的网络层

的输出张量输入到下一层张量中，即可构建和序贯模型等价的序列化网络
模型。

📢 注意：

> Keras的函数式API需要使用Model类构建自定义的模型。在模型构建过程中，
> 需要将模型的输入层和输出层给入指定的模型中，Keras能够通过输入层和各层之
> 间的数据流的方向遍历网络模型中的各层，最终遍历到模型的输出层，并完成整个
> 模型的构建过程。

从图 7.1 和图 7.2 中可以看出，基于函数式 API 构建的序贯模型和
Keras 提供的序贯模型具有相同的参数数量，而网络结构中除了第一层需要
增加一层输入层外，其他层都完全一致，因此通过函数式 API 可以完成序贯
模型的构建。

在使用函数式 API 构建 Keras 模型时，一类常见的错误是构建模型时
网络层出现了数据流的"断开"错误。这一错误通常是由于模型构建过程
中，从输入层到输出层进行模型构建时，数据流没有从指定的输入层最终到
达指定的输出层。以上述代码为例，如果使用一个新的输入层代替原有的输
入层作为 Model 的初始化参数，则会由于输入层的数据流没有任何有效的
路径到达模型的输出层，因此会导致这类错误。

如下的代码将模型的输入层替换为一个新的输入层，如代码的第 11 行
所示，参数 disconnect_tensor 是一个没有实际数据流的输入层。在代码的第
22 行中，模型的 inputs 参数使用 disconnect_tensor 替换原始的 input_tensor。
对于这类情况，Keras 将会给出相应的连接的错误，如图 7.3 所示。

```
01  >>># coding=utf8
02  >>> from keras import models
03  >>> from keras import layers
04  >>> from keras import Input
05  >>>
06  >>># 通过函数式模型构建序列化模型
07  >>># 首先构建输入层张量
08  >>> input_tensor = Input((16,))
09  >>>
10  >>># 给定的输入层和输出层无关系
11  >>> disconnect_tensor = Input((16,))
12  >>>
13  >>># 将输入层返回的 input_tensor 作为函数参数输入 Dense 层，构建
     第一层
14  >>> x = layers.Dense(32, activation='relu')(input_tensor)
```

```
15  >>># 将第一层的输出张量作为第二层网络的输入
16  >>> x = layers.Dense(64, activation='relu')(x)
17  >>># 最后一层使用 10 个神经元及逆行多分类
18  >>> output_layer = layers.Dense(10, activation=
    'softmax')(x)
19  >>>
20  >>># 函数式模型属于 Model 类
21  >>># 将输入层和输出层的张量输入模型，完成基于函数式 API 的模型构建
22  >>> functional_model = models.Model(inputs=[disconnect_
    tensor], outputs=[output_layer])
23  >>>
24  >>># 显示模型信息
25  >>> functional_model.summary()
```

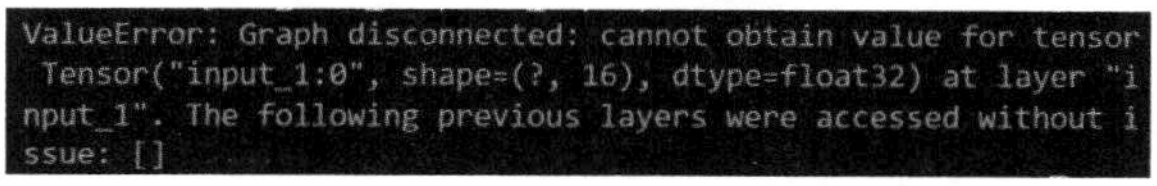

```
ValueError: Graph disconnected: cannot obtain value for tensor
Tensor("input_1:0", shape=(?, 16), dtype=float32) at layer "i
nput_1". The following previous layers were accessed without i
ssue: []
```

图 7.3　Keras 报错示意图

通过本节的介绍，基于序贯模型和 Keras 函数式 API 的对比，已经简要介绍了函数式 API 的最基本用法。本章的后续章节将会逐步展开函数式 API 更多、更加具体、更加复杂的使用方法。

📢 注意：

> 基于 Keras 函数式 API 的相关模型构建需要通过传入张量指定数据流的方向以及网络层之间的关系。另一方面，基于函数式 API 构建的模型必须自定义模型的 Input 层，以便 Keras 能够计算各层之间的参数关系，并且模型的输入层到输出层之间需要数据流进行联系。

7.1.2　构建多输入单输出模型

多输入单输出模型与序贯模型的主要区别在于，模型的输入数据可以有多个输入端。这类具有多个输入层的模型可用于多种数据信息的融合。例如，在模型的输入端给定不同的信息类型，模型能够将不同的信息编码并提取其特征传递给后续的网络层进行处理。而后续网络层中将会对编码的信息进行融合，从而综合多种信息构建模型，提高模型本身的性能。

例如，第 6 章介绍的双向循环神经网络层本身即可看作一个双重输入的模型，以便能够提取和建模序列的上下文信息。这类模型多见于问答模型等领域中。这种基于多种特征信息相融合的模型的基本结构如图 7.4 所示。

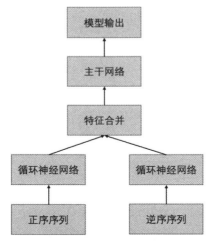

图 7.4　基于双向序列的多输入单输出模型

图 7.4 中，双向循环神经网络可以看作 2 个输入层组成的多种不同的序列信息，如下代码展示了如何使用 Keras 提供的函数式 API 实现自定义的双向循环神经网络，并将提取的特征交给后续的模型进行处理。

```
01  >>># coding=utf8
02  >>> import numpy as np
03  >>> from keras import layers
04  >>> from keras.models import Model, Input
05  >>>
06  >>># 单个文本最大长度
07  >>> max_len = 1000
08  >>># 词汇表大小
09  >>> vocab_size = 10000
10  >>># 词嵌入向量的维度
11  >>> emb_dim = 200
12  >>>
13  >>># 构建正向输入序列
14  >>> sequence = np.random.random((10, 100))
15  >>># 构建反向输入序列
16  >>> rev_seq = sequence[:, ::-1]
17  >>>
18  >>># 正向序列输入信息
19  >>> input_seq = Input(shape=(None,), name='seq_input')
20  >>># 反向序列输入信息
21  >>> input_rev = Input(shape=(None,), name='rev_input')
```

```
22 >>>
23 >>># 构建 Embedding 层
24 >>> embed = layers.Embedding(input_dim=vocab_size,
25 >>>                          output_dim=emb_dim,
26 >>>                          input_length=max_len)
27 >>>
28 >>># 正向词嵌入处理，这里正反向词嵌入使用相同的权重
29 >>> x_seq = embed(input_seq)
30 >>># 反向词嵌入处理
31 >>> x_rev = embed(input_rev)
32 >>>
33 >>># 构建正向 LSTM 提取相关特征
34 >>> lstm_seq = layers.LSTM(32, name='seq_lstm')
35 >>># 构建反向 LSTM 提取相关特征
36 >>> lstm_rev = layers.LSTM(32, name='rev_lstm')
37 >>>
38 >>># 构建正向输入流
39 >>> x_seq = lstm_seq(x_seq)
40 >>># 构建反向输入流
41 >>> x_rev = lstm_rev(x_rev)
42 >>>
43 >>># 特征合并
44 >>> x = layers.concatenate([x_seq, x_rev], axis=-1,
   name='concatenate_layer')
45 >>># 使用全连接层作为主干网络
46 >>> x = layers.Dense(128, activation='relu')(x)
47 >>># 使用全连接层进行分类
48 >>> x = layers.Dense(10, activation='softmax')(x)
49 >>>
50 >>># 构建完整模型
51 >>> model = Model(inputs=[input_seq, input_rev], outputs=x)
52 >>>
53 >>># 显示模型结构信息
54 >>> model.summary()
```

图 7.5 所示是基于双向 LSTM 的模型结构示意图。从图中可以看出，上述模型通过 2 个输入层将序列信息的正向信息和反向信息通过同一个 Embedding 层进行转换后，分别交给 2 个独立的 LSTM 模型进行特征提取，从而对序列的上下文信息进行了建模。其效果与 Bidirectional 层等价。

```
Layer (type)                    Output Shape        Param #    Connected to
=================================================================================
seq_input (InputLayer)          (None, None)         0

rev_input (InputLayer)          (None, None)         0

embedding_1 (Embedding)         (None, 1000, 200)    2000000    .seq_input[0][0]
                                                                rev_input[0][0]

seq_lstm (LSTM)                 (None, 32)           29824      embedding_1[0][0]

rev_lstm (LSTM)                 (None, 32)           29824      embedding_1[1][0]

concatenate_layer (Concatenate) (None, 64)           0          seq_lstm[0][0]
                                                                rev_lstm[0][0]

dense_1 (Dense)                 (None, 128)          8320       concatenate_layer[0][0]

dense_2 (Dense)                 (None, 10)           1290       dense_1[0][0]
=================================================================================
Total params: 2,069,258
Trainable params: 2,069,258
Non-trainable params: 0
```

图 7.5　基于双向 LSTM 的模型结构示意图

更一般的多输入模型则可以将许多不同的预训练模型的先验相结合，以产生不同视角的数据特征向量，并通过模型特征融合的方式结合多种信息进行特征提取。这类多输入的结构如图 7.6 所示。

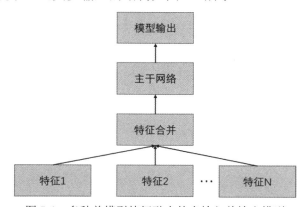

图 7.6　多种单模型特征融合的多输入单输出模型

通过多种单模型的信息融合，上述多输入单输出模型通常能够获得比单一模型更好的性能。如下的代码以 3 个全连接网络作为预训练网络，然后将 3 个网络的各自输出融合到多输入单输出模型中，以提高模型整体的判别能力。其模型结构如图 7.7 所示。

```
01  >>># coding=utf8
02  >>>
03  >>> import numpy as np
```

```
04  >>> X = np.random.random((100, 500))
05  >>> X2 = np.random.random((100, 500))
06  >>> X3 = np.random.random((100, 500))
07  >>> Y = np.random.random((100, 10))
08  >>>
09  >>> from keras.models import Model, Input, Sequential
10  >>> from keras import layers
11  >>># model1-model3 视为预训练的模型
12  >>> model1 = Sequential(layers=[layers.Dense(32, input_
    shape=(500,), activation='relu'), layers.Dense(10)])
13  >>> model2 = Sequential(layers=[layers.Dense(64, input_
    shape=(500,), activation='relu'), layers.Dense(10)])
14  >>> model3 = Sequential(layers=[layers.Dense(128, input_
    shape=(500,), activation='relu'), layers.Dense(10)])
15  >>>
16  >>># 使用预训练模型提取特征参数
17  >>> pred_1 = model1.predict(X)
18  >>> pred_2 = model2.predict(X)
19  >>> pred_3 = model3.predict(X)
20  >>>
21  >>># 使用多输入模型接收预训练模型的相关输出特征
22  >>> input_1 = Input(shape=(10,))
23  >>> input_2 = Input(shape=(10,))
24  >>> input_3 = Input(shape=(10,))
25  >>>
26  >>># 融合多种数据流
27  >>> x = layers.concatenate([input_1, input_2, input_3],
    axis=-1)
28  >>>
29  >>># 多输入模型权重及输出
30  >>> x = layers.Dense(32, activation='relu')(x)
31  >>> x = layers.Dense(10, activation='softmax')(x)
32  >>>
33  >>># 构建多输入单输出模型
34  >>> model = Model([input_1, input_2, input_3], x)
35  >>>
36  >>># 显示模型结构
37  >>> model.summary()
```

📢 注意：

　　多个单模型的特征之间可能会出现特征数目不一致的情况，为了保证特征向量的融合成功，需要对可能出现不一致的特征向量进行维度处理，以避免维度差异导致融合失败。

图 7.7　多个单模型相融合的多输入单输出模型结构

在构建多输入单输出模型时，同样需要注意模型的训练数据的指定方式。如果模型的输入层没有进行命名，那么需要按照输入层的数据流动顺序给定输入数据。如下的代码展示了没有命名输入层时的训练数据指定方式。

```
01  >>> from keras.models import Input
02  >>> input_1 = Input(shape=(10,))
03  >>> input_2 = Input(shape=(10,))
04  >>> input_3 = Input(shape=(10,))
05  >>># 训练模型
06  >>> model.fit(x=[X1, X2, X3], Y)
```

通常情况下，一种更加清晰也更为推荐的做法是：为重要的输入层进行命名，并且在指定训练数据时，使用字典的方式将输入层和训练数据一一对应。如下代码展示了将输入层进行命名并通过字典方式使得输入层和输入数据一一对应的训练方式。

```
01  >>># 为每个输入层命名
02  >>> input_1 = Input(shape=(10,), name='X1_input')
03  >>> input_2 = Input(shape=(10,), name='X2_input')
04  >>> input_3 = Input(shape=(10,), name='X3_input')
05  >>>
06  >>># 训练模型，将训练数据和输入层一一对应
07  >>>model.fit(x={'X1_input': X,
08  >>>                'X2_input': X2,
09  >>>                X3_input': X3,
10  >>>                'Dense_8': Y})
```

7.1.3　构建单输入多输出模型

单输入多输出模型是另一类较为常用的结构。不同于 Keras 序贯模型的

单输入单输出结构，单输入多输出结构常常用于将同一信息进行输入处理，然后针对不同类型的任务执行特定的解码操作。这类模型的训练过程中，在模型的输入端给定相同的输入参数，然后将模型的权重信息通过多个不同的全连接层解码到不同的标签，可用于解决不同类型的问题。此类模型常用于多种信息之间具有较强关联的情况。

　　不同类型的数据之间具有较强关联性时，信息的关联性需要通过权重进行体现。例如，图 7.8 展示了解决多种输入标签问题的第一种典型思路——多模型对应多标签的思路。

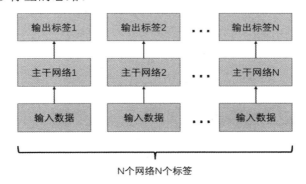

图 7.8　单输入单输出模型思路

　　如图 7.8 所示，单输入单输出模型对于具有多输入的多标签问题往往需要使用模型与标签一一对应的方式完成模型的多标签输出任务。这类解决思路在许多现实场景中具有其实际意义：在输出的多个标签之间缺乏内在联系时，使用这类解决思路构建的模型往往具有较高的相互独立性，从而能够提供避免引入与目标任务无关的噪声信息，从而有助于提高单个模型的精度。

　　但是，使用单输入单输出模型解决问题的思路有以下两个主要问题。

　　（1）单输入单输出模型虽然能够保证对每个标签都能完成预测，但是由于模型的数目与标签数目成正比，随着需要解决的问题愈发复杂和多样，模型的数目和规模也会同比增长，对于深度学习模型这类较为消耗计算资源的模型而言，会进一步提高其算力成本。

　　（2）正是由于不同模型的参数之间相互独立，因此对于具有较强关联性的多标签输出而言，上述解决思路并不能很好地完成不同类型信息的相互融合。以常见的微博上的评论为例，通过微博评论以及历史评论当中用户的习惯用语，可以大致推断出用户的年龄、账号类型（例如，是否是僵尸粉）等信息，进而将无效账号进行过滤。而上述标签推断的信息源均为相关账号的微博动态，因此，不同标签之间其实具有隐形的关联关系。

上述使用多个单输入单输出模型多标签预测的模型实际上在学习标签的隐形关联关系中并不具有优势，因为不同的模型之间的权重既不共享，也不对参数张量进行融合，而是独立作出相关判断，这就可能引入一定的偏差导致模型的判别失准。

图 7.9 所示是另一类解决多标签问题的典型思路。图中的模型主干部分只有一个模型网络，但是在模型的解码端则对应了 N 个标签的输出。这就是单输入多输出模型的基本结构。单输入多输出模型在一般情况下可以将同一个输入信息映射到不同的解空间中，然后通过模型的解码层将多个不同的标签进行输出。

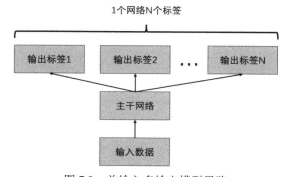

图 7.9 单输入多输出模型思路

对于不同类型的内容，在模型的输入端给定不同的模型，能够将不同的模型输出的特征参数进行融合，从而综合多种信息构建模型，提高模型本身的性能。例如，构建多输入单输出模型时，可以将多种不同结构的模型对同一数据集的输出特征作为当前模型的多种不同的输入，然后将使用当前模型的单模型权重对于该问题进行多类型信息的融合训练，得到最终的输出结果。

📢 **注意：**

> 单输入单输出模型虽然能够挖掘信息之间的隐藏关联以及信息的多种解读视角，但是训练单输入多输出网络的难度通常要比训练多个单输入单输出网络的难度更大，因此在实际应用中要对不同的问题进行不同的取舍。

如下的代码展示了一个简单的单输入三输出网络，输入端指定一个输入参数，而对输出端进行账号类别、性别和收入类别的预测。

```
01  >>># coding=utf8
```

```
02  >>> import numpy as np
03  >>>
04  >>> from keras.models import Input, Model
05  >>> from keras import layers
06  >>>
07  >>># 训练集的输入数据
08  >>>
09  >>># 构造模型
10  >>> input_layer = Input(shape=(227, 227), name='only_
    input')
11  >>>
12  >>># 构建模型主干部分
13  >>>
14  >>># 构造数据流，添加卷积层
15  >>> x = layers.Conv1D(64, 3)(input_layer)
16  >>># 继续增加卷积层，使用 relu 激活
17  >>> x = layers.Conv1D(128, 5, activation='relu')(x)
18  >>># 池化处理
19  >>> x = layers.MaxPool1D(pool_size=3)(x)
20  >>># 继续构建卷积层进行处理
21  >>> x = layers.Conv1D(256, 1)(x)
22  >>> x = layers.Conv1D(256, 3, activation='relu')(x)
23  >>># 池化处理
24  >>> x = layers.MaxPool1D(3)(x)
25  >>>
26  >>># 为模型构建多标签解码部分
27  >>># 第一个解码输出部分
28  >>> y1 = layers.Dense(1024, activation='relu')(x)
29  >>> y1 = layers.Dense(100, activation='softmax', name=
    'type_predict')(y1)
30  >>>
31  >>># 第二个解码输出部分
32  >>> y2 = layers.Dense(512, activation='relu')(x)
33  >>> y2 = layers.Dense(10, activation='softmax', name=
    'income_predict')(y2)
34  >>>
35  >>># 第三个解码输出部分
36  >>> y3 = layers.Dense(1000, activation='relu')(x)
37  >>> y3 = layers.Dense(1, activation='sigmoid', name=
    'sex_predict')(y3)
38  >>>
39  >>># 创建模型
40  >>> model = Model(input_layer, [y1, y2, y3])
41  >>>
```

```
42   >>># 输出模型结构信息
43   >>> model.summary()
```

通过上述模型代码，构架了一个单输入三输出的模型结构，其中的输入层保持一致，但是不同的标签解码过程使用了不同的全连接层用于输出标签。

如图 7.10 所示是上述模型的结构参数示意图。从图中可以看出，该模型共有 6 个全连接层，其中 dens1~dense 3 均为卷积层与最终输出层之间的转换层，而三个 predict 层分别用于最终输出账号类别、性别以及收入类别的标签。

Layer (type)	Output Shape	Param #	Connected to
only_input (InputLayer)	(None, 227, 227)	0	
conv1d_1 (Conv1D)	(None, 225, 64)	43648	only_input[0][0]
conv1d_2 (Conv1D)	(None, 221, 128)	41088	conv1d_1[0][0]
max_pooling1d_1 (MaxPooling1D)	(None, 73, 128)	0	conv1d_2[0][0]
conv1d_3 (Conv1D)	(None, 73, 256)	33024	max_pooling1d_1[0][0]
conv1d_4 (Conv1D)	(None, 71, 256)	196864	conv1d_3[0][0]
max_pooling1d_2 (MaxPooling1D)	(None, 23, 256)	0	conv1d_4[0][0]
dense_1 (Dense)	(None, 23, 1024)	263168	max_pooling1d_2[0][0]
dense_2 (Dense)	(None, 23, 512)	131584	max_pooling1d_2[0][0]
dense_3 (Dense)	(None, 23, 1000)	257000	max_pooling1d_2[0][0]
type_predict (Dense)	(None, 23, 100)	102500	dense_1[0][0]
income_predict (Dense)	(None, 23, 10)	5130	dense_2[0][0]
sex_predict (Dense)	(None, 23, 1)	1001	dense_3[0][0]

Total params: 1,075,007
Trainable params: 1,075,007
Non-trainable params: 0

图 7.10　单输入三输出模型结构

有了单输入多输出模型，接下来需要将数据送入模型中进行训练。由于模型本身是单输入多输出模型，因此指定的训练数据集中，每项数据需要对应三个不同的训练标签，如下代码展示了如何将单个数据对应的多个标签给定并进行训练。在没有进行命名的情况下，需要注意层的创建顺序和训练标签给出的顺序要保持一致。

```
01   >>># 给定数据进行训练
02   >>># 分别指定类型标签,收入标签,以及性别标签
03   >>> model.fit(x, [type_labels, income_labels, sex_labels])
```

而在多个输出层都被显式命名的情况下，可以使用字典的方式指定每个输出层的标签数据与层之间的对应关系。此时，训练标签给出的顺序无关，并且代码更容易理解，因此更加推荐这种做法。如下代码展示了如何通过字典的方式将训练集数据对应的标签对应到指定的输出层。

```
01  >>># 给定数据进行训练
02  >>># 分别指定类型标签,收入标签,以及性别标签
03  >>> model.fit({'only_input': x,
04  >>>               'type_predict': type_labels,
05  >>>               'income_predict': income_labels,
06  >>>               'sex_predict': sex_labels})
```

除此之外，单输入多输出参数模型的训练损失需要将不同的标签之间的损失进行加权平均，以避免由于采用了不同的损失函数，导致计算出的梯度大小不同，从而使模型的权重偏向于损失函数值范围较大的问题，导致模型过大的偏差。为了能够将不同的损失矫正到同一级别，Keras 提供了相关接口为不同的损失进行加权，从而调和损失的值域避免模型的过大偏差。

如下代码展示了如何通过不同的损失权重调整损失的范围，从而避免模型在训练过程中产生较大的偏差，代码参数如下。

```
01  >>># 调整权重使得不同损失的权重大小大致相等
02  >>> model.compile(optimizer='rmsprop',
03  >>>                loss=['categorical_crossentropy',
04  >>>                      'categorical_crossentropy',
05  >>>                      'binary_crossentropy']
06  >>>                loss_weights=[1, 1, 10])
```

同样的，在已经对网络层进行命名的情况下，可以使用字典指定网络的损失以及损失的权重，以便对损失进行调整。

```
01  >>># 调整权重使得不同损失的权重大小大致相等
02  >>># 使用字典调整损失值范围
03  >>> model.compile(optimizer='rmsprop',
04  >>>                loss={'type_predict': 'categorical_
    crossentropy',
05  >>>                      'income_predict': 'categorical_
    crossentropy',
06  >>>                      'sex_predict': 'binary_
    crossentropy'},
07  >>>                loss_weights={'type_predict':1,
08  >>>                              'income_predict': 1,
09  >>>                              'sex_predict': 10})
```

7.1.4 构建多输入多输出模型

在实际应用神经网络模型时，有时需要通过多种类型的数据特征将信息进行融合，从而将各种不同的数据特征信息加入到上述模型中以提高模型的相关性能。有时，主干模型可能需要输出不止一个标签，或者对多个连续属性进行回归预测。此类模型的特点是，需要同时处理多个输入数据并通过计算产生多少组输出数据。

如果仍然采用单输入单输出的模型处理相关问题，则由于输入数据和输出数据的组合而需要数量庞大的模型矩阵。例如，假定在某个多输入多输出问题中，需要同时考虑 M 个输入数据和 N 个输出数据，则对于单输入单输出模型而言，需要 MN 个单输入单输出模型组成一个模型矩阵，然后分别对 MN 个模型给定数据，进行计算，从而得出最终结果，如图 7.11 所示。对于多输入多输出问题而言，上述模型所需要的算力资源十分庞大，并且每种模型之间权重信息无法共享，信息损失在训练阶段十分严重，可能产生较高偏差。

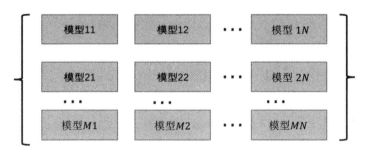

M个输入数据N个输出标签

图 7.11　M 输入 N 输出模型矩阵

另一种较为常见的解决思路是通过将多个多输入单输出模型进行组合，或是将多个单输入多输出模型进行组合，从而得到多个模型组用于解决多个多输入多输出问题，如图 7.12 所示，是组合多个多输入单输出模型或多个单输入多输出模型而成的组合模型组。对于多个多输入单输出的模型组合的情况，需要 N 个 M 输入单输出的模型进行组合；而对于多个单输入多输出的模型组合的情况，则需要 M 个单输入 N 输出的多输出的模型进行组合以解决对应的问题。

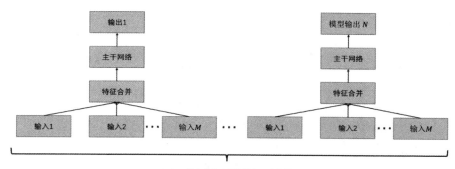

图 7.12　N 个 M 输入单输出网络模型

如图 7.12 所示是由 N 个 M 输入单输出的模型组成的可用于解决 M 输入 N 输出问题的模型基本结构。此类模型需要通过 N 个独立的模型同时处理 M 个输入信息，然后对于每种标签产生一个特定的输出，从而完成 M 输入到 N 输出的问题映射。然而，这类模型的缺点主要有两个，其一是模型的数量与输出标签的维度正相关，这对于模型的算力需求提出了更高的要求。其二，由于每个单一模型的训练目标不一致，因此可能造成虽然输入信息相同，但是每个单一模型的权重信息将输入信息映射到了不同的隐变量空间中，因而使从不同隐变量空间解析出的标签信息之间无法产生较好的相互关联性。

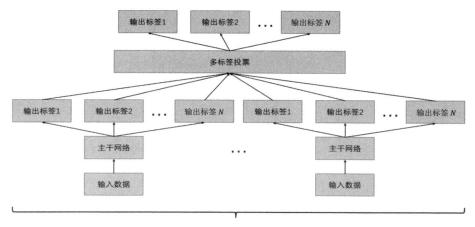

图 7.13　M 个单输入 N 输出网络模型

如图 7.13 所示，采用 M 个单输入 N 输出的模型来解决多输入多输出问题主要借鉴了集成学习的影响。通过 M 个模型的 N 个标签进行投票，可以从 M 个不同的视角对于标签进行决策，从而解决多输入多输出问题。然而，这类投票使用较为简单的机器学习模型作为其学习器，深度学习由于其模型的复杂性，通常模型的数目不宜过大。

为了解决上述模型组合之间的问题，可以通过 Keras 的函数式 API 构建多输入多输出模型，如图 7.14 所示。由于多输入多输出模型本身可以通过多个输入层处理输入数据，并且能够将所有输入数据映射到相同的隐变量空间中，因此在模型的解码输出阶段可以保证信息处理过程中的隐含信息相关性。另一方面，由于使用了多输入多输出模型，因此进行数据训练时只需通过单个的多输入多输出模型即可完成相关任务，因此模型对于算力资源的要求相较于多模型组合的方案也有了明显改善。

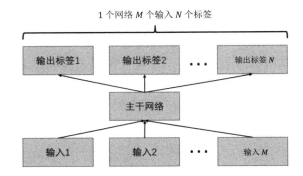

图 7.14　M 输入 N 输出的多输入多输出模型

如下代码展示了如何通过 Keras 提供的函数式 API 构建一个多输入多输出模型，其中包含了 3 个输入层以及 2 个输出层，模型的结构信息如图 7.15 所示。

```
01  >>># coding=utf8
02  >>>
03  >>> from keras.models import Model, Input
04  >>> from keras import layers
05  >>>
06  >>># 主要输入层
07  >>> main_input = Input(shape=(100, ), name='main_input')
08  >>># 第二输入层
09  >>> second_input = Input(shape=(100, ), name='second_input')
10  >>># 第三输入层
```

```
11  >>> third_input = Input(shape=(100, ), name='third_input')
12  >>>
13  >>># 模型主干网络
14  >>> emb_main = layers.Embedding(200, 32, input_length=50)
    (main_input)
15  >>> emb_2nd = layers.Embedding(200, 32, input_length=50)
    (second_input)
16  >>> emb_3rd = layers.Embedding(200, 32, input_length=50)
    (third_input)
17  >>>
18  >>># 使用 LSTM 提取特征
19  >>> x1 = layers.LSTM(32)(emb_main)
20  >>> x2 = layers.LSTM(32)(emb_2nd)
21  >>> x3 = layers.LSTM(32)(emb_3rd)
22  >>>
23  >>># 求和 x1 x2
24  >>> x12 = layers.add([x1, x2])
25  >>># 合并 x3
26  >>> x = layers.concatenate([x12, x3])
27  >>>
28  >>># 使用全连接层处理参数
29  >>> x = layers.Dense(2048, activation='relu')(x)
30  >>>
31  >>># 编码输出，第一层
32  >>> y1 = layers.Dense(1024, activation='relu')(x)
33  >>> y1 = layers.Dense(1, name='output_regression')(y1)
34  >>>
35  >>># 第二层
36  >>> y2 = layers.Dense(512)(x)
37  >>> y2 = layers.Dense(100, activation='softmax', name=
    'output_classify')(y2)
38  >>>
39  >>># 创建模型
40  >>> model = Model([main_input, second_input, third_input],
41  >>>                [y1, y2])
42  >>>
43  >>># 输出模型信息
44  >>> model.summary()
```

上述代码中使用了 3 个独立的 LSTM 网络对输入信息进行建模和特征提取，然后将 3 个输入得到的特征信息进行合并，从而交给后续的全连接网络进行处理。如图 7.15 所示为上述模型得到的模型结构信息。从图 7.15 中可以看出，通过 Keras 提供的函数式 API 成功地构建了一个 3 个输入层 2 个输出层的多输入多输出模型。

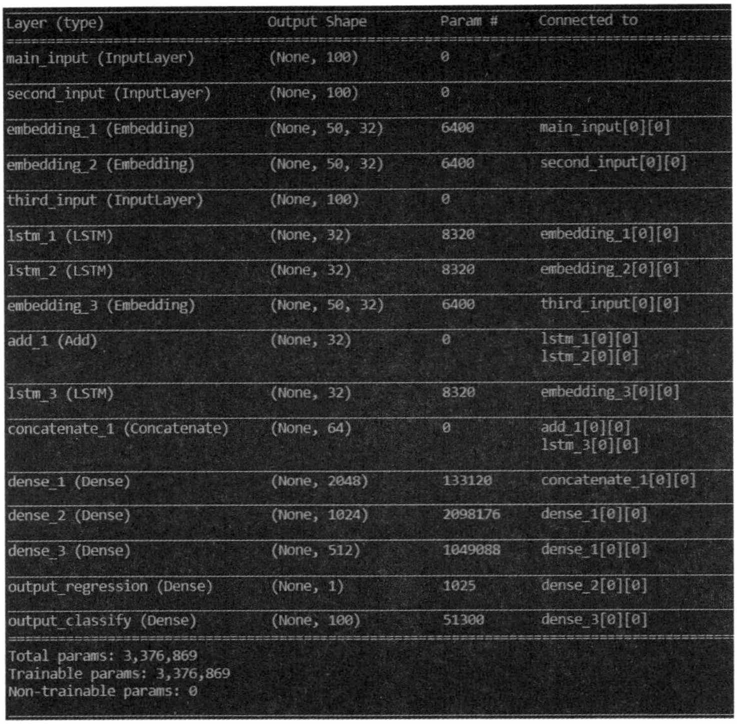

```
Layer (type)                    Output Shape         Param #      Connected to
================================================================================
main_input (InputLayer)         (None, 100)          0
_____
second_input (InputLayer)       (None, 100)          0
_____
embedding_1 (Embedding)         (None, 50, 32)       6400         main_input[0][0]
_____
embedding_2 (Embedding)         (None, 50, 32)       6400         second_input[0][0]
_____
third_input (InputLayer)        (None, 100)          0
_____
lstm_1 (LSTM)                   (None, 32)           8320         embedding_1[0][0]
_____
lstm_2 (LSTM)                   (None, 32)           8320         embedding_2[0][0]
_____
embedding_3 (Embedding)         (None, 50, 32)       6400         third_input[0][0]
_____
add_1 (Add)                     (None, 32)           0            lstm_1[0][0]
                                                                  lstm_2[0][0]
_____
lstm_3 (LSTM)                   (None, 32)           8320         embedding_3[0][0]
_____
concatenate_1 (Concatenate)     (None, 64)           0            add_1[0][0]
                                                                  lstm_3[0][0]
_____
dense_1 (Dense)                 (None, 2048)         133120       concatenate_1[0][0]
_____
dense_2 (Dense)                 (None, 1024)         2098176      dense_1[0][0]
_____
dense_3 (Dense)                 (None, 512)          1049088      dense_1[0][0]
_____
output_regression (Dense)       (None, 1)            1025         dense_2[0][0]
_____
output_classify (Dense)         (None, 100)          51300        dense_3[0][0]
================================================================================
Total params: 3,376,869
Trainable params: 3,376,869
Non-trainable params: 0
```

图 7.15　基于 Keras 函数式 API 构建的 3 个输入层 2 个输出层模型结构信息

7.2　基于函数式 API 的回调函数

在 Keras 模型的训练过程中，有时需要通过对 Keras 模型的训练过程进行修正和优化，以便模型训练后的性能能够具备更好的泛化性。这类对于模型训练过程中的调整和修正，可以通过 Keras 提供的回调函数完成。本节将会简要介绍 Keras 的回调函数，并展示如何自定义满足需求的回调函数，以便及时调整模型训练过程。

7.2.1　使用回调函数保存最佳模型

由于训练过程中模型的权重参数对模型性能的影响常不可预知，因此模型整体训练结束后得到的模型未必是泛化能力最好的模型，因此往往需要在模型训练过程中针对模型表现进行预先保存。Keras 回调函数提供了相应的回调函数以保存最佳模型。

在 Keras 函数式 API 中，可以使用"检查点"功能存储当前得到的最优模型，然后在整个模型训练周期结束后，调用存储的最佳模型而非训练完成后的模型即可。其中，最佳模型的定义通常根据不同的需要而定，例如，常见的定义方式是通过在训练集上取得最佳精度，或者在验证集上取得最小损失而得到的。如下代码展示了使用 CheckPoint 回调函数来保存最佳模型，并采用了在验证集上使用取得最佳精度的策略，确保保存的模型是泛化性能较好的实例。

```
01  >>># coding=utf8
02  >>> from keras.callbacks import ModelCheckpoint
03  >>>
04  >>> # 回调函数列表
05  >>> callback_lis = [
06  >>>     # 检查点回调函数
07  >>>     # 选择验证集精度作为监控目标
08  >>>     # 只存储最好的模型，并且存储模型的结构和权重
09  >>>     ModelCheckpoint('best_model.h5',
10  >>>                     monitor='val_acc',
11  >>>                     mode='max',
12  >>>                     save_best_only=True,
13  >>>                     save_weights_only=False,)
14  >>> ]
15  >>>
16  >>> # 在模型执行训练的 fit 函数中传入回调函数列表
17  >>> model.fit(x, y,
18  >>>           batch_size=128,
19  >>>           validation_data=(val_x, val_y),
20  >>>           callbacks=callback_lis)
```

📢 注意：

单一的回调函数也需要放入回调函数列表中，以便 fit 方法进行参数检查时回调函数是一个列表而不是单独的对象。

7.2.2　提前停止（Early Stopping）与调整学习率（Schedule Learning Rate）相结合的回调函数

在模型训练过程中常存在下述现象：随着模型训练轮数的增加，模型的

训练精度无法提高或训练精度难以下降。这类问题通常是由于模型随着优化的进行，模型的损失函数已经下降到了目标点附近，但是由于基于梯度下降的学习算法中学习率较大，因此模型在目标点附近参数震荡。

在这种情况下，单纯增加模型训练的迭代次数无法实际提高模型的拟合能力。一种常用的方式是在模型训练的过程中，根据模型的训练情况设置可变化的学习率，从而实现模型学习过程的动态调整。

如下代码展示了如何通过结合调整学习率的回调函数以及提前停止训练的回调函数获得相关的模型。其中需要特别说明的是，在使用如下的LearningRateScheduler 回调函数更新模型的学习率时，需要自定义一个学习率调度函数。这个函数输入的第一个参数为模型的训练轮数，而第二个参数固定名称为 lr，是当前训练过程中模型采用的学习率。在下述代码的第 20行中，采用了平滑方法为 200 轮以上的学习率提供动态的调整，而这一调整依赖于当前学习率 lr 参数。

```
01  >>># coding=utf8
02  >>> from keras.callbacks import LearningRateScheduler
03  >>> from keras.callbacks import EarlyStopping
04  >>>
05  >>> def my_lr_scheduler(epoch, lr):
06  >>>     '''
07  >>>     自定义学习率调度器
08  >>>     Args:
09  >>>         epoch: int 训练轮数
10  >>>         lr: float 当前学习率 此方法的第二个参数名称固定为 lr
11  >>>     '''
12  >>>     # 初始迭代时选择较大的学习率，跳出局部极小值
13  >>>     if epoch < 50:
14  >>>         return 1e-3
15  >>>     # 50 - 200 轮使用较小的学习率，逼近全局最小值
16  >>>     elif epoch < 200:
17  >>>         return 2e-4
18  >>>     # 200 轮以上时逐步缩小学习率进行微调
19  >>>     else:
20  >>>         return lr * 0.9 + 1e-5 * 0.1
21  >>>
22  >>> # 回调函数列表
23  >>> callback_lis = [
24  >>>     # 学习率调度函数
25  >>>     # 传入自定义的调度器用于更新学习率
26  >>>     LearningRateScheduler(my_lr_scheduler),
```

```
27  >>>
28  >>>      # 检查点回调函数
29  >>>      # 选择验证集精度作为监控目标
30  >>>      # patience 参数用于确定等待的轮数，达到 patience 轮
31  >>>      # 后未提高精度则训练停止
32  >>>      # min_delta 用于确定更新的范围，指标变化小于 min_delta
33  >>>      # 则视为没有变化
34  >>>      EarlyStopping(monitor='val_acc',
35  >>>                    patience=10,
36  >>>                    mode='max',
37  >>>                    min_delta=1e-2),
38  >>>  ]
39  >>>
40  >>>  # 在模型执行训练的 fit 函数中传入回调函数列表
41  >>>  model.fit(x, y,
42  >>>            batch_size=128,
43  >>>            validation_data=(val_x, val_y),
44  >>>            callbacks=callback_lis)
```

由于模型学习率的调整在模型的训练过程中应用十分普遍，因而 Keras 还提供了一种更为简单的回调函数用于对模型的学习率进行动态调整。如下代码展示了另一种实现学习率调整的方式。Keras 函数式 API 提供了 ReduceLROnPlateau 为模型训练停滞时提供简单的学习率调整机制：将当前学习率乘以调整因子即可得到新的学习率。

如下代码展示了通过 ReduceLROnPlateau 回调函数和 EarlyStopping 回调函数进行学习率调整的例子。其中 patience 参数表示监控指标持续不变的最长训练轮数，超过 patience 指定的轮数后，如果监控指标仍未发生变化，则学习率将会进行调整。另一个参数 min_delta 用于表示变化的下限，变化幅度小于 min_delta 时将会认为指标未发生变化，这一参数可用于保证模型的训练过程中小幅度的指标震荡导致学习率的波动。

```
01  >>># coding=utf8
02  >>> from keras.callbacks import ReduceLROnPlateau
03  >>> from keras.callbacks import EarlyStopping
04  >>>
05  >>># 回调函数列表
06  >>> callback_lis = [
07  >>>      # 学习率调度函数
08  >>>      # factor 用于进行学习率调整(每次调整将现有学习率乘以 factor)
09  >>>      # patience: 学习率固定且监控指标不变的最长周期
10  >>>      # min_delta: 变化的下限
```

```
11  >>>        ReduceLROnPlateau(monitor='val_acc',
12  >>>                          factor=0.1,
13  >>>                          patience=5,
14  >>>                          min_delta=1e-3)
15  >>>
16  >>>        # 检查点回调函数
17  >>>        # 选择验证集精度作为监控目标
18  >>>        # patience 参数用于确定等待的轮数，达到 patience 轮
19  >>>        # 后未提高精度则训练停止
20  >>>        # min_delta 用于确定更新的范围，指标变化小于 min_delta
21  >>>        # 则视为没有变化
22  >>>        EarlyStopping(monitor='val_acc',
23  >>>                      patience=10,
24  >>>                      mode='max',
25  >>>                      min_delta=1e-2),
26  >>> ]
27  >>>
28  >>> # 在模型执行训练的 fit 函数中传入回调函数列表
29  >>> model.fit(x, y,
30  >>>           batch_size=128,
31  >>>           validation_data=(val_x, val_y),
32  >>>           callbacks=callback_lis)
```

上述代码中可以看出，ReduceLROnPlateau 回调函数能够以因子 factor 动态调整模型的学习率，但是无法对学习率进行更加复杂的动态调整。如果需要对学习率进行更加复杂精细的定制化设置，则需要使用前述的 LearningRateScheduler 回调函数。

7.2.3 自定义回调函数

为了能够满足更加复杂多变的回调函数的要求，Keras 函数式 API 提供了自定义回调函数的能力。只需按照 Keras 约定的方法实现回调函数，并在代码中传入包含自定义回调函数的列表，即可在模型的多个不同阶段，通过 Keras 内部实现的训练流程，调用相关回调函数实现不同的回调操作。Keras 的回调函数是一个继承自 Keras.callbacks.Callback 的子类，类中可以实现 8 种不同的方法，以对 Keras 模型在不同的时间节点上进行不同的操作。

在 Keras 模型的训练阶段，共有 8 个关键时间节点可供回调函数进行操作。因此，完整的回调函数可以在 8 个关键时间节点的任何一个节点上执行回调函数，完成对应操作。如图 7.16 所示是 8 个关键时间节点的图示。

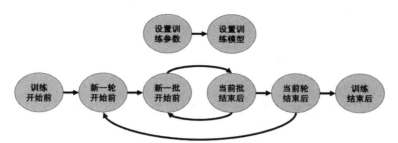

图 7.16　回调函数可执行的 8 个关键时间节点

如图 7.16 所示，模型训练前有 2 个阶段用于初始化模型的训练参数，其中第一个阶段调用回调函数的 set_params 方法设置模型的训练参数，第二个阶段调用 set_models 方法为回调函数传入模型本身，用于为回调函数记录模型。随后会进入模型的训练流程中，模型的训练流程包含 6 个时间节点，分别是训练开始前、新一轮（epoch）训练开始前、新一批（batch）训练开始前、当前批（batch）训练结束后、当前轮（epoch）训练结束后，以及整个训练结束后。

如下代码节选自 Keras 框架的回调函数基类 Callback 中。在 Keras 源码的 callbacks.py 文件中可以看到，回调函数的基类提供了上述 8 个时间节点的方法框架。

```
01  >>># 以下代码节选自 Keras 的 callbacks.py 文件中的 Callback 类
02  >>> class Callback(object):
03  >>>     def set_params(self, params):
04  >>>         self.params = params
05  >>>
06  >>>     def set_model(self, model):
07  >>>         self.model = model
08  >>>
09  >>>     def on_epoch_begin(self, epoch, logs=None):
10  >>>         pass
11  >>>
12  >>>     def on_epoch_end(self, epoch, logs=None):
13  >>>         pass
14  >>>
15  >>>     def on_batch_begin(self, batch, logs=None):
16  >>>         pass
17  >>>
18  >>>     def on_batch_end(self, batch, logs=None):
19  >>>         pass
20  >>>
```

```
21  >>>     def on_train_begin(self, logs=None):
22  >>>         pass
23  >>>
24  >>>     def on_train_end(self, logs=None):
25  >>>         pass
```

对于用户自定义的回调函数类而言，只需覆盖所需的相关时间节点上的方法，即可构建自定义的满足复杂需求的回调函数。

使用回调函数一个常见的需求是在模型训练期间对模型的权重、输出以及训练状态等进行调整，以便对训练过程进行控制。如下的代码以特征提取和学习率调整为例，通过自定义的 **UpdateLRAndSave** 回调函数，在模型的训练开始前的参数设置阶段，首先通过 **set_params** 方法保存了模型的训练参数。在设置模型的阶段，借助于 **set_model** 构建了一个用于提取模型最后三层网络的输出特征提取模型。

在模型训练开始前，会通过 **on_train_begin** 方法获取当前学习率并输出在控制台中。在每一轮迭代开始前，回调函数通过 **on_epoch_begin** 方法调整学习率，而在每一轮迭代完成后，会通过 **on_epoch_end** 方法保存最后三层提取的特征。在整个模型训练完成后，这一回调函数通过 **on_train_end** 方法将整个模型保存为 **final_model.h5** 文件。

```
26  >>> from keras.callbacks import Callback
27  >>> from keras.models import Model, save_model
28  >>> from keras import backend as K
29  >>>
30  >>> import numyp as np
31  >>>
32  >>> class UpdateLRAndSave(Callback):
33  >>>     '''
34  >>>     定义回调函数
35  >>>     模型开始训练前存储模型训练参数，设置初始学习率
36  >>>     在每一轮训练开始前调整学习率
37  >>>     在每一轮结束后存储模型提取的特征，并存储当前模型权重
38  >>>     训练结束后存储最终模型
39  >>>     '''
40  >>>
41  >>>     def set_params(self, params):
42  >>>         '''
43  >>>         用于处理模型的训练参数
44  >>>         将训练参数设置后存储到文件中
45  >>>         '''
46  >>>         self.params = params
47  >>>         param_lis = [f'{k}: {v}' for k, v in params
```

```
                .items()]
48  >>>         with open('trainning params.txt', 'w') as f:
49  >>>             f.write('\n'.join(param_lis))
50  >>>
51  >>>     def set_model(self, model):
52  >>>         '''
53  >>>         设置模型参数
54  >>>         将模型特定层进行连接，以构建目标层的输出模型
55  >>>         '''
56  >>>         self.model = model
57  >>>         # 获取最后三层输出的张量特征
58  >>>         output_nodes = []
59  >>>         for layer in model.layers[-3:]:
60  >>>             # 针对单层多输出的情况，遍历其所有输出节点索引以获
    得输出值
61  >>>             for node_index in range(len(layer._
    outbound_nodes)):
62  >>>                 # 将输出张量添加到列表中
63  >>>                 output_nodes.append(layer.get_output_at
    (node_index))
64  >>>
65  >>>         # 构建特征提取模型
66  >>>         self.extract_model = Model(model.inputs, output_
    nodes)
67  >>>
68  >>>     def on_train_begin(self, epoch, logs=None):
69  >>>         '''
70  >>>         训练开始前设置初始学习率
71  >>>         '''
72  >>>         # 获得初始学习率
73  >>>         lr = float(K.get_value(self.model.optimizer.lr))
74  >>>         print('learning rate:', lr)
75  >>>
76  >>>     def on_train_end(self, epoch, logs=None):
77  >>>         '''
78  >>>         训练结束保存最终模型
79  >>>         '''
80  >>>         save_model(self.model, 'final_model.h5')
81  >>>
82  >>>     def on_epoch_begin(self, epoch, logs=None):
83  >>>         '''
84  >>>         每一轮开始前调整学习率
85  >>>         '''
86  >>>         if epoch > 100:
87  >>>             lr = 1e-4
```

```
88  >>>          elif epoch > 2000:
89  >>>              cur_lr = float(K.get_value(self.model
    .optimizer.lr))
90  >>>              lr = cur_lr * 0.9 + 2e-6 * 0.1
91  >>>          # 设置优化器的学习率
92  >>>          K.set_value(self.model.optimizer.lr, lr)
93  >>>
94  >>>      def on_epoch_end(self, epoch, logs=None):
95  >>>          '''
96  >>>          每一轮结束后输出最后三层网络提取的特征
97  >>>          '''
98  >>>          # 存储当前模型权重
99  >>>          save_model(self.model, f'model_epoch-{epoch}.h5')
100 >>>          # 获取提取到的特征
101 >>>          features = self.extract_model.predict(self
    .validation_data)
102 >>>          # 将提取的特征存储为可视化的数字文本文件
103 >>>          np.savetxt('last_3_layers_features.txt',
    features)
```

📢 注意：

回调函数不是一个函数（ Function ），而是一个继承自 **keras.callbacks.Callback** 基类的子类，并且一个可用的回调函数需要实现覆盖上述 8 种方法中的至少一种。

7.3 自定义 Keras 层与可视化 Keras 模型

随着深度学习领域的飞速发展，神经网络的模型架构也愈加繁多且复杂。为了满足日益复杂的模型构建需求，补充 Keras 内置模型的不足，便于提高模型设计和验证的效率，Keras 提供了灵活简易的类似实现模型的构建以及 Keras 层的设计过程，并且能够最大化利用已有的辅助代码简化新的层的构建过程。本节的介绍将会初步涉及 Keras 层的设计与定制，便于使用 Keras 构建新的运算范式。

除了层创建的简易性，随着模型结构的复杂，单纯的代码和文字已经难以描述模型中复杂的数据流动关系。本节还将简要介绍如何将 Keras 框架下的任意模型结构进行可视化，从而降低模型结构的理解难度，并且简要介绍两种不同的 Keras 模型可视化工具。通过本节的介绍，可以在使用以及设计 Keras 模型时通过可视化模型加深模型理解，并且有助于模型结构设计的调试过程。

7.3.1 自定义 Keras 层

本节主要介绍如何通过 Keras 提供的函数式 API 自定义复杂灵活的神经网络层。在 Keras 框架的设计中，所有的网络层均继承自 keras.layers.Layer 类，这个类定义了所有 Keras 层的抽象方法和组成框架。

具体来说，构建一个 Keras 层通常需要实现 3 个方法：__init__ 方法用于当前层的初始化以及新参数的设置；build 方法用于构建当前层的层权重以及损失信息；call 方法则负责执行网络层的具体计算任务，根据给定的算法和输入参数 x，得到输出张量并返回。除此之外，如果自定义层的输入维度和输出维度不相符的情况下，还需要额外实现 compute_output_shape 方法。这一方法用于在模型构建过程中 Keras 进行模型的参数推断，以便确定参数形状和参数数量。

以高斯核函数为例，Keras 中的全连接层不能对数据通过高斯分布进行映射，可以通过自定义新的"高斯全连接层"来完成对数据的映射。如下代码展示了如何通过 Keras 提供的函数式 API 实现高斯核函数的相关映射。

具体来说，首先在 __init__ 方法中定义了当前层的参数 output_dim，然后通过 super()函数调用父类的方法进行剩余参数的初始化。在 build 方法中构建了 4 个权重矩阵，最后调用父类的 build 方法以初始化参数。在 call 方法中定义了模型的变换操作。最后实现了 compute_output_shape 方法以便Keras 能够自动推断模型输入输出形状。需要特别指出的是，对于自定义层的模型参数，必须显式提供模型参数的初始化方法。如下代码选择了 Keras 提供的随机正态分布初始化作为参数初始化方法。

```
01  >>># coding=utf8
02  >>>
03  >>> from keras.layers import Layer
04  >>> import keras.backend as K
05  >>> from keras.initializers import RandomNormal
06  >>>
07  >>> class GaussianDense(Layer):
08  >>>     '''
09  >>>     自定义高斯全连接层
10  >>>     '''
11  >>>
12  >>>     def __init__(self, output_dim, epsilon=1e-9,
    **kwargs):
13  >>>         '''
```

```
14  >>>            __init__方法指定模型的输出维度，用于初始化层的相关参数
15  >>>         Args:
16  >>>             output_dim: int 输出维度
17  >>>             epsilon: float 防止除零的参数
18  >>>         '''
19  >>>         # 记录初始化参数
20  >>>         self.output_dim = output_dim
21  >>>         self.epsilon = epsilon
22  >>>         # 调用父类初始化方法初始化 Layer 相关参数
23  >>>         super(GaussianDense, self).__init__(**kwargs)
24  >>>
25  >>>     def build(self, input_shape):
26  >>>         '''
27  >>>         build 方法用于构建可训练权重以及层间结构
28  >>>         Args:
29  >>>             input_shape: tuple 输入数据的形状
30  >>>         '''
31  >>>         # 本层缩放因子 gamma
32  >>>         self.gamma = self.add_weight(name='Gaussian_
    rescale_factor',
33  >>>                             shape=(self.output_dim,),
34  >>>                             trainable=True,
35  >>>                             initializer=RandomNormal())
36  >>>         # 本层可训练权重
37  >>>         self.kernel = self.add_weight(name='Gaussian_
    kernel',
38  >>>                             shape=(input_shape[-1],
    self.output_dim),
39  >>>                             trainable=True,
40  >>>                             initializer=RandomNormal())
41  >>>         # 线性偏置项
42  >>>         self.linear_bias = self.add_weight(name=
    'linear_bias',
43  >>>                             shape=(self.output_dim,),
44  >>>                             trainable=True,
45  >>>                             initializer=RandomNormal())
46  >>>         # 本层偏置项
47  >>>         self.bias = self.add_weight(name='Gaussian_bias',
48  >>>                             shape=(self.output_dim,),
49  >>>                             trainable=True,
50  >>>                             initializer=RandomNormal())
51  >>>         # 调用父类 build 函数以完成参数初始化
52  >>>         super(GaussianDense, self).build(input_shape)
53  >>>
```

```
54  >>>     def call(self, x):
55  >>>         '''
56  >>>         call 方法负责本层的运算逻辑
57  >>>         逐特征归一化，并使用高斯函数对线性变换进行映射
58  >>>         Args:
59  >>>             x: tensor 本层的输入张量
60  >>>         '''
61  >>>         # axis=-2 逐特征归一化
62  >>>         mean = K.mean(x, axis=-2, keepdims=True)
63  >>>         std = K.std(x, axis=-2, keepdims=True)
64  >>>         normed_x = (x - mean) / (std + self.epsilon)
65  >>>
66  >>>         # 首先进行线性变换，然后再进行高斯变换
67  >>>         linear = K.dot(normed_x, self.kernel) +
        self.linear_bias
68  >>>         gaussian = self.gamma * K.exp(linear) +
        self.bias
69  >>>
70  >>>         # 返回计算结果
71  >>>         return gaussian
72  >>>
73  >>>     def compute_output_shape(self, input_shape):
74  >>>         '''
75  >>>         compute_output_shape 方法用于计算本层的输出形状
76  >>>         当本层的输出形状与输入形状不相等时需要定义此方法
77  >>>         用于 Keras 自动推导模型结构
78  >>>         Args:
79  >>>             input_shape: tuple 输入形状
80  >>>         '''
81  >>>         return input_shape[:-1] + (self.output_dim,)
```

📢》 注意：

　　使用 Keras 构建层时，需要实现至少 2 个方法：call 方法和 build 方法。如果本层的输出形状不同于输入形状，则必须再实现 compute_output_shape 方法。实现 __init__ 方法和 build 方法时，必须在方法中调用父类的同名方法，以便执行父类相关方法的代码，否则自定义层的同名方法会覆盖父类方法，导致参数初始化不完整，从而引发错误。

7.3.2　基于 pydot 和 Graphviz 的模型可视化

　　在模型结构的设计和调试过程中，代码和文字叙述往往不如模型结构图直观易懂。手动绘制模型结构图随着模型的复杂程度不断提高，显得愈发

困难。为了便于模型结构的设计和调试，Keras 内置了基于 pydot 和 Graphviz 库的绘制模型结构的功能，可以将基于 Keras 的任意模型绘制成图片保存起来。本节将介绍基于 pydot 和 Graphviz 的 Keras 模型可视化方法，并给出具体的应用实例。

为了能够正确绘制模型结构图，首先需要安装 Keras 绘图所需的组件。在联网状态下，向控制台输入如下命令，以便通过 conda 安装 Graphviz 的相关库。

```
conda install graphviz
```

然后需要安装 Graphviz 的核心运算库，该库是 Graphviz 的核心渲染运算的部分，需要独立安装。这个库可以从如下地址：https://graphviz.gitlab.io/download/ 进行下载并安装。如果上述下载地址有所变更，可以在 https://graphviz.gitlab.io 中找到最新的下载链接。

安装完成后，为了确保 Python 解释器可以找到 Graphviz 的 dot.exe 文件，需要将 dot.exe 文件所在的文件夹手动加入到系统环境变量中。以 Windows 系统为例，该文件所属文件夹路径为：

```
C:\Program Files (x86)\Graphviz2.38\bin
```

将该文件夹加入环境变量后，通过重启等方法加载环境变量，Graphviz 安装即可完成。

安装 Graphviz 库后，还需要安装 pydot 库。Pydot 库能够绘制节点与边，从而绘制 Keras 模型的有向无环图（DAG）结构。pydot 库可以直接通过在控制台输入如下命令，从 conda 进行安装。

```
conda install pydot
```

📢 注意：

> 使用 Keras 提供的方法绘制模型结构时，必须安装 pydot 和 Graphviz 库，并且要确保 Graphviz 的 dot.exe 加入到了系统环境变量中。

Keras 框架提供了 plot_model 方法用于绘制基于 Keras 的各类神经网络的模型结构图。该方法基于 pydot 和 Graphviz 能够绘制出模型的有向无环图（DAG）。以经典的序贯模型为例，这是一类广泛使用的单输入单输出模型，plot_model 可以清晰地绘制出序贯模型的结构。如下代码绘制了一个简单的模型结构，其结构图如图 7.17 所示。

```
01  >>># coding=utf8
```

```
02  >>>
03  >>> from keras.models import Sequential
04  >>> from keras import layers
05  >>> from keras.utils import plot_model
06  >>>
07  >>># 初始化模型
08  >>> model = Sequential(name='my_sequential')
09  >>>
10  >>># 增加模型层
11  >>># 卷积模块
12  >>> model.add(layers.Conv2D(128, 3, input_shape=(227,
    227, 3)))
13  >>> model.add(layers.Conv2D(128, 3))
14  >>> model.add(layers.LeakyReLU(alpha=0.2))
15  >>>
16  >>># 全连接模块
17  >>> model.add(layers.Dense(1024, activation='relu'))
18  >>> model.add(layers.Dense(100, activation='softmax'))
19  >>>
20  >>># 绘制模型结构图
21  >>> plot_model(model, to_file='my_sequential.png',)
```

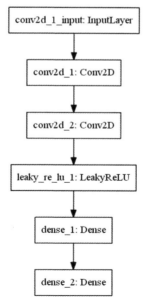

图 7.17　序贯模型结构可视化

除了能够绘制序贯模型这类简单的无分支模型结构外，plot_model 方法还可以绘制出复杂的多分支结构。例如，基于 Keras 函数式 API 构建的多输入多输出分支的神经网络模型也可以通过 plot_model 方法进行模型结构可视化。如下代码基于 Keras 函数式 API 构建了一个多输入多输出的模型，并通过 plot_model 方法绘制了模型结构。其模型的结构可视化结果如图 7.18 所示。

```
01  >>># coding=utf8
02  >>>
03  >>> from keras.models import Model, Input
04  >>> from keras import layers
05  >>>
06  >>># 主要输入层
07  >>> main_input = Input(shape=(100, ), name='main_input')
08  >>># 第二输入层
09  >>> second_input = Input(shape=(100, ), name='second_input')
10  >>># 第三输入层
11  >>> third_input = Input(shape=(100, ), name='third_input')
12  >>># 第四输入层
13  >>> fourth_input = Input(shape=(100, ), name='fourth_input')
14  >>>
15  >>># 模型主干网络
16  >>> emb_main = layers.Embedding(200, 32, input_length=50)
        (main_input)
17  >>> emb_2nd = layers.Embedding(200, 32, input_length=50)
        (second_input)
18  >>> emb_3rd = layers.Embedding(200, 32, input_length=50)
        (third_input)
19  >>> emb_4th = layers.Embedding(200, 32, input_length=50)
        (fourth_input)
20  >>>
21  >>># 使用 LSTM 提取特征
22  >>> x1 = layers.LSTM(32)(emb_main)
23  >>> x2 = layers.LSTM(32)(emb_2nd)
24  >>> x3 = layers.LSTM(32)(emb_3rd)
25  >>> x4 = layers.LSTM(32)(emb_4th)
26  >>>
27  >>># 求和 x1 x2
28  >>> x12 = layers.add([x1, x2])
29  >>># 求和 x3 x4
30  >>> x34 = layers.add([x3, x4])
31  >>># 合并 x
32  >>> x = layers.concatenate([x12, x34])
```

```
33  >>>
34  >>># 使用全连接层处理参数
35  >>> x = layers.Dense(2048, activation='relu')(x)
36  >>>
37  >>># 编码输出，第一层
38  >>> y1 = layers.Dense(1024, activation='relu')(x)
39  >>> y1 = layers.Dense(1, name='output_regression')(y1)
40  >>>
41  >>># 第二层
42  >>> y2 = layers.Dense(512)(x)
43  >>> y2 = layers.Dense(100, activation='softmax', name=
    'output_classify')(y2)
44  >>>
45  >>># 创建模型
46  >>> model = Model([main_input, second_input, third_input,
    fourth_input],
47  >>>              [y1, y2])
48  >>>
49  >>> from keras.utils import plot_model
50  >>> plot_model(model, 'multi_input_multi_output_model.png')
```

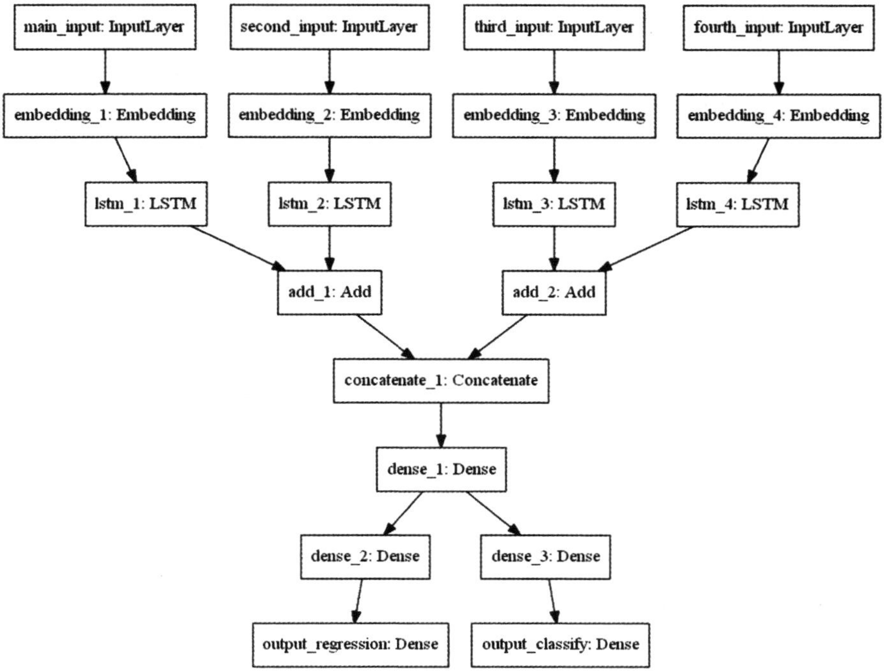

图 7.18　带有分支的多输入多输出模型可视化结果

通过 Keras 提供的 plot_model 方法，在安装了 pydot 库以及 Graphviz 库的情况下，可以灵活地绘制出多种不同的神经网络模型结构图。除此之外，在绘制模型结构图时，也可以显示出模型层之间的参数形状，从而能够辅助确定每层的输入输出参数是否符合网络结构的设计要求。由于核心思想与示例基本相同，此处不再赘述。

7.3.3　基于 TensorBoard 的模型可视化

TensorFlow 提供了强大的可视化工具 TensorBoard，以 TensorFlow 作为后端的神经网络高层框架的 Keras 也提供了对 TensorBoard 的功能支持。本节主要介绍如何通过 TensorBoard 进行模型可视化以及训练过程的监控。由于 TensorBoard 仅支持 TensorFlow 框架的显示，因此本节的内容仅限于以 TensorFlow 作为 Keras 的后端才能够正常显示。

由于 TensorBoard 的功能复杂精细，因此 Keras 内置了对于 TensorBoard 的日志回调函数，用于生产 TensorBoard 日志。通过该回调函数生产的日志，Keras 可以将自身模型与 TensorFlow 构建的模型进行兼容，从而使用 TensorBoard 提供的可视化功能。

如下代码构建了一个简单的三层全连接神经网络。通过 SGD 优化器进行训练，对 MNIST 手写数字识别数据集进行预测。在回调函数列表中，下述代码使用了 TensorBoard 回调函数以生成相关的日志文件。

```
01  >>># coding=utf8
02  >>>
03  >>> from keras.callbacks import TensorBoard
04  >>> from keras.datasets import mnist
05  >>> from keras.models import Sequential
06  >>> from keras.layers import Dense
07  >>> from keras.optimizers import SGD
08  >>> from keras.utils import to_categorical
09  >>>
10  >>> import numpy as np
11  >>>
12  >>> callback_lis = [
13  >>>     # 使用 TensorBoard 回调函数
14  >>>     TensorBoard(log_dir='./tf_logs',
15  >>>                 batch_size=128,
16  >>>                 histogram_freq=1,
17  >>>                 write_grads=False)
```

```
18   >>> ]
19   >>>
20   >>># 加载 MNIST 数据集
21   >>> (x_train, y_train), (x_test, y_test) = mnist.load_data()
22   >>># 将 MNIST 的二维数字压平为向量
23   >>> x_train = np.array([x.flatten() for x in x_train])
24   >>> x_test = np.array([x.flatten() for x in x_test])
25   >>># 将标签表示为 onehot
26   >>> y_train = to_categorical(y_train, num_classes=10)
27   >>> y_test = to_categorical(y_test, num_classes=10)
28   >>>
29   >>># 构建全连接神经网络
30   >>> model = Sequential()
31   >>> model.add(Dense(512, input_shape=(784,), activation=
     'relu'))
32   >>> model.add(Dense(128, activation='relu'))
33   >>> model.add(Dense(10, activation='softmax'))
34   >>>
35   >>># 编译模型
36   >>> model.compile(SGD(lr=1e-3, nesterov=True),
37   >>>                 loss='categorical_crossentropy',
38   >>>                 metrics=['acc'])
39   >>># 训练模型，传入 TensorBoard 回调函数生成可视化数据
40   >>> model.fit(x_train, y_train,
41   >>>           epochs=50,
42   >>>           shuffle=True,
43   >>>           batch_size=128,
44   >>>           callbacks=callback_lis,
45   >>>           validation_data=(x_test, y_test))
```

当上述代码开始执行后，重新启动一个命令行，将命令行调整到日志文件夹所在路径后，输入如下命令以启动 TensorBoard 进程对日志文件进行解析和显式。

```
tensorboard --logdir=tf_logs
```

TensorBoard 进程初始化完成后，会提示可视化界面的地址，在浏览器中输入该地址，即可看到可视化内容及界面。如图 7.19 所示是上述代码所构建的 3 层全连接网络在 TensorBoard 中的可视化结果；如图 7.20 所示是 TensorBoard 的指标可视化界面，可以在此界面中观察模型的训练情况，以便对模型进行修正和调试。

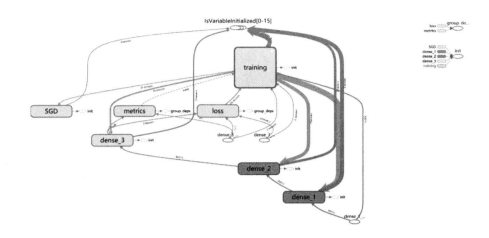

图 7.19　TensorBoard 模型结构可视化结果

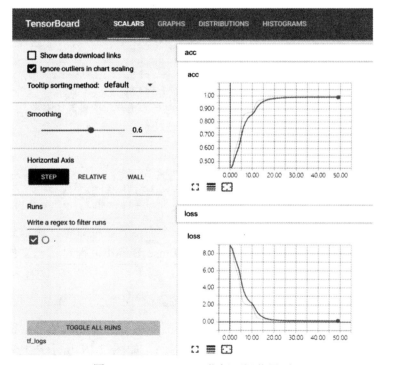

图 7.20　TensorBoard 指标可视化界面

　　需要特别指出的是，由于 TensorBoard 是针对 TensorFlow 的代码进行的模型可视化，因此从图 7.19 中可以看出，TensorBoard 可视化后的模型结构与 Keras 代码中的模型结构不同。这是由于 Keras 的模型是基于 TensorFlow 高度抽象化的产物，而底层真正的数据流和运算逻辑如 TensorBoard 可视化结果所示。

从图 7.20 可以看出，随着上述模型的迭代，最终模型的训练集精度达到了 99%，而模型的损失收敛接近 0，是一个较好的模型。

📢 注意：

> TensorBoard 可视化的模型结构与 Keras 内置的 plot_model 方法绘制的模型结构不同，二者本质相同，Keras 绘制的模型结构是高度抽象的模型，而 TensorBoard 绘制的是实际的数据流。

7.4　实战：基于函数式 API 的机器翻译模型

本节主要介绍如何通过 Keras 函数式 API 构建一个简单的机器翻译模型。基于神经网络的机器翻译（Machine Neural Translation）是一类借助于神经网络模型对平行语料进行建模并解码的技术。其中，建模模型被称为"语言模型（LanguageModel）"，用于拟合语言模型的神经网络被称为"编码器"。对应的解码模型则被称为"解码器"。

基于神经网络的机器翻译模型具有"编码器-解码器"这一特定的模型架构，因此严格意义上不能使用序贯模型进行表示。机器翻译问题是一种通过输入源语言序列（例如英文序列），经过编码器编码，然后交给解码器解码出目标语言序列（例如中文序列）的问题。本节将会以英文到中文的翻译为例，介绍如何通过 Keras 函数式 API 构建一个基于 LSTM 网络以及 GRU 网络的简单机器翻译模型。

7.4.1　准备工作

为了便于观察和评估模型的输出序列，本节采用了中英双语平行语料作为机器翻译模型的数据集。该平行语料可以在 http://www.manythings.org/anki/下载。下载后得到的文件 cmn.txt 即为平行语料文件。其中每一行是一对双语句子，中间使用制表符隔开。如图 7.21 所示是平行语料库的文件内容示例，整个项目的文件结构如图 7.22 所示。其中，cmn.txt 是下载得到的语料文件，其余代码文件将会在后续小节中逐步介绍。

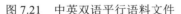

图 7.21　中英双语平行语料文件　　　　　图 7.22　项目目录结构

为了神经网络模型能够处理平行语料的文本序列，需要对文本语料进行数值化，从而便于神经网络的计算。通常，为了便于模型区分序列的开始和结束，在文本序列的两端会加上预定义的起始符（Begin Of Sequence）和结束符（End Of Sequence）。因此，通常预定义的起始符为<BOS>，结束符为<EOS>。

为了便于统一各个参数，首先定义一个 params.py 文件用于存放所有通用且可调整的参数，并将序列起始符<BOS>和序列结束符<EOS>以变量的形式定义在 params.py 中。由于此模型的输入是英文语料，而输出为中文语料，因此可以通过语料类型确定其核心名称。为了避免语料句子过长导致模型无法学习长依赖，可以对输入模型的语料信息进行裁剪，以缩减句子长度，因此可以定义相关的长度信息。

```
01  >>># coding=utf8
02  >>> import os
03  >>> import shutil
04  >>> import re
05  >>># 序列起始符 Begin Of Sequence
06  >>> BOS = '<BOS>'
07  >>># 序列终止符 End Of Sequence
08  >>> EOS = '<EOS>'
09  >>># 源语言类型
10  >>> src_lang = 'En'
11  >>># 目标语言类型
12  >>> trgt_lang = 'Ch'
13  >>># 句子最大词语数目
14  >>> maxlen = 20
15  >>># 目标语料句子长度
16  >>> trgt_maxlen = 20
17  >>># 最大语料样本数目
18  >>> max_sample_num = 10000
```

为了读取文件和路径的参数统一，可以在 params.py 文件中再定义预处理结果存储文件夹、模型保存文件夹，以及模型结构可视化文件夹。其中，如果需要使用 TensorBoard 可视化模型和训练结果，还需要定义 TensorBoard 所需的日志文件的存放路径。为了读取语料库文件简便，可以将语料文件放在和 params.py 文件相同的目录下。由此，可以在 params.py 文件中定义如下路径。

```
01  >>># params.py 文件中
02  >>># 路径设置
03  >>># ------------------------------------------------
04  >>> root_dir = os.path.dirname(os.path.abspath(__file__))
05  >>> pre_dir = os.path.join(root_dir, 'pre_dir')
06  >>> pic_dir = os.path.join(root_dir, 'pic_dir')
07  >>> log_dir = os.path.join(root_dir, 'tf_log')
08  >>> model_dir = os.path.join(root_dir, 'model_dir')
09  >>># Joint 模型存储路径
10  >>> joint_weights_path = os.path.join(model_dir, 'Joint
    .h5')
11  >>> joint_topology_path = os.path.join(model_dir, 'Joint_
    Topo.json')
12  >>>
13  >>># 平行语料文件路径
14  >>> corpus_path = os.path.join(root_dir, 'cmn.txt')
```

由于模型本身的训练也需要通过大量的参数进行设置，因此模型本身的参数需要各类模型进行选择。这里将训练所需的常用参数添加到 params.py 中，并在后续代码中进行引用。其中，随机数种子可以任意指定一个整数用于打乱文本序列。

```
01  >>> params.py 文件中
02  >>># 训练设置
03  >>># ------------------------------------------------
04  >>># 使用反向源语言句子作为输入
05  >>> src_reverse = True
06  >>># 随机数种子
07  >>> seed = 123456
08  >>># 循环层嵌套深度
09  >>> depth = 3
10  >>># 循环神经网络类型
11  >>> rnn_type = 'gru' # lstm, gru, rnn
12  >>># 训练批大小设置
13  >>> batch_size = 1
14  >>># 训练轮数
```

```
15   >>> epoch = 1000
16   >>># 验证集比例
17   >>> val_split = 0.2
```

为了统一初始化所有文件夹，在 params.py 文件夹中定义 initialize_dirs 方法对所有变量名后缀含有_path 或者_dir 的路径变量进行初始化。

```
18   >>> params.py 文件中
19   >>># 路径初始化方法
20   >>># -------------------------------------------------
21   >>> def initialize_dirs(params_dict, overwrite=False):
22   >>>     '''
23   >>>     初始化所有文件夹
24   >>>     根据 params.py 中设置的全局参数
25   >>>     创建或覆盖文件夹
26   >>>     '''
27   >>>     assert isinstance(params_dict, dict), 'params_
     dict must be dict'
28   >>>     params = params_dict.copy()
29   >>>     # 删除内置的属性
30   >>>     rm_keys = list(k for k in params.keys() if re.match
     ('__(.*)__', k))
31   >>>     for k in rm_keys:
32   >>>         params.pop(k, None)
33   >>>     # 遍历所有文件夹路径，剔除变量名后缀中没有 _path _dir 的
     路径变量
34   >>>     valid_dirs = (p for k, p in params.items() if
     (isinstance(p, (str, bytes, os.PathLike)) and
35   >>>                                     k.endswith('_dir')
     and not os.path.ismount(p) and
36   >>>                                         not os.path.isfile
     (p) and not os.path.islink(p)))
37   >>>
38   >>>     # 初始化路径时排除当前文件夹
39   >>>     cur_dir = os.path.dirname(os.path.abspath(__file__))
40   >>>     valid_dirs = list(os.path.abspath(p) for p in
     valid_dirs if p not in cur_dir)
41   >>>     # 较短的路径优先创建，长度相等时字典序小的优先创建
42   >>>     valid_dirs.sort(key=lambda x: (len(x), x))
43   >>>     for p in valid_dirs:
44   >>>         if overwrite:
45   >>>             shutil.rmtree(p)
46   >>>         os.makedirs(p, exist_ok=True)
47   >>>
```

```
48  >>>
49  >>> if __name__ == '__main__':
50  >>>     # 初始化所有文件夹
51  >>>     initialize_dirs(locals())
```

执行 params.py 文件，即可初始化路径文件夹。以便进行数据预处理步骤。执行完成后，可以在 params.py 所在的目录中生成 pre_dir 用于存放预处理结果、model_dir 用于存放模型的权重和结构信息、pic_dir 用于存储模型结构的可视化结果。

📢 注意：

　　对于具有复杂参数的模型和算法，可以将所有参数集中定义在专用的配置文件中，以实现配置和代码逻辑的分离，减轻参数调整时的工作量。

7.4.2　数据集预处理

语料的预处理较为复杂，为了便于展示预处理阶段的处理方法，因此在根目录下预先创建 preprocess.py 文件，并将预处理相关过程和方法定义在该文件中。由于语料文件通过制表符（tab）分隔，因此首先定义读取语料文件的 load_file 方法用于加载中英双语语料。

```
01  >>># coding=utf8
02  >>># preprocess.py 文件中
03  >>> import os
04  >>> import json
05  >>> import numpy as np
06  >>># 导入序列起始符和终止符
07  >>> from params import BOS, EOS
08  >>>
09  >>> def load_file(path, encoding='utf8'):
10  >>>     '''
11  >>>     加载平行语料文件，每行一对平行语料，中间制表符分隔
12  >>>     '''
13  >>>     src_lis, trgt_lis = [], []
14  >>>     with open(path, encoding=encoding) as f:
15  >>>         for line in f:
16  >>>             src, trgt = line.strip().split('\t')
17  >>>             src_lis.append(src)
18  >>>             trgt_lis.append(trgt)
19  >>>     return src_lis, trgt_lis
```

为了避免数据集分布具有明显的偏差（例如：短句子分布在数据集开始，

长句子分布在数据集末尾），需要对数据集中的句子顺序进行随机洗牌。需要注意的是，这里的随机洗牌需要保证数据英文语料和中文语料在随机洗牌前后保证对应关系不变。因此需要记录随机状态。如下代码可以确保洗牌后平行语料之间的对应关系保持不变。

```
01  >>># preprocess.py 文件中
02  >>>def same_shuffle(*data_lis, seed=123456):
03  >>>      '''
04  >>>      对所有语料采用相同的顺序进行随机打乱
05  >>>      '''
06  >>>      idx = np.arange(min(len(d) for d in data_lis),
      dtype=int)
07  >>>      np.random.seed(seed)
08  >>>      np.random.shuffle(idx)
09  >>>      return tuple(np.asarray(d)[idx] for d in data_lis)
```

完成数据洗牌后，需要对文本数据进行数值化预处理。这是预处理中最为烦琐也是十分重要的一步。文本数值化的过程由于中文和英文的差异，因此具有不同的处理过程，需要分开进行。

具体来说，中文的预处理过程主要包括简体中文的繁体中文的字形转换、分词、去除表单标点符号、统计词频构建字典等步骤。而英文文本处理无须进行字形转换，但是需要进行词干提取。为了简化预处理过程，对于英文的预处理可以借助于 Keras 提供的 Tokenizer 工具进行英文的词语分割和序列生成。为了能够同时支持序列的正向加载和序列的反向加载，还需要对 Keras 提供的分词工具 Tokenizer 进行简单的封装，以便进行更加复杂的序列定义操作，代码如下。

```
01  >>># preprocess.py 文件中
02  >>> def English_texts_numerical(str_txt_lis,
03  >>>                             num_words=None,
04  >>>                             reverse=False,
05  >>>                             filters='!"# $%&()*+,
      -./:;<=>?@[\\]^_`{|}~\t\n',
06  >>>                             return_generator=True):
07  >>>      '''
08  >>>      英文预处理方法：英文词语型符化->统计词频->转换为整数序列
09  >>>
10  >>>      Args:
11  >>>          str_txt_lis: list 英文字符串构成的列表，每个字符串
      表示一篇文章
12  >>>          num_words: int 出现频率最高的前 num_words 个词语数目
```

```
13  >>>          reverse: bool 是否返回反向序列
14  >>>          filters: str 过滤字符，不能出现的过滤字符
15  >>>          return_generator: bool Ture 返回序列生成器, False
    返回列表
16  >>>
17  >>>      Returns:
18  >>>          word2id: dict 词语到索引的映射字典
19  >>>          id2word: dict 索引到词语的映射字典
20  >>>          word_cnts: dict 词语的出现次数字典
21  >>>          seq: generator, list 将英文字符串转换为整数列表的
    生成器或列表
22  >>>                          return_generator 决定其返回类型
23  >>>      '''
24  >>>      from keras.preprocessing.text import Tokenizer
25  >>>      # 使用 Keras 自带的 Tokenizer 进行型符化
26  >>>      tokenizer = Tokenizer(num_words, filters)
27  >>>      tokenizer.fit_on_texts(str_txt_lis)
28  >>>      # 按照词频从高到底构建词语与索引之间映射的字典
29  >>>      word2id = convert_cnts_to_index(tokenizer.word_
    counts)
30  >>>      id2word = {v: k for k, v in word2id.items()}
31  >>>      # 由于修改了 Keras 的 Tokenizer，因此需要将修改后的字典
    赋值给 Tokenizer
32  >>>      tokenizer.word_index = word2id
33  >>>      # 由于没有手动对英文序列进行分词，因此仍然需要使用 Tokenizer
    生成索引序列
34  >>>      seq_token_gen = tokenizer.texts_to_sequences_
    generator(str_txt_lis)
35  >>>      # 为 Keras 的 Tokenizer 添加序列的起始符和终止符
36  >>>      rev = lambda seq, reverse: list(reversed(seq)) if
    reverse else seq
37  >>>      seq_gen = ([word2id[BOS]] + rev(seq, reverse) +
    [word2id[EOS]] for seq in seq_token_gen)
38  >>>      seq = seq_gen if return_generator else list(seq_gen)
39  >>>      return word2id, id2word, tokenizer.word_counts, seq
```

　　由于中文的语料中混合了繁体中文和简体中文，因此可以使用 iNLP 库对中文进行繁简转换。经过转换后的中文语料还需要进行分词和符号过滤。由于 Keras 不支持对中文的预处理，因此需要手动实现相关预处理代码。首先安装 iNLP 库和 jieba 分词库用于繁简转换和中文分词。在控制台输入如下命令进行安装。

```
01  pip install jieba inlp
```

然后定义如下方法进行中文的繁简转换。

```
01  >>># preprocess.py 文件中
02  >>> def Chinese_Traditional_Simple_converter(str_lis,
03  >>>                                   mode='t2s',
04  >>>                                   return_generator=True):
05  >>>     '''
06  >>>     中文繁简转换，基于 iNLP 库
07  >>>
08  >>>     Args:
09  >>>         str_lis: list 中文字符串列表，每个字符串表示一篇文章
        或一个词
10  >>>         mode: str 转换模式 t2s (Traditional to Simple)
        = 繁转简
11  >>>               s2t (Simple to Traditional) = 简转繁
12  >>>               当遇到未知 mode 时，默认使用繁转简
13  >>>         return_generator: bool Ture 返回序列生成器, False
        返回列表
14  >>>
15  >>>     Return:
16  >>>         seq: generator, list 将中文字符串转换为整数列表的
        生成器或列表
17  >>>                             return_generator 决定其返回类型
18  >>>     '''
19  >>>     from inlp.convert import chinese
20  >>>     mode2convert = {
21  >>>         't2s': chinese.t2s,
22  >>>         's2t': chinese.s2t,
23  >>>     }
24  >>>     converter = mode2convert.get(mode.lower(), chinese
    .t2s)
25  >>>     seq_gen = (converter(s) for s in str_lis)
26  >>>     seq = seq_gen if return_generator else list(seq_gen)
27  >>>     return seq
```

对于中文的文本数值化过程，通过定义 Chinese_texts_numerical 进行文本预处理，在该方法中统计词频并调用 convert_cnts_to_index 方法生成词语到 id 的字典。字典生成完成后，通过 sequence_generator 方法生成整数序列，该整数序列即为汉语词语在字典中对应的词语索引，从而将中文文本进行数值化，代码如下所示。

```
01  >>># preprocess.py 文件中
02  >>> def Chinese_texts_numerical(str_txt_lis,
```

```
03  >>>                                   num_words=None,
04  >>>                                   reverse=False,
05  >>>                                   filters='!?? /。!! "# $%&()*+,
    -./:;<=>?@[\\]^_`{|}~\t\n',
06  >>>                                   return_generator=True,
07  >>>                                   min_cnt=None):
08  >>>       '''
09  >>>       中文文本序列数值化理方法：分词->统计词频->转换为整数序列
10  >>>
11  >>>       Args:
12  >>>           str_txt_lis: list 中文字符串列表，每个字符串表示一
    篇文章
13  >>>           num_words: int 出现频率最高的前 num_words 个词语数目
14  >>>           reverse: int 是否返回反向序列
15  >>>           return_generator: bool Ture 返回序列生成器，False
    返回列表
16  >>>           min_cnt: int 词频下限，低于此频率的词语被视为稀有词，
    默认 1 所有词频都保留
17  >>>
18  >>>       Returns:
19  >>>           word2id: dict 词语到索引的映射字典
20  >>>           id2word: dict 索引到词语的映射字典
21  >>>           word_cnts: dict 词语的出现次数字典
22  >>>           seq: generator, list 将中文字符串转换为整数列表的
    生成器或列表
23  >>>                           return_generator 决定其返回类型
24  >>>       '''
25  >>>       import jieba
26  >>>       from collections import OrderedDict
27  >>>       # 构建过滤器
28  >>>       filters = str.maketrans({f: None for f in filters})
29  >>>       # 分词
30  >>>       splited = [list(c.translate(filters) for c in
    jieba.cut(s)) for s in str_txt_lis]
31  >>>       # 统计词频
32  >>>       word_cnts = OrderedDict()
33  >>>       for seq in splited:
34  >>>           for w in seq:
35  >>>               word_cnts[w] = word_cnts.get(w, 0) + 1
36  >>>       # 按照词频从高到底构建词语与索引之间映射的字典
37  >>>       word2id = convert_cnts_to_index(word_cnts)
38  >>>       id2word = {v: k for k, v in word2id.items()}
39  >>>       # 将字符序列转换为整数序列
40  >>>       seq_gen = sequence_generator(splited, word2id,
```

```
         reverse, word_cnts, num_words, min_cnt)
41  >>>      seq = seq_gen if return_generator else list
         (seq_gen)
42  >>>      return word2id, id2word, word_cnts, seq
43  >>>
44  >>>
45  >>> def convert_cnts_to_index(word_cnts):
46  >>>     '''
47  >>>     将词频统计字典转换为词语到索引的映射
48  >>>     Keras Tokenizer 没有预置的终止符
49  >>>
50  >>>     Args:
51  >>>         word_cnts: dict 词频统计字典
52  >>>
53  >>>     Return:
54  >>>         word2id: 词语到索引的字典
55  >>>     '''
56  >>>     # 整数 0, 1, 2 保留, 词汇索引从 3 开始.
57  >>>     # 0 表示 padding, 1 表示序列起始符 BOS, 2 表示表示序列
         结束符 EOS
58  >>>     wcounts = list(word_cnts.items())
59  >>>     wcounts.sort(key=lambda x: x[1], reverse=True)
60  >>>     word2id = {w: i + 3 for i, (w, _) in enumerate
         (wcounts)}
61  >>>     word2id[BOS], word2id[EOS] = 1, 2
62  >>>     return word2id
63  >>>
64  >>>
65  >>> def sequence_generator(seq_lis,
66  >>>                         word_index,
67  >>>                         reverse=False,
68  >>>                         word_cnts=None,
69  >>>                         num_words=None,
70  >>>                         min_cnt=None):
71  >>>     '''
72  >>>     整数序列生成器. 索引超过 num_words 的词语
73  >>>     以及词频小于 min_cnt 的词语会被视为稀有词并且忽略
74  >>>
75  >>>     Args:
76  >>>         seq_lis: Iterable 可迭代序列对象
77  >>>         word_index: dict 词语到索引的字典
78  >>>         reverse: bool 是否生成反序的序列, 默认 False
79  >>>         word_cnts: dict 词语到词频的字典
80  >>>         num_words: int 词语索引上限, 索引超过时视为稀有
```

```
81 >>>          min_cnt: int 词频下限，词频低于时视为稀有词
82 >>>      '''
83 >>>      for seq in seq_lis:
84 >>>          # 添加序列起始符
85 >>>          vect = []
86 >>>          for w in seq:
87 >>>              i = word_index.get(w)
88 >>>              if i is not None:
89 >>>                  if num_words and i > num_words:
90 >>>                      continue
91 >>>                  if word_cnts is not None:
92 >>>                      cnt = word_cnts.get(w, 0)
93 >>>                      if min_cnt is not None and cnt < min_cnt:
94 >>>                          continue
95 >>>                  vect.append(i)
96 >>>          if reverse:
97 >>>              vect = list(reversed(vect))
98 >>>          # 为序列添加起始符和结束符
99 >>>          yield [word_index[BOS]] + vect + [word_index[EOS]]
```

　　由于预处理过程较为复杂且耗时，因此需要将预处理结果保存起来以便模型设计和调试时不再需要执行预处理。因此还需要定义预处理的加载和存储方法。预处理的结果包括词频字典和数值化序列两部分，词频字典可以通过 json 文件的方式直接存储，而数值化序列则通过 Numpy 存储为 npy 文件。

　　如下代码实现了存储和加载预处理结果，其中预处理的存储结果会自动存放在 pre_dir 文件夹中。

```
01 >>> # preprocess.py 文件中
02 >>> def save_preprocess(language, dirpath, word_cnts, sequences):
03 >>>     '''
04 >>>     存储预处理结果：词频字典存储为 json 文件
05 >>>                   词语索引序列存储为 npz 文件
06 >>>
07 >>>     Args:
08 >>>         language: str 预处理的语言名称或简写
09 >>>                       作为前缀出现在存储的 json 和 npz 文件中
10 >>>         dirpath:  str  预处理文件所在文件夹
11 >>>         word_cnts: dict 词语出现次数的字典
12 >>>         sequences: list, tuple, Iterable
```

```
13  >>>                    词语索引序列组成的列表
14  >>>                    或可生成词语索引序列的迭代器
15  >>>
16  >>>     '''
17  >>>     # 词频字典的 json 文件路径
18  >>>     json_path = os.path.join(dirpath, f'{language}_
    word_cnts.json')
19  >>>     # 整数序列数组存储路径
20  >>>     npy_path = os.path.join(dirpath, f'{language}_
    sequence')
21  >>>     with open(json_path, 'w', encoding='utf8') as f:
22  >>>         f.write(json.dumps(word_cnts, ensure_ascii=
    False))
23  >>>     sequences = sequences if isinstance(sequences,
    (list, tuple)) else list(sequences)
24  >>>     np.save(npy_path, sequences)
25  >>>
26  >>>
27  >>> def load_preprocess(language, dirpath, max_sample_
    num=None,
28  >>>                    num_words=None, return_generator=
    True):
29  >>>     '''
30  >>>     加载预处理结果
31  >>>
32  >>>     Args:
33  >>>         language: str 预处理的语言名称或简写
34  >>>                        作为前缀出现在存储的 json 和 npz 文件中
35  >>>         dirpath:  str  预处理文件所在文件夹
36  >>>         max_sample_num: None, int 加载样本的最大数目, 防
    止内存不足.
37  >>>                        None 表示全部加载, 传入大于 0 的整数 N
    时加载前 N 个样本
38  >>>         num_words: int 出现频率最高的前 num_words 个词语数目
39  >>>         return_generator: bool Ture 返回序列生成器, False
    返回列表
40  >>>
41  >>>     Returns:
42  >>>         word2id: dict 词语到索引的字典
43  >>>         id2word: dict 索引到词语的字典
44  >>>         word_cnts: OrderedDict 词频字典
45  >>>         seq: generator, list 序列生成器或列表
46  >>>                        return_generator 决定其返回类型
47  >>>     '''
```

```
48  >>>      # 词频字典的 json 文件路径
49  >>>      json_path = os.path.join(dirpath, f'{language}_
    word_cnts.json')
50  >>>      # 整数序列数组存储路径
51  >>>      npy_path = os.path.join(dirpath, f'{language}_
    sequence.npy')
52  >>>      # 加载词频字典
53  >>>      with open(json_path, encoding='utf8') as f:
54  >>>          word_cnts = json.loads(f.read().strip())
55  >>>      # 整数 0, 1 保留, 词汇索引从 2 开始. 0 表示 padding, 1
    表示序列结束符 EOS
56  >>>      word2id = convert_cnts_to_index(word_cnts)
57  >>>      id2word = {v: k for k, v in word2id.items()}
58  >>>      # 加载索引序列
59  >>>      sequences = np.load(npy_path)
60  >>>      if max_sample_num is not None and max_sample_num
    > 0:
61  >>>          sequences = sequences[:max_sample_num]
62  >>>      seq = (s for s in sequences) if return_generator
    else sequences
63  >>>      return word2id, id2word, word_cnts, seq
```

将所有预处理方法定义完成后，在 preprocess.py 文件的执行入口处编写对所有预处理逻辑进行组合的代码，然后执行 preprocess.py 文件，从而完成整个数据预处理过程。预处理的主流程代码如下。

```
01  >>> # preprocess.py 文件中
02  >>> if __name__ == '__main__':
03  >>>     from params import corpus_path
04  >>>     # 加载源语言和目标语言
05  >>>     src_lis, trgt_lis = load_file(corpus_path)
06  >>>     # 随机洗牌
07  >>>     from params import seed, src_reverse
08  >>>     src_lis, trgt_lis = same_shuffle(src_lis, trgt_lis,
    seed=seed)
09  >>>     # 英文序列处理, 将文本转换为数字序列
10  >>>     En_word2id, En_id2word, En_word_cnts, En_seq =
    English_texts_numerical(src_lis, reverse=src_reverse,
    return_generator=False)
11  >>>     # 中文繁简转换
12  >>>     trgt_lis = Chinese_Traditional_Simple_converter
    (trgt_lis, return_generator=True)
13  >>>     # 中文序列处理, 将文本转换为数字序列
14  >>>     Ch_word2id, Ch_id2word, Ch_word_cnts, Ch_seq =
```

```
         Chinese_texts_numerical(trgt_lis, return_generator=False)
15  >>>      # 输出预处理结果进行检查
16  >>>      for i in range(10):
17  >>>          en, ch = En_seq[i], Ch_seq[i]
18  >>>          print(f'{en}\t{ch}')
19  >>>          print(' '.join(map(En_id2word.get, en)), '\t',
    ' '.join(map(Ch_id2word.get, ch)))
20  >>>
21  >>>      # 存储预处理结果
22  >>>      from params import pre_dir
23  >>>      from params import src_lang, trgt_lang
24  >>>
25  >>>      save_preprocess(src_lang, pre_dir, En_word_cnts,
    En_seq)
26  >>>      save_preprocess(trgt_lang, pre_dir, Ch_word_cnts,
    Ch_seq)
27  >>>
28  >>>      # 加载预处理结果进行检查
29  >>>      En_word2id, En_id2word, En_word_cnts, En_seq =
    load_preprocess(src_lang, pre_dir, return_generator=False)
30  >>>      Ch_word2id, Ch_id2word, Ch_word_cnts, Ch_seq = l
    oad_preprocess(trgt_lang, pre_dir, return_generator=False)
31  >>>
32  >>>      # 输出预处理结果进行检查
33  >>>      print('-' * 60)
34  >>>      for i in range(10):
35  >>>          en, ch = En_seq[i], Ch_seq[i]
36  >>>          print(f'{en}\t{ch}')
37  >>>          print(' '.join(map(En_id2word.get, en)), '\t',
    ' '.join(map(Ch_id2word.get, ch)))
```

📢 注意：

> 为了简便起见，本预处理示例中没有对英文词语进行词形归一化和词干提取，在实际构建翻译系统的过程中，词干提取和词形归一能够有效降低翻译模型学习的难度，因此是预处理过程中不可或缺的一部分。

7.4.3　构建端到端的机器翻译模型

数据预处理完成后，可以基于数值化的文本序列构建端到端的机器翻译模型进行英文到中文的翻译。端到端的机器翻译模型指的是：模型的输入是源语言语料库的词语索引序列，而模型的输出是目标语言语料库中的词语索引序列，从而对应于目标语言的翻译结果。在整个模型的运行过程中，无须对源语言和目标语言进行显式的特征工程，而是通过模型自动化学习如何将输入信息映射到输出信息。一个端到端的机器翻译模型主要包括两类信息处理模型——编码器模型和解码器模型。编码器通过将输入的文本序列映射为定长的表示向量完成文本内容的编码操作，然后将编码后的信息交给解码器进行译码输出；解码器则通过编码器输入的内容编码通过解码，逐步将输入特征映射到解空间的目标语言序列中，完成文本内容的翻译。

由于端到端翻译模型较为复杂，这里将端到端翻译模型分为三个子模型分别构建：编码器模型用于对输入文本进行向量化编码；联合训练模型用于将编码器的输入交给解码器的译码层，然后对整个解码器进行训练，由于联合训练模型包含了编码器和解码器两部分，因此称为"联合"模型；解码器在模型训练完成后用于译码输出，产生最终的翻译结果。为了便于修改模型，可以将构建模型有关的代码在 Models.py 文件中进行实现。

首先介绍编码器的代码实现。为了能够对文本序列进行建模，可以采用循环神经网络对上下文信息进行编码，例如 LSTM 和 GRU 等。输入层使用一个 Keras 提供的 Input 将经过填充的定常序列作为文本输入。然后构建多层的 LSTM 或 GRU 作为模型的编码器核心。

接着构建联合训练模型。联合训练模型需要同时训练编码器和解码器。其中训练解码器时，对上下文的信息依赖借助于编码器的隐层状态，因此编码器的隐层状态也被称为"上下文向量"。另一方面，训练解码器时需要使用 Teacher-Forcing 策略使解码器的输入比解码器的输出提前一步，这样的训练策略能够结合文本的顺序性和循环神经网络的循环特点。

例如，当训练解码模型学习如下翻译语料："Hi, Mr. Wu"——"你好吴先生"时，首先通过编码器将英文信息编码为上下文向量，然后将上下文信息输入到解码器中。解码器在训练时，输入输出对分别为："起始符"→"你好"；"你好"→"吴先生"；"吴先生"→"结束符"。这种输入词语总是提前于输出词语一个步骤的训练策略，即为 Teacher-Forcing 策略。

◁))注意：

> 编码器解码器架构是一种典型的深度学习模型设计架构，这类架构可以将复杂的场景信息通过编码器进行压缩去噪，再通过解码器映射到目标解空间中。

最后构建解码器。解码器模型的核心是联合训练模型中负责解码的循环神经网络层。但是与联合训练模型不同的是，解码器中的输入解码器上一个步骤中的输出，这样就可以通过循环神经网络内部的循环性将隐层状态映射为连续的文本序列。

如下代码展示了构建上述模型的过程。为了便于模型扩展，都封装在MNTModel 类中。由于模型构建逻辑较为复杂，每个方法都提供了较为详细的注释。

```
01  >>># coding=utf8
02  >>># Models.py 文件中
03  >>> from keras.models import Model, Input
04  >>> from keras import layers
05  >>> from keras import backend as K
06  >>>
07  >>>
08  >>> class MNTModel(object):
09  >>>     '''
10  >>>     Machine Neural Translation Model.
11  >>>     机器神经翻译主体类
12  >>>     '''
13  >>>
14  >>>     # 网络名称到对应模型的映射
15  >>>     name2layer = {
16  >>>         'lstm': layers.LSTM,
17  >>>         'gru': layers.GRU,
18  >>>         'rnn': layers.SimpleRNN,
19  >>>     }
20  >>>
21  >>>     def __init__(self):
22  >>>         super(MNTModel, self).__init__()
23  >>>
24  >>>
25  >>>     def create_encoder_joint_model(self, src_max_len,
26  >>>                                    src_vocab_size,
27  >>>                                    trgt_vocab_size,
28  >>>                                    units=32,
29  >>>                                    rnn_type='lstm',
30  >>>                                    encoder_emb_dim=100,
31  >>>                                    encoder_depth=1,
32  >>>                                    decoder_depth=1,
33  >>>                                    mask_zero=True):
34  >>>         '''
```

```
35   >>>           创建 Ecoder 和 Ecoder-Decoder 联合训练模型.
36   >>>           Decoder 训练阶段使用 teacher forcing: 训练数据比标
签数据早一个 timestep
37   >>>        Args:
38   >>>            src_max_len:        int 源语言句子中词语最大个
数 (char-level 时为字的最大个数)
39   >>>            src_vocab_size:     int 源语言词汇表大小
40   >>>            trgt_vocab_size:    int 目标语言词汇表大小
41   >>>            units:              int 隐层神经元数目
42   >>>            rnn_type:           int 编码器解码器 RNN 类型必
须保持一致 lstm, gru 等, 由 name2layer 决定
43   >>>            encoder_emb_dim:    int 编码器 Embedding 层输
出维度
44   >>>            encoder_depth:      int 编码器 RNN 层嵌套深度,
默认为 1
45   >>>            decoder_depth:      int 解码器 RNN 层嵌套深度,
默认为 1
46   >>>            mask_zero:          bool 是否使用 0 作为 padding
的掩码
47   >>>                                为 True 时 Embedding 层的
0 向量无效, 且 vocab_size += 1
48   >>>        '''
49   >>>        # 0 掩码表示 padding, 此时 Embedding 层的 0 向量无
效, 因此 Embedding 索引从 1 开始
50   >>>        if mask_zero:
51   >>>            src_vocab_size += 1
52   >>>            trgt_vocab_size += 1
53   >>>        # 创建 Encoder 模型
54   >>>        self.encoder = self._create_encoder(src_max_len,
 src_vocab_size, units, rnn_type,
55   >>>                            encoder_emb_dim, encoder_
depth, mask_zero)
56   >>>        # 创建联合训练模型
57   >>>        self.joint_model = self._create_joint(trgt_
vocab_size, units, rnn_type, decoder_depth)
58   >>>        return self.encoder, self.joint_model
59   >>>
60   >>>
61   >>>    def _create_encoder(self, src_max_len,
62   >>>                        src_vocab_size,
63   >>>                        units,
64   >>>                        rnn_type,
65   >>>                        encoder_emb_dim,
66   >>>                        encoder_depth,
```

```
67  >>>                      mask_zero):
68  >>>          '''
69  >>>          创建 Encoder 的方法. 重复的参数说明见 create_
    encoder_joint_model
70  >>>
71  >>>          Return:
72  >>>              Model: 以词序列为输入，Encoder 隐层特征为输出的
    Encoder 模型
73  >>>          '''
74  >>>          # 创建 Encoder 模型：序列输入层->Embedding->多层
    循环神经网络->输出隐层状态
75  >>>          self.encoder_input = Input(shape=(src_max_len,),
    name='Source_Language_Input')
76  >>>          encoder_embed = layers.Embedding(src_vocab_
    size, encoder_emb_dim, mask_zero=mask_zero)
77  >>>          # Encoder 的最终输出不需要返回序列，因此 return_
    sequences=False
78  >>>          encoder_stack = self.create_recurrent_layers
    (units, rnn_type, encoder_depth, False)
79  >>>          encoder_outputs = self.connect_layers(self
    .encoder_input, encoder_embed, *encoder_stack)
80  >>>          # 注意：LSTM 有 2 个隐层状态 (h_t, c_t); GRU 只有一
    个隐层状态 h_t
81  >>>          # 舍弃 Encoder 的输出, Encoder 的隐层状态即为 context
    vector. 参见: https://arxiv.org/pdf/1406.1078.pdf
82  >>>          self.encoder_states = encoder_outputs[1:]
83  >>>          return Model(self.encoder_input, self.encoder_
    states)
84  >>>
85  >>>
86  >>>     def _create_joint(self, trgt_vocab_size,
87  >>>                       units,
88  >>>                       rnn_type,
89  >>>                       decoder_depth):
90  >>>          '''
91  >>>          创建 Encoder-Decoder 联合训练模型的方法. 参数说明见
    create_encoder_joint_model
92  >>>          Decoder 采用 teacher forcing 进行训练，因此输入数
    据比输出数据提前一个 timestep
93  >>>          Args:
94  >>>              encoder_inputs: list 编码器模型输入层，用于构
    建 Decoder 的训练模型
95  >>>              encoder_states: list 编码器模型输出的隐层状态
    列表
```

```
96  >>>                                    GRU 隐层状态有 1 个 h_t; LSTM
     隐层状态有 2 个 h_t, c_t
97  >>>                                    编码器的隐层状态也被称为上下文
     向量 (context vector)
98  >>>                                    参见: https://arxiv.org/
     pdf/1406.1078.pdf
99  >>>            '''
100 >>>            # t-1 时刻的词语 onehot 输入层, None 表示不定长的时
     间序列展开大小
101 >>>            self.decoder_input = Input(shape=(None, trgt_
     vocab_size), name='Teacher_Word_Input')
102 >>>            # Decoder 需要输出当前状态用于下一个词语的预测, 因此
     return_sequences=True
103 >>>            self.decoder_stack = self.create_recurrent_
     layers(units, rnn_type, decoder_depth, True)
104 >>>            # Decoder 第一层循环网络需要以 Encoder 的状态初始
     化, 这样可以将 Encoder 编码的上下文的信息交给 Decoder
105 >>>            first_rnn, rest_layers = self.decoder_stack[0],
      self.decoder_stack[1:]
106 >>>            # 注意这里的 initial_state 是 Encoder 直接交给
     Decoder 的, 不是通过 Input 进行输入
107 >>>            decoder_first_tensor = first_rnn(self
     .decoder_input, initial_state=self.encoder_states)
108 >>>            # 连接其余循环层, 获得序列输出和隐层状态
109 >>>            decoder_outputs = self.connect_layers(decoder_
     first_tensor, *rest_layers, initial_state=self.encoder_
     states)
110 >>>            # decoder_states 只用于解码模型中, 因此这里舍弃
111 >>>            decoder_output = decoder_outputs[0]
112 >>>            # 使用 Dense softmax 作为最后一层输出词语概率, 这里
     可扩展为一系列线性层
113 >>>            self.decoder_dense = layers.Dense(trgt_vocab_
     size, activation='softmax')
114 >>>            decoder_output = self.decoder_dense(decoder_
     output)
115 >>>            # 构建可训练的 Decoder 模型, 由 Encoder 和 Decoder
     共同输入 t-1 时刻信息, 预测 t 时刻输出
116 >>>            return Model([self.encoder_input] + [self
     .decoder_input],
117 >>>                    decoder_output)
118 >>>
119 >>>
120 >>>    def create_decoder(self):
121 >>>        '''
```

```
122 >>>          构建解码模型用于序列推断 (Inference)
123 >>>          Args:
124 >>>              encoder_states: list 编码器隐层状态列表
125 >>>              joint: Model 解码器模型
126 >>>          '''
127 >>>          # Encoder context vector 输入层，输入层用于
    Inference Model
128 >>>          states_inputs = [Input(batch_shape=K.int_
    shape(s), name=f'States_{i}') for i, s in enumerate
    (self.encoder_states)]
129 >>>          # 接收 Teacher_Word_Input 输入的第一个循环层
130 >>>          first_rnn = self.decoder_stack[0]
131 >>>          # 将第一个循环层的初始状态改为从输入层获取，其他不变
132 >>>          first_tensor = first_rnn(self.decoder_input,
    initial_state=states_inputs)
133 >>>          # 重新连接余下循环层的结构，不连接全连接层
134 >>>          decoder_outputs = self.connect_layers(first_
    tensor, *self.decoder_stack[1:], initial_state=states_
    inputs)
135 >>>          # 在解码模型的输出中保留 decoder_states
136 >>>          decoder_output, decoder_states = decoder_
    outputs[0], decoder_outputs[1:]
137 >>>          # 连接全连接层输出概率，这里可扩展为一系列线性层
138 >>>          decoder_output = self.decoder_dense(decoder_
    output)
139 >>>
140 >>>          # 构建解码模型，该模型的输入为 Encoder 的内部状态以及
    t-1 时刻的词语
141 >>>          # 输出 t 时刻的词语. 其中 Encoder 内部状态是由输入层
    传入的，而 Encoder-Decoder
142 >>>          # 联合模型则是 Ecoder 直接传入；解码模型的输出中包含
    decoder_states
143 >>>          # 而 Decoder 不包含，这是 Inference 和 Decoder
    的 2 个主要不同
144 >>>          return Model([self.decoder_input] + states_
    inputs,
145 >>>                       [decoder_output] + decoder_states)
146 >>>
147 >>>
148 >>>      def create_recurrent_layers(self, units, layer_
    type='lstm', depth=1, return_sequences=False):
149 >>>          '''
150 >>>          创建多层循环神经网络
151 >>>
```

```
152 >>>          Args:
153 >>>              units: int 隐层神经元数量
154 >>>              layer_type: str name2layer 中支持的网络名称
155 >>>              depth: int 网络层的数量
156 >>>              return_sequences: bool 是否需要多层循环层返回
    最终的序列
157 >>>
158 >>>          Return:
159 >>>              layer_lis: list 由 depth 个网络层组成的列表
160 >>>          '''
161 >>>          layer = self.name2layer.get(layer_type.lower(),
    layers.LSTM)
162 >>>          depth = max(1, depth)
163 >>>          # 中间层设置 return_sequences=True 用于下一循环神
    经网络
164 >>>          layer_lis = [layer(units, return_sequences=True)
    for d in range(depth - 1)]
165 >>>          # 最后一层根据本方法的参数确定是否返回序列, Encoder
     False, Decoder 为 True
166 >>>          layer_lis.append(layer(units, return_sequences=
    return_sequences, return_state=True))
167 >>>          return layer_lis
168 >>>
169 >>>
170 >>>      def connect_layers(self, first_layer, *layer_stack,
    initial_state=None):
171 >>>          '''
172 >>>          将传入的多层网络进行连接
173 >>>
174 >>>          Args:
175 >>>              first_layer: Layer Keras 模型输入层或中间层
176 >>>              layer_stack: list 多层网络组成的参数列表
177 >>>
178 >>>          Return:
179 >>>              x: tensor, tuple 最后一层网络的输出
180 >>>          '''
181 >>>          x = first_layer
182 >>>          for layer in layer_stack:
183 >>>              x = layer(x, initial_state=initial_state)
    if initial_state else layer(x)
184 >>>          return x
```

由于解码模型的训练策略为 Teacher-Forcing 策略，因此还需要提供
Teacher-Forcing 编码功能。为了统一起见，将该功能实现在 preprocess.py 中。

```
01  >>> # preprocess.py 文件中
02  >>> def encode_teacher_forcing(sequences, vocab_size,
    mask_zero=True):
03  >>>     '''
04  >>>     对目标语言序列按照索引进行 teacher forcing 原则进行
    onehot 编码.
05  >>>     其中 teacher 比 stu 领先一个词 (1 个 timestep)
06  >>>
07  >>>     Args:
08  >>>         sequences: 二维 list 或 ndarray 经过 padding 的词语
    索引序列
09  >>>         vocab_size: int 词汇表大小
10  >>>         mask_zero: bool 是否以 0 作为 padding 掩码, True 时
    vocab_size += 1
11  >>>
12  >>>     Return:
13  >>>         teacher: ndarray (num_sample, maxlen, vocab_
    size) 的数组, 比 stu 领先 1 个 timestep. teacher 用于训练 decoder
    时的输入
14  >>>         stu:ndarray (num_sample, maxlen, vocab_size)
    的数组, 比 teacher 落后 1 个 timestep. stu 用于训练 decoder 时
    的输出
15  >>>     '''
16  >>>     assert np.ndim(sequences) == 2, f'sequences dim
    must be 2. {np.ndim(sequences)} Found.'
17  >>>     from keras.utils import to_categorical
18  >>>     if mask_zero:
19  >>>         vocab_size += 1
20  >>>     teacher = np.array(list(map(lambda s: to_categorical
    (s, vocab_size), sequences)), dtype=bool)
21  >>>     stu = np.zeros(teacher.shape, dtype=bool)
22  >>>     # teacher 比 stu 提前 1 个 timestep
23  >>>     stu[:, :-1] = teacher[:, 1:]
24  >>>     return teacher, stu
```

7.4.4　后处理解码输出目标序列

后处理部分包括模型的权重与结构的保存，以及翻译模型预测时所需的解码转换操作。由于解码器输出的是分类的概率，而不是文本序列，因此需要对解码器输出的分类进行采样，从而得到最终的输出序列。

为了简化采样逻辑，采样中使用了贪心算法，每一步选择概率最大的

词语作为输出。而更为常见的做法是采用约束了宽度的集束搜索（Beam Search）技术，这是一种带约束的广度优先搜索技术的特例。所有后处理过程的代码实现都定义于 postprocess.py 文件中。

　　如下代码展示了 Keras 模型保存和后处理解码采样两部分功能的实现。其中定义的 save_model_topology_weights 方法用于存储模型的拓扑结构和权重。而 decode_sequences 方法则用于解码生成翻译序列。

```
01  >>> # coding=utf8
02  >>> # postprocess.py 文件中
03  >>> import numpy as np
04  >>>
05  >>> def save_model_topology_weights(model, topology_path,
    weights_path, encoding='utf8'):
06  >>>     '''
07  >>>     存储模型结构和权重
08  >>>     '''
09  >>>     with open(topology_path, 'w', encoding=encoding)
    as f:
10  >>>         f.write(model.to_json())
11  >>>     model.save(weights_path)
12  >>>
13  >>>
14  >>> def decode_sequences(encoder, decoder, trgt_word2id,
    trgt_id2wrod,
15  >>>                         *input_sequences, zero_mask=True):
16  >>>     '''
17  >>>     基于贪心算法，根据输入序列解码给出输出序列
18  >>>     '''
19  >>>     from params import BOS, EOS, trgt_maxlen
20  >>>     trgt_vocab_size = len(trgt_id2wrod) + 1 if zero_mask
    else len(trgt_id2wrod)
21  >>>
22  >>>     for input_seq in input_sequences:
23  >>>         # 对输入进行编码，词语级别的解码需要 reshape 成数据集
    训练时的二维格式
24  >>>         states = encoder.predict(np.reshape(input_seq,
    (1, -1)))
25  >>>         # 由于 GRU 的状态只有一个，因此返回的不是列表而是
    Numpy array
26  >>>         # 此时需要放在列表中，才能与 LSTM 的 states(2 个) 兼容
27  >>>         if isinstance(states, np.ndarray):
28  >>>             states = [states]
```

```
29  >>>         # 为 Teacher-Forcing 输入起始的 Teacher 字符
30  >>>         trgt_seq_teacher = np.zeros((1, 1, trgt_vocab_
    size), dtype='float32')
31  >>>         trgt_seq_teacher[0, 0, trgt_word2id[BOS]] = 1
32  >>>         # 通过贪心算法逐次生成序列
33  >>>         decoded_seq = []
34  >>>         for _ in range(400):
35  >>>             outputs = decoder.predict([trgt_seq_teacher]
    + states)
36  >>>             # 获得输出的序列，同时更新循环网络编码状态，用于下
    一词语
37  >>>             output, states = outputs[0], outputs[1:]
38  >>>             # 根据输出进行采样，并加入到解码结果 decoded_seq 中
39  >>>             sampled_idx = np.argmax(output[0, -1, :])
40  >>>             if zero_mask and sampled_idx == 0:
41  >>>                 # 跳过 padding 字符
42  >>>                 continue
43  >>>             sampled_word = trgt_id2wrod[sampled_idx]
44  >>>             decoded_seq.append(sampled_word)
45  >>>             # 采样终止条件
46  >>>             if (sampled_word == EOS or
47  >>>                 len(decoded_seq) > trgt_maxlen):
48  >>>                 break
49  >>>             # 更新 Teacher 字符
50  >>>             trgt_seq_teacher[0, 0, sampled_idx] = 1
51  >>>         # 一次序列采样完成后，返回已生成的序列
52  >>>         yield decoded_seq
```

📢 注意：

对目标输出的序列进行解码时，使用集束搜索（BeamSearch）可以提高模型的表达能力和翻译的准确性，但是每一步搜索时都需要确保解码器中隐层状态的正确性，以避免不同的解码序列之间的隐层状态互相影响。

7.4.5 翻译模型的训练和预测

为了提高模型的训练效率，端到端翻译模型的所有序列在交给模型进行处理前都需要进行填充和截断，使所有的序列能够以相同的长度输入到模型中。通过训练 Models.py 文件中定义的联合训练模型，可以得到对应的文本序列编码器和解码器，从而可以用于最终的翻译。如下代码展示了训练阶段的流程代码（所有下述代码定义于文件 MNT.py 中）。

```
01  >>># coding=utf8
02  >>># MNT.py 文件中
03  >>># coding=utf8
04  >>> '''
05  >>> MNT.py <-> Machine Neural Translation Using Keras
06  >>> author: luruiyuan
07  >>> '''
08  >>>
09  >>># 导入预处理相关参数和模型相关参数
10  >>> from params import pre_dir
11  >>> from params import src_lang, trgt_lang
12  >>> from params import max_sample_num
13  >>> from preprocess import load_preprocess
14  >>>
15  >>># 加载预处理结果
16  >>> (En_word2id, En_id2word,
17  >>>     En_word_cnts, En_seq) = load_preprocess(src_lang,
    pre_dir, max_sample_num,
18  >>>                                     return_generator=False)
19  >>> (Ch_word2id, Ch_id2word,
20  >>>     Ch_word_cnts, Ch_seq) = load_preprocess(trgt_lang,
    pre_dir,
21  >>>                                     max_sample_num, return_
    generator=False)
22  >>>
23  >>># 序列参数 maxlen
24  >>> from params import maxlen
25  >>> from keras.preprocessing.sequence import pad_sequences
26  >>># 使用 Keras 自带的序列填充方法. padding 和截断都针对序列尾部,
    因此选择 post
27  >>> X = pad_sequences(En_seq, maxlen=maxlen, padding=
    'post', truncating='post')
28  >>> Y = pad_sequences(Ch_seq, maxlen=maxlen, padding=
    'post', truncating='post')
29  >>>
30  >>># 对预测序列按照 Teacher-Forcing 原则进行编码
31  >>> from preprocess import encode_teacher_forcing
32  >>> Y_teacher, Y_stu = encode_teacher_forcing(Y, len
    (Ch_word2id), True)
33  >>>
34  >>>
35  >>># 首先创建 Encoder Decoder 模型
36  >>> from params import depth, rnn_type
37  >>> from Models import MNTModel
```

```
38  >>> mnt = MNTModel()
39  >>> encoder, joint_model = mnt.create_encoder_joint_model
    (src_max_len=maxlen, src_vocab_size=len(En_word2id),
40  >>>                                    trgt_vocab_size=
    len(Ch_word2id), rnn_type=rnn_type,
41  >>>                                    encoder_depth=
    depth, decoder_depth=depth, mask_zero=True)
42  >>>
43  >>># 训练 Encoder-Decoder Joint 模型
44  >>> from params import batch_size, epoch, val_split,
    log_dir
45  >>> from keras.callbacks import TensorBoard,
    LearningRateScheduler
46  >>> from keras.optimizers import RMSprop
47  >>>
48  >>> callback_lis = [
49  >>>     TensorBoard(log_dir),
50  >>>     LearningRateScheduler(lambda epoch, lr: 0.01 if
    epoch <= 100 else 0.001)
51  >>> ]
52  >>>
53  >>> joint_model.compile(optimizer='rmsprop', loss=
    'categorical_crossentropy', metrics=['acc'])
54  >>> joint_model.fit([X, Y_teacher], Y_stu,
55  >>>                 batch_size=batch_size,
56  >>>                 epochs=epoch,
57  >>>                 validation_split=val_split,
58  >>>                 callbacks=callback_lis)
59  >>>
60  >>># 存储联合模型
61  >>> from params import joint_topology_path, joint_
    weights_path
62  >>> from postprocess import save_model_topology_weights
63  >>> save_model_topology_weights(joint_model, joint_
    topology_path, joint_weights_path)
64  >>>
65  >>># 训练完成后，构建解码模型用于推断
66  >>> from postprocess import decode_sequences
67  >>> decoder = mnt.create_decoder()
68  >>>
69  >>> test_seq = X[:100]
70  >>> for seq, decode_seq in zip(test_seq, decode_
    sequences(encoder, decoder,
```

```
71  >>>                                    Ch_word2id, Ch_id2word,
    *test_seq)):
72  >>>      print('输入测试序列:', [En_id2word[idx] for idx in
    seq if idx > 0])
73  >>>      print('输出解码结果:', ' '.join(decode_seq))
74  >>>
75  >>>
76  >>># 绘制模型结构图
77  >>> from keras.utils import plot_model
78  >>> from params import pic_dir
79  >>> import os
80  >>> plot_model(encoder, os.path.join(pic_dir, 'Encoder
    .png'))
81  >>> plot_model(joint_model, os.path.join(pic_dir, 'Joint
    .png'))
82  >>> plot_model(decoder, os.path.join(pic_dir, 'Decoder
    .png'))
```

以 3 层编码器和 3 层解码器为例，得到的解码器模型的结构如图 7.23 所示。经过漫长的训练过程，可以得到最终的模型翻译结果。其中一部分翻译结果完全符合预期，是模型成功翻译的结果，如图 7.24 所示；另一部分的结果则出现了模型对于长距离依赖的信息丢失现象，如英文词语中的 taxi 的词义丢失，因此在翻译结果中“出租车”一词没有出现，如图 7.25 所示。

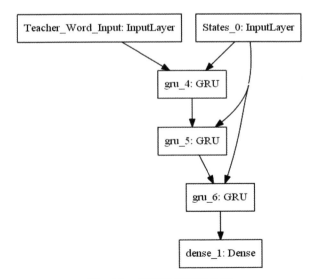

图 7.23　解码器模型结构图

```
输入测试序列: ['<BOS>', 'all', 'at', 'tired', 'not', "i'm", '<EOS>']
输出解码结果: 我 根本 不 累 <EOS>
输入测试序列: ['<BOS>', 'years', 'three', 'for', 'french', 'studied', 'tom', '<EOS>']
输出解码结果: 汤姆 学了 三年 法语 <EOS>
```

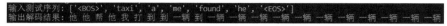

图 7.24　成功翻译的部分样例示例

```
输入测试序列: ['<BOS>', 'taxi', 'a', 'me', 'found', 'he', '<EOS>']
输出解码结果: 他 他 帮 他 我 打 到 到 一辆 到 一辆 一辆 一辆 一辆 一辆 一辆 一辆 一辆 一辆 一辆
```

图 7.25　信息丢失的部分翻译样例示例

一种有效缓解长距离依赖信息丢失的简单技巧是，通过将输入的源语言句子（本例中为英语句子）反向输入，从而可以将多个长距离依赖转换为多个短距离依赖，以便降低模型学习的难度。

注意：

> 对于句子较长的长距离依赖可能产生的信息丢失现象，可以通过将输入的源语言句子反向输入的办法将多个长距离依赖转换为多个短距离依赖，从而降低模型的学习难度，提高模型的性能。

7.5　本章小结

通过本章的介绍，展示了 Keras 函数式 API 的相关使用方法及其在机器翻译模型中的应用。通过 Keras 的函数式 API，既能构建复杂的多输入多输出模型，也能够实现不同神经网络层之间的权重共享和信息组合，从而设计多种多样的神经网络架构。除此之外，借助于 Keras 的回调函数，用户可以在模型训练的多个阶段进行定制化的修正操作，实现对模型的监督和改进。本章的探讨已经基本涵盖了基于 Keras 框架的模型设计和应用的常见技术，通过本章内容可以设计绝大多数复杂的网络模型结构。第 8 章将会进入深度生成式学习，介绍 Keras 在生成式学习中的应用。

第 8 章　基于 Keras 的深度生成式学习

　　生成式学习（Generative Learning）是机器学习算法中不同于判别式学习（Discriminative Learning）的一类算法和模型。

　　判别式模型通过给定输入的特征，经过复杂的模型处理后可以直接用于判断指定问题的解。例如，多分类问题中，通过给定输入数据，经过神经网络进行处理后，可以在模型的尾部通过全连接层和 softmax 激活函数直接输出每种标签的概率，从而将输入数据抽象为分类标签的概率。这类通过已知的特征，对分类标签进行直接建模的模型，即为判别式模型。

　　在生成式模型中，模型所建模的问题是，已知样本的标签，如何产生对应的样本分布。例如，输入一张照片并给定其情绪标签为生气，生成式模型将会根据所给定的标签将输入的照片转换为人物生气时的照片。这类借助于已知标签，并对样本空间进行建模，进而产生样本的模型，即为生成式模型。随着深度学习技术的发展和完善，生成式模型也逐步结合了深度学习相关技术，并产生了许多新的深度生成式模型，例如，可用于图像生成和图像超分辨率的生成式对抗网络模型（Generative Adversarial Networks）以及变分自动编码器（Variational Auto Encoders）及其变种模型。

　　在前几章的学习中，主要介绍了基于 Keras 的判别式模型的构建方法和要点，本章将主要介绍几种主流的深度生成式学习模型的构建方法。第 7 章中所构建的神经机器翻译模型事实上也是一种深度生成式模型。机器翻译模型通过最大化翻译的似然概率，生成了从源语言到目标语言的映射建模方法，从而在给定上下文和前文的词语标签的情况下，能够输出当前词语的概率，从而完成目标语言样本的生成。

　　本章从深度生成式模型角度，介绍 Keras 在深度生成式模型中的应用。

随着深度生成式学习的快速发展，研究人员进行了大量有关深度生成式学习领域的模型和方法的研究。本章从深度生成式对抗网络以及深度自编码器两个大方向简要介绍 GAN 和 AutoEncoder 在生成式模型领域的成果，以及基于 Keras 的实现方法，并且将会直观地展示生成式模型的输出以及其相关特征，加深对于深度生成式模型的理解。通过本章的介绍，也将会拓宽 Keras 框架的应用领域，进一步加深对于 Keras 的理解。

本章主要涉及的知识点如下。

- ❯ 什么是深度生成式学习。
- ❯ 生成式对抗网络的基本概念和简单实现。
- ❯ 如何使用 Keras 构建简单的自编码器模型。
- ❯ 如何使用 Keras 构建降噪自编码器并对图像数据进行降噪。

8.1 生成式对抗网络 GAN 简介

生成式对抗网络（Generative Adversarial Networks，以下简称 GAN）是一类典型的生成式模型。GAN 模型包含生成器 G 和判别器 D，分别用于生成样本数据集以及判断数据集是否由生成器进行生成。

GAN 模型的基本原理可类比于纳什均衡原理，生成器 G 的主要任务是生成数据集以"欺骗"判别器 D，使得 D 错误地将由生成器 G 产生的数据判别为真实数据。而判别器 D 的主要目标是识别出真实数据集和由 G 生成的数据的差异，并判别为不同的类别。在 GAN 的整个训练过程中，每次训练生成器 G 时固定判别器 D，而训练判别器 D 时固定生成器 G，因此在整个训练过程中，生成器 G 不断改进数据集的生成能力，而判别器 D 则持续提高识别能力，理想情况下，判别器 D 和生成器 G 的能力最终达到均衡，模型训练结束。

GAN 作为一类得到广泛关注的生成式模型拥有各种不同的变体。本节以基于卷积的深度卷积 GAN 为例介绍 GAN 在生成 MNIST 数据集上的应用。

8.1.1 DCGAN 生成器 G

生成器 G 是一类将噪声采样转化为数据样本的神经网络。基于全卷积网络的 DCGAN 的生成器在构建生成器时去掉了全连接层，全部使用卷积层作为特征提取器。为了提高生成器的收敛速度，在生成器 G 中使用了 BatchNormlization 层以便对生成模型提取的特征进行归一化。

GAN 模型与普通的判别式模型有一个显著的差异，在通常的分类式的判别式模型中，模型特征的稀疏性能够加速模型训练，并且有效减少模型参数。但是对于 GAN 而言，过度稀疏的特征会破坏生成器 G 产生的样本。导致特征稀疏的典型因素有池化操作（pooling）以及线性修正单元（Relu）激活函数等。因此，在模型的生成器中，可以使用反卷积层（也被称为转置卷积层）替代池化层，并使用 LeakyRelu 替代 Relu 作为激活函数。

在如下代码中，LeakyRelu 使用的泄露系数 alpha 为 Keras 默认的 0.3。生成器的模型结构如图 8.1 所示。

```
01  >>> def create_generator(latent_dim, output_channels):
02  >>>     '''
03  >>>     创建生成模型
04  >>>     '''
05  >>>     generator = Sequential(name='generator')
06  >>>     # 映射并转换维度
07  >>>     generator.add(Dense(4 * 4 * 512, input_shape=
    (latent_dim,)))
08  >>>     generator.add(Reshape((4, 4, 512)))
09  >>>     generator.add(BatchNormalization())
10  >>>     generator.add(LeakyReLU())
11  >>>
12  >>>     # 使用上采样进行空间维度扩展
13  >>>     # 4x4 -> 7x7 反卷积的空间尺度大小 = (input - 1) *
    strides + kernels
14  >>>     # 因此有 (4 - 1) * 1 + 4 = 7
15  >>>     generator.add(Deconv2D(64, 4, padding='valid'))
16  >>>     generator.add(BatchNormalization())
17  >>>     generator.add(LeakyReLU())
18  >>>
19  >>>     # 7x7 -> 14x14
20  >>>     generator.add(Deconv2D(128, 3, strides=2, padding=
    'same'))
21  >>>     generator.add(BatchNormalization())
22  >>>     generator.add(LeakyReLU())
23  >>>     # 14x14 -> 28x28
24  >>>     generator.add(Deconv2D(output_channels, 3, strides=2,
    padding='same', activation='tanh'))
```

```
25  >>>     generator.summary()
26  >>>     return generator
```

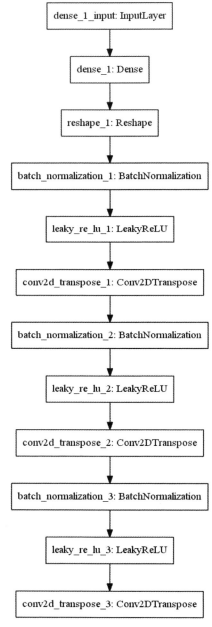

图 8.1 生成器 G 模型结构示意图

📢 **注意：**

> 为了减少模型特征的稀疏性，提高生成样本质量，可采用 LeakyRelu 替代 Relu 作为激活函数，并使用反卷积（也称为转置卷积）替代池化操作。

需要特别注意的是，在生成器 G 的最后一层中，使用的是 Tanh 作为激活函数。Tanh 会将神经网络的输出压缩到(-1, 1)的范围内，因此在数据预处理阶段也需要将数据压缩到(-1, 1)的范围，否则模型难以收敛。

8.1.2　DCGAN 判别器 D

判别器 D 是一类需要区分样本是否由 G 生成的分类器，对于由 G 生成的样本需要判别为假样本，而不是 G 生成的样本则需要判别为真样本。因此判别器 D 本质上是一个二分类器。因此，采用卷积层对输入的图像进行下采样，然后通过 LeakyRelu 层进行激活，如图 8.2 所示是判别器网络的结构图。

```
01  >>> def create_discriminator(img_shape):
02  >>>     '''
03  >>>     #创建判别模型
04  >>>     '''
05  >>>     discriminator = Sequential(name='discriminator')
06  >>>     # 1 通道扩展为 64 通道，下采样到 14x14
07  >>>     discriminator.add(Conv2D(64, 5, strides=2, input_
    shape=img_shape, padding='same'))
08  >>>     discriminator.add(LeakyReLU())
09  >>>
10  >>>     # 下采样 7x7
11  >>>     discriminator.add(Conv2D(32, 5, strides=2, padding=
    'same'))
12  >>>     discriminator.add(LeakyReLU())
13  >>>
14  >>>     # 分类器层
15  >>>     discriminator.add(Flatten())
16  >>>     discriminator.add(Dense(1, activation='sigmoid'))
17  >>>     discriminator.summary()
18  >>>     return discriminator
```

判别器 D 结构设计与生成器 G 息息相关。判别器 D 过于复杂和强大时，会导致生成器 G 无法优化，进而导致 D 的判别误差快速接近 0，整个 GAN 模型训练陷入停滞。因此，判别器的构建与数据集和生成器有着十分复杂的关系。稳定的 GAN 训练过程是一个广泛关注的研究领域，超出了本书的范畴。从图 8.2 中可以看出，本示例中判别器 D 的结构相对于生成器 G 的结构较为简单，这是为了避免判别器 D 过于复杂导致 GAN 训练陷入停滞的情况。

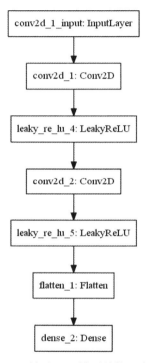

图 8.2　判别器 D 模型结构示意图

8.1.3　DCGAN 的训练与图像生成

通过使用生成器 G 和判别器 D，整个 GAN 模型的 2 个主要模型已经构建完成。为了能够训练 GAN，需要将生成器 G 和判别器 D 进行组合。在训练时，首先通过生成器 G 产生"假"的手写数字，将其标签记为 1。然后将原始的 MNIST 手写数字图像与"假"的手写数字图像进行混合，真实图像的标签记为 0，送入判别器 D 进行判断。

判别器 D 更新后，使用 GAN 模型对生成器 G 进行训练。其中需要特别指出的是，在训练时，为了保证判别器 D 的权重不发生改变，需要将 D 作为 GAN 中的一个权重冻结的层，如图 8.3 所示。

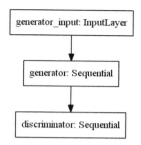

图 8.3   由生成器 G 和判别器 D 构成的 GAN 结构图

随着 GAN 和判别器 D 的训练交替进行，判别器 D 和生成器 G 的能力逐步改进，即可得到用于生成样本的生成器 G。如下的代码展示了 GAN 模型的完整构建过程以及训练阶段如何交替训练 GAN 和判别器 D。

```
01  >>> def train(batch_size, epochs=100):
02  >>>     # 使用 Adam 作为生成器 G 和判别器 D 的优化器
03  >>>     D_optimizer = Adam(1e-4, beta_1=0.5)
04  >>>     G_optimizer = Adam(1e-4, beta_1=0.5, decay=1e-6)
05  >>>
06  >>>     # 构建生成器 G 和判别器 D，这里只需对 D 进行编译
07  >>>     G = create_generator(latent_dim, 1)
08  >>>     D = create_discriminator(input_shape)
09  >>>     D.compile(loss='binary_crossentropy', optimizer=
    D_optimizer)
10  >>>
11  >>>     # 基于生成器和判别器构建 GAN
12  >>>     # GAN 中，判别器 D 作为一个权重冻结的层使用
13  >>>     D.trainable = False
14  >>>     GAN = Sequential([G, D], name='GAN')
15  >>>     # 这里的编译对 GAN 和生成器 G 都进行了编译
16  >>>     GAN.compile(loss='binary_crossentropy', optimizer=
    G_optimizer)
17  >>>
18  >>>     # 绘制模型结构
19  >>>     plot_model(G, G.name + '.png')
20  >>>     plot_model(D, D.name + '.png')
21  >>>     plot_model(GAN, GAN.name + '.png')
22  >>>
23  >>>     # 构建训练所需的标签
24  >>>     # 训练判别器的标签一半为真一半为假
25  >>>     # 训练生成器的标签全为真，这里真=0 假=1
26  >>>     combined_labels = np.zeros((batch_size * 2, 1))
27  >>>     combined_labels[batch_size:] = 1
```

```
28  >>>      all_real_labels = np.zeros((batch_size, 1))
29  >>>
30  >>>      # 训练主流程
31  >>>      total_batchs = len(x_train) // batch_size
32  >>>      for e in range(epochs):
33  >>>          # 记录本轮损失变换的列表
34  >>>          d_losses, g_losses = [], []
35  >>>          for batch in range(total_batchs):
36  >>>              # 随机生成隐变量噪声作为生成器的输入
37  >>>              latent_noise = np.random.uniform(-1, 1,
     size=(batch_size, latent_dim))
38  >>>              # 混合真实数据集和生成的假数据集
39  >>>              real_imgs = x_train[batch * batch_size:
     (batch + 1) * batch_size]
40  >>>              fake_imgs = G.predict(latent_noise)
41  >>>              x = np.concatenate((real_imgs, fake_imgs))
42  >>>              # 训练判别器
43  >>>              d_loss = D.train_on_batch(x, combined_
     labels)
44  >>>              # 采样新的噪声用于生成新样本
45  >>>              latent_noise = np.random.uniform(-1, 1,
     (batch_size, 100))
46  >>>              # 训练生成器
47  >>>              g_loss = GAN.train_on_batch(latent_noise,
     all_real_labels)
48  >>>              # 打印训练进度
49  >>>              print(f'Epoch {e+1} batch {batch+1}/
     {total_batchs}',
50  >>>                    'Generative Loss: %f' % g_loss,
51  >>>                    'Discriminative Loss: %f' % d_loss,
     end='\r')
52  >>>              # 记录损失变化情况
53  >>>              d_losses.append(d_loss)
54  >>>              g_losses.append(g_loss)
55  >>>
56  >>>              # 绘制生成器生成的图像
57  >>>              if (batch + 1) % 100 == 0:
58  >>>                  plot_fake_imgs(e, batch, fake_imgs)
59  >>>          print()
60  >>>          # 绘制本轮的损失变化
61  >>>          plot_losses(e, g_losses, d_losses)
```

　　为了记录生成损失和判别损失的变化情况，并且可视化生成的样本，需要加入辅助的绘图函数用于绘制损失和生成的样本。如下代码展示了完整的模型训练过程、损失绘制过程以及样本可视化过程。

```
01  >>> # coding=utf8
02  >>>
03  >>> from keras.layers import BatchNormalization, Conv2D,
    Dense, Deconv2D
04  >>> from keras.layers import Dropout, Reshape, LeakyReLU,
    Flatten
05  >>>
06  >>> from keras.models import Sequential
07  >>> from keras.datasets import mnist
08  >>> from keras.optimizers import Adam
09  >>>
10  >>> import numpy as np
11  >>> import matplotlib.pyplot as plt
12  >>>
13  >>> def plot_fake_imgs(epoch, batch, fakes):
14  >>>     plt.cla()
15  >>>     plt.clf()
16  >>>     fakes = (127.5 * fakes + 127.5).astype('uint8')
    .reshape(-1, 28, 28)
17  >>>     width = height = int(np.sqrt(batch_size))
18  >>>     img_mat = np.zeros((height * 28, width * 28))
19  >>>     for i in range(height):
20  >>>         for j in range(width):
21  >>>             img_mat[i*28: (i + 1)*28, j*28: (j + 1)*28]
    = fakes[i * width + j]
22  >>>     plt.imshow(img_mat)
23  >>>     plt.axis('off')
24  >>>     plt.gray()
25  >>>     ax = plt.gca()
26  >>>     fig = plt.gcf()
27  >>>     extent = ax.get_window_extent().transformed(fig
    .dpi_scale_trans.inverted())
28  >>>     plt.savefig(f'pics/{epoch+1}_{batch+1}.png', bbox_
    inches=extent)
29  >>>
30  >>>
31  >>> def plot_losses(epoch, g_losses, d_losses):
32  >>>     plt.cla()
33  >>>     plt.clf()
34  >>>     plt.plot(range(len(g_losses)), g_losses)
35  >>>     plt.plot(range(len(d_losses)), d_losses)
36  >>>     plt.legend(['Generative Loss', 'Discriminative
```

```
     Loss'])
37   >>>      plt.savefig(f'losses/{epoch+1}.png', pad_inches=0)
38   >>>
39   >>>
40   >>> def create_generator(latent_dim, output_channels):
41   >>>     '''
42   >>>     创建生成模型
43   >>>     '''
44   >>>     generator = Sequential(name='generator')
45   >>>     # 映射并转换维度
46   >>>     generator.add(Dense(4 * 4 * 512, input_shape=
     (latent_dim,)))
47   >>>     generator.add(Reshape((4, 4, 512)))
48   >>>     generator.add(BatchNormalization())
49   >>>     generator.add(LeakyReLU())
50   >>>
51   >>>     # 使用上采样进行空间维度扩展
52   >>>     # 4x4 -> 7x7 反卷积的空间尺度大小 = (input - 1) *
     strides + kernels
53   >>>     # 因此有 (4 - 1) * 1 + 4 = 7
54   >>>     generator.add(Deconv2D(64, 4, padding='valid'))
55   >>>     generator.add(BatchNormalization())
56   >>>     generator.add(LeakyReLU())
57   >>>
58   >>>     # 7x7 -> 14x14
59   >>>     generator.add(Deconv2D(128, 3, strides=2, padding=
     'same'))
60   >>>     generator.add(BatchNormalization())
61   >>>     generator.add(LeakyReLU())
62   >>>     # 14x14 -> 28x28
63   >>>     generator.add(Deconv2D(output_channels, 3, strides
     =2, padding='same', activation='tanh'))
64   >>>     generator.summary()
65   >>>     return generator
66   >>>
67   >>>
68   >>> def create_discriminator(img_shape):
69   >>>     '''
70   >>>     创建判别模型
71   >>>     '''
72   >>>     discriminator = Sequential(name='discriminator')
73   >>>     # 1 通道扩展为 64 通道, 下采样到 14x14
74   >>>     discriminator.add(Conv2D(64, 5, strides=2, input_
     shape=img_shape, padding='same'))
```

```
75  >>>      discriminator.add(LeakyReLU())
76  >>>
77  >>>      # 下采样 7x7
78  >>>      discriminator.add(Conv2D(32, 5, strides=2, padding=
    'same'))
79  >>>      discriminator.add(LeakyReLU())
80  >>>
81  >>>      # 分类器层
82  >>>      discriminator.add(Flatten())
83  >>>      discriminator.add(Dense(1, activation='sigmoid'))
84  >>>      discriminator.summary()
85  >>>      return discriminator
86  >>>
87  >>> def train(batch_size, epochs=100):
88  >>>      # 使用 Adam 作为生成器 G 和判别器 D 的优化器
89  >>>      D_optimizer = Adam(1e-4, beta_1=0.5) # 可行
90  >>>      G_optimizer = Adam(1e-4, beta_1=0.5, decay=1e-6)
    # 可行
91  >>>
92  >>>      # 构建生成器 G 和判别器 D, 这里只需对 D 进行编译
93  >>>      G = create_generator(latent_dim, 1)
94  >>>      D = create_discriminator(input_shape)
95  >>>      D.compile(loss='binary_crossentropy', optimizer=
    D_optimizer)
96  >>>
97  >>>      # 基于生成器和判别器构建 GAN
98  >>>      # GAN 中, 判别器 D 作为一个权重冻结的层使用
99  >>>      D.trainable = False
100 >>>      GAN = Sequential([G, D], name='GAN')
101 >>>      # 这里的编译对 GAN 和生成器 G 都进行了编译
102 >>>      GAN.compile(loss='binary_crossentropy', optimizer=
    G_optimizer)
103 >>>
104 >>>      # 构建训练所需的标签
105 >>>      # 训练判别器的标签一半为真一半为假
106 >>>      # 训练生成器的标签全为真, 这里真=0 假=1
107 >>>      combined_labels = np.zeros((batch_size * 2, 1))
108 >>>      combined_labels[batch_size:] = 1
109 >>>      all_real_labels = np.zeros((batch_size, 1))
110 >>>
111 >>>      # 训练主流程
112 >>>      total_batchs = len(x_train) // batch_size
113 >>>      for e in range(epochs):
114 >>>          # 记录本轮损失变换的列表
```

```
115 >>>          d_losses, g_losses = [], []
116 >>>          for batch in range(total_batchs):
117 >>>              # 随机生成隐变量噪声作为生成器的输入
118 >>>              latent_noise = np.random.uniform(-1, 1,
     size=(batch_size, latent_dim))
119 >>>              # 混合真实数据集和生成的假数据集
120 >>>              real_imgs = x_train[batch * batch_size:
     (batch + 1) * batch_size]
121 >>>              fake_imgs = G.predict(latent_noise)
122 >>>              x = np.concatenate((real_imgs, fake_imgs))
123 >>>              # 训练判别器
124 >>>              d_loss = D.train_on_batch(x, combined_labels)
125 >>>              # 采样新的噪声用于生成新样本
126 >>>              latent_noise = np.random.uniform(-1, 1,
     (batch_size, 100))
127 >>>              # 训练生成器
128 >>>              g_loss = GAN.train_on_batch(latent_noise,
     all_real_labels)
129 >>>              # 打印训练进度
130 >>>              print(f'Epoch {e+1} batch {batch+1}/
     {total_batchs}',
131 >>>                  'Generative Loss: %f' % g_loss,
132 >>>                  'Discriminative Loss: %f' % d_loss,
     end='\r')
133 >>>              # 记录损失变化情况
134 >>>              d_losses.append(d_loss)
135 >>>              g_losses.append(g_loss)
136 >>>
137 >>>              # 绘制生成器生成的图像
138 >>>              if (batch + 1) % 100 == 0:
139 >>>                  plot_fake_imgs(e, batch, fake_imgs)
140 >>>          print()
141 >>>          # 绘制本轮的损失变化
142 >>>          plot_losses(e, g_losses, d_losses)
143 >>>
144 >>>
145 >>> # 加载并归一化数据到(-1, 1)
146 >>> (x_train, y_train), (_, _) = mnist.load_data()
147 >>> x_train = (x_train - 127.5).reshape(-1, 28, 28, 1)
     .astype('float32') / 127.5
148 >>>
149 >>> # 隐变量维度
150 >>> latent_dim = 100
```

```
151 >>> input_shape = (28, 28, 1)
152 >>>
153 >>> # 训练阶段参数
154 >>> batch_size = 128
155 >>> epochs = 100
156 >>>
157 >>> # 创建文件夹
158 >>> import os
159 >>> if not os.path.exists('pics'):
160 >>>     os.makedirs('pics')
161 >>> if not os.path.exists('losses'):
162 >>>     os.makedirs('losses')
163 >>>
164 >>> # 开始训练
165 >>> train(batch_size, epochs)
```

如图 8.4 所示是模型在第一轮训练时产生的样本输出。从图中可以看出，由于生成器模型器 G 的生成能力尚处于初始阶段，因此生成的图像普遍具有较大的噪声。如图 8.5 所示是经过 10 轮训练后生成器 G 产生的样本示意图。从图中可以看出，此时产生的样本几乎没有噪声，并且可以辨识出 0,1,2,4,6,7,8,9 等手写数字图像。而图 8.6 所示是经过 100 轮训练后生成器 G 产生的样本。可以看出，经过 100 轮的迭代后，产生了 3,5 等数字，生成器的能力进一步增强。

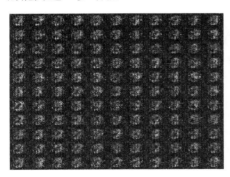

图 8.4　生成器 G 初始阶段生成
的样本

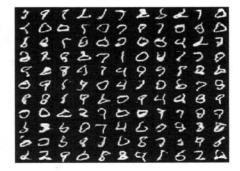

图 8.5　经过 10 轮训练的生成器 G 产生
的样本

如图 8.7 所示是训练阶段的第一轮中误差变化示意图。从图中可以看出，随着训练的进行，生成器 G 和判别器 D 的误差具有一定的此消彼长的关系，并且逐渐趋于稳定。

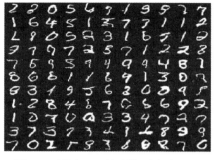

图 8.6 经过 100 轮训练后生成器 G
产生的样本

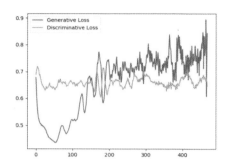

图 8.7 第一轮生成误差和判别误差
变化示意图

📢 **注意：**

> 当 GAN 模型中的判别损失快速下降到 0 附近时，通常可能是判别器模型 D 过于复杂，判别能力过于强大导致生成器 G 的能力无法得到优化，此时应当考虑削弱判别器 D 或简化模型结构，以保持判别器 D 和生成器 G 能力之间基本的平衡。

8.2 变分自编码器简介

除了生成式对抗网络（GAN）以外，另一类十分重要的深度生成式模型则是变分自编码器（Variational Auto Encoders）类的生成式模型。变分自编码器将贝叶斯推断的思路引入神经网络中，通过神经网络对隐变量空间的高斯分布进行参数学习，从而将输入数据进行结构化的输出，使得隐变量能够连续在隐空间中具有实际意义。因而变分自编码器常常和 GAN 并列为两类得到广泛关注的生成式模型。

本节将介绍最基本的变分自编码器及其基于随机梯度变分贝叶斯（Stochastic Gradient Variational Bayes）的训练框架，如何通过 Keras 编程实现并进行图像生成训练。由于变分自编码器具有广泛的扩展，因此本节也将主要介绍其中的一类扩展的条件变分自编码器（Conditional Variational Auto Encoder）的实现及其应用。

8.2.1 变分自编码器 VAE

变分自编码器（Variational Auto Encoder，VAE）是一种基于变分贝叶斯推断的生成式模型框架。通常较为常用的是基于高斯分布的变分贝叶斯自编码器，本章所述的变分自编码器也主要围绕基于高斯分布的变分自编码器展开。在基于深度学习的统计学习中，通常会假定所有样本数据满足独立同分布条件，即所有样本共享相同的分布特征，但是彼此之间互不影响。通过样本的均值 μ 和方差 σ^2 即可唯一地确定一个高斯分布 $N(\mu, \sigma^2)$。

　　然而变分自编码器开辟了一种新的学习思路：在编码阶段，通过引入变分贝叶斯推断，可以得到一组隐变量 Z，其中的每一个具体的隐变量 z 可以表示隐空间的一个具体的高斯分布的所有特征参数，包括隐空间高斯分布的均值 μ 和方差 σ^2；在解码阶段，则通过在 z 所定义的隐变量空间中，依据高斯分布进行随机采样，从而确定隐空间的编码 z，然后通过解码器还原出由隐空间确定的图像。

　　变分自编码器的具体数学原理的讨论超出了本书的范畴，感兴趣的读者可以参考有关论文 *Auto-Encoding Variational Bayes* 以及 *Stochastic Backpropagation and Approximate Inference in Deep Generative Models*。这里采用与论文 *Auto-Encoding Variational Bayes* 中相同的符号，简要探讨其基本原理。

　　具体来说，一个变分自编码器由两部分模型组成：编码模型 $p_\theta(z|x)$ 以及解码模型 $q_\phi(x|z)$。其中，编码模型表示给定一个输入样本 x，编码器给出一个隐变量 z，其求解过程依赖于编码器的参数集合 θ；换句话说，这一编码过程将输入数据 x 压缩到隐变量 z 所描述的具体分布之中，并输出该编码 z。解码模型表示给定一个隐变量 z，解码器给出一个生成的样本 x，其求解过程依赖于解码器参数集合 ϕ；换言之，这一解码过程将一个输入的隐变量 z 解释为一个具体的样本 x，并输出该样本。

　　在变分自编码器的训练过程中，编码器完成了将数据样本 x 映射为一个隐变量空间的高斯分布的过程，该高斯分布由输出的隐变量 z 唯一确定；而变分自编码器的解码过程可视为对一个隐变量空间的高斯分布进行一系列随机计算过程，得到的一个映射输出。由于数据的多样性，具体映射的隐变量空间以及隐变量空间的分布都是未知的，因此如何将图像映射为一个分布，又如何将分布解码为图像同样是悬而未决的问题。

　　幸运的是，神经网络作为一个黑盒模型，只需确保待优化的目标函数式连续可导即可完成求解，因而非常适合于求解一个完全未知的隐变量空间的相关参数，因此，对于求解隐空间的映射过程以及解码的一系列随机过程可以忽略具体的隐空间信息，而通过神经网络自动完成映射函数的拟合。因此，基于变分贝叶斯推断的模型与神经网络相结合，可以完成双向的函数拟合，其中将样本映射到分布的过程可以理解为编码过程，而从分布映射为样本的过程可以理解为解码过程，由此产生了变分自编码器。

为了神经网络能够学习到相关分布信息，需要确保其隐变量 z 的连续可导性。因此，变分自编码器采用了重参数技巧对隐变量 z 施加了一个符合标准正态分布 $N(0,I)$ 的随机噪声 ε 作为额外变量。具体而言，基于高斯分布的变量 z 经过重参数化得到：$z=\mu+\sigma\,\Theta\,\varepsilon$，其中 Θ 表示逐元素乘法，且有 $\varepsilon\sim N(0,I)$。经过重参数化的隐变量具有和原始隐变量相同的均值，并且保证了连续可导，因而可以使用随机梯度下降等神经网络常用的优化器进行模型训练，这一算法框架即为随机梯度变分贝叶斯（Stochastic Gradient Variational Bayes，SGVB）。

以 MNIST 的手写数字生成为例，变分自编码器可以通过在隐空间的不同采用生成不同的手写数字图像。如下代码首先对手写数字识别数据进行了预处理。

```
01  >>># coding=utf8
02  >>>
03  >>> from keras import layers
04  >>> from keras import metrics
05  >>> import keras.backend as K
06  >>> from keras.models import Model, Input
07  >>> from keras.datasets import mnist
08  >>> from keras.utils import to_categorical
09  >>>
10  >>> import numpy as np
11  >>>
12  >>> (x_train, y_train), (x_test, y_test) = mnist.load_
    data()
13  >>>
14  >>># 图像的输入维度
15  >>> input_shape = (28, 28, 1)
16  >>>
17  >>># 图像归一化
18  >>> x_train = x_train.astype('float32') / 255
19  >>> x_test = x_test.astype('float32') / 255
20  >>>
21  >>># 图像维度扩展
22  >>> x_train = x_train.reshape((-1,) + input_shape)
23  >>> x_test = x_test.reshape((-1,) + input_shape)
24  >>>
```

```
25  >>># 隐空间维度
26  >>> latent_dim = 2
```

为了使得手写数字能够用于卷积层,上述代码将手写数字识别扩展了通道维度。另一方面,为了后续便于展示隐变量的分布特征,这里仅仅选择隐空间的维度为二维,以便在平面中绘制编码的分布情况。

为了提取手写数字的空间特征,如下的代码使用了简单的卷积层堆叠的方式提取手写数字图像的空间特征。卷积层的参数是编码器参数集合 θ 的一部分,是基于卷积的变分自编码器的特征提取器。

```
01  >>># 构建 encoder
02  >>> input_img = Input(shape=(28, 28, 1), name='Image_Input')
03  >>>
04  >>> x = layers.Conv2D(32, 3, padding='same', activation=
    'relu')(input_img)
05  >>> x = layers.Conv2D(64, 3, strides=2, padding='same',
    activation='relu')(x)
06  >>> x = layers.Conv2D(32, 3, padding='same', activation=
    'relu')(x)
07  >>> x = layers.Conv2D(64, 3, padding='same', activation=
    'relu')(x)
```

以下代码中,由于使用了卷积层作为图像特征提取器,因此需要提前记录卷积层输出的特征图的维度,以便在解码阶段复原图像的维度。记录特征维度后,将卷积层输出的多通道特征图压缩为一维张量,然后输入到全连接层中,分别计算隐空间高斯分布的均值 μ 以及高斯分布的方差对数 $\log \sigma^2$。

```
01  >>># 记录卷积输出的张量形状,用于解码器的反卷积层
02  >>> shape_before_flattening = K.int_shape(x)[1:]
03  >>>
04  >>># 将多通道张量压缩为向量
05  >>> x = layers.Flatten()(x)
06  >>># VAE 编码器
07  >>> x = layers.Dense(32, activation='relu')(x)
08  >>>
09  >>># 使用全连接层计算均值和 log 值
10  >>> means = layers.Dense(latent_dim)(x)
11  >>> z_logs= layers.Dense(latent_dim)(x)
```

通过输入样本 x,上述代码最终输出了隐空间的分布变量:高斯分布的均值 μ 以及高斯分布的方差对数 $\log \sigma^2$,上述代码所构建的模型即完成了模型的编码映射,即 $p_\theta(z|x)$ 模型。

　　为了构建连续可导的隐变量，通过重参数法对隐变量 z 再次采样。需要特别强调的是，为了确保对隐变量 z 的采样方法满足重参数法的约束，这里的噪声必须满足标准正态分布，即 $\varepsilon \sim N(0, I)$。如下的代码构建了一个满足重参数法要素的采样步骤。

```
01  >>># 构建高斯分布采样函数
02  >>> def gaussian_sample(args):
03  >>>     '''
04  >>>     mean + exp(logs) * eps
05  >>>     其中eps是随机生成的均值为0方差为1的随机张量
06  >>>     '''
07  >>>     means, logs = args
08  >>>     eps = K.random_normal(shape=(K.shape(means)), mean=0,
        stddev=1)
09  >>>     return means + K.exp(logs / 2) * eps
```

　　构建完成后，通过 Keras 的 Lambda 层对采样函数进行封装，然后将隐变量 z 均值的对数方差传入进行采样。

```
01  >>># 采样并输出
02  >>> z = layers.Lambda(gaussian_sample)([means, z_logs])
```

　　在解码层，需要输入隐变量 z 进行解码，最终输出生成的图像 x。因此这里首先使用线性层将输入的隐变量维度扩展到编码器中的卷积层的输出维度，然后使用反卷积层对特征图的空间进行扩展，再通过最后一层卷积层生成手写数字图像，由此即可构建出基于卷积层为特征提取器的解码器模型 $q_\phi(x|z)$。

```
01  >>># VAE 解码网络
02  >>> decoder_input = Input(K.int_shape(z)[1:])
03  >>># 线性变换扩展维度
04  >>> x = layers.Dense(np.prod(shape_before_flattening),
        activation='relu')(decoder_input)
05  >>># 变化维度，以便可以输入到反卷积中
06  >>> x = layers.Reshape(shape_before_flattening)(x)
07  >>># 反卷积
08  >>> x = layers.Deconv2D(32, 3, strides=2, padding='same',
        activation='relu')(x)
09  >>># 生成灰度图
10  >>> x = layers.Conv2D(1, 3, padding='same', activation=
        'sigmoid')(x)
```

📢 **注意：**

> 　　Keras 的 int_shape 方法可以用于定义神经网络的超参数，但是该方法返回的张量形状包含了 batch 维度作为第一个维度，因此需要去掉第一个维度；Keras 的 shape 方法可以计算不包含 batch 维度的张量形状，但是只能在运行时对张量形状进行计算，不能在神经网络非运行时用于定义超参数。

如下代码定义了模型的解码器部分。

```
01  >>># 解码器模型
02  >>> decoder = Model(decoder_input, x)
03  >>> decoder.summary()
04  >>># 将 z 传入 decoder 中恢复图像
05  >>> z_decoded = decoder(z)
```

为了使模型能够刻画训练指标，需要定义不同的损失函数，首先是定义基于 KL 散度的损失。这一损失可用于正则化变分自编码器的隐空间参数。另一部分的损失则是图像重建误差，图像的重建误差用于刻画模型构建的图像与真实图像之间的差异。这里使用了 binary_crossentropy 作为图像重建损失，也可以使用均方误差 mean_square_error 刻画图像重建误差。

```
01  >>># 构建损失函数
02  >>> def KL_loss(y_true, y_pred):
03  >>>     '''
04  >>>     KL 散度损失
05  >>>     '''
06  >>>     return -0.5 * K.mean(1 + z_logs - K.square(means)
    - K.exp(z_logs), axis=-1)
07  >>>
08  >>> def reconstruction_loss(y_true, y_pred):
09  >>>     '''
10  >>>     图像重建损失　这里使用了 2 类交叉熵，也可以使用 MSE 作为损失
11  >>>     '''
12  >>>     y_true = K.flatten(y_true)
13  >>>     y_pred = K.flatten(y_pred)
14  >>>     return metrics.binary_crossentropy(y_true, y_pred)
15  >>>
16  >>> def VAE_loss(y_true, y_pred, alpha=1e-5):
17  >>>     '''
18  >>>     VAE 损失 KL 散度损失需要乘以较小的系数 alpha，避免参数限
    制过度
19  >>>     '''
20  >>>     recon_loss = reconstruction_loss(y_true, y_pred)
21  >>>     kl_loss = KL_loss(y_true, y_pred) * alpha
22  >>>     return K.mean(recon_loss + kl_loss)
```

为了使优化器能够正确执行损失计算，上述代码中采用了 K.mean 对一批参数的损失求解均值。另外需要特别说明的是 VAE_loss 中的参数 alpha，这一参数用于对模型的 KL 损失进行约束。当 KL 损失无约束时（即 alpha 取 1.0 时），将会给隐变量产生极大正则化约束，从而使得学得的隐变量不具备变化的空间，因而采样后解码器产生的图像几乎没有变化。通常情况下，对 alpha 的取值可以选择较小的值，如 10^{-5} 以及 10^{-6} 等。

如下的代码构建了 VAE 的模型主体，并采用 VAE_loss 作为模型训练的损失函数。

```
01  >>># VAE 模型
02  >>> vae = Model(img_input, z_decoded)
03  >>># 指定参数并对模型进行编译和训练
04  >>> batch_size = 128
05  >>>
06  >>> vae.compile('sgd', loss=VAE_loss,
07  >>>            metrics=[KL_loss, reconstruction_loss])
08  >>>
09  >>> vae.fit(x_train, x_train,
10  >>>            batch_size=batch_size,
11  >>>            epochs=10,
12  >>>            validation_data=(x_test, x_test))
```

模型训练完成后，可以通过对模型的隐空间采样进行模型变量的输出。由于变分自编码器模型的解码阶段的模型是高斯分布，因此可采用高斯分布的采样模型产生编码 z，然后将编码 z 输入解码器生成的图像 x。下述代码进行了 400 次采样，产生的 400 个数字图像输出如图 8.8 所示。

```
01  >>># 采样绘制生成的手写数字
02  >>> from matplotlib import pyplot as plt
03  >>> from scipy.stats import norm
04  >>># 采样 cnt * cnt 个数字
05  >>> cnt = 20
06  >>># 图像变长像素数目
07  >>> size = 28
08  >>># 矩阵填充以绘制无边框图像
09  >>> mat = np.zeros((cnt * size, cnt * size))
10  >>># 高斯采样，因为 CVAE 假定学习的是隐变量的高斯空间分布
11  >>> x_grid = norm.ppf(np.linspace(0.05, 0.95, cnt))
12  >>> y_grid = norm.ppf(np.linspace(0.05, 0.95, cnt))
13  >>>
14  >>># 绘制采样图像
```

```
15  >>> for i, z1 in enumerate(x_grid):
16  >>>     for j, z2 in enumerate(y_grid):
17  >>>         z_sampled = np.array([z1, z2]).reshape(1, 2)
18  >>>         z_vec = z_sampled # 无batch
19  >>>         z_decoded = decoder.predict(z_vec)
20  >>>         # 用采样后的数字图像填充矩阵
21  >>>         mat[i * size: (i + 1) * size,
22  >>>             j * size: (j + 1) * size] = z_decoded
    .reshape(size, size)
23  >>># 显示生成的图像
24  >>> plt.figure()
25  >>> plt.imshow(mat)
26  >>> plt.gray()
27  >>> plt.axis('off')
28  >>> plt.show()
```

从图 8.8 中可以看出，生成的样本中包含了 0、2、3、6 以及 8 等数字，并且随着横轴和纵轴隐变量采样的变化，统一数字的不同字体以及不同数字之间的过渡关系也能够以图像的形式生成。

由于变分自编码器的编码模型 $p_\theta(z|x)$ 输出的编码 z 是在给定输入数据 x 的条件下得到的，因此编码 z 中包含了类别信息 y。在高斯分布中，高斯分布的均值 μ 能够刻画分布的中心位置，因此如下的代码使用了编码 z 的均值作为编码器的输出，然后将其分布可视化为图 8.9 所示的散点图。其中每种不同的颜色表示不同的数字对应的编码 z 的分布位置。

```
01  >>># 绘制样本编码分布，首先构建编码器，采样均值作为绘图的坐标
02  >>>plt.figure()
03  >>>encoder = Model(img_input, means)
04  >>># 输出编码张量
05  >>>means_encoded = encoder.predict(x_train).reshape(-1,
    latent_dim)
06  >>>
07  >>># 绘制样本分布，类别由 y_train 指定
08  >>># 并为每种类别指定不同的颜色
09  >>>label_set = set(y_train)
10  >>>from matplotlib import cm
11  >>>colors = iter(cm.rainbow(np.linspace(0, 1, len(label_
    set))))
12  >>>
13  >>># 绘制类别为 y 的样本，颜色为 color
14  >>>for y, color in zip(label_set, colors):
15  >>>     idx = (y_train == y)
```

```
16  >>>     plt.scatter(means_encoded[idx, 0], means_encoded
    [idx, 1],
17  >>>               c=color, label=y, cmap='jet')
18  >>># 显示分布情况
19  >>>plt.legend()
20  >>>plt.show()
```

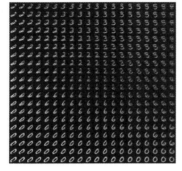

图 8.8　VAE 生成的手写数字样本　　　　图 8.9　VAE 隐变量 z 的均值分布图

从图中可以看出，不同的数字处于不同的位置分布上，而相似的数字之间在隐变量的分布位置上有边缘重叠的情况。因此，通过变分自编码器的编码均值的分布可以看出，其输出的编码 z 包含了类别信息 y。

8.2.2　条件变分自编码器 CVAE

条件变分自编码器（Conditional Variational Auto Encoders，以下简称 CVAE）是一类变分自编码器的扩展模型的统称。条件变分自编码器在 VAE 的基础上引入了类别信息 y 这一先验信息，从而对原始的变分自编码器模型进行了进一步的扩展，使得条件变分自编码器既能够用于标签预测，也能够用于样本生成。

在原始论文 *Learning Structured Output Representation using Deep Conditional Generative Models* 中，条件变分自编码的模型在 SGVB 优化框架下的编码模型为 $q_\phi(z|x,y)$，其中引入了类别信息作为变分自编码器的条件信息（Condition），而其优化的解码器模型为 $p_\theta(y|x,z)$，即在给定的样本 x 和编码 z 下，生成标签 y，因而使条件变分自编码器能够用于标签预测。为了和 8.2.1 小节的 VAE 进行直观的比较，这里简单修改条件变分自编码器的解码模型为 $p_\theta(x|z,y)$，即在引入类别条件信息 y 的情况下，输出样本信息 x。

　　如下代码在 VAE 的基础上引入了类别信息 y 作为条件信息以构建条件变分自编码器模型。其中模型的编码器和解码器都引入了类别标签输入层，编码器结构如图 8.10 所示。

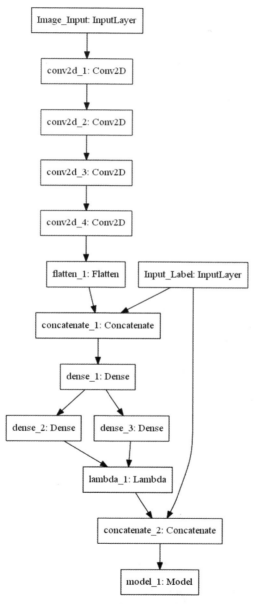

图 8.10　基于卷积的 CVAE 编码器部分

需要特别指出的是，下述代码中加入了 conditional_vec 方法，该方法用于在采样过程中加入样本的类别输入信息，以确保采样信息中包含所需的类别条件信息 y，这是条件自编码器模型与 VAE 之间的主要区别。完整的条件自编码器代码如下。

```
01  >>># coding=utf8
02  >>>
03  >>> from keras import layers
04  >>> from keras import metrics
05  >>> import keras.backend as K
06  >>> from keras.models import Model, Input
07  >>> from keras.datasets import mnist
08  >>> from keras.utils import to_categorical
09  >>>
10  >>> import numpy as np
11  >>>
12  >>> (x_train, y_train), (x_test, y_test) = mnist.load_data()
13  >>>
14  >>># 图像的输入维度
15  >>> input_shape = (28, 28, 1)
16  >>>
17  >>># 图像归一化
18  >>> x_train = x_train.astype('float32') / 255
19  >>> x_test = x_test.astype('float32') / 255
20  >>>
21  >>># 图像维度扩展
22  >>> x_train = x_train.reshape((-1,) + input_shape)
23  >>> x_test = x_test.reshape((-1,) + input_shape)
24  >>>
25  >>># onehot 标签
26  >>> y_train_onehot = to_categorical(y_train)
27  >>> y_test_onehot = to_categorical(y_test)
28  >>>
29  >>># 隐空间维度
30  >>> latent_dim = 2
31  >>>
32  >>># 构建 encoder
33  >>> input_img = Input(shape=(28, 28, 1), name='Image_Input')
34  >>># CVAE
35  >>> input_label = Input(shape=(10,), name='Input_Label')
36  >>>
37  >>> x = layers.Conv2D(32, 3, padding='same', activation=
    'relu')(input_img)
```

```
38   >>> x = layers.Conv2D(64, 3, strides=2, padding='same',
     activation='relu')(x)
39   >>> x = layers.Conv2D(32, 3, padding='same', activation=
     'relu')(x)
40   >>> x = layers.Conv2D(64, 3, padding='same', activation=
     'relu')(x)
41   >>>
42   >>>
43   >>> shape_before_flattening = K.int_shape(x)[1:]
44   >>>
45   >>># 将多通道张量压缩为向量
46   >>> x = layers.Flatten()(x)
47   >>># CVAE
48   >>> x = layers.concatenate([x, input_label])
49   >>># VAE 编码器
50   >>> x = layers.Dense(32, activation='relu')(x)
51   >>>
52   >>># 使用全连接层计算均值和 log 值
53   >>> means = layers.Dense(latent_dim)(x)
54   >>> z_logs= layers.Dense(latent_dim)(x)
55   >>>
56   >>># 构建高斯分布采样函数
57   >>> def gaussian_sample(args):
58   >>>     '''
59   >>>     mean + exp(logs) * eps
60   >>>     其中 eps 是随机生成的均值为 0 方差为 1 的随机张量
61   >>>     '''
62   >>>     means, logs = args
63   >>>     eps = K.random_normal(shape=(K.shape(means)),
64   >>>                     mean=0, stddev=1)
65   >>>     return means + K.exp(logs / 2) * eps
66   >>>
67   >>># 采样并输出
68   >>> z = layers.Lambda(gaussian_sample)([means, z_logs])
69   >>>
70   >>># CVAE z_laebl
71   >>> z_label = layers.concatenate([z, input_label])
72   >>>
73   >>># CVAE 解码网络
74   >>> decoder_input = Input(K.int_shape(z_label)[1:])
75   >>># 线性变换扩展维度
76   >>> x = layers.Dense(np.prod(shape_before_flattening),
     activation='relu')(decoder_input)
77   >>># 变化维度，以便可以输入到反卷积中
```

```
78  >>> x = layers.Reshape(shape_before_flattening)(x)
79  >>># 反卷积
80  >>> x = layers.Deconv2D(32, 3, strides=2, padding='same',
    activation='relu')(x)
81  >>># 生成灰度图
82  >>> x = layers.Conv2D(1, 3, padding='same', activation=
    'sigmoid')(x)
83  >>>
84  >>># 解码器模型
85  >>> decoder = Model(decoder_input, x)
86  >>>
87  >>> decoder.summary()
88  >>>
89  >>># CVAE 恢复图像
90  >>> z_decoded = decoder(z_label)
91  >>>
92  >>>
93  >>> def KL_loss(y_true, y_pred):
94  >>>     '''
95  >>>     KL 散度损失
96  >>>     '''
97  >>>     return -0.5 * K.mean(1 + z_logs - K.square(means)
    - K.exp(z_logs), axis=-1)
98  >>>
99  >>> def reconstruction_loss(y_true, y_pred):
100 >>>     y_true = K.flatten(y_true)
101 >>>     y_pred = K.flatten(y_pred)
102 >>>     return metrics.binary_crossentropy(y_true, y_pred)
103 >>>
104 >>> def VAE_loss(y_true, y_pred, alpha=1e-6):
105 >>>     '''
106 >>>     VAE 损失 KL 散度损失需要乘以较小的系数 alpha，避免参数限
    制过度
107 >>>     '''
108 >>>     recon_loss = reconstruction_loss(y_true, y_pred)
109 >>>     kl_loss = KL_loss(y_true, y_pred) * alpha
110 >>>     return K.mean(recon_loss + kl_loss)
111 >>>
112 >>># CVAE
113 >>> cvae = Model([input_img, input_label], z_decoded)
114 >>>
115 >>> batch_size = 128
116 >>>
117 >>> cvae.compile('rmsprop', loss=VAE_loss,
```

```
118 >>>                  metrics=[KL_loss, reconstruction_loss])
119 >>>
120 >>># CVAE 模型训练
121 >>> cvae.fit([x_train, y_train_onehot], x_train,
122 >>>          batch_size=batch_size,
123 >>>          epochs=10,
124 >>>          validation_data=([x_test, y_test_onehot],x_test)
125 >>>
126 >>># 构建条件采样编码
127 >>> def conditional_vec(y, z=0):
128 >>>     '''
129 >>>     CVAE 的解码器输入层包含了 (z, y)
130 >>>     因此构造的 vec 维度为 latent_dim + 10
131 >>>     vec 的大小需要与 InceptionV3_based_CVAE_decoder 方法
    中的 yz 变量对应
132 >>>     '''
133 >>>     vec = np.zeros((1, latent_dim + 10))
134 >>>     # 隐变量, 未给定时仍为 0 不变
135 >>>     vec[0, :latent_dim] = z
136 >>>     # 标签 y 的 onehot
137 >>>     vec[0, latent_dim:][y] = 1
138 >>>     return vec
139 >>>
140 >>># 采样绘图
141 >>> from matplotlib import pyplot as plt
142 >>> from scipy.stats import norm
143 >>># 采样 cnt * cnt 个数字
144 >>> cnt = 20
145 >>># 图像变长像素数目
146 >>> size = 28
147 >>># 矩阵填充以绘制无边框图像
148 >>> mat = np.zeros((cnt * size, cnt * size))
149 >>># 高斯采样, 因为 CVAE 假定学习的是隐变量的高斯空间分布
150 >>> x_grid = norm.ppf(np.linspace(0.05, 0.95, cnt))
151 >>> y_grid = norm.ppf(np.linspace(0.05, 0.95, cnt))
152 >>>
153 >>># 绘制采样图像
154 >>> for i, z1 in enumerate(x_grid):
155 >>>     for j, z2 in enumerate(y_grid):
156 >>>         z_sampled = np.array([z1, z2]).reshape(1, 2)
157 >>>         # 生成 Conditional Vector
158 >>>         z_vec = conditional_vec(2, z_sampled)
159 >>>         z_decoded = decoder.predict(z_vec)
160 >>>         # 用采样后的数字图像填充矩阵
```

```
161 >>>        mat[i * size: (i + 1) * size,
162 >>>            j * size: (j + 1) * size] = z_decoded
    .reshape(size, size)
163 >>>
164 >>># 生成最终图像
165 >>> plt.imshow(mat)
166 >>> plt.gray()
167 >>> plt.axis('off')
168 >>> plt.show()
169 >>>
170 >>>
171 >>># 绘制样本编码分布，首先构建编码器，采样均值作为绘图的坐标
172 >>> plt.figure()
173 >>># CVAE 中增加标签作为输入
174 >>> encoder = Model([input_img, input_label], means)
175 >>># 输出编码张量
176 >>> means_encoded = encoder.predict([x_train, y_train_
    onehot]).reshape(-1, latent_dim)
177 >>>
178 >>># 绘制样本分布，类别由 y_train 指定
179 >>># 并为每种类别指定不同的颜色
180 >>> label_set = set(y_train)
181 >>> from matplotlib import cm
182 >>> colors = iter(cm.rainbow(np.linspace(0, 1, len
    (label_set))))
183 >>>
184 >>># 绘制类别为 y 的样本，颜色为 color
185 >>> for y, color in zip(label_set, colors):
186 >>>     idx = (y_train == y)
187 >>>     plt.scatter(means_encoded[idx, 0], means_encoded
    [idx, 1],
188 >>>             c=color, label=y, alpha=0.5, cmap='jet')
189 >>># 显示分布情况
190 >>> plt.legend()
191 >>> plt.show()
```

📢 注意：

　　条件自编码器模型的输入信息中需要加入样本的类别信息，通常样本的类别信息应当使用 onehot 编码实现，以便在构建重构误差时一并进行优化。在采样过程中，也需要在隐空间变量的基础上加入目标样本的类别信息。

　　从图 8.11 中可以看出模型的结构变化：编码器和解码器都引入了输入标签信息，从而为模型提供了先验信息 y。另一方面，从模型生成的编码分

布来看，由于模型的先验信息中引入了标签 y，因此编码 z 中不含有数字的类别信息，因而 CVAE 输出的编码 z 中没有出现和 VAE 输出的编码分布类似的不同类别之间的离散分布的情况；换言之，相比于 VAE 模型的编码 z 分布，CVAE 生成的编码 z 更接近正态分布，而这与 CVAE 的求解中引入了标签信息 y 是密切相关的。

从 CVAE 生成的样本角度分析，由于先验类别信息 y 的引入，本例中在编码采样的过程中构造的对应的数字类别编码为 2，因而生成的采样图像中全部是数字 2，而不包含其余的数字，如图 8.12 所示。相比于 VAE 生成的采样图像而言，CVAE 的隐变量仅仅包含了数字 2 的不同写法。例如，图中横轴的变化从左到右数字 2 逐步倾斜，而图中纵轴的变化从上到下数字 2 逐步由"矮"变"高"，但是所有图像都是数字 2。可以看出，CVAE 的变量排除了先验类别信息，这也正是 CVAE 模型的特点。

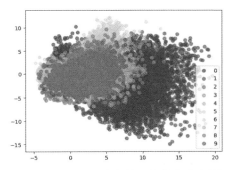 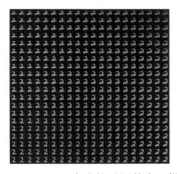

图 8.11　CVAE 隐变量 z 的均值分布图　　图 8.12　CVAE 生成的手写数字 2 样本

8.3　实战：基于降噪自编码器的图像去噪

本节主要介绍通过自编码器进行图像编码和生成的相关方法，并以 Keras 框架为基础，构架一个简单的图像降噪自编码器（Denosing Auto Encoder），从而完成基于 EMNIST 数据集的字符样本数据集的图像去噪模型的构建。

8.3.1　数据预处理

EMNIST 数据集是一个由手写字符图像构成的图像分类数据集。其中包含了大量宽度和高度均为 28 像素的手写字符。EMNIST 数据集的相关介绍论文 *EMNIST: an Extension of MNIST to Handwritten Letters* 以及 EMNIST 原始数据集均可从如下网址下载：https://www.nist.gov/itl/iad/image-group/emnist-dataset。这一数据集采用了与 MNIST 数据集完全一致的数据格式。由于 Keras 包含了 MNIST 数据集的原始数据，因此可以使用与 MNIST 同样的加载方式对 EMNIST 数据集进行加载。

首先，下载 EMNIST 数据集，并将所得数据解压到指定目录下，如 EMNIST 文件夹。然后通过如下代码对 EMNIST 数据集的 letters 子集进行解压，并通过 Matplotlib 加载 EMNIST 数据集可视化相关数据。其中，EMNIST 的加载器类被定义在 EMNIST_Loader.py 文件中。

```
01  >>># coding=utf8
02  >>> import os
03  >>> import numpy as np
04  >>>
05  >>> class EMNISTLoader(object):
06  >>>     '''EMNIST 数据加载器'''
07  >>>
08  >>>     def __init__(self, path, dtype, sample_size, offset):
09  >>>         '''EMNIST 数据加载器初始化函数
10  >>>
11  >>>         Args:
12  >>>             data_path: str 文件路径
13  >>>             dtype: str 数据类型描述字符串，与 Numpy 兼容
14  >>>             sample_size: iterable 数据文件中每个样例的每个
    维度大小，以字节计算
15  >>>             offset: int 文件头偏移量，以字节计算
16  >>>         '''
17  >>>         self.path = os.path.realpath(path)
18  >>>         self.dtype = dtype
19  >>>         self.sample_size = sample_size
20  >>>         self.offset = offset
21  >>>
22  >>>     def load(self):
23  >>>         '''加载数据'''
24  >>>         data = np.fromfile(self.path, dtype=self.dtype)
    [self.offset:]
25  >>>         return data.reshape(-1, *self.sample_size)
26  >>>
27  >>> plt.show()
```

为了直观地比较原始手写字符图像和加入噪声后的手写字符图像的区别，可以通过如下的代码从所有数据集中任选 4 张手写字符图像进行展示。下述代码定义在 DAE.py 中。为了保证相对路径计算正确，需要将 DAE.py 和 EMNIST 文件夹放在同一目录下，并在相同目录下执行如下代码。由于降噪自编码器是一个无监督学习过程，因此无须加载数据集的标签，只需要加载训练数据即可。有噪声和无噪声的图像可视化结果如图 8.13 所示。

```
01  >>># coding=utf8
02  >>>
03  >>> import numpy as np
04  >>> import matplotlib.pyplot as plt
05  >>>
06  >>> import gzip
07  >>>
08  >>> path = 'EMNIST/emnist-letters-train-images-idx3-
    ubyte.gz'
09  >>># 解压所需的库
10  >>> import gzip
11  >>>
12  >>> def unpack_gz(*file_lis):
13  >>>     '''解压缩 gz 文件'''
14  >>>     for f in file_lis:
15  >>>         with open(f, 'rb') as fin:
16  >>>             with open(f.replace('.gz', ''), 'wb') as
    fout:
17  >>>                 fout.write(gzip.decompress(fin.read()))
18  >>>
19  >>># 解压缩
20  >>> unpack_gz(path)
21  >>># 加载数据集
22  >>> import numpy as np
23  >>> from EMNIST_Loader import EMNISTLoader
24  >>> loader = EMNISTLoader(path.replace('.gz', ''), 'u1',
    (28, 28), 16)
25  >>> y_train = loader.load()
26  >>>
27  >>># 样本归一化
28  >>> y_train = y_train.astype('float32') / 255
29  >>>
30  >>># 随机采样噪声
```

```
31  >>> noise = np.random.normal(loc=0, scale=1, size=y_
    train.shape)
32  >>>
33  >>># 加入噪声生成训练数据
34  >>> x_train = 0.6 * np.clip(y_train + noise, 0, 1)
35  >>>
36  >>># 随机抽取 4 张图片用于对比
37  >>> idx_lis = list(range(len(x_train)))
38  >>> np.random.shuffle(idx_lis)
39  >>> idx_lis = idx_lis[:4]
40  >>>
41  >>> for i in range(8):
42  >>>     # 绘制原始手写数字图像以及加入噪声的图像
43  >>>     data = y_train if i < 4 else x_train
44  >>>     plt.subplot(2, 4, i + 1)
45  >>>     plt.imshow(data[idx_lis[i % 4]])
46  >>>     plt.axis('off')
47  >>>     plt.gray()
48  >>>
49  >>> plt.show()
```

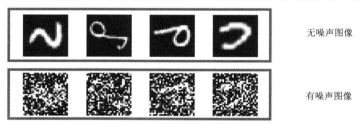

图 8.13　无噪声手写字符样本与含有噪声的手写字符样本对比图

在图 8.13 中，第 1 行为无噪声的字符样本，第 2 行为加入随机噪声后的字符样本。可以看出，加入随机噪声后，肉眼已经难以识别出样本图像中的字符。此时的样本需要通过降噪方法改善其噪声状况，以便进行识别。

📢 注意：

> 噪声的多少直接影响到模型复原图像的难度，因此可以尝试不同的噪声比例以达到不同的复原效果。

8.3.2　构建降噪自编码器

为了能够使加入噪声的图像数据得以识别，在项目的根目录下创建

DAE.py 文件，并在 DAE.py 文件中加入构建降噪自编码器的代码以构建降噪模型，模型代码如下。

```
01  >>># 构建降噪自编码器: Denoising AutoEncoder
02  >>> from keras.models import Sequential
03  >>> from keras import layers
04  >>> dae = Sequential()
05  >>># Encoder 部分
06  >>># (28, 28, 1) -> (28, 28, 64)
07  >>> dae.add(layers.Conv2D(64, 3, input_shape=(28, 28, 1),
    padding='same'))
08  >>> dae.add(layers.Activation('relu'))
09  >>># (28, 28, 64) -> (14, 14, 64)
10  >>> dae.add(layers.MaxPool2D((2, 2), padding='same'))
11  >>> dae.add(layers.Conv2D(64, 3, padding='same'))
12  >>> dae.add(layers.Activation('relu'))
13  >>># (14, 14, 64)-> (7, 7, 64)
14  >>> dae.add(layers.MaxPool2D((2, 2), padding='same'))
15  >>>
16  >>># Decoder 部分
17  >>> dae.add(layers.Conv2D(32, 3, padding='same'))
18  >>> dae.add(layers.Activation('relu'))
19  >>># (7, 7, 32) -> (14, 14, 32)
20  >>> dae.add(layers.UpSampling2D((2, 2)))
21  >>> dae.add(layers.Conv2D(32, 3, padding='same'))
22  >>> dae.add(layers.Activation('relu'))
23  >>># (14, 14, 32) -> (28, 28, 32)
24  >>> dae.add(layers.UpSampling2D((2, 2)))
25  >>># (28, 28, 32) -> (28, 28, 1)
26  >>> dae.add(layers.Conv2D(1, 3, padding='same'))
27  >>># 通过 sigmoid 函数将图像压缩为 0-1 之间的灰度图像
28  >>> dae.add(layers.Activation('sigmoid'))
29  >>>
30  >>># 检查模型输出尺度
31  >>> dae.summary()
```

由于降噪自编码器的输出是无噪声的原始图像，因此需要检查经过卷积层降采样和上采样之后图像的尺度，如图 8.14 所示。从中可以看出，图像的输出尺度与输入尺度相同。

```
Layer (type)                 Output Shape              Param #
=================================================================
conv2d_1' (Conv2D)           (None, 28, 28, 64)        640
activation_1 (Activation)    (None, 28, 28, 64)        0
max_pooling2d_1 (MaxPooling2 (None, 14, 14, 64)        0
conv2d_2 (Conv2D)            (None, 14, 14, 64)        36928
activation_2 (Activation)    (None, 14, 14, 64)        0
max_pooling2d_2 (MaxPooling2 (None, 7, 7, 64)          0
conv2d_3 (Conv2D)            (None, 7, 7, 32)          18464
activation_3 (Activation)    (None, 7, 7, 32)          0
up_sampling2d_1 (UpSampling2 (None, 14, 14, 32)        0
conv2d_4 (Conv2D)            (None, 14, 14, 32)        9248
activation_4 (Activation)    (None, 14, 14, 32)        0
up_sampling2d_2 (UpSampling2 (None, 28, 28, 32)        0
conv2d_5 (Conv2D)            (None, 28, 28, 1)         289
activation_5 (Activation)    (None, 28, 28, 1)         0
=================================================================
Total params: 65,569
Trainable params: 65,569
Non-trainable params: 0
```

图 8.14　降噪自动编码器模型输出尺度

8.3.3　模型训练及图像去噪

　　为了加速降噪自编码器模型的训练速度，如下的代码采用了 SGD 作为模型的优化器，并且使用了较大的学习率以加速降噪自编码器的收敛。需要特别指出的是，由于卷积层的输入包含了通道数目这一维度，因此需要通过对输入数据进行维度变化——增加通道维度，以满足卷积层的输入要求。

```
01 >>>
02 >>># 扩展通道维度，用于输入卷积层
03 >>> x_train = x_train.reshape(-1, 28, 28, 1)
04 >>> y_train = y_train.reshape(-1, 28, 28, 1)
05 >>>
06 >>># 编译模型，使用 MSE 作为损失衡量指标
07 >>> from keras.optimizers import SGD
08 >>> dae.compile(SGD(lr=2.0), loss='mse')
09 >>>
10 >>> from keras.callbacks import TensorBoard
11 >>>
12 >>> callback_lis = [
13 >>>     # 使用 TensorBoard 绘制指标变化情况
14 >>>     TensorBoard('tf_logs'),
```

```
15  >>> ]
16  >>>
17  >>># 训练模型
18  >>> dae.fit(x_train, y_train,
19  >>>              epochs=50,
20  >>>              batch_size=64,
21  >>>              callbacks=callback_lis)
```

训练完成后，可以通过模型的输出尝试对包含大量噪声的 EMNIST 数据进行降噪操作。如下的代码展示了通过对应的降噪操作，并取其中的 4 张图像，分别将输入的无噪声图像、包含噪声的图像和通过降噪自编码器降噪后的图像按照同一列进行排列，以便对比模型的降噪效果。其对比图像如图 8.15 所示。

```
01  >>># 输出模型降噪后的图像
02  >>> y_pred = dae.predict(x_train)
03  >>>
04  >>># 复原维度用于显示图像
05  >>> x_train = x_train.reshape(-1, 28, 28)
06  >>> y_train = y_train.reshape(-1, 28, 28)
07  >>> y_pred = y_pred.reshape(-1, 28, 28)
08  >>>
09  >>> for i in range(12):
10  >>>      # 绘制原始手写数字图像以及加入噪声的图像
11  >>>      if i < 4:
12  >>>          data = y_train
13  >>>      elif i < 8:
14  >>>          data = x_train
15  >>>      else:
16  >>>          data = y_pred
17  >>>      plt.subplot(3, 4, i + 1)
18  >>>      plt.imshow(data[idx_lis[i % 4]])
19  >>>      plt.axis('off')
20  >>>      plt.gray()
21  >>> plt.show()
```

上述代码中所使用的是基于 MSE 的损失函数训练的降噪自编码器，其降噪效果如图 8.15 所示。图中第 1 行为原始图像，第 2 行为加入噪声后的图像，第 3 行为降噪自动编码器降噪后的图像。从图中可以看出，降噪自编码器有效去除了图像中的大部分噪声，降噪后的图像与原始的输入图像较为接近。如果进一步降低噪声的比例，那么将会得到更加接近原始图像的降噪图像。

对于二值图像而言，由于使用了 sigmoid 作为激活函数将模型的输出映射到了 0~1，因此既可以使用 MSE 作为损失函数刻画降噪自编码器的误差，也可以使用常用于二分类的 binary_crossentropy 作为刻画降噪自编码器的损失函数。如果使用交叉熵作为损失函数，需要将上述代码的模型编译部分的代码修改为如下的代码。

```
01  >>>dae.compile(SGD(lr=0.2), loss='binary_crossentropy')
```

如图 8.16 所示是采用交叉熵作为损失函数得到的图像降噪结果。从图中可以看出，使用交叉熵训练得到的降噪自编码器在细节上与采用 MSE 的编码器稍有不同，但是二者都能够去除图像中的主要噪声，有效达到图像降噪的目标。

图 8.15　采用 MSE 作为损失函数的　　　图 8.16　采用 binary_crossentropy 作为
降噪效果对比　　　　　　　　　　损失函数的降噪效果对比

📢 注意：

> 修改模型的损失函数后，模型的训练参数和超参数都需要根据模型的实际运行性能进行调整，使用不同的损失函数往往需要设计不同的模型超参数以获得最佳的模型性能。

对于更加复杂的数据，可以采用多层降噪自编码器级联的方式，逐层训练降噪自编码器，然后将上一层的降噪自编码器的输出作为下一层自编码器的输入，从而构成栈式降噪自编码器（Stacked Denosing Auto Encoders）。训练栈式降噪自编码器时，通常对每层降噪自编码器进行逐层训练，最后将整个编码器栈中的所有编码器的权重进行微调即可。将上述代码进行简单的改进，即可得到如下的 2 层栈式降噪自编码器。限于篇幅，这里不再展示多层降噪自编码器的结构和应用方法，读者可以根据需要自行扩展和测试。

```
01  >>># coding=utf8
02  >>> import numpy as np
03  >>> import matplotlib.pyplot as plt
04  >>> import gzip
05  >>>
06  >>> path = 'EMNIST/emnist-letters-train-images-idx3-
    ubyte.gz'
07  >>> # 解压所需的库
08  >>> import gzip
09  >>>
10  >>> def unpack_gz(*file_lis):
11  >>>     '''解压缩 gz 文件'''
12  >>>     for f in file_lis:
13  >>>         with open(f, 'rb') as fin:
14  >>>             with open(f.replace('.gz', ''), 'wb') as
    fout:
15  >>>                 fout.write(gzip.decompress(fin.read()))
16  >>>
17  >>> # 解压缩
18  >>> unpack_gz(path)
19  >>> # 加载数据集
20  >>> import numpy as np
21  >>> from EMNIST_Loader import EMNISTLoader
22  >>> loader = EMNISTLoader(path.replace('.gz', ''), 'u1',
    (28, 28), 16)
23  >>> y_train = loader.load()
24  >>>
25  >>> # 样本归一化
26  >>> y_train = y_train.astype('float32') / 255
27  >>>
28  >>> # 随机采样噪声
29  >>> noise = np.random.normal(loc=0, scale=1, size=
    y_train.shape)
30  >>>
31  >>> # 加入噪声生成训练数据
32  >>> x_train = 0.6 * np.clip(y_train + noise, 0, 1)
33  >>>
34  >>> # 随机抽取 4 张图片用于对比
35  >>> idx_lis = list(range(len(x_train)))
36  >>> np.random.shuffle(idx_lis)
37  >>> idx_lis = idx_lis[:4]
38  >>>
39  >>> for i in range(8):
40  >>>     # 绘制原始手写数字图像以及加入噪声的图像
```

```
41  >>>     data = y_train if i < 4 else x_train
42  >>>     plt.subplot(2, 4, i + 1)
43  >>>     plt.imshow(data[idx_lis[i % 4]])
44  >>>     plt.axis('off')
45  >>>     plt.gray()
46  >>>
47  >>> # plt.show()
48  >>>
49  >>> # 构建降噪自动编码器: Denoising AutoEncoder
50  >>> def get_DAE_model(input_shpae):
51  >>>     from keras.models import Sequential
52  >>>     from keras import layers
53  >>>     dae = Sequential()
54  >>>     # Encoder 部分
55  >>>     # (28, 28, 1) -> (28, 28, 64)
56  >>>     dae.add(layers.Conv2D(64, 3, input_shape=(28, 28,
        1), padding='same'))
57  >>>     dae.add(layers.Activation('relu'))
58  >>>     # (28, 28, 64) -> (14, 14, 32)
59  >>>     dae.add(layers.MaxPool2D((2, 2), padding='same'))
60  >>>     dae.add(layers.Conv2D(64, 3, padding='same'))
61  >>>     dae.add(layers.Activation('relu'))
62  >>>     # (14, 14, 32)-> (7, 7, 32)
63  >>>     dae.add(layers.MaxPool2D((2, 2), padding='same'))
64  >>>
65  >>>     # Decoder 部分
66  >>>     dae.add(layers.Conv2D(32, 3, padding='same'))
67  >>>     dae.add(layers.Activation('relu'))
68  >>>     # (7, 7, 32) -> (14, 14, 32)
69  >>>     dae.add(layers.UpSampling2D((2, 2)))
70  >>>     dae.add(layers.Conv2D(32, 3, padding='same'))
71  >>>     dae.add(layers.Activation('relu'))
72  >>>     # (14, 14, 32) -> (28, 28, 32)
73  >>>     dae.add(layers.UpSampling2D((2, 2)))
74  >>>     # (28, 28, 32) -> (28, 28, 1)
75  >>>     dae.add(layers.Conv2D(1, 3, padding='same'))
76  >>>     # 通过 sigmoid 函数将图像压缩为 0-1 之间的灰度图像
77  >>>     dae.add(layers.Activation('sigmoid'))
78  >>>     return dae
79  >>> # 检查模型输出尺度
80  >>> dae = get_DAE_model((28, 28, 1))
81  >>> dae.summary()
82  >>>
83  >>> # 扩展通道维度，用于输入卷积层
```

```
 84  >>> x_train = x_train.reshape(-1, 28, 28, 1)
 85  >>> y_train = y_train.reshape(-1, 28, 28, 1)
 86  >>>
 87  >>> # 编译模型，使用 MSE 作为损失衡量指标
 88  >>> from keras.optimizers import SGD
 89  >>> dae.compile(SGD(lr=2.0), loss='mse')
 90  >>>
 91  >>> from keras.callbacks import TensorBoard
 92  >>>
 93  >>> callback_lis = [
 94  >>>     # 使用 TensorBoard 绘制指标变化情况
 95  >>>     TensorBoard('tf_logs'),
 96  >>> ]
 97  >>>
 98  >>> # 训练模型 1
 99  >>> dae.fit(x_train, y_train,
100  >>>         epochs=50,
101  >>>         batch_size=64,
102  >>>         callbacks=callback_lis)
103  >>>
104  >>> # 输出模型复原的图像
105  >>> y_pred = dae.predict(x_train)
106  >>>
107  >>> # 构建第二层降噪自编码器
108  >>> dae2 = get_DAE_model((28, 28, 1))
109  >>> dae2.compile(SGD(lr=0.1), loss='mse')
110  >>>
111  >>> dae2.fit(y_pred, y_train,
112  >>>          batch_size=64,
113  >>>          epochs=100)
114  >>>
115  >>> # 以第一层降噪自编码器的输出作为输入进行降噪
116  >>> y_pred = dae2.predict(y_pred)
117  >>>
118  >>> # 复原维度用于显示图像
119  >>> x_train = x_train.reshape(-1, 28, 28)
120  >>> y_train = y_train.reshape(-1, 28, 28)
121  >>> y_pred = y_pred.reshape(-1, 28, 28)
122  >>>
123  >>> for i in range(12):
124  >>>     # 绘制原始手写数字图像以及加入噪声的图像
125  >>>     if i < 4:
126  >>>         data = y_train
127  >>>     elif i < 8:
```

```
128 >>>        data = x_train
129 >>>    else:
130 >>>        data = y_pred
131 >>>    plt.subplot(3, 4, i + 1)
132 >>>    plt.imshow(data[idx_lis[i % 4]])
133 >>>    plt.axis('off')
134 >>>    plt.gray()
135 >>>
136 >>> plt.show()
```

8.4　本章小结

通过本章的介绍，展示了 Keras 在深度生成式学习领域的应用，并且了解常见的深度生成式模型，如生成式对抗网络（GAN）、变分自编码器（VAE）以及降噪自编码器（DAE）等模型。深度生成式学习作为一种同时结合深度学习的大数据处理应用能力以及生成式学习的相关理论方法的领域，是对深度判别式模型的强有力的补充。深度生成式既是深度学习时代的学界研究热点，也是业界广泛关注并且大规模应用的领域。

本章抛砖引玉地主要介绍了 GAN 和 VAE 相关的深度生成式学习，但是深度生成式学习仍有许多有趣的领域亟待探索。一些模型将 GAN 和 VAE 的思路进行推广和融合得到了新的生成式学习模型，例如：将 GAN 和 VAE 相结合的对抗自编码器模型 AAE（Adversarial AutoEncoders），以及对抗推断学习模型 ALI（Adversarially Learned Inference）。不仅如此，深度生成式学习领域还有一些与 GAN、VAE 具有本质差异的生成式模型，如流式生成式模型 Glow 等。有兴趣的读者可以自行深入了解深度生成式学习有关的发展。

参考文献

[1] Kingma D P, Welling M. Auto-Encoding Variational Bayes[J]. 2013.

[2] Rezende D J , Mohamed S , Wierstra D . Stochastic Backpropagation and Approximate Inference in Deep Generative Models[J]. 2014.

[3] Sohn K , Yan X , Lee H , et al. Learning Structured Output Representation using Deep Conditional Generative Models[C]. Massachusetts: MIT Press, 2015.

[4] Cohen G , Afshar S , Tapson J , et al. EMNIST: an Extension of MNIST to Handwritten Letters[J]. 2017.